高等职业教育系列教材

UG NX 12.0 数控编程与加工案例教程

主编　易良培　易荷涵

副主编　魏向京　成晓军　徐海元　朱　鸿

参编　张德利　段　军　李质平

机 械 工 业 出 版 社

本书以一般零件、夹具、模具为载体，详细讲解了 UG NX 数控编程中各种子类型的编程方法及参数设置，并对如何构建后处理器作了详细的介绍。

本书编排内容由浅入深，步骤紧凑，可作为应用型本科院校、高职高专院校数控技术、模具设计与制造、机械制造与自动化等专业的教材，也可作为企业从事数控技术人员的参考用书或成人培训的教材。

本书配有电子课件、案例素材文件和教学视频，需要的教师可登录机械工业出版社教育服务网 www.cmpedu.com 免费注册后下载，或联系编辑索取（QQ：1239258369，电话：010-88379739）。

图书在版编目（CIP）数据

UG NX 12.0 数控编程与加工案例教程 / 易良培，易荷涵主编. 一北京：机械工业出版社，2020.4（2025.1 重印）

高等职业教育系列教材

ISBN 978-7-111-64599-3

Ⅰ. ①U… Ⅱ. ①易… ②易… Ⅲ. ①数控机床一程序设计一应用软件一高等职业教育一教材 Ⅳ. ①TG659

中国版本图书馆 CIP 数据核字（2020）第 014107 号

机械工业出版社（北京市百万庄大街 22 号　邮政编码 100037）

策划编辑：曹帅鹏　责任编辑：曹帅鹏

责任校对：张艳霞　责任印制：单爱军

北京虎彩文化传播有限公司印刷

2025 年 1 月第 1 版 • 第 9 次印刷

184mm×260mm • 18.25 印张 • 452 千字

标准书号：ISBN 978-7-111-64599-3

定价：55.00 元

电话服务	网络服务
客服电话：010-88361066	机　工　官　网：www.cmpbook.com
010-88379833	机　工　官　博：weibo.com/cmp1952
010-68326294	金　　书　　网：www.golden-book.com
封底无防伪标均为盗版	机工教育服务网：www.cmpedu.com

前　　言

制造业是国民经济的主体，是立国之本、兴国之器、强国之基。党的二十大报告提出“加快建设制造强国”。近年来，我国的模具和数控行业日益发展，不仅仅是深圳等工业发达的沿海地区，诸如重庆等很多内陆城市都已经接受和使用计算机辅助制造软件进行编程与加工。UG NX 是目前世界上最先进的、面向制造业的高端软件之一，在全球拥有众多客户，广泛应用于汽车、航空航天、机械、医药、电子工业等领域。UG NX 12.0 软件提供了强大的数控加工功能，从三轴到五轴铣削加工，从车削到车铣复合加工，UG CAM 都提供了车、铣所需的完美解决方案。

我国制造业高级技工缺口巨大，应该说所有的制造企业都需要高级技工。据报道，我国高级技工缺口近 1000 万人，成为制约我国制造业发展的一大因素。

社会上急需培养出一大批优秀的数控编程人员，许多企业承诺高薪而难以找到合适人选，给企业带来了很多困难。针对这种情况，编者结合目前市场上各种数控编程教材，特编写了此书。

本书所讲实例为校企合作单位加工产品。主要讲解了三轴铣削加工的编程方法，同时为了满足企业一线编程人员需要，从多个编程类型阐述了 UG NX 12.0 软件的数控编程方法，以期和大家相互交流与共勉。

本书是机械工业出版社组织出版的“高等职业教育系列教材”之一，全书分为 6 章，共 12 个学习案例。每个案例均配有教学视频，可扫描二维码直接观看。第 1 章为编程入门体验；第 2 章通过两个案例，详细讲解了平面加工中各工序子类型的编程方法；第 3 章通过 3 个案例详细讲解了轮廓加工各工序子类型的编程方法；第 4 章通过两个案例详细讲解了孔系加工各工序子类型的编程方法；第 5 章通过 3 个综合案例讲解 UG NX 12.0 的常用编程方法；第 6 章讲解如何构建 UG NX 三轴后处理器。

本书在编写过程中，得到了机械工业出版社曹帅鹏编辑的大力支持，并提出了许多宝贵建议，在此表示衷心的感谢。

由于编者水平有限，欠妥之处在所难免，恳请读者批评指正。同时欢迎通过电子邮件（591233010@qq.com 或 1400390782@qq.com）与编者进行交流。

编　者

目　录

第1章 编程入门体验

本章以如图 1-1 所示的椭圆凸台零件编程与加工为例，详细讲解 UG NX 12.0 数控编程流程及一般参数的设置方法，为后续的数控编程打下基础。

1.1 工艺分析及毛坯

凸台编程与加工

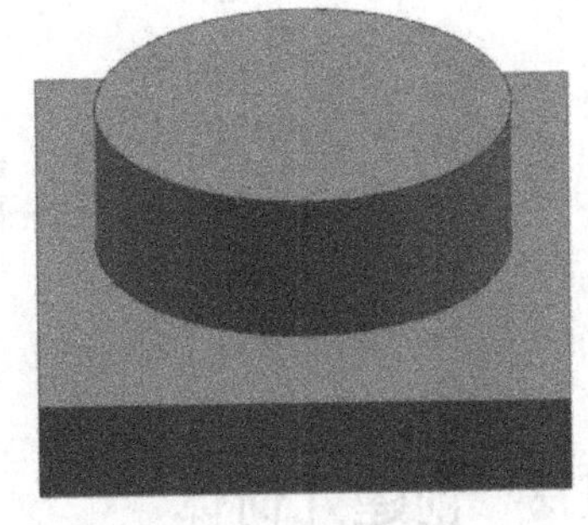

图 1-1 凸台

1.1.1 工艺分析

（1）启动 UG 软件，打开 1.1 凸台零件模型。

（2）该零件材料要求用 45 钢。零件比较简单，没有复杂的曲面，为保证椭圆顶面与底平面的平行，创建毛坯时，毛坯略高于椭圆顶平面。此案例仅为入门介绍，故加工时所有余量均设置为零。

1.1.2 创建毛坯

（1）单击【菜单】|【插入】|【设计特征】| 拉伸按钮，弹出【拉伸】对话框，在【截面线】中选择底面的四条边，其余参数按如图 1-2 所示设置。

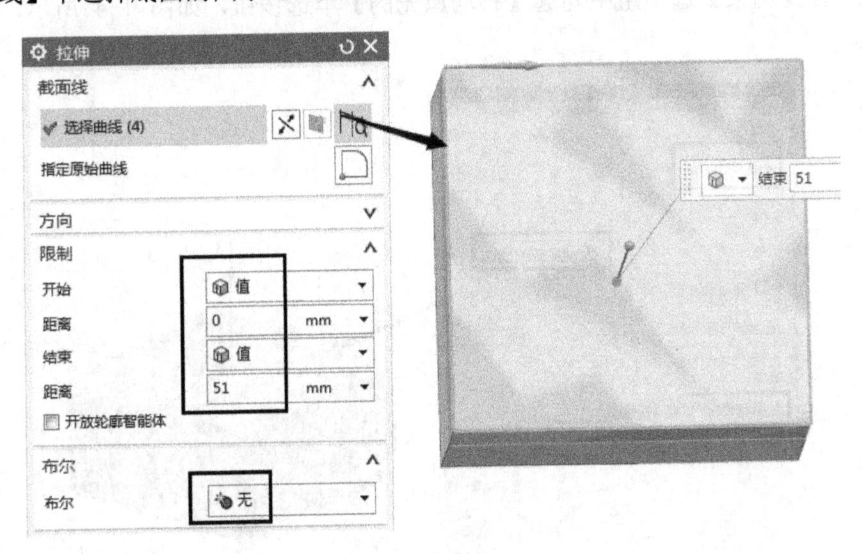

图 1-2 拉伸设置

（2）为方便观察毛坯和工件，调整毛坯显示模式。单击【菜单】|【编辑】| 对象显

示按钮，弹出【类选择】对话框，选择刚拉伸的实体，单击【确定】按钮，弹出【编辑对象显示】对话框，在【着色显示】选项组中，将滑块拖动到 50 处，单击【确定】按钮，如图 1-3 所示。

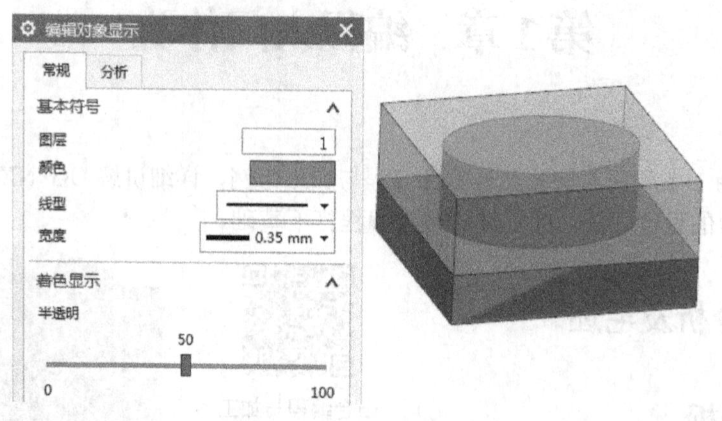

图 1-3　毛坯半透明设置

1.2　创建几何体

1.2.1　创建加工坐标系

（1）单击【菜单】|【编辑】| 移动对象按钮，弹出【移动对象】对话框，在【选择对象】中选择工件和毛坯，在【变换】|【运动】中选择【坐标系到坐标系】，在【指定起始坐标系】中选毛坯的上表面，在【指定目标坐标系】中选择【绝对坐标系】，单击【确定】按钮，在【结果】选项组中勾选【移动原先的】单选按钮，如图 1-4 所示，单击【确定】按钮。

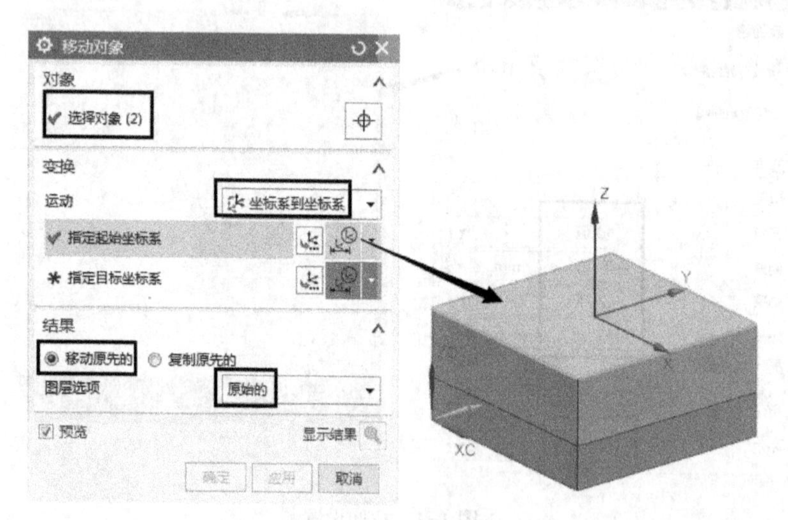

图 1-4　坐标系设置

（2）单击【应用模块】| 加工按钮，弹出【加工环境】对话框，按如图 1-5 所示设置。

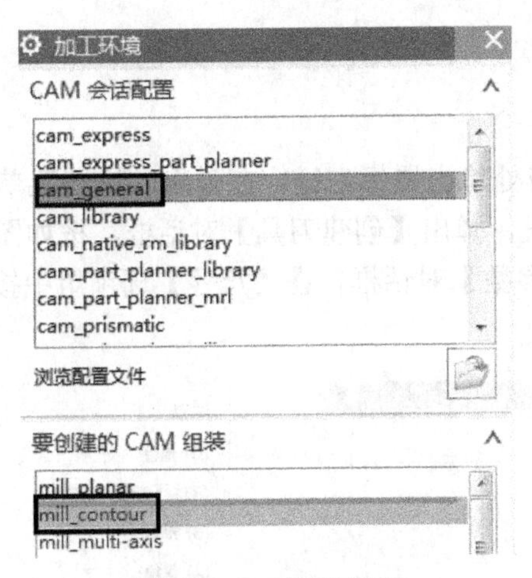

图 1-5　加工环境设置

（3）在【工序导航器】空白处单击鼠标右键，在弹出的快捷菜单中选择几何视图，单击 MCS_MILL 前面的“+”号将其展开。双击 MCS_MILL 按钮，弹出【MSC 铣削】对话框，在【机床坐标系】|【指定 MSC】中单击按钮，弹出【坐标系】对话框，在【控制器】|【指定方位】中单击按钮，弹出【点】对话框，在【输出坐标】中 X、Y、Z 值确认为 0，如图 1-6 所示，单击【确定】按钮，再次单击【确定】按钮。在【MSC 铣削】|【安全设置】|【安全距离】中输入 10，其余默认，如图 1-7 所示，单击【确定】按钮。

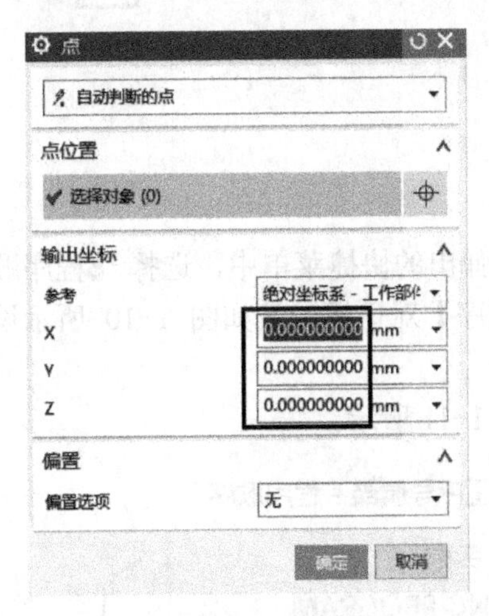

图 1-6　设置加工坐标系

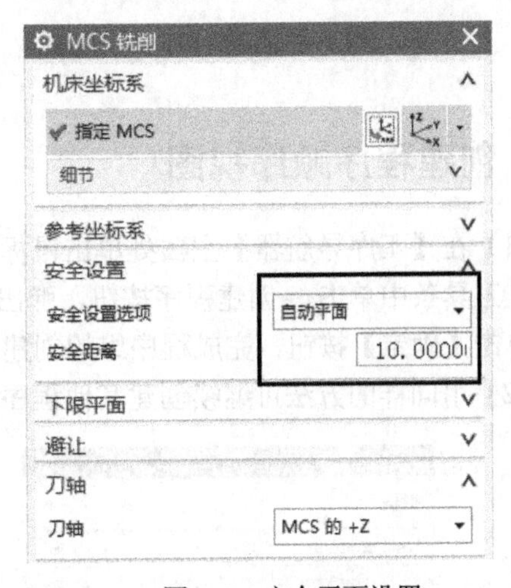

图 1-7　安全平面设置

1.2.2　创建工件几何体

（1）双击 WORKPIECE 按钮，弹出【工件】对话框，单击指定部件按钮，弹出【部件几何体】对话框，在【选择对象】中选择凸台模型，单击【确定】按钮；单击指定毛坯按钮，弹出【毛坯几何体】对话框，在【选择对象】中选择前面拉伸的半透明长方体，单击【确定】按钮。

（2）在键盘上按住〈Ctrl+B〉键，在弹出的【类选项】中选择毛坯，单击【确定】按钮，隐藏毛坯模型。

1.3 创建刀具

在【工序导航器】空白处单击鼠标右键，在弹出的快捷菜单中选择机床视图，在工具栏中单击创建刀具按钮，弹出【创建刀具】对话框，按如图 1-8 所示设置，单击【确定】按钮，弹出【铣刀-5 参数】对话框，在【尺寸】选项组中按如图 1-9 所示设置，单击【确定】按钮。

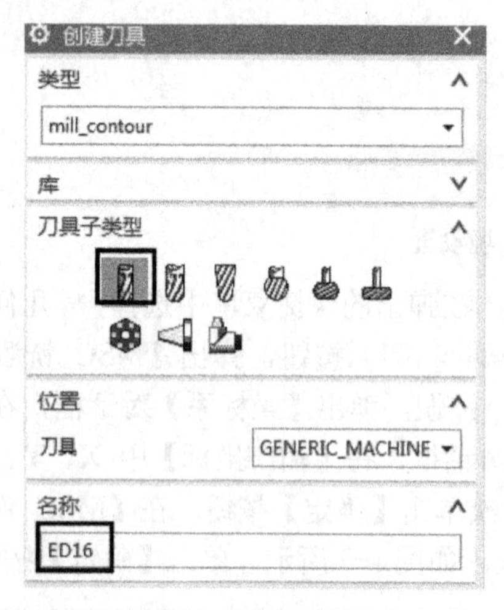

图 1-8 创建刀具

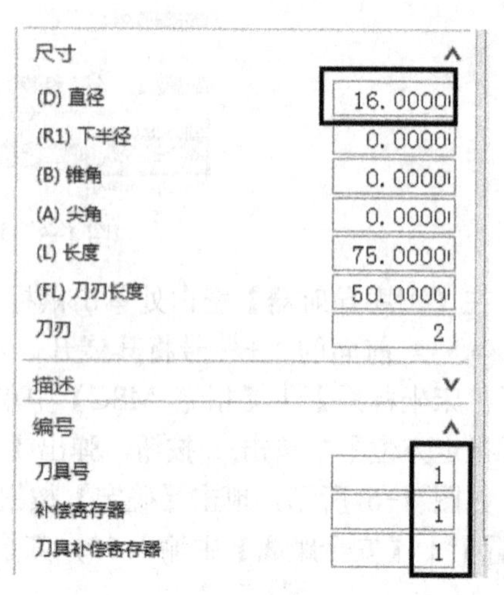

图 1-9 设置刀具参数

1.4 创建程序顺序视图

（1）在【工序导航器】空白处单击鼠标右键，在弹出的快捷菜单中，选择程序顺序视图，在工具条中单击创建程序按钮，弹出【创建程序】对话框，按如图 1-10 所示设置，两次单击【确定】按钮，完成程序组的创建。

（2）用同样的方法可继续创建其他程序组，如图 1-11 所示。

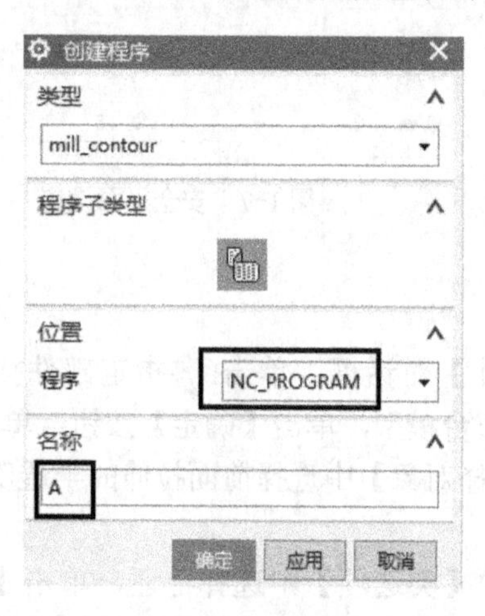

图 1-10 创建程序组

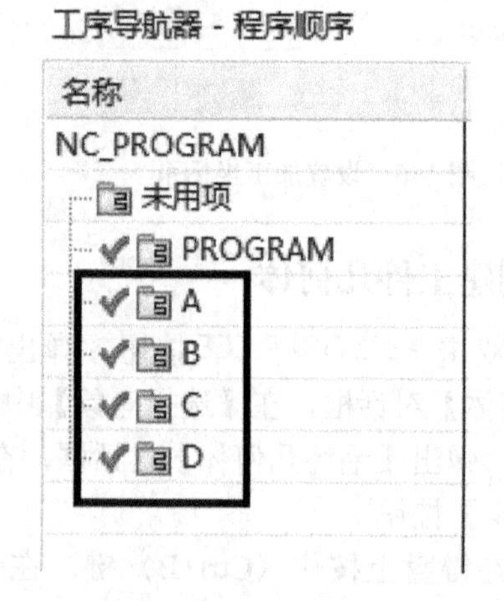

图 1-11 所有程序组

1.5 创建工序

（1）右击“A”程序组，在弹出的快捷菜单中，单击【插入】|工序按钮，弹出【创建工序】对话框，按如图 1-12 所示设置，单击【确定】按钮，打开【型腔铣】对话框，如图 1-13 所示。

（2）在【型腔铣】对话框中的【刀轨设置】选项组中按如图 1-14 所示设置。

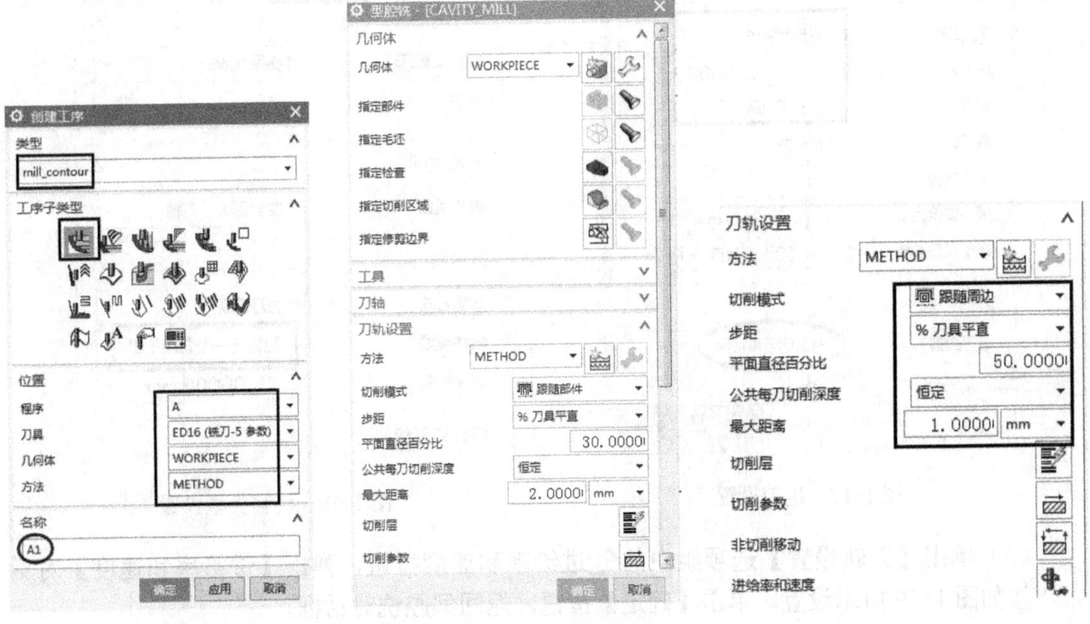

图 1-12　创建型腔铣工序　　图 1-13　【型腔铣】对话框　　图 1-14　刀轨设置

（3）单击【刀轨设置】选项组中的切削参数按钮，弹出【切削参数】对话框，在【策略】选项卡中按如图 1-15 所示设置，【余量】选项卡中按如图 1-16 所示设置，单击【确定】按钮。

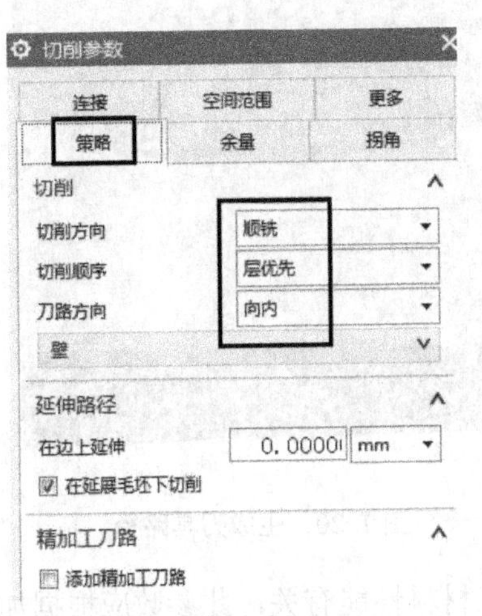

图 1-15　策略设置

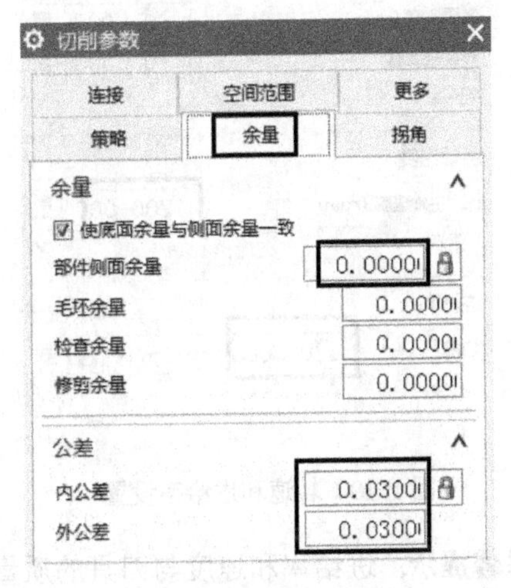

图 1-16　余量设置

（4）单击【刀轨设置】选项组中的非切削移动按钮，弹出【非切削移动】对话框，在【进刀】选项卡中按如图 1-17 所示设置，【转移/快速】选项卡中按如图 1-18 所示设置，单击【确定】按钮。

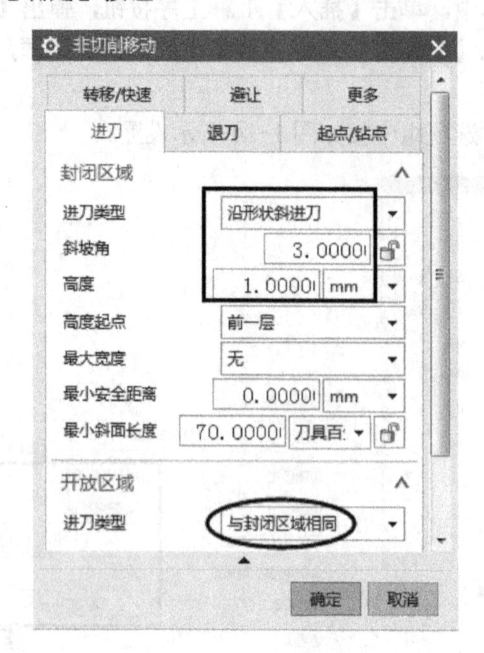

图 1-17　进刀设置

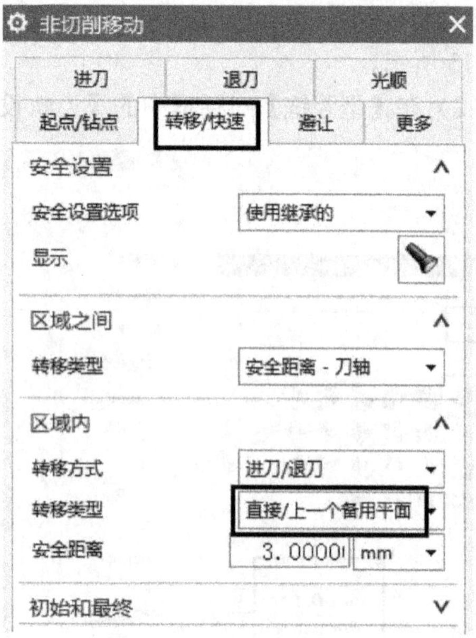

图 1-18　转移类型设置

（5）单击【刀轨设置】选项组中的进给率和速度按钮，弹出【进给率和速度】对话框，按如图 1-19 所示设置，单击【确定】按钮，返回型腔铣对话框。

（6）单击生成按钮，生成刀具路径，如图 1-20 所示。

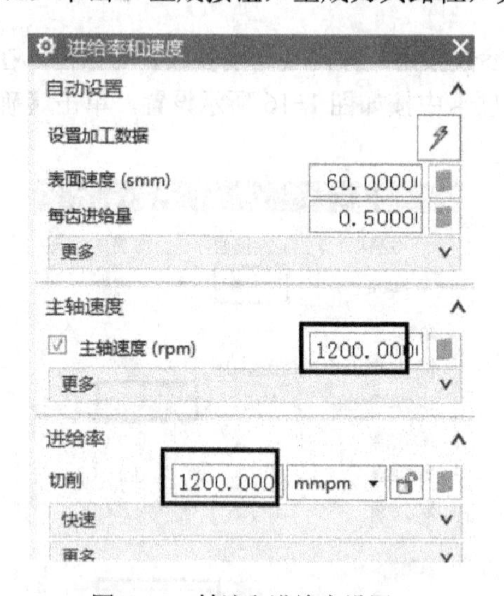

图 1-19　转速和进给率设置

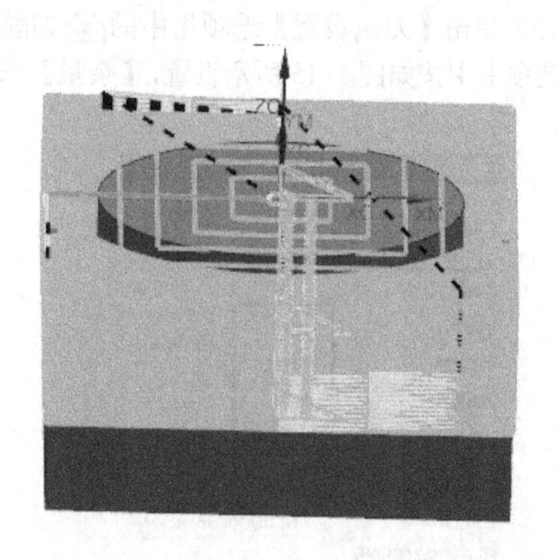

图 1-20　生成刀具路径

温馨提示：进给率和速度与刀具的质量和被加工材料性能有关，此参数应根据加工现场的具体情况来确定，也可以通过机床倍率开关作适当的调整。

1.6　仿真模拟加工

选择全部程序，或在 NC_PROGRAM 上单击鼠标右键，在弹出的快捷菜单中单击【刀轨】|确认命令，进入【刀轨可视化】对话框。为方便模拟加工时，旋转工件观察图形，单击【3D 动态】按钮，单击▶播放按钮，完成模拟加工，如图 1-21 所示。

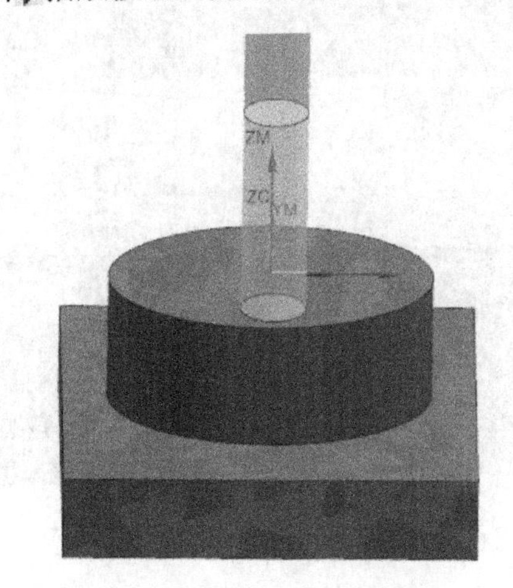

图 1-21　仿真加工图

1.7　后置处理

选择程序，单击鼠标右键，在弹出的快捷菜单中，选择后处理，弹出【后处理】对话框，单击浏览查找后处器按钮，弹出【后处理】对话框，选择预先设置好的 UG 后处理器，在【输出文件】|【文件名】中输入程序路径和名称，单击【确定】按钮，转换为 NC 程序，如图 1-22 所示。

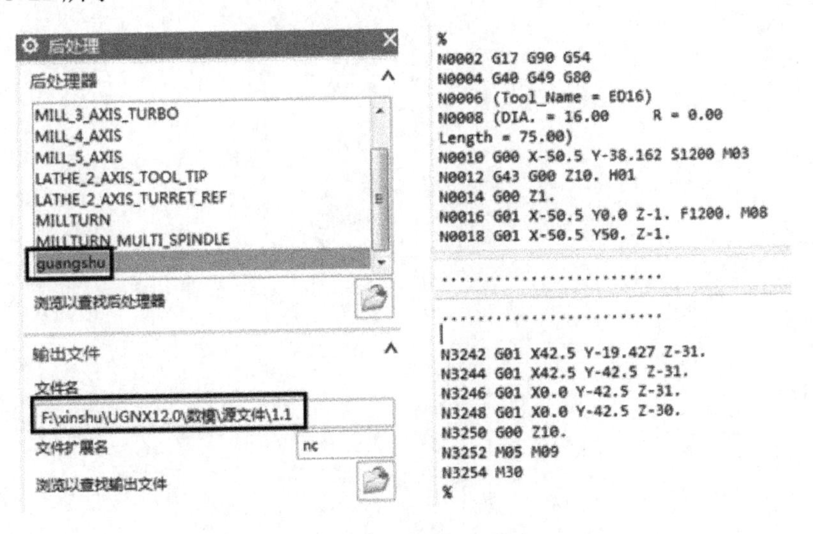

图 1-22　转换成 NC 程序

1.8 课后练习

完成如图 1-23 所示零件编程与加工。

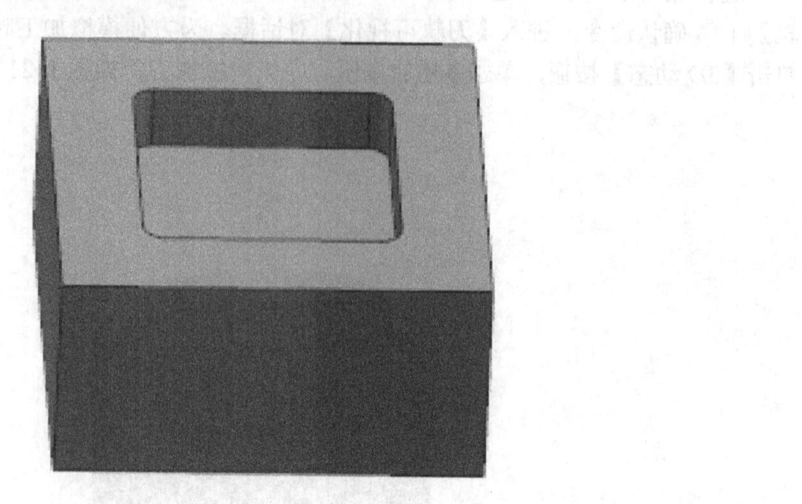

图 1-23 练习零件

第2章 平 面 加 工

本章以基座和基座滑块两个零件的编程与加工为例，详细讲解平面铣、底壁铣、清理拐角、面铣、精铣底面、精铣壁、平面轮廓铣、孔铣、螺纹铣、槽铣、平面文字的编程方法和参数设置方法，以及用平面轮廓铣进行倒角的特殊运用方法。

2.1 基座编程与加工

基座编程与加工

2.1.1 编程准备

1．打开文件

启动UG软件，打开2.1基座零件模型，零件材料为45钢。

2．创建加工坐标系和工件几何体

（1）在【应用模块】中单击加工按钮，弹出【加工环境】对话框，按如图2-1所示设置，单击【确定】按钮。

（2）在【工序导航器】空白处单击鼠标右键，在弹出的快捷菜单中选择几何视图，单击MCS_MILL前面的“+”号将其展开。双击MCS_MILL按钮，弹出【MSC铣削】对话框，在【机床坐标系】|【指定MSC】中默认当前坐标系，在【安全设置】选项组中按如图2-2所示设置，单击【确定】按钮。

图2-1 加工环境设置

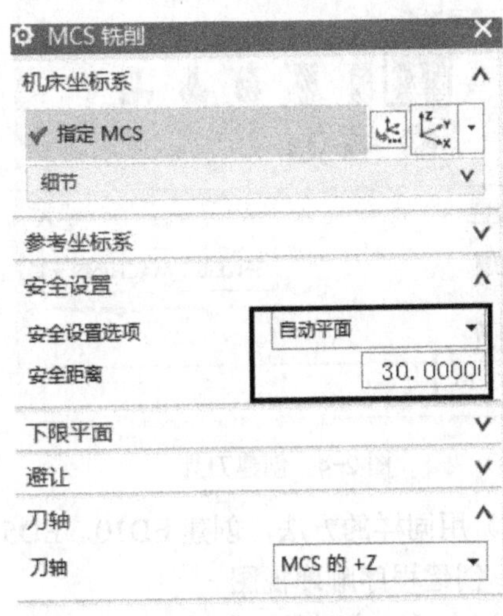

图2-2 安全设置

（3）创建工件几何体。双击WORKPIECE按钮，弹出【工件】对话框，单击指定部件按钮，弹出【部件几何体】对话框，在【选择对象】中选择基座模型，单击【确定】按钮；单击指定毛坯按钮，弹出【毛坯几何体】对话框，按如图 2-3 所示设置，单击【确定】按钮。

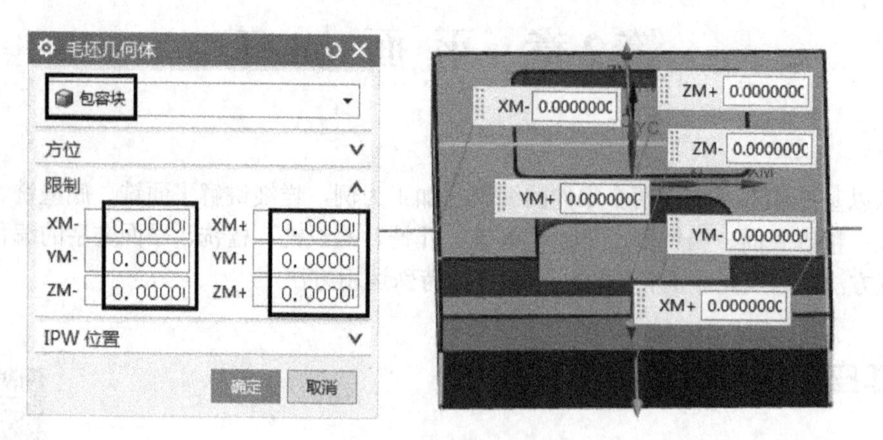

图 2-3　创建毛坯几何体

3．创建刀具

（1）在【工序导航器】空白处单击鼠标右键，在弹出的快捷菜单中选择机床视图，在工具栏中单击创建刀具按钮，弹出【创建刀具】对话框，按如图 2-4 所示设置，单击【确定】按钮，弹出【铣刀-5 参数】对话框，在【尺寸】选项组中按如图 2-5 所示设置，单击【确定】按钮。

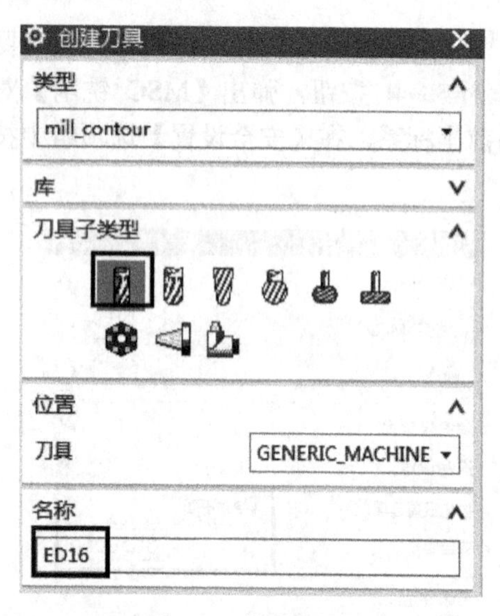

图 2-4　创建刀具

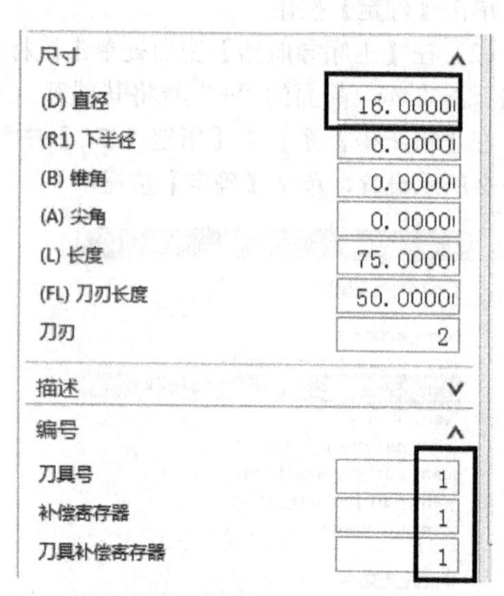

图 2-5　设置刀具参数

（2）用同样的方法，创建 ED10、ED5 圆柱铣刀，在刀具编号中分别输入“2”和“3”。

4．创建程序顺序视图

（1）在【工序导航器】空白处单击鼠标右键，在弹出的快捷菜单中，选择程序顺序视图，在工具条中单击创建程序按钮，弹出【创建程序】对话框，按如图 2-6 所示设置，两次单击【确定】按钮，完成程序组的创建。

（2）用同样的方法继续创建【清角加工】、【基座精加工】程序组，如图 2-7 所示。

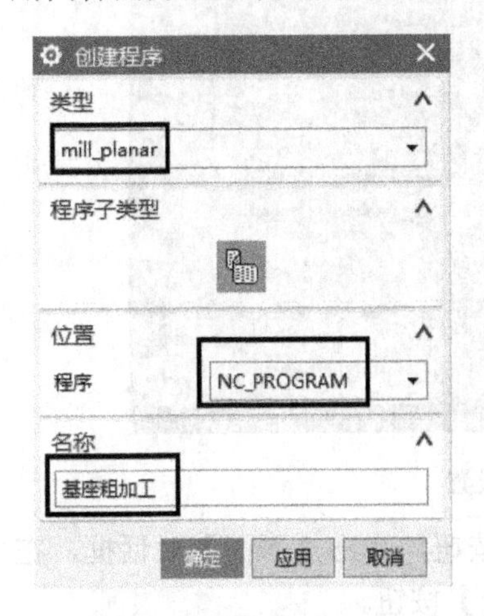

图 2-6 创建程序组

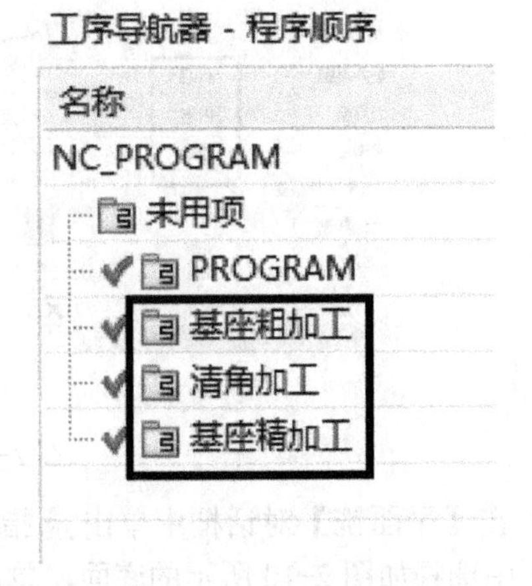

图 2-7 创建的所有程序组

2.1.2 基座粗加工

1. 基座方框粗加工

（1）鼠标右击【基座粗加工】程序组，在弹出的快捷菜单中，单击【插入】|工序按钮，弹出【创建工序】对话框，按如图 2-8 所示设置，单击【确定】按钮，打开【平面铣】对话框。

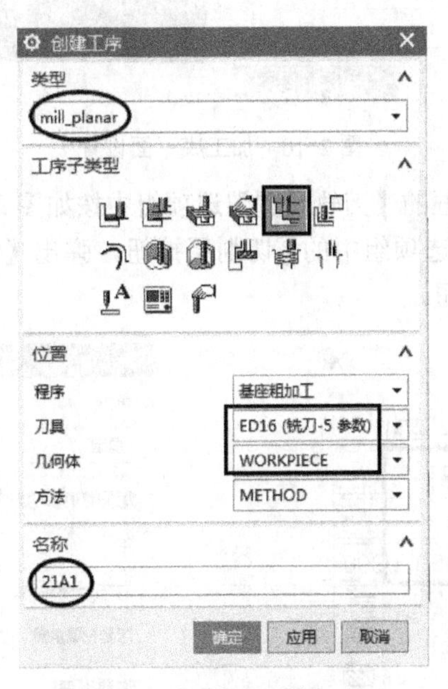

图 2-8 创建平面铣工序

（2）在【平面铣】对话框中单击指定部件边界按钮，弹出【部件边界】对话框，在【选择方法】中选择曲线，在【选择曲线】中选择方框的上边缘，如图 2-9 所示，单击【确定】按钮。

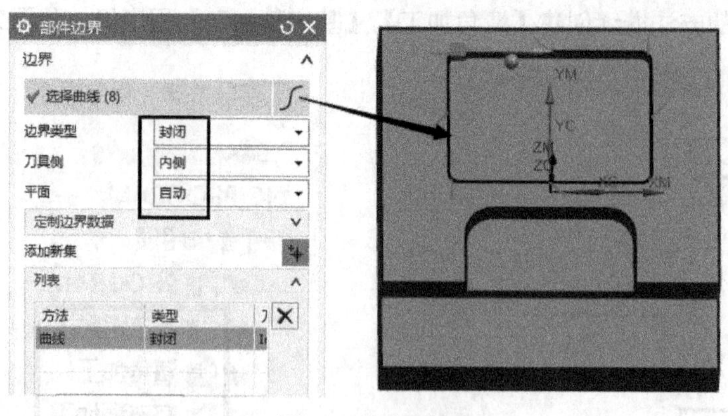

图 2-9　边界设置

（3）在【平面铣】对话框中单击指定底面按钮，弹出【平面】对话框，在【选择平面对象】中选择如图 2-10 所示的底面，单击【确定】按钮。

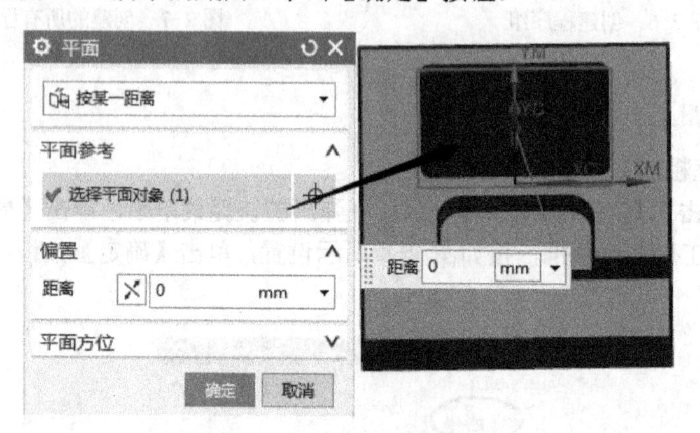

图 2-10　加工底平面设置

（4）在【平面铣】对话框的【刀轨设置】选项组中按如图 2-11 所示设置。

（5）单击【刀轨设置】选项组中的切削层按钮，弹出【切削层】对话框，按图 2-12 所示设置，单击【确定】按钮。

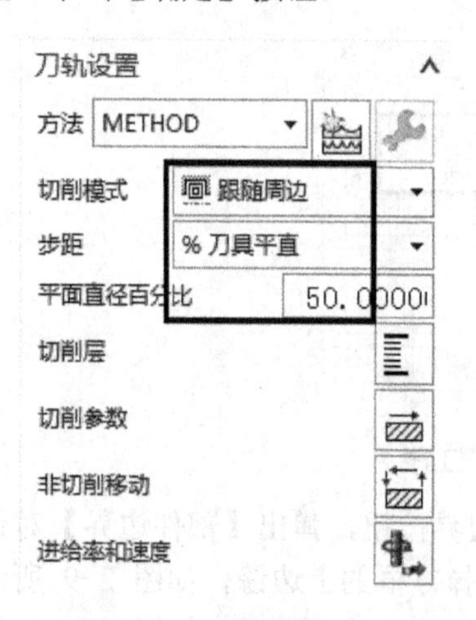

图 2-11　刀轨设置

图 2-12　切削层设置

（6）单击【刀轨设置】选项组中的切削参数按钮，弹出【切削参数】对话框，在【策略】选项卡中按如图 2-13 所示设置，【余量】选项卡中按如图 2-14 所示设置，单击【确定】按钮。

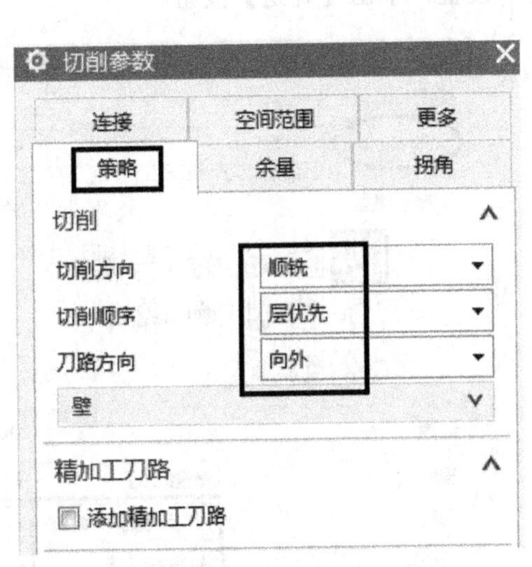

图 2-13　策略设置

图 2-14　余量设置

（7）单击【刀轨设置】选项组中的非切削移动按钮，弹出【非切削移动】对话框，在【进刀】选项卡中按如图 2-15 所示设置，【转移/快速】选项卡中按如图 2-16 所示设置，单击【确定】按钮。

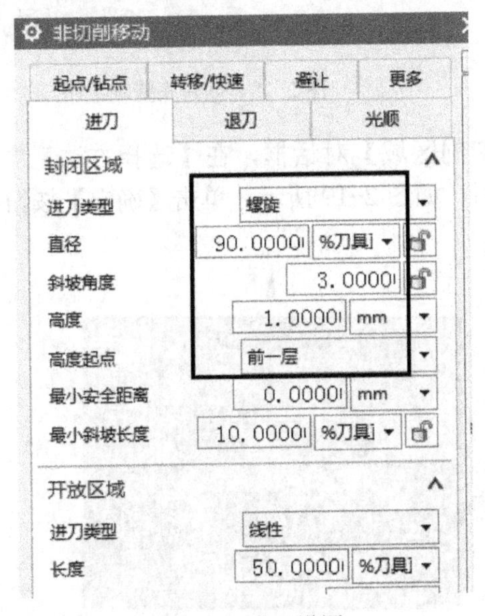

图 2-15　进刀设置

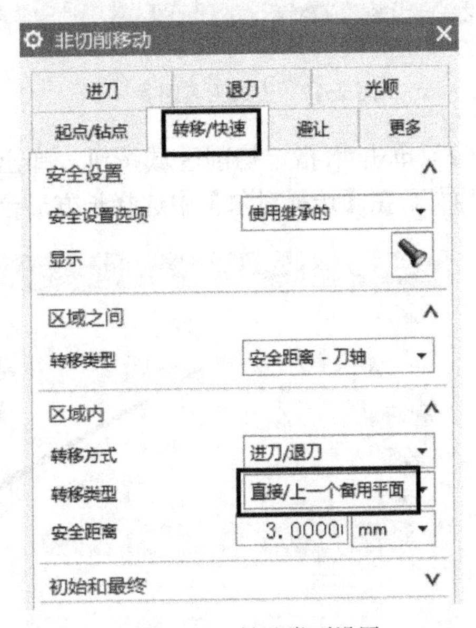

图 2-16　转移类型设置

（8）单击【刀轨设置】选项组中的进给率和速度按钮，弹出【进给率和速度】对话框，在【主轴速度】中输入“1200”，【进给率】｜【切削】中输入“1200”，单击【确定】

按钮。

（9）单击生成按钮，生成的刀具路径如图 2-17 所示。

2．基座长方形台阶粗加工

（1）鼠标右击【基座粗加工】程序组，在弹出的快捷菜单中，单击【插入】｜工序按钮，弹出【创建工序】对话框，按如图 2-18 所示设置，单击【确定】按钮。

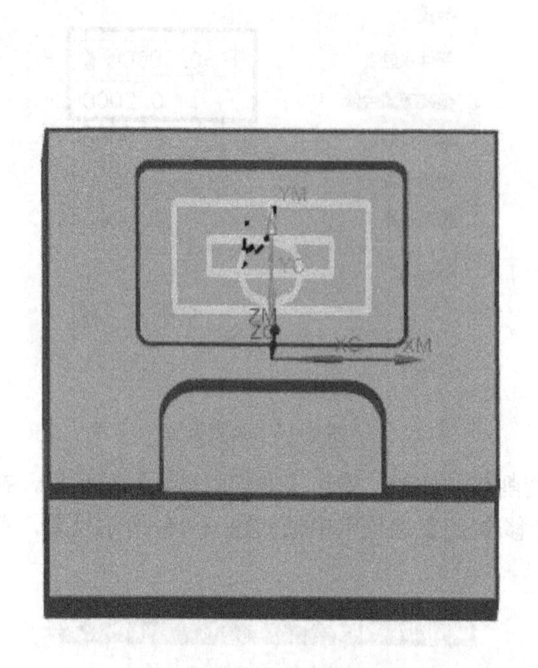

图 2-17　生成刀具路径　　　　图 2-18　创建底壁铣工序

（2）单击指定切削区域按钮，弹出【切削区域】对话框，在【选择方法】中选择“面”，在【选择对象】中选择长方形台阶面，如图 2-19 所示，单击【确定】按钮。

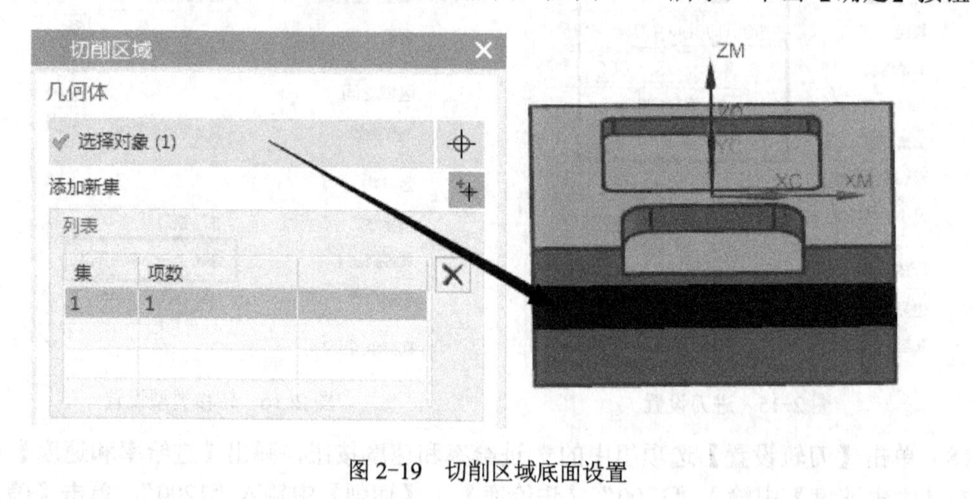

图 2-19　切削区域底面设置

（3）单击指定壁按钮，弹出【壁几何体】对话框，在【选择对象】中选择长方形台阶侧壁，如图2-20所示，单击【确定】按钮。

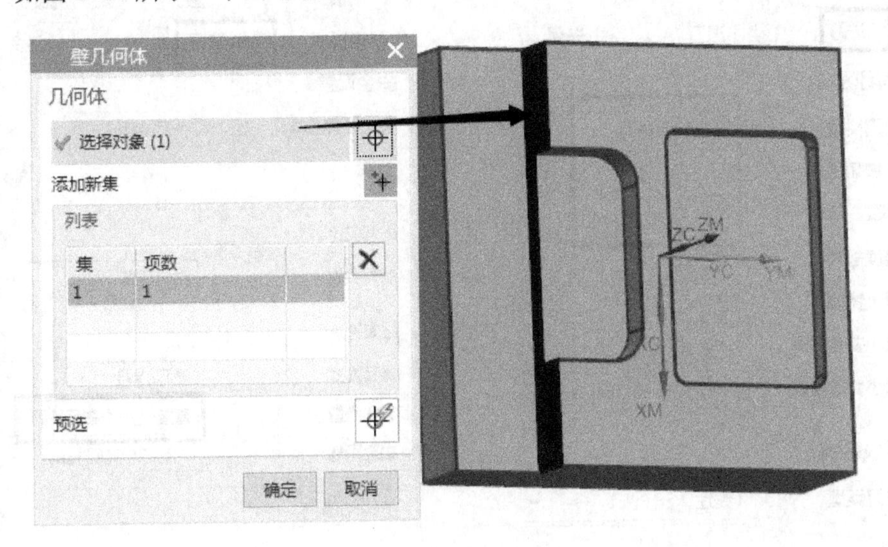

图2-20 壁几何体设置

（4）在【刀轨设置】中按如图2-21所示设置。

（5）单击切削参数按钮，弹出【切削参数】对话框，在【余量】选项卡中按如图2-22所示设置，单击【确定】按钮。

图2-21 刀轨设置

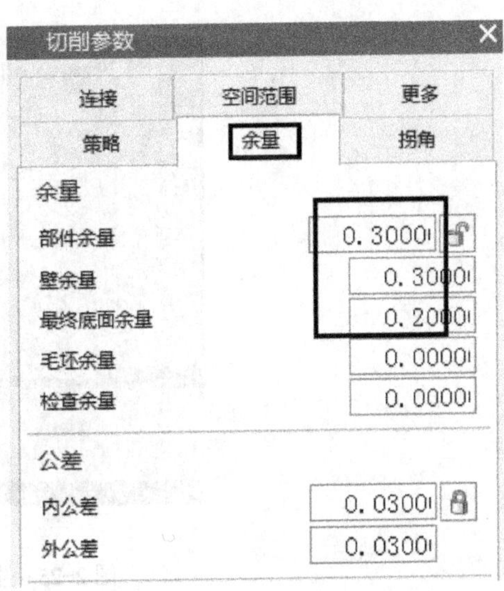

图2-22 余量设置

（6）单击非切削移动按钮，弹出【非切削移动】对话框，在【进刀】选项卡中按如图2-23所示设置，【转移/快速】选项卡中按如图2-24所示设置，单击【确定】按钮。

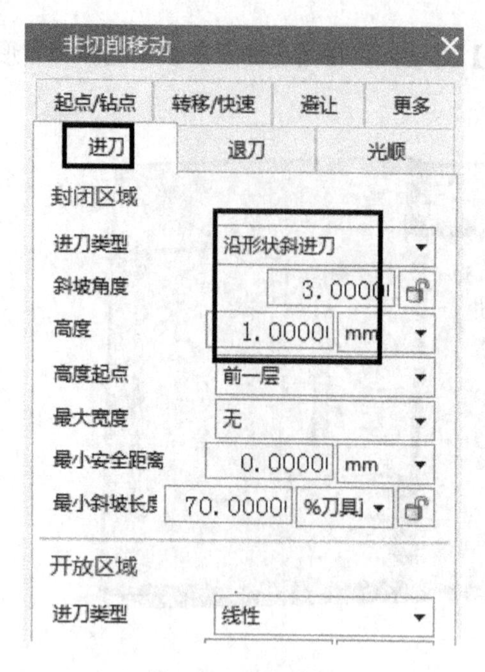

图 2-23　进刀设置

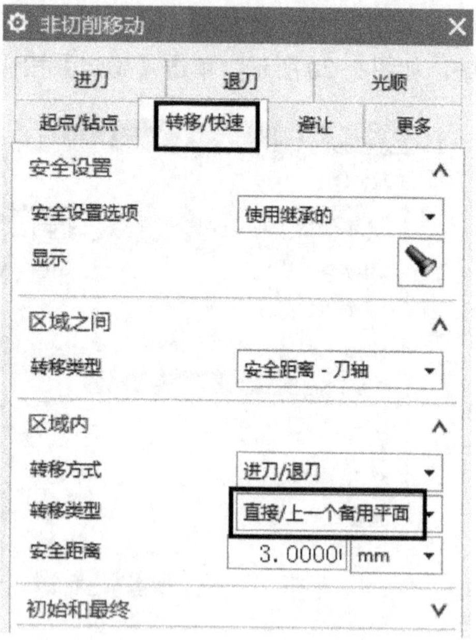

图 2-24　转移类型设置

（7）单击进给率和速度按钮，弹出【进给率和速度】对话框，在【主轴速度】中输入“1200”，【进给率】|【切削】中输入“1200”，单击【确定】按钮。

（8）单击生成按钮，生成的刀具路径如图 2-25 所示。

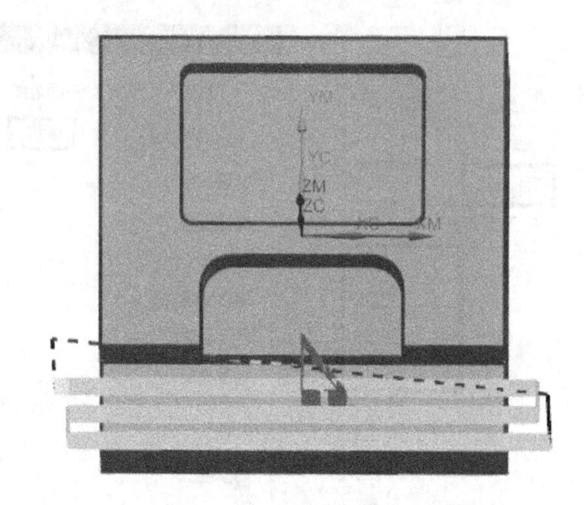

图 2-25　生成刀具路径

3．基座中间台阶粗加工

（1）鼠标右击刚创建的“21A2”工序，在弹出的快捷菜单中选择【复制】，再次右击“21A2”工序，在弹出的快捷菜单中选择【粘贴】，将名称重命名为“21A3”，如图 2-26 所示。

（2）鼠标双击“21A3”工序，弹出【底壁铣】对话框，删除以前的切削区域和壁几何体，重新选择如图2-27所示的底面和侧壁，单击【确定】按钮。

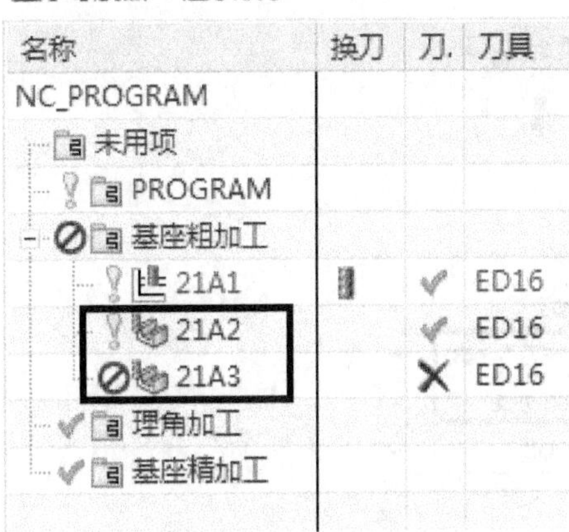

图2-26 复制工序

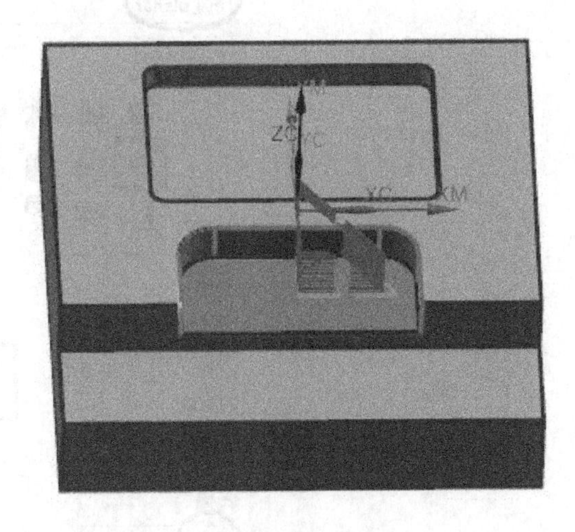

图2-27 重新设置于底面和壁

（3）在【刀轨设置】选项组中按如图2-28所示设置。

（4）单击生成按钮，生成的刀具路径如图2-29所示。

图2-28 刀轨设置

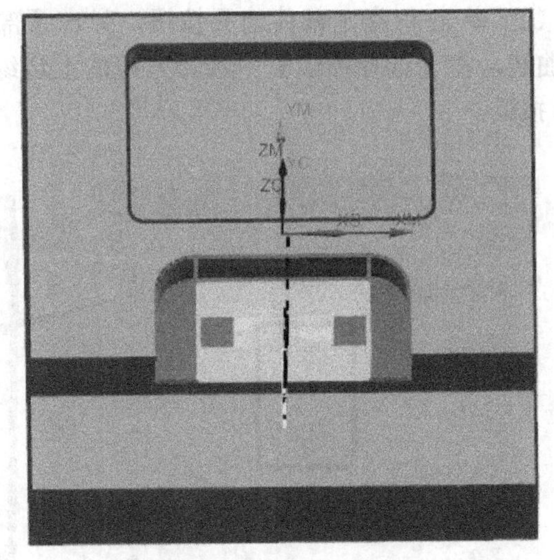

图2-29 生成的刀具路径

2.1.3 清角加工

（1）鼠标右击【清角加工】程序组，在弹出的快捷菜单中，单击【插入】|工序按钮，弹出【创建工序】对话框，按如图2-30所示设置，单击【确定】按钮。

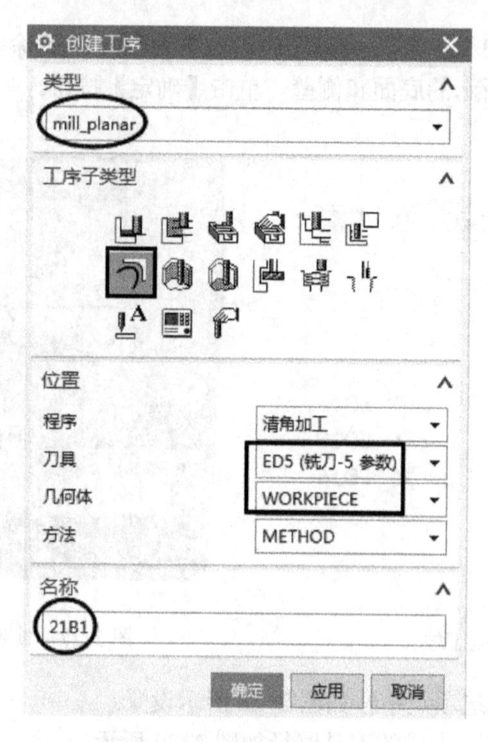

图 2-30　创建清理拐角工序

（2）单击指定部件边界按钮，弹出【部件边界】对话框，在【选择方法】中选择曲线，在【选择曲线】中选择方框的上边缘，其余按如图 2-31 所示设置，单击【确定】按钮。

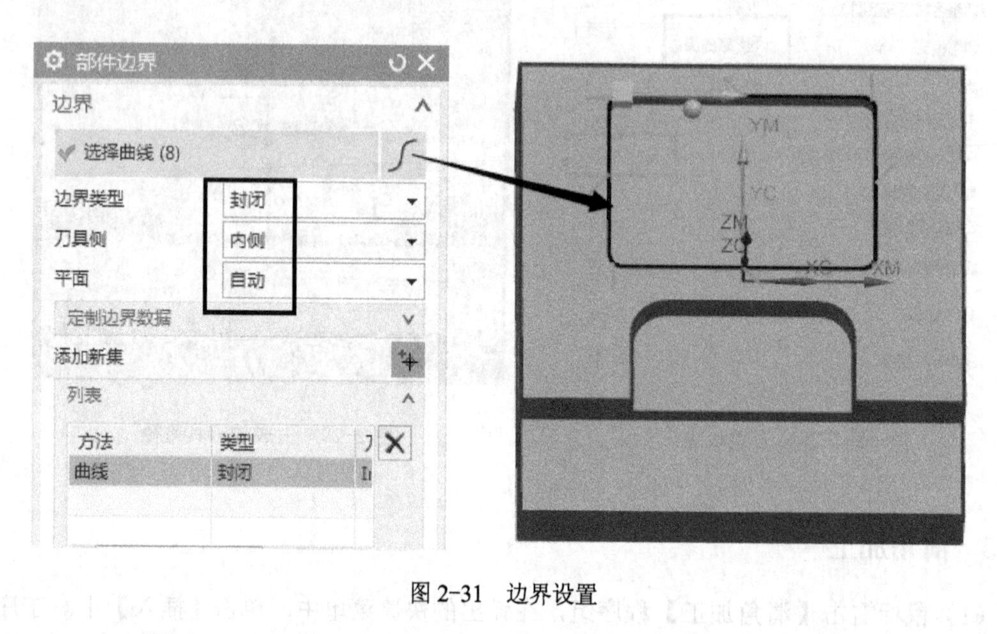

图 2-31　边界设置

（3）单击指定底面按钮，弹出【平面】对话框，在【选择平面对象】中选择方框底底面，如图 2-32 所示，单击【确定】按钮。

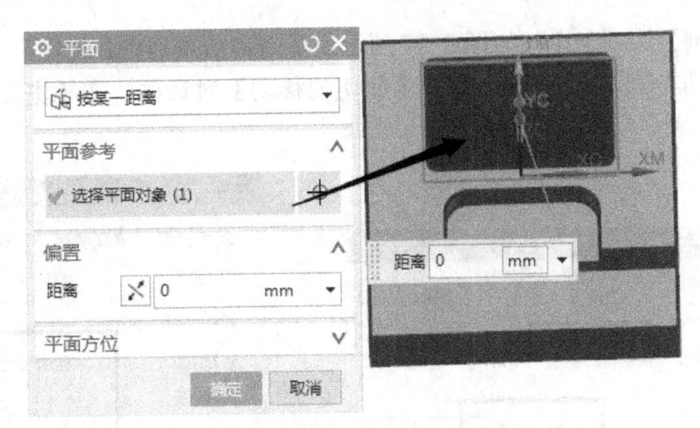

图 2-32 加工底平面设置

（4）在【刀轨设置】选项组中按如图 2-33 所示设置。

（5）单击 切削层按钮，弹出【切削层】对话框，按如图 2-34 所示设置，单击【确定】按钮。

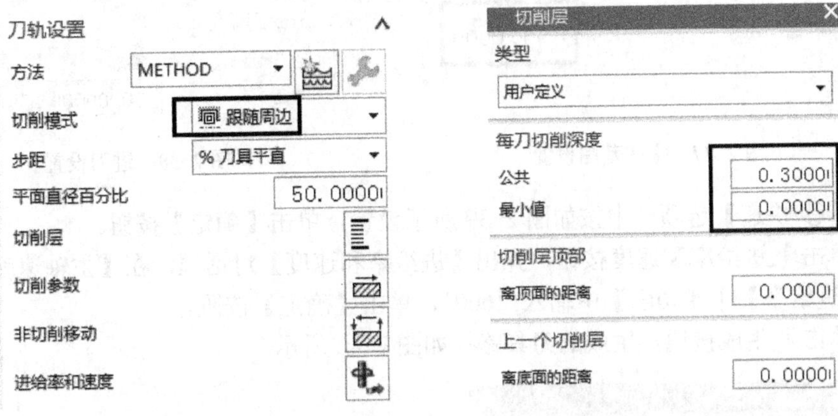

图 2-33 刀轨设置　　　　图 2-34 切削深度设置

（6）单击 切削参数按钮，弹出【切削参数】对话框，在【策略】选项卡中按如图 2-35 所示设置，【余量】选项卡中按如图 2-36 所示设置，

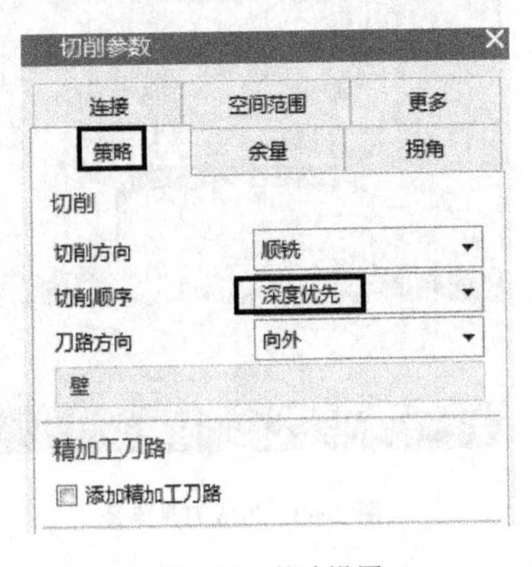

图 2-35 策略设置

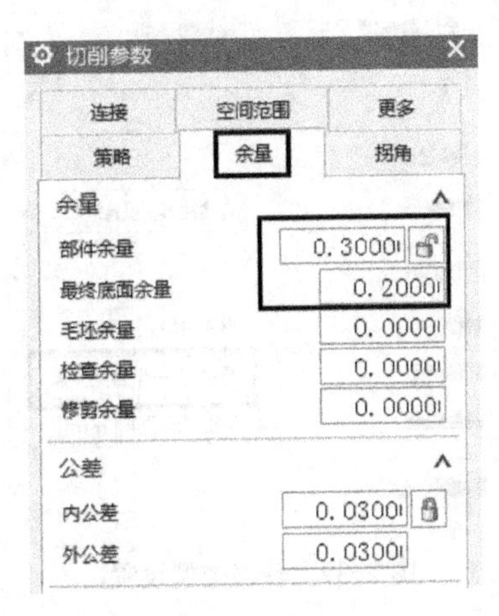

图 2-36 余量设置

在【空间范围】选项卡中按如图 2-37 所示设置，单击【确定】按钮。

（7）单击非切削移动按钮，弹出【非切削移动】对话框，在【进刀】选项卡中按如图 2-38 所示设置。

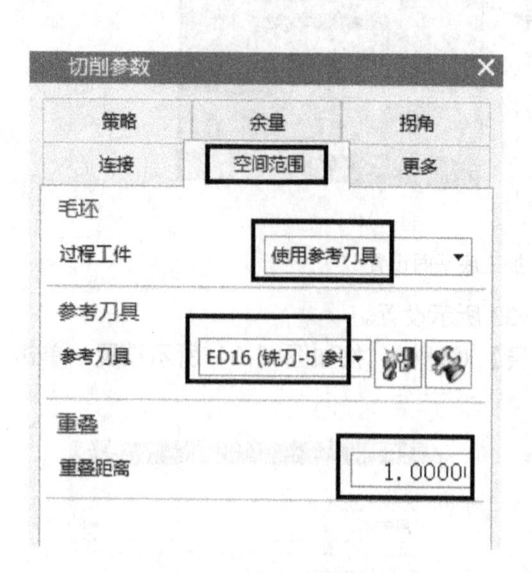

图 2-37　空间范围设置

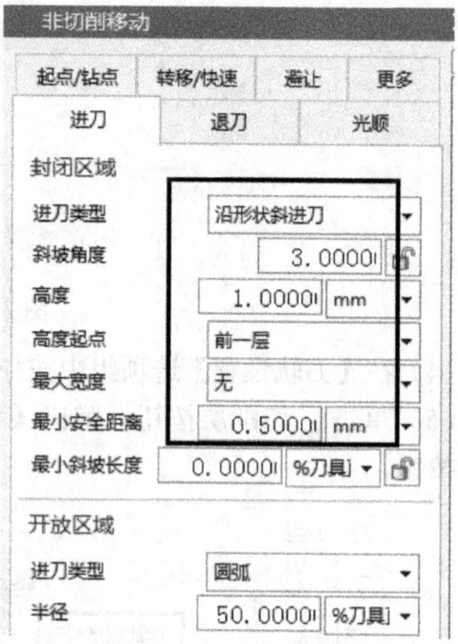

图 2-38　进刀设置

在【转移/快速】选项卡中按如图 2-39 所示设置，单击【确定】按钮。

（8）单击进给率和速度按钮，弹出【进给率和速度】对话框，在【主轴速度】中输入“2200”，【进给率】|【切削】中输入“600”，单击【确定】按钮。

（9）单击生成按钮，生成的刀具路径如图 2-40 所示。

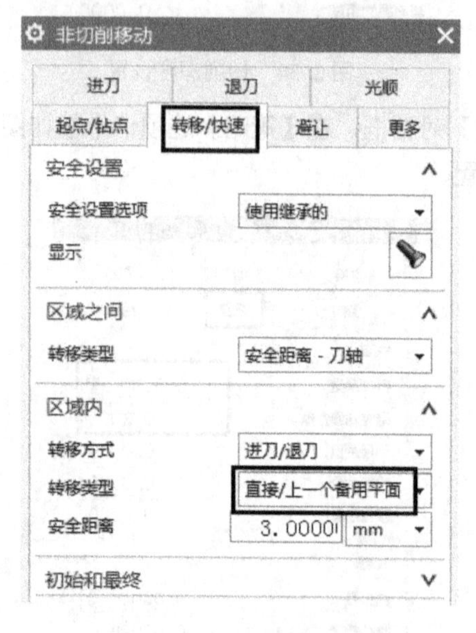

图 2-39　转移类型设置

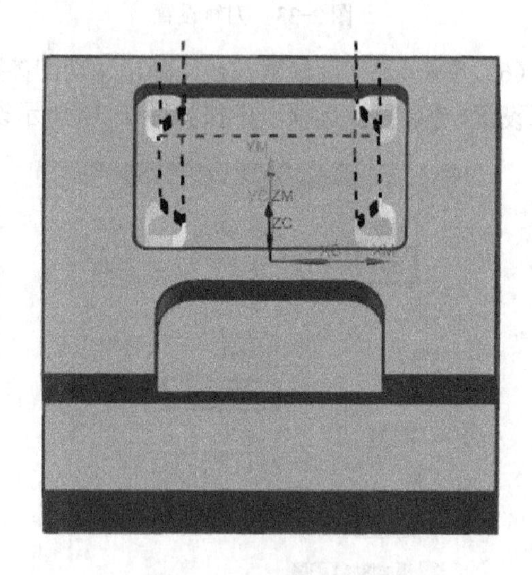

图 2-40　生成刀具路径

2.1.4　基座精加工

1. 基座方框底面精加工

(1) 鼠标右击【基座精加工】程序组，在弹出的快捷菜单中，单击【插入】| 工序按钮，弹出【创建工序】对话框，按如图2-41所示设置，单击【确定】按钮。

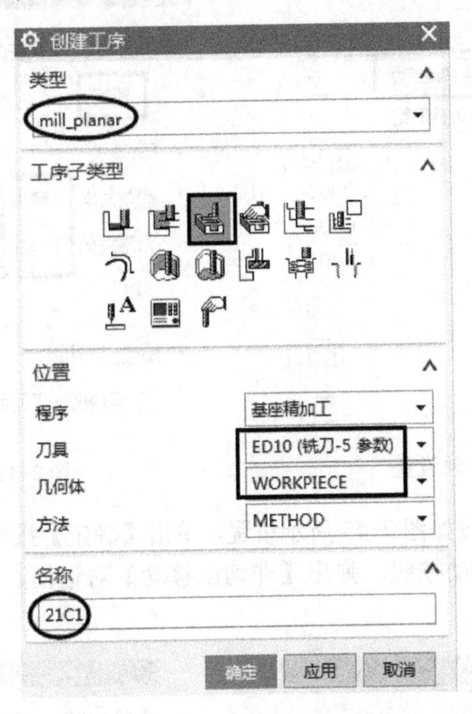

图2-41　创建带边界面铣工序

(2) 单击指定面边界按钮，弹出【毛坯边界】对话框，在【选择方法】中选择面，在【选择面】中选择方框的底面，【刀具侧】选择【内侧】，其余默认，如图2-42所示，单击【确定】按钮。

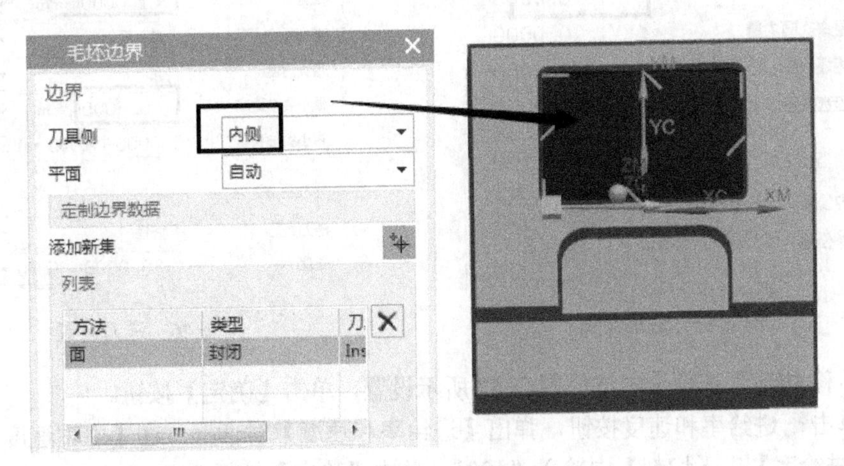

图2-42　边界设置

（3）在【刀轨设置】选项组中按如图 2-43 所示设置。

（4）单击切削参数按钮，弹出【切削参数】对话框，在【策略】选项卡中按如图 2-44 所示设置。

图 2-43　刀轨设置

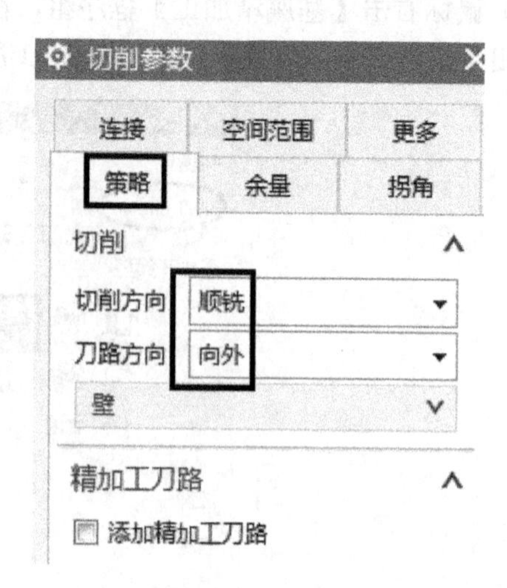

图 2-44　策略设置

在【余量】选项卡中按如图 2-45 所示设置，单击【确定】按钮。

（5）单击非切削移动按钮，弹出【非切削移动】对话框，在【进刀】选项卡中按如图 2-46 所示设置。

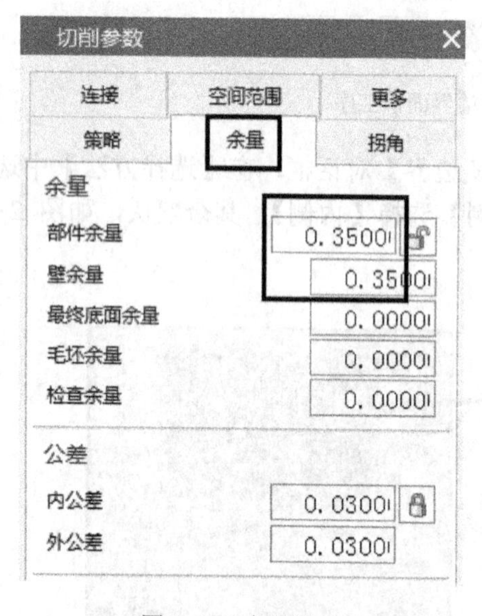

图 2-45　余量设置

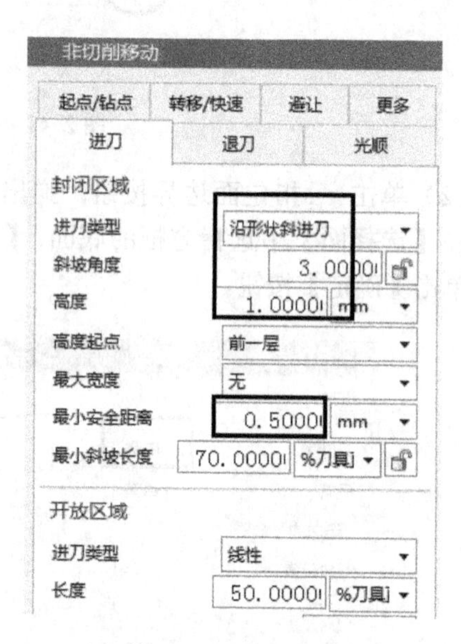

图 2-46　进刀设置

在【转移/快速】选项卡中按如图 2-47 所示设置，单击【确定】按钮。

（6）单击进给率和速度按钮，弹出【进给率和速度】对话框，在【主轴速度】中输入“2000”，【进给率】｜【切削】中输入“600”，单击【确定】按钮。

（7）单击生成按钮，生成的刀具路径如图 2-48 所示。

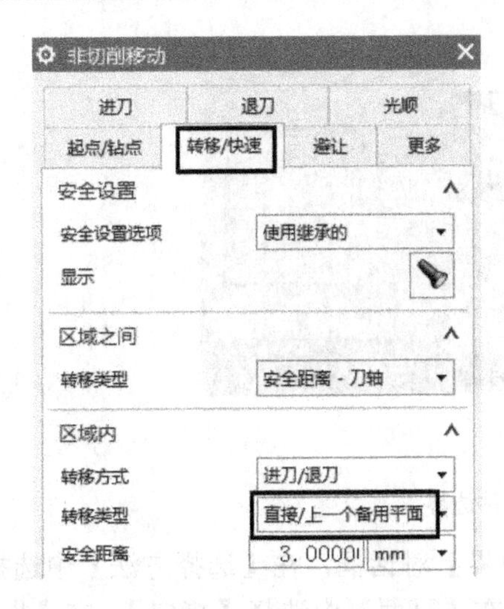

图 2-47 转移类型设置

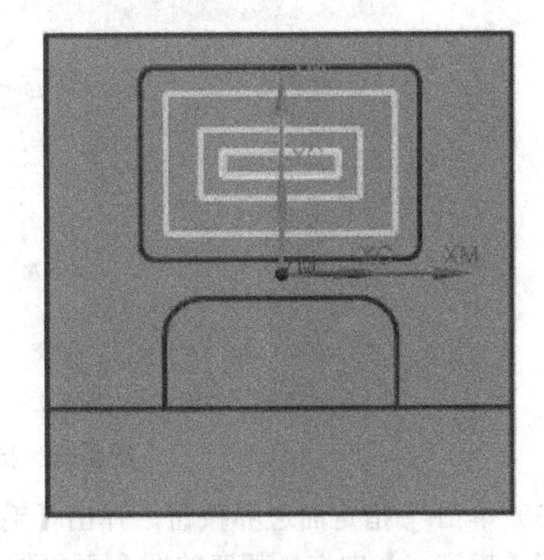

图 2-48 生成刀具路径

2. 其余底面精加工

（1）鼠标右击【基座精加工】程序组，在弹出的快捷菜单中，单击【插入】|工序按钮，弹出【创建工序】对话框，按如图 2-49 所示设置，单击【确定】按钮。

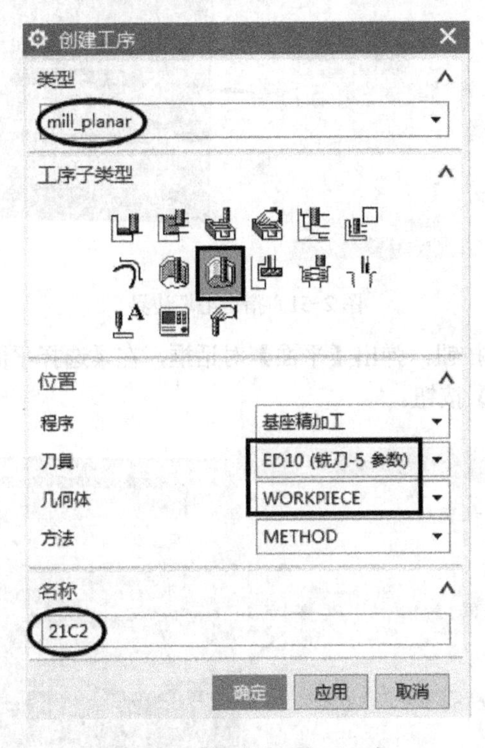

图 2-49 创建精铣底面工序

（2）单击指定部件边界按钮，弹出【部件边界】对话框，在【选择方法】中选择曲线，在【选择曲线】中选择如图 2-50 所示的基座顶平面外边缘，单击添加新集按钮，选择中间台阶面边缘，【刀具侧】选择【外侧】，其余默认，单击【确定】按钮。

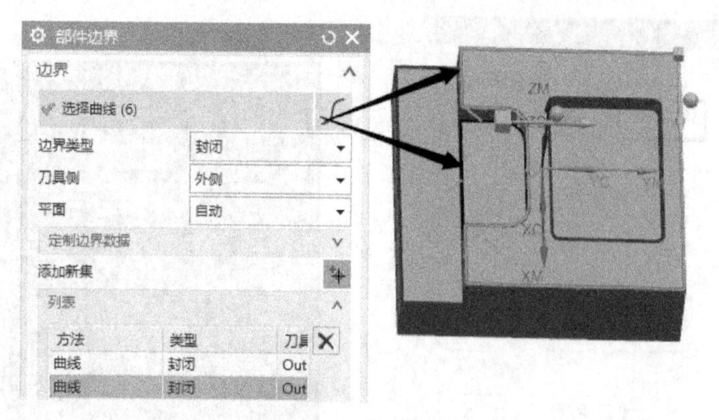

图 2-50　指定部件边界

（3）单击指定面边界按钮，弹出【毛坯边界】对话框，在【选择方法】中选择点，在【指定点】中选择基座的四个直角顶点，在【平面】中选择【指定】，在【指定平面】中选择基座的顶平面，如图 2-51 所示，单击【确定】按钮。

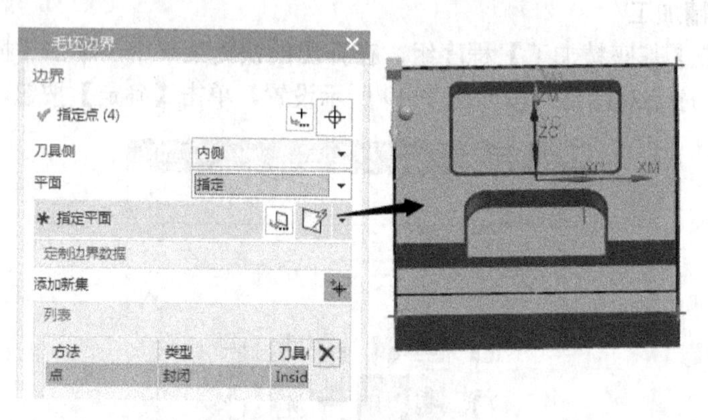

图 2-51　指定毛坯边界

（4）单击指定底面按钮，弹出【平面】对话框，在【选择平面对象】中选择如图 2-52 所示的底面，单击【确定】按钮。

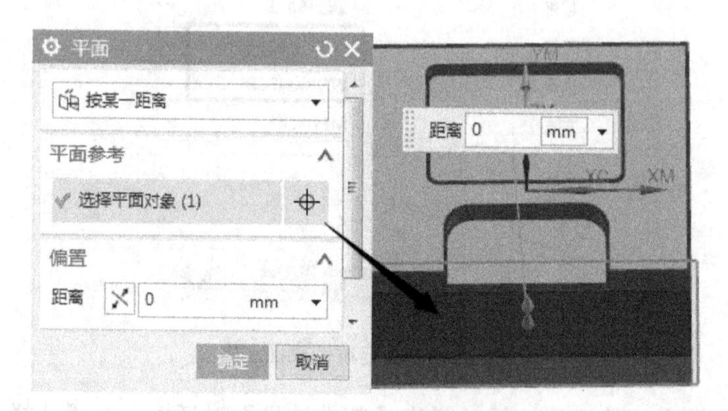

图 2-52　指定底平面几何体

（5）在【刀轨设置】选项组中按如图 2-53 所示设置。

（6）单击切削层按钮，弹出【切削层】对话框，按如图 2-54 所示设置。

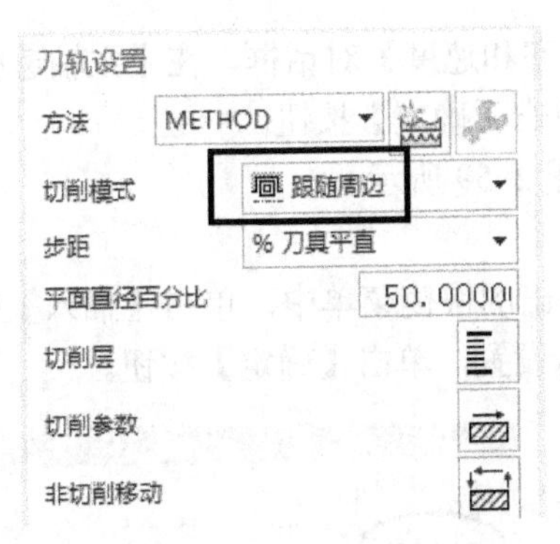

图 2-53 刀轨设置

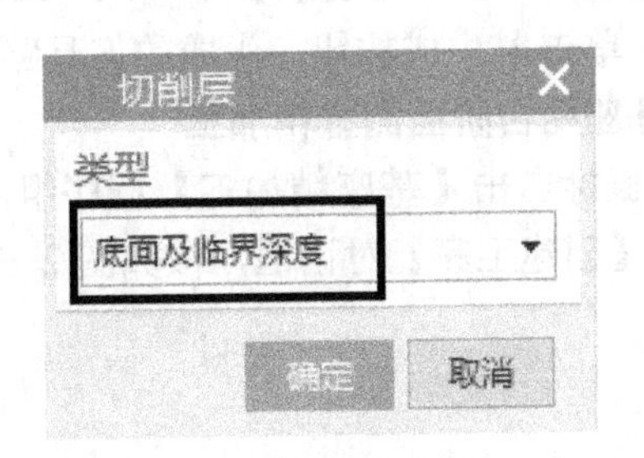

图 2-54 切削层设置

（7）单击切削参数按钮，弹出【切削参数】对话框，在【策略】选项卡中按如图 2-55 所示设置，【余量】选项卡中按如图 2-56 所示设置，单击【确定】按钮。

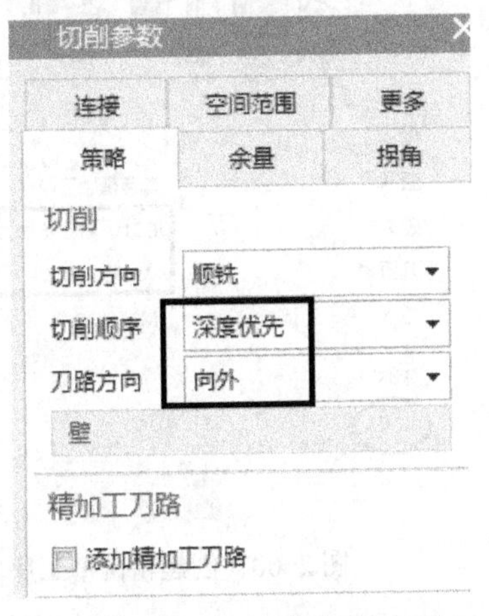

图 2-55 策略设置

图 2-56 余量设置

（8）单击非切削移动按钮，弹出【非切削移动】对话框，在【进刀】选项卡中按如图 2-57 所示设置，【转移/快速】选项卡中按如图 2-58 所示设置，单击【确定】按钮。

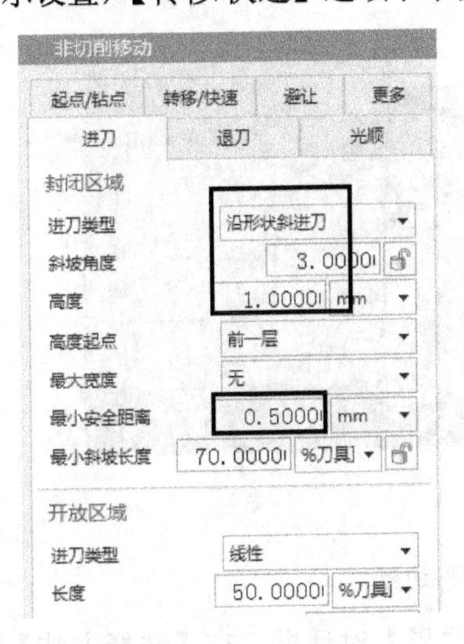

图 2-57 进刀设置

图 2-58 转移类型设置

（9）单击进给率和速度按钮，弹出【进给率和速度】对话框，在【主轴速度】中输入“2000”，【进给率】|【切削】中输入“600”，单击【确定】按钮。

（10）单击生成按钮，生成的刀具路径如图 2-59 所示。

3．基座两台阶面侧壁精加工

（1）鼠标右击【基座精加工】程序组，在弹出的快捷菜单中，单击【插入】|工序按钮，弹出【创建工序】对话框，按如图 2-60 所示设置，单击【确定】按钮。

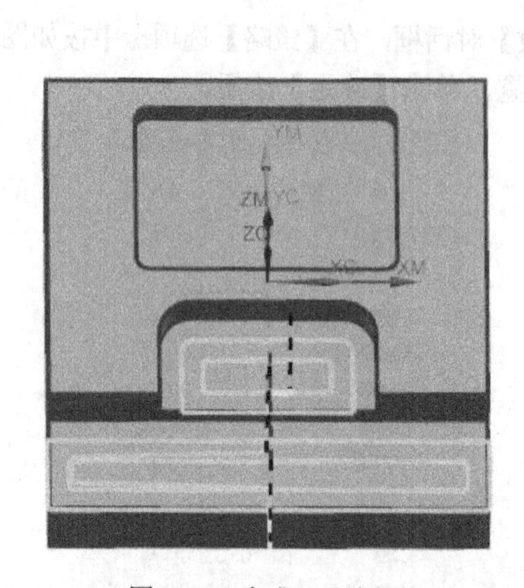

图 2-59　生成刀具路径

图 2-60　创建精铣壁工序

（2）单击指定部件边界按钮，弹出【部件边界】对话框，在【选择方法】中选择曲线，在【选择曲线】中选择如图 2-61 所示的基座顶平面的外边缘，单击添加新集按钮，再选择中间台阶面的边缘，【刀具侧】选择【外侧】，其余默认，单击【确定】按钮。

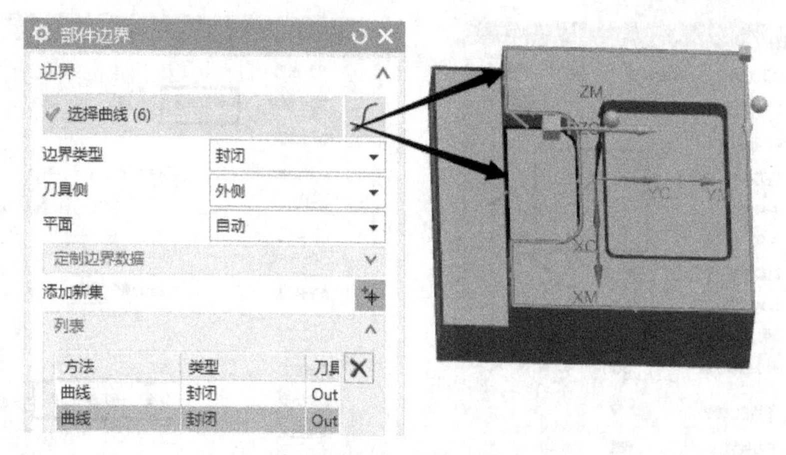

图 2-61　指定部件边界

（3）单击指定修剪边界按钮，弹出【修剪边界】对话框，在【选择方法】中选择点，在【指定点】中选择基座的四个直角顶点，在【刀具侧】中选择【外侧】，如图 2-62 所示，单击【确定】按钮。

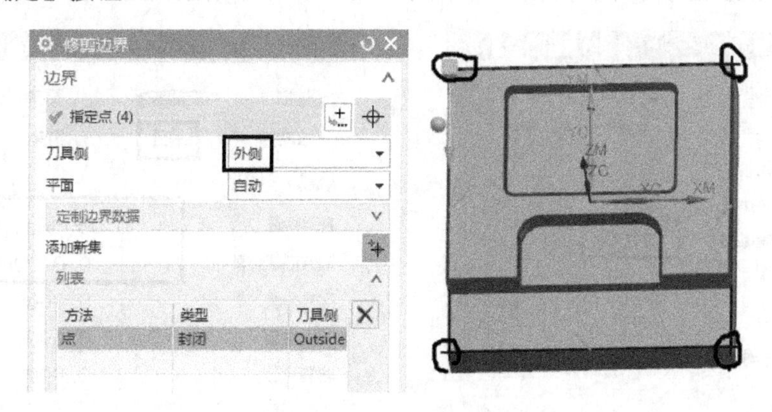

图 2-62　指定修剪边界

（4）单击指定底面按钮，弹出【平面】对话框，在【选择平面对象】中选择如图 2-63 所示的底面，单击【确定】按钮。

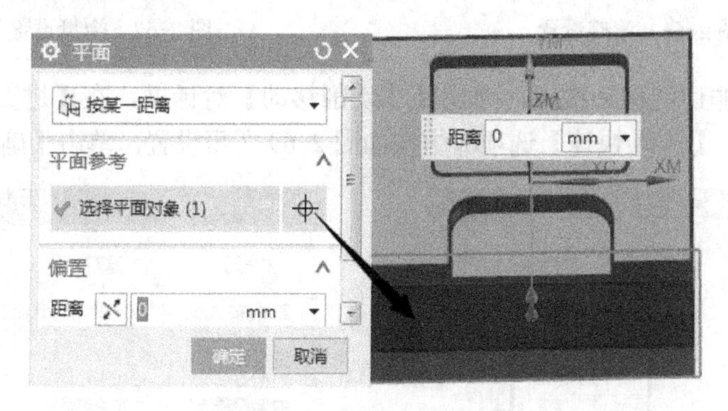

图 2-63　指定底平面几何体

（5）在【刀轨设置】选项组中按如图 2-64 所示设置。

（6）单击切削层按钮，弹出【切削层】对话框，按如图 2-65 所示设置。

图 2-64　刀轨设置

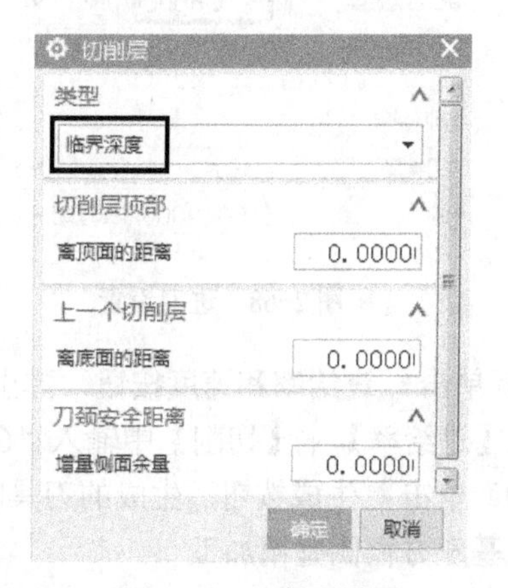

图 2-65　切削层设置

（7）单击切削参数按钮，弹出【切削参数】对话框，在【策略】选项卡中按如图 2-66 所示设置，【余量】选项卡中按如图 2-67 所示设置，单击【确定】按钮。

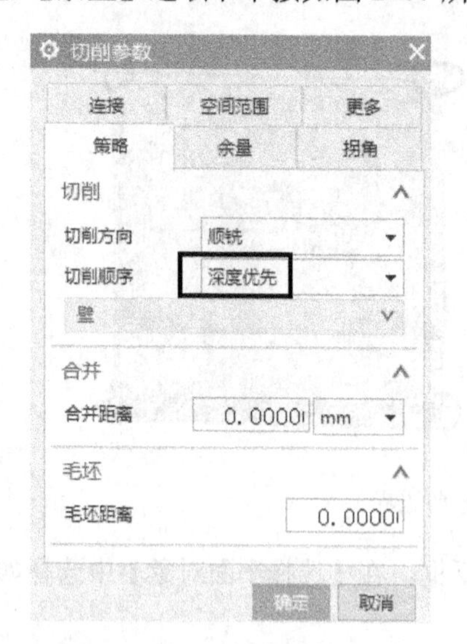

图 2-66　策略设置

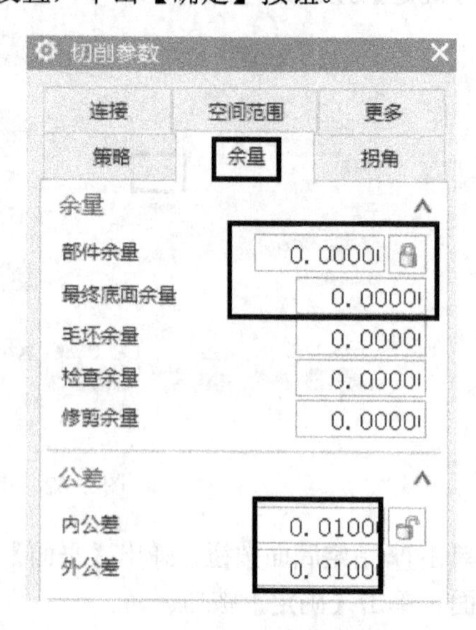

图 2-67　余量设置

（8）单击非切削移动按钮，弹出【非切削移动】对话框，在【进刀】选项卡中按如图 2-68 所示设置，【转移/快速】选项卡中按如图 2-69 所示设置，单击【确定】按钮。

图 2-68　进刀设置

图 2-69　转移类型设置

（9）单击进给率和速度按钮，弹出【进给率和速度】对话框，在【主轴速度】中输入“2000”，【进给率】｜【切削】中输入“600”，单击【确定】按钮。

（10）单击生成按钮，生成的刀具路径如图 2-70 所示。

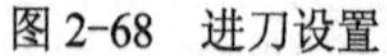

4．基座方框侧壁精加工

（1）鼠标右击【基座精加工】程序组，在弹出的快捷菜单中，单击【插入】｜工序按钮，弹出【创建工序】对话框，按如图 2-71 所示设置，单击【确定】按钮。

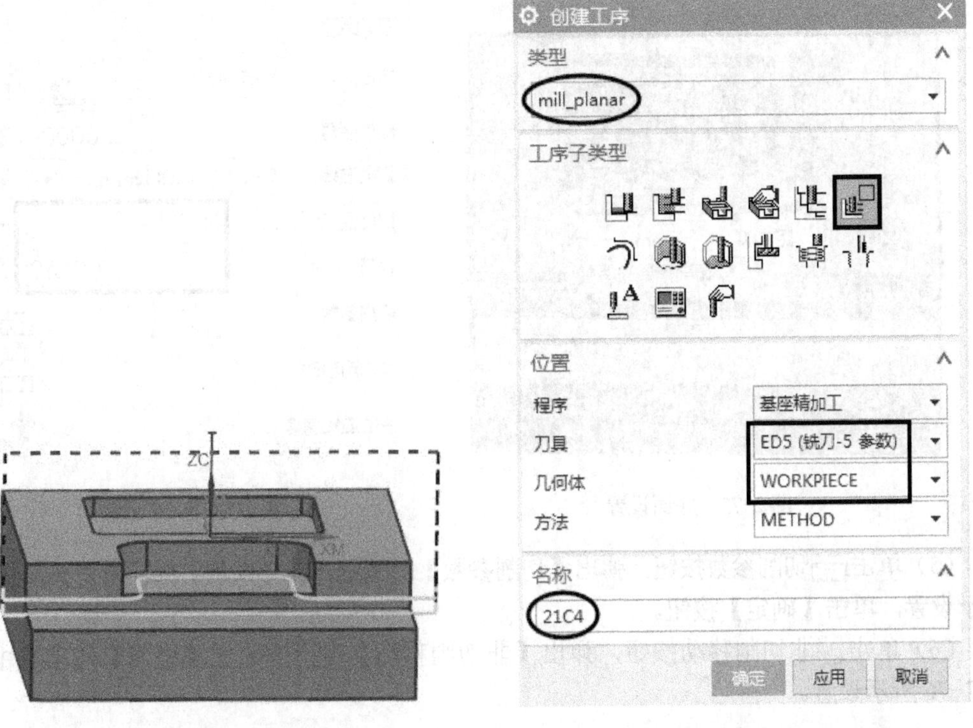

图 2-70　生成刀具路径　　　　图 2-71　创建平面轮廓铣工序

（2）单击指定部件边界按钮，弹出【部件边界】对话框，在【选择方法】中选择曲线，在【选择曲线】中选择方框的上边缘，【刀具侧】选择【内侧】，其余默认，如图 2-72 所示，单击【确定】按钮。

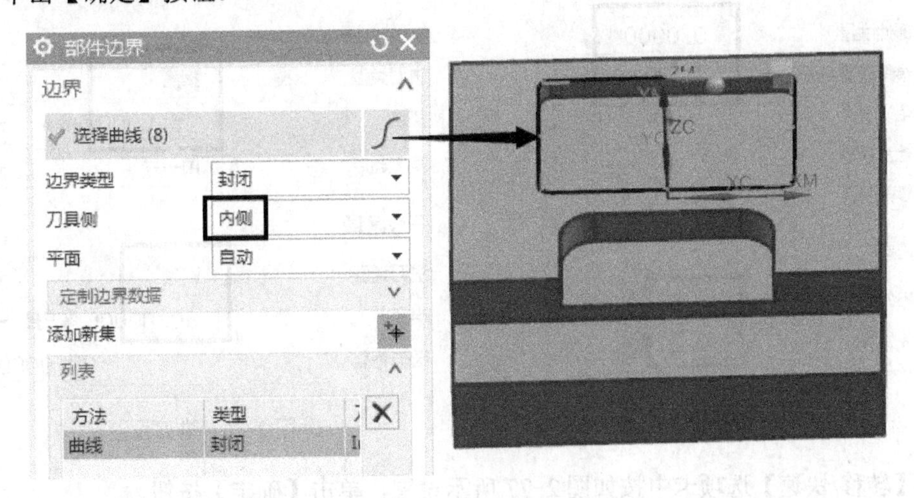

图 2-72　边界设置

（3）单击指定底面按钮，弹出【平面】对话框，在【选择平面对象】中选择如图 2-73 所示的方框底面，单击【确定】按钮。

（4）在【刀轨设置】选项组中按如图 2-74 所示设置。

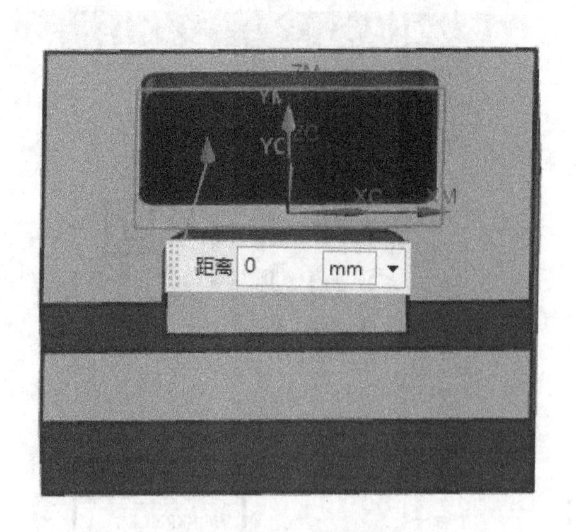

图 2-73　底面设置

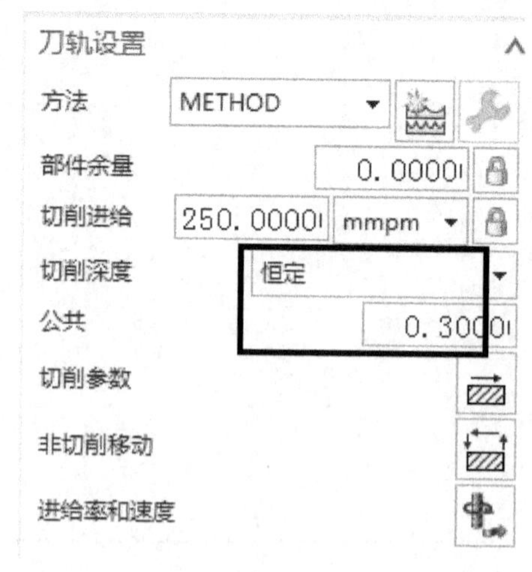

图 2-74　刀轨设置

（5）单击切削参数按钮，弹出【切削参数】对话框，在【余量】选项卡中按如图 2-75 所示设置，单击【确定】按钮。

（6）单击非切削移动按钮，弹出【非切削移动】对话框，在【进刀】选项卡中按如图 2-76 所示设置。

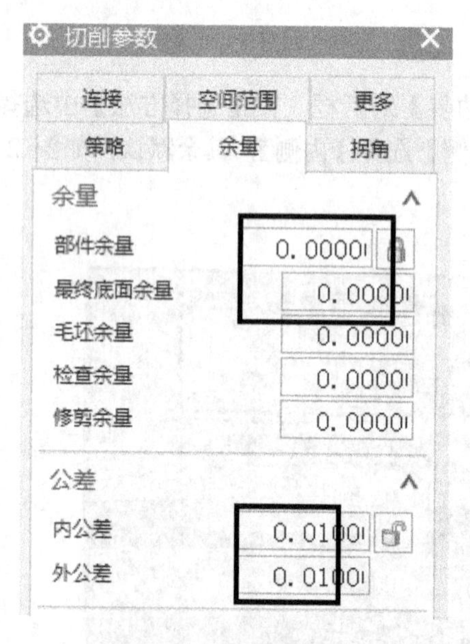

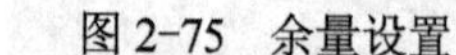
图 2-75　余量设置

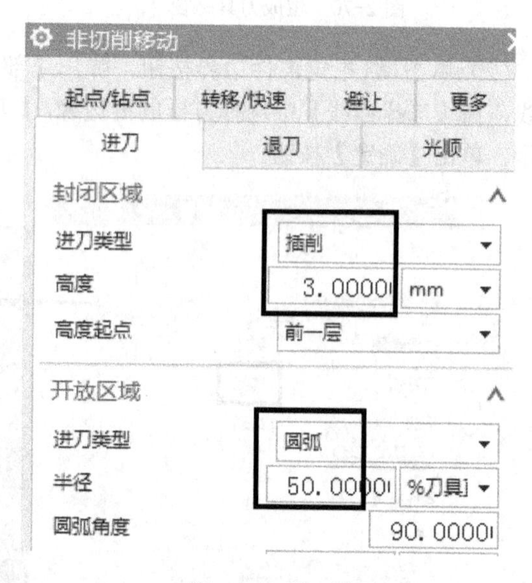

图 2-76　进刀设置

在【转移/快速】选项卡中按如图 2-77 所示设置，单击【确定】按钮。

（7）单击进给率和速度按钮，弹出【进给率和速度】对话框，在【主轴速度】中输入“2500”，【进给率】|【切削】中输入“500”，单击【确定】按钮。

（8）单击生成按钮，生成的刀具路径如图 2-78 所示。

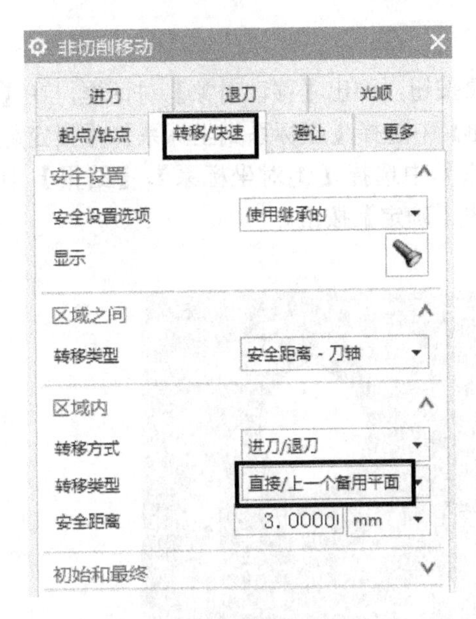

图 2-77　转移类型设置

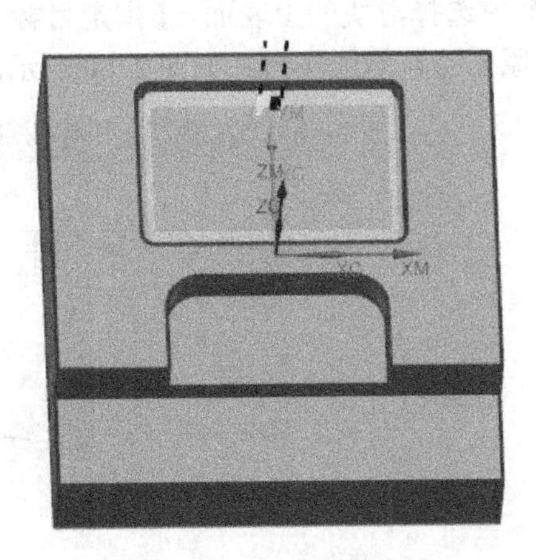

图 2-78　生成的刀具路径

2.1.5　仿真模拟加工

选中所有程序，单击鼠标右键，在弹出的快捷菜单中，单击【刀轨】|确认按钮，弹出【刀轨可视化】对话框，单击【3D 动态】按钮，单击播放按钮，仿真模拟加工如图 2-79 所示。

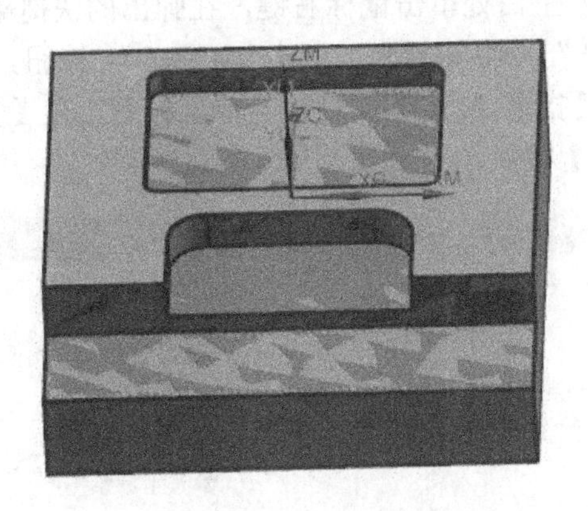

图 2-79　仿真加工图

2.2　基座滑块编程与加工

基座滑块编程与加工

2.2.1　编程准备

1. 打开文件

启动 UG 软件，打开 2.2 基座滑块零件模型，零件材料为 45 钢。

2．创建加工坐标系和工件几何体

（1）单击【菜单】|【编辑】|移动对象按钮，弹出【移动对象】对话框，在【选择对象】中选择滑块和文字，在【变换】|【运动】中选择【坐标系到坐标系】,【指定起始坐标系】中选择滑块的上表面，【指定目标坐标系】中选择【绝对坐标系】,【结果】中选择【移动原先的】单选按钮，如图 2-80 所示，单击【确定】按钮。

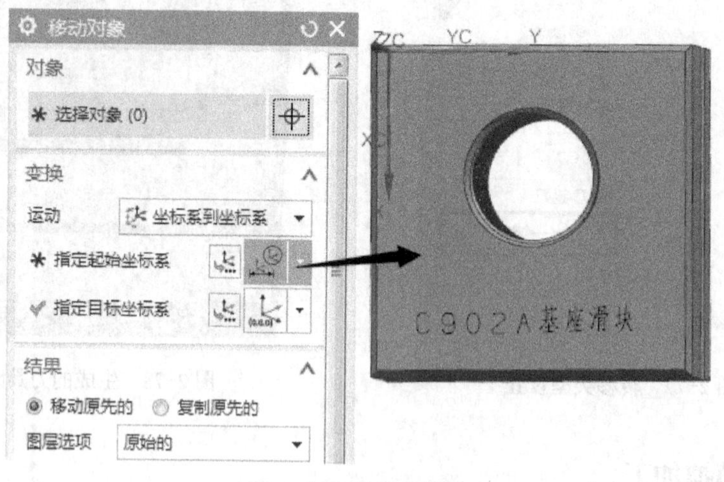

图 2-80　坐标系设置

（2）在【应用模块】中单击加工按钮，弹出【加工环境】对话框，按如图 2-81 所示设置。

（3）在【工序导航器】空白处单击鼠标右键，在弹出的快捷菜单中选择几何视图，单击 MCS_MILL 前面的“+”号将其展开。双击 MCS_MILL 按钮，弹出【MSC 铣削】对话框，在【机床坐标系】|【指定 MSC】中默认当前坐标系，在【安全距离】中输入 30，如图 2-82 所示，单击【确定】按钮。

图 2-81　加工环境设置

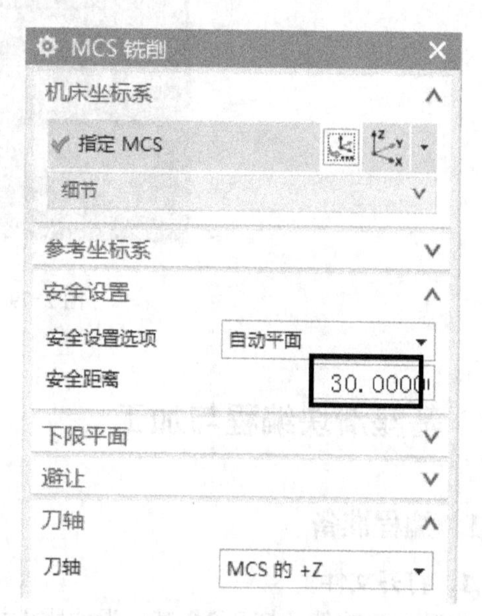

图 2-82　安全设置

（4）创建工件几何体。双击 WORKPIECE 按钮，弹出【工件】对话框，单击指定部件按钮，弹出【部件几何体】对话框，在【选择对象】中选择基座滑块模型，单击【确定】按钮；单击指定毛坯按钮，弹出【毛坯几何体】对话框，在下拉列表中选择【包容块】，如图 2-83 所示，单击【确定】按钮。

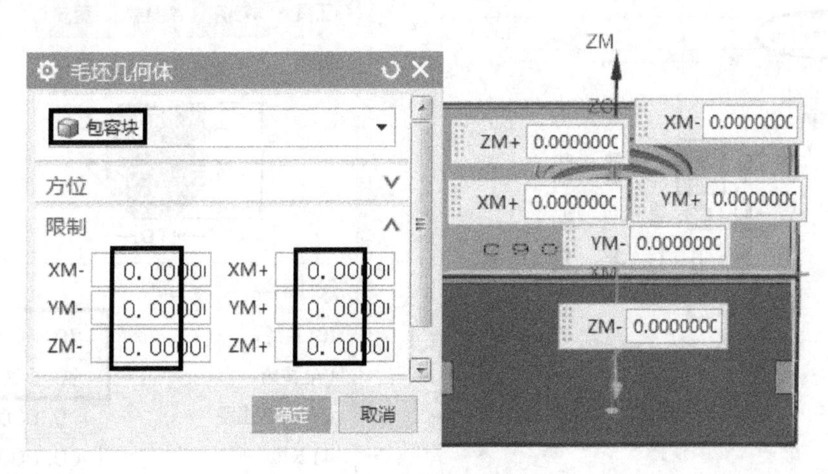

图 2-83 创建毛坯几何体

3．创建刀具

（1）在【工序导航器】空白处单击鼠标右键，在弹出的快捷菜单中选择机床视图，在工具栏中单击创建刀具按钮，弹出【创建刀具】对话框，按如图 2-84 所示设置，单击【确定】按钮，弹出【铣刀-5 参数】对话框，在【尺寸】选项组中按如图 2-85 所示设置，单击【确定】按钮。

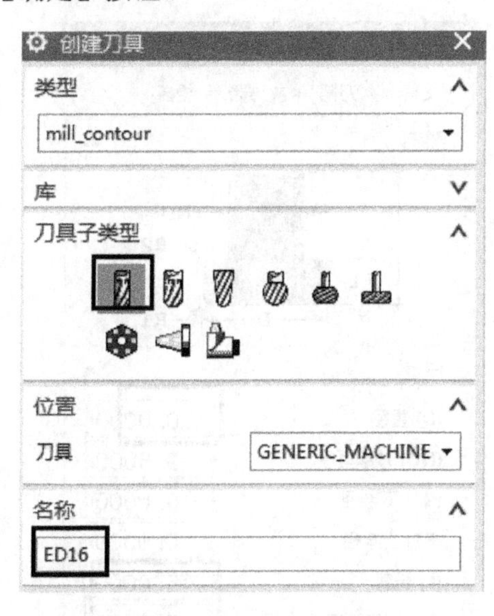

图 2-84 创建刀具

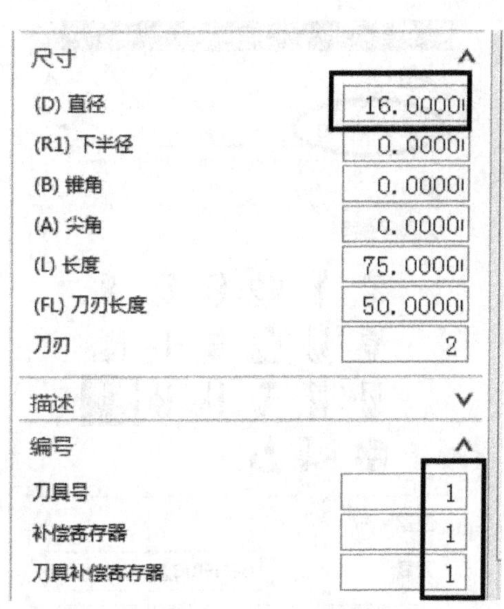

图 2-85 刀具参数设置

（2）用同样的方法，创建雕刻刀 B0.2。

（3）创建倒角刀。单击创建刀具按钮，弹出【创建刀具】对话框，按如图 2-86 所示设置，单击【确定】按钮，弹出【埋头孔】对话框，在【尺寸】选项组中按如图 2-87 所示设置，单击【确定】按钮。

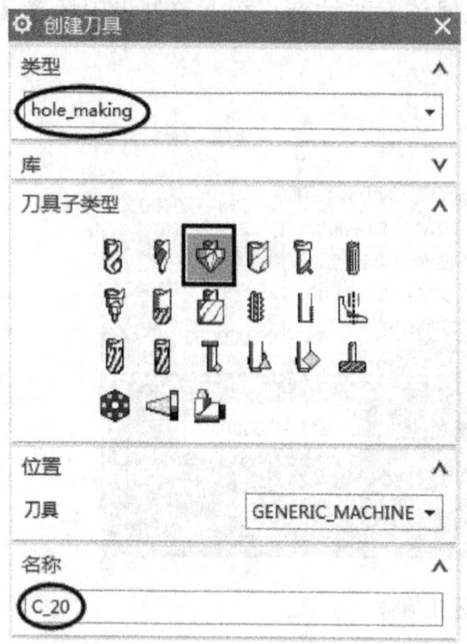

图 2-86　创建倒角刀具

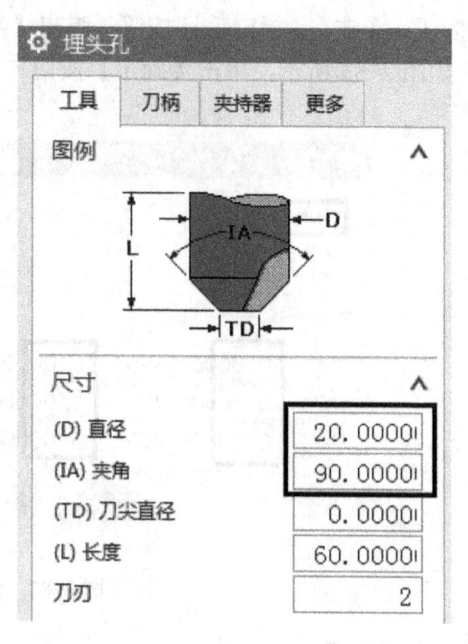

图 2-87　设置尺寸参数

（4）创建 T 形刀（软件中写作“T 型刀”）。单击创建刀具按钮，弹出【创建刀具】对话框，按如图 2-88 所示设置，单击【确定】按钮，弹出【铣刀-T 型刀】对话框，在【尺寸】选项组中按如图 2-89 所示设置，单击【确定】按钮。

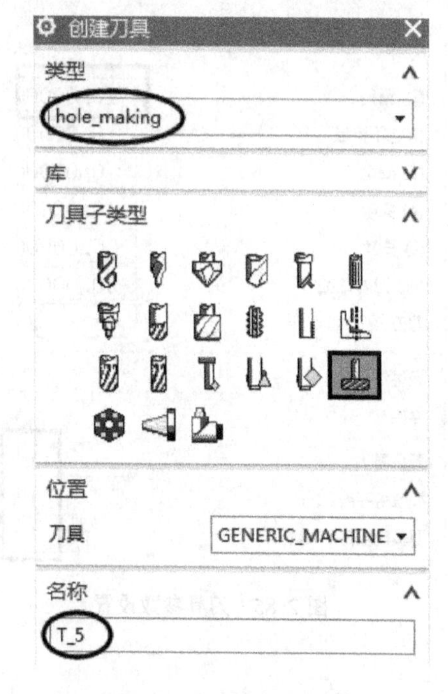

图 2-88　创建 T 型刀具

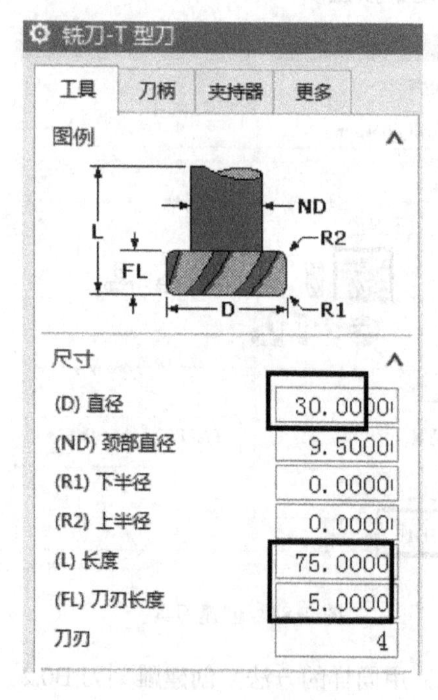

图 2-89　尺寸设置

（5）创建螺纹铣刀。单击创建刀具按钮，弹出【创建刀具】对话框，按如图 2-90 所示设置，单击【确定】按钮，弹出【螺纹铣刀】对话框，在【尺寸】选项组中按如图 2-91 所示设置，单击【确定】按钮。

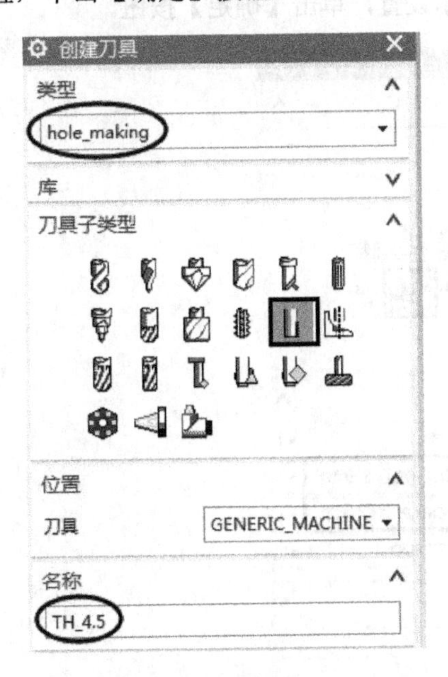

图 2-90　创建螺纹刀具

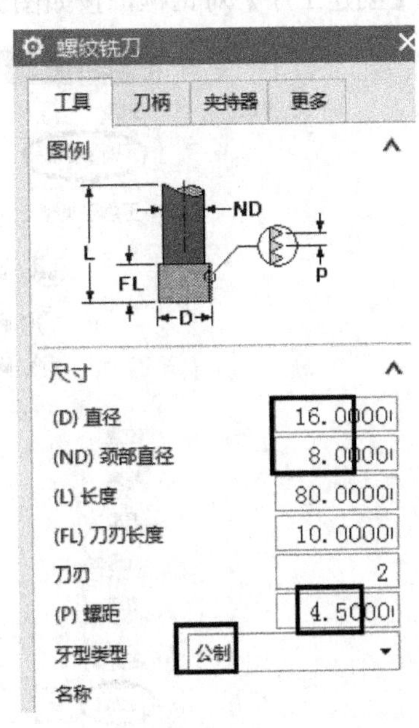

图 2-91　螺纹刀参数设置

4．创建程序顺序视图

（1）在【工序导航器】空白处单击鼠标右键，在弹出的快捷菜单中，选择程序顺序视图，在工具条中单击创建程序按钮，弹出【创建程序】对话框，按如图 2-92 所示设置，两次单击【确定】按钮，完成程序组的创建。

（2）用同样的方法，继续创建“倒角”、“螺纹铣”、“槽铣”、“平面刻字”程序组，如图 2-93 所示。

图 2-92　创建程序组

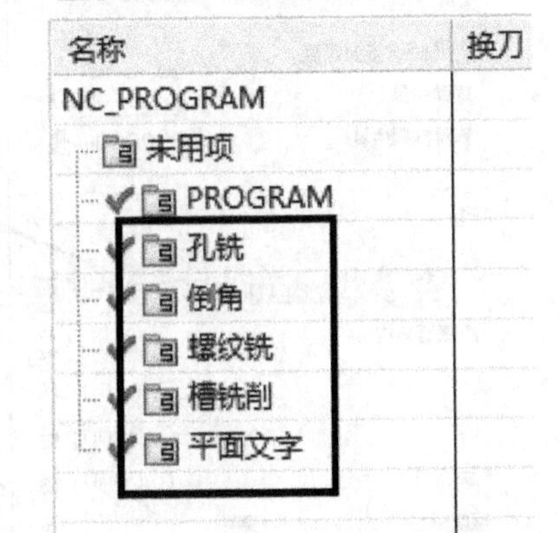

图 2-93　创建的所有程序组

2.2.2 孔铣

（1）鼠标右击【基座粗加工】程序组，在弹出的快捷菜单中，单击【插入】|工序按钮，弹出【创建工序】对话框，按如图 2-94 所示设置，单击【确定】按钮。

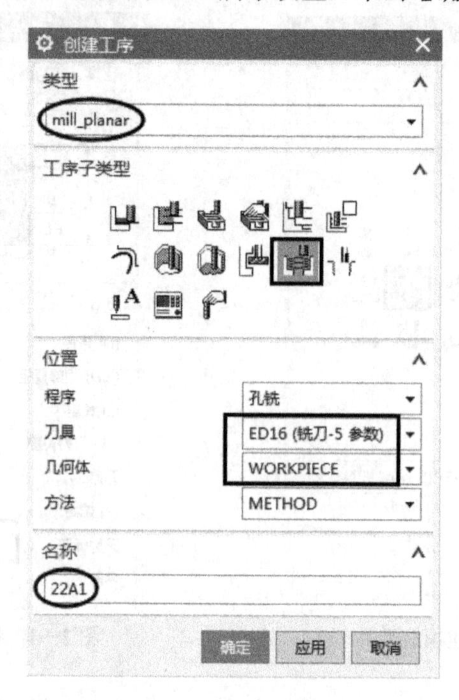

图 2-94 创建孔铣工序

（2）单击指定特征按钮，弹出【特征几何体】对话框，在【特征】|【选择对象】中选择螺纹的内圆柱面，如图 2-95 所示，单击【确定】按钮。

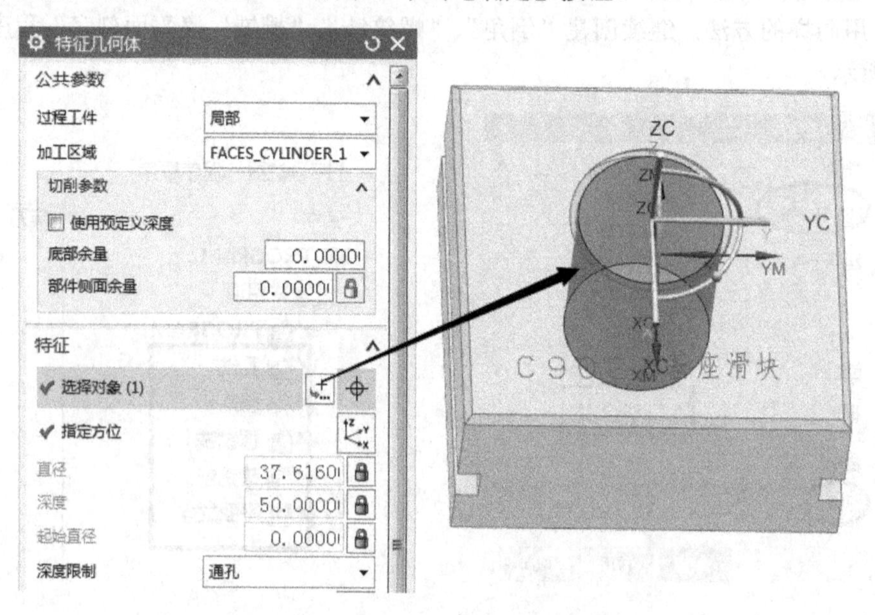

图 2-95 选择特征几何体

（3）在【刀轨设置】选项组中按如图 2-96 所示设置，单击【确定】按钮。

（4）单击切削参数按钮，弹出【切削参数】对话框，在【余量】选项卡中按如图 2-97 所示设置，单击【确定】按钮。

图 2-96 刀轨设置

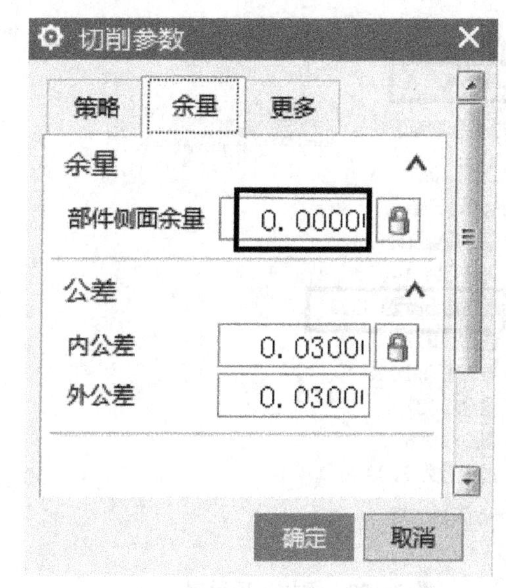

图 2-97 余量设置

（5）单击非切削移动按钮，弹出【非切削移动】对话框，在【进刀】选项卡中按如图 2-98 所示设置，单击【确定】按钮。

（6）单击进给率和速度按钮，在【主轴速度】中输入“1200”，【进给率】|【切削】中输入“1200”，单击【确定】按钮。

（7）在【孔铣】对话框的【选项】选项组中单击定制对话框按钮，如图 2-99 所示。

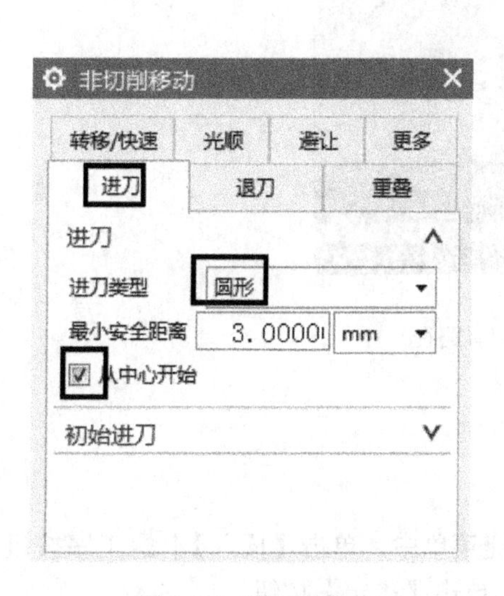

图 2-98 进刀设置

图 2-99 选择定制对话框

弹出【定制对话框】对话框，在【要添加的项】中用鼠标双击【运动输出类型】选项，如图 2-100 所示，单击【确定】按钮，返回【孔铣】对话框。

（8）在【运动输出类型】下拉列表中选择【直线】，如图 2-101 所示。

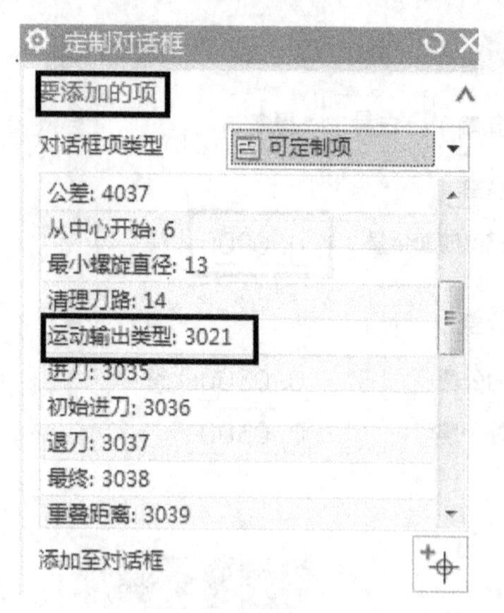

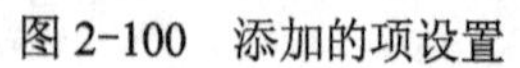
图 2-100　添加的项设置

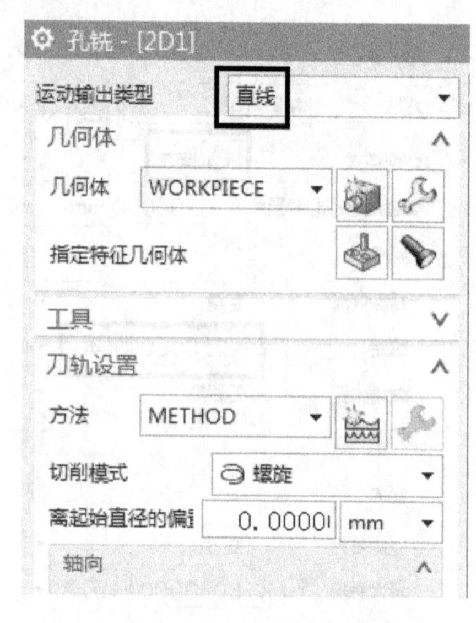

图 2-101　运动输出类型设置

（9）单击生成按钮，生成的刀具路径如图 2-102 所示。

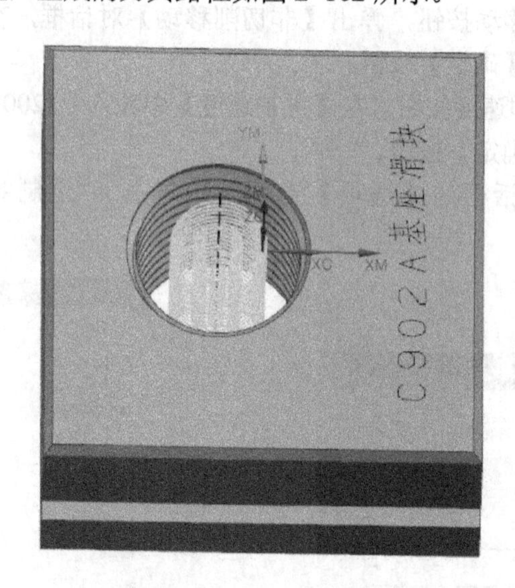

图 2-102　生成刀具路径

2.2.3　倒角

1．圆孔倒角（平面轮廓的特殊运用）

（1）鼠标右击【倒角】程序组，在弹出的快捷菜单中，单击【插入】|工序按钮，弹出【创建工序】对话框，按如图 2-103 所示设置，单击【确定】按钮。

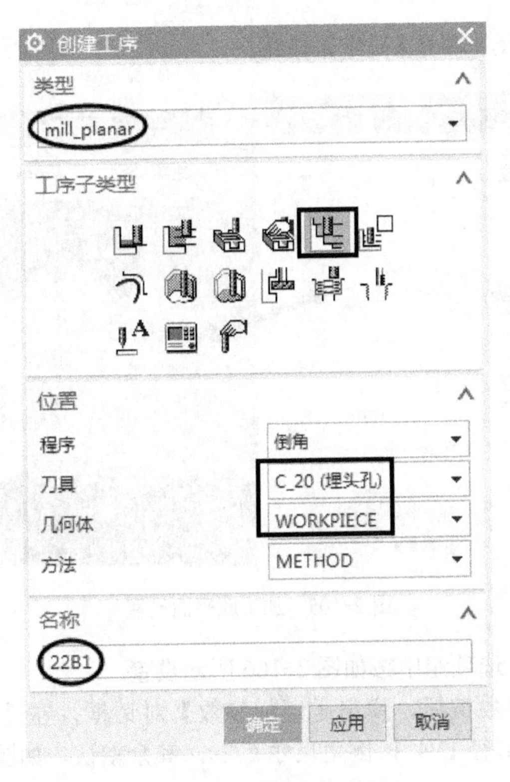

图 2-103　创建平面铣工序

（2）单击指定部件边界按钮，弹出【部件边界】对话框，在【选择方法】中选择曲线，在【选择曲线】中选择圆孔倒角的外边缘，如图 2-104 所示，单击【确定】按钮。

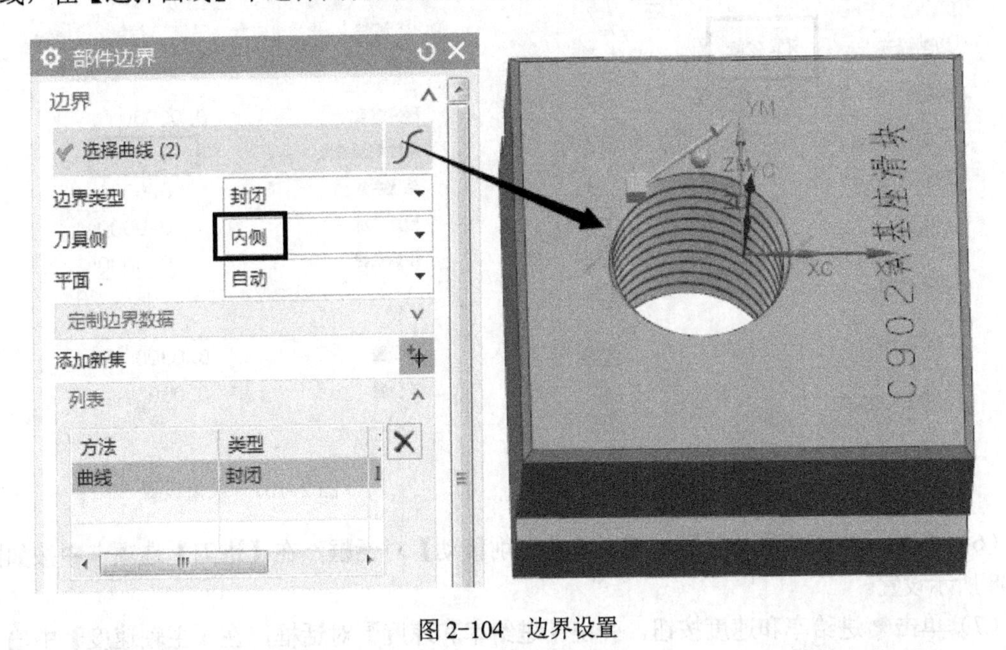

图 2-104　边界设置

（3）单击指定底面按钮，弹出【平面】对话框，在【选择平面对象】中选择滑块的上表面，如图 2-105 所示，单击【确定】按钮。

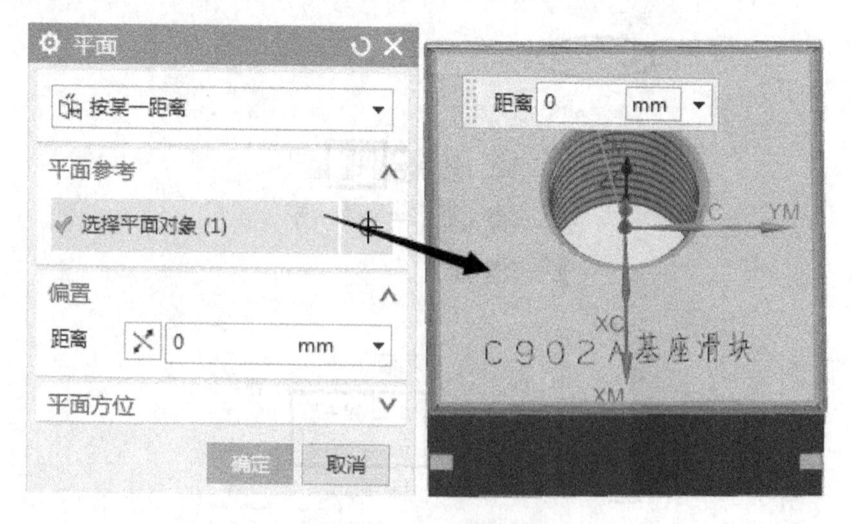

图 2-105　加工底平面设置

（4）在【刀轨设置】选项组中按如图 2-106 所示设置。

（5）单击切削参数按钮，弹出【切削参数】对话框，在【余量】|【最终底面余量】中输入“-6”（刀具直径 D/4 + 倒角尺寸 C/2），其余默认，如图 2-107 所示，单击【确定】按钮。

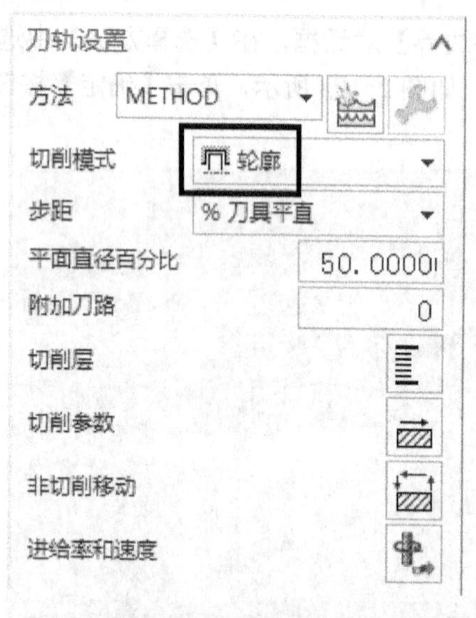

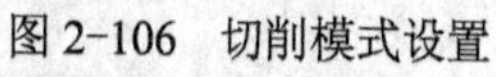
图 2-106　切削模式设置

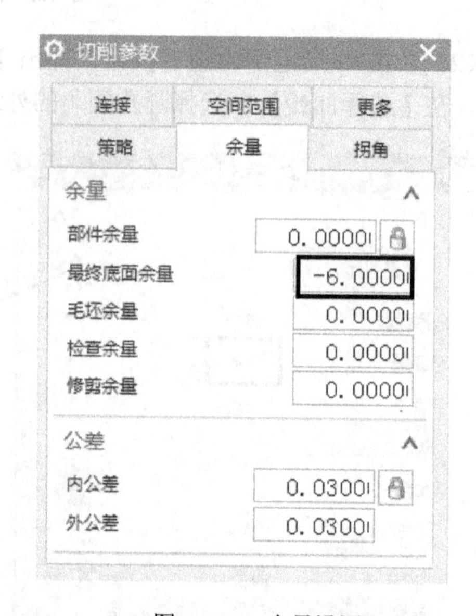

图 2-107　余量设置

（6）单击非切削移动按钮，弹出【非切削移动】对话框，在【进刀】选项卡中按如图 2-108 所示设置。

（7）单击进给率和速度按钮，弹出【进给率和速度】对话框，在【主轴速度】中输入“1800”，【进给率】|【切削】中输入“1200”，单击【确定】按钮。

（8）单击生成按钮，生成的刀具路径如图 2-109 所示。

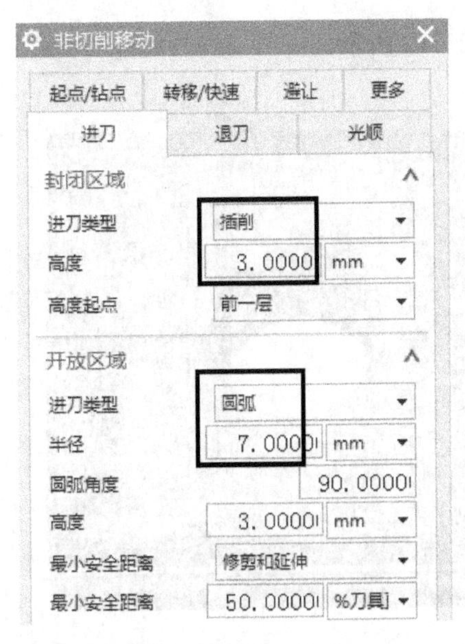

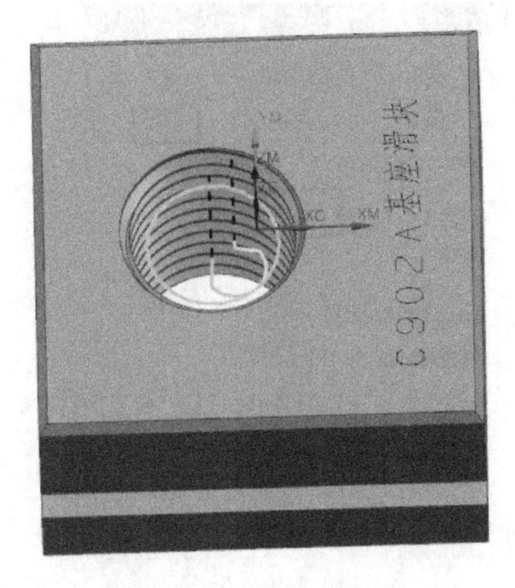

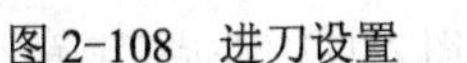
图2-108　进刀设置

图2-109　生成刀具路径

2．滑块边缘倒角

（1）鼠标右击刚创建的“22B1”程序，在弹出的快捷菜单中选择【复制】，再次右击“22B1”程序，在弹出的快捷菜单中选择【粘贴】，将名称重命名为“22B2”。

（2）双击“22B2”程序，弹出【平面铣】对话框，单击指定部件边界按钮，弹出【部件边界】对话框，在【列表】中删除之前的选项，在【选择方法】中选择曲线，在【选择曲线】中选择滑块四方倒角的内边缘，在【刀具侧】中选择【外侧】，如图2-110所示，单击【确定】按钮。

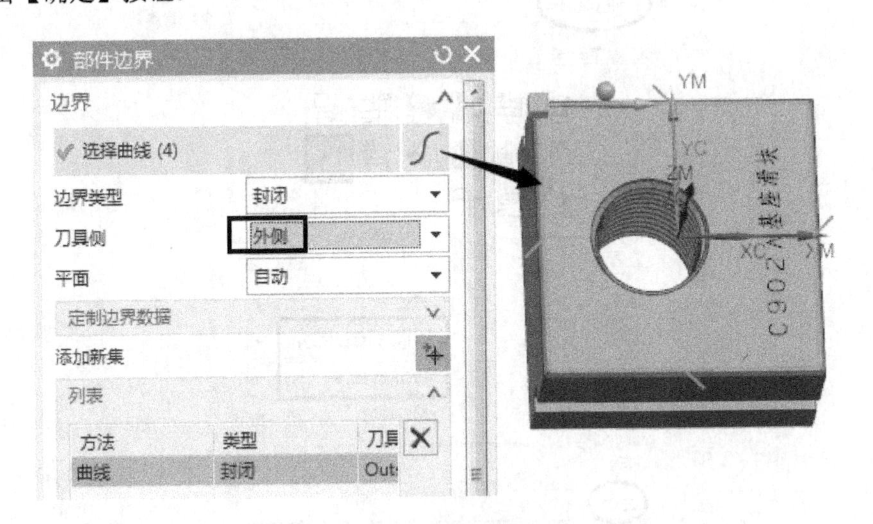

图2-110　重新选择部件边界

（3）单击切削参数按钮，弹出【切削参数】对话框，在【拐角】选项卡中按如图2-111所示设置，单击【确定】按钮。

（4）单击生成按钮，生成的刀具路径如图 2-112 所示。

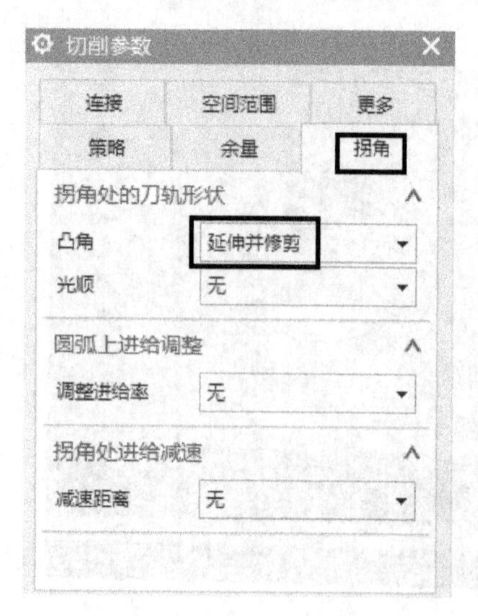

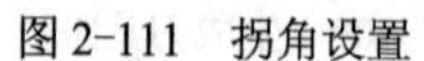
图 2-111　拐角设置

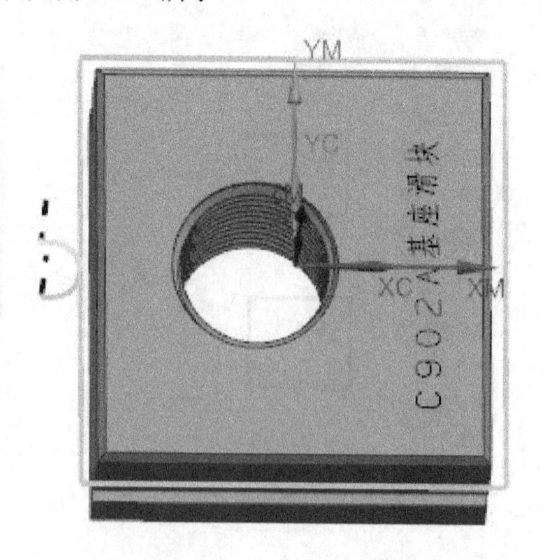

图 2-112　生成刀具路径

2.2.4　螺纹铣

（1）鼠标右击【螺纹铣】程序组，在弹出的快捷菜单中，单击【插入】| 工序按钮，弹出【创建工序】对话框，按如图 2-113 所示设置，单击【确定】按钮。

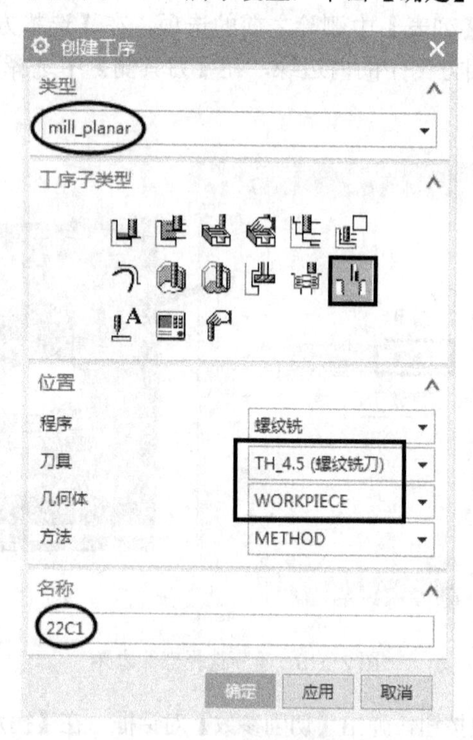

图 2-113　创建螺纹铣工序

（2）单击指定特征按钮，弹出【特征几何体】对话框，在【特征】|【选择对象】中选择圆孔内圆柱面，【螺距】中输入“4.5”，其余默认，如图 2-114 所示。

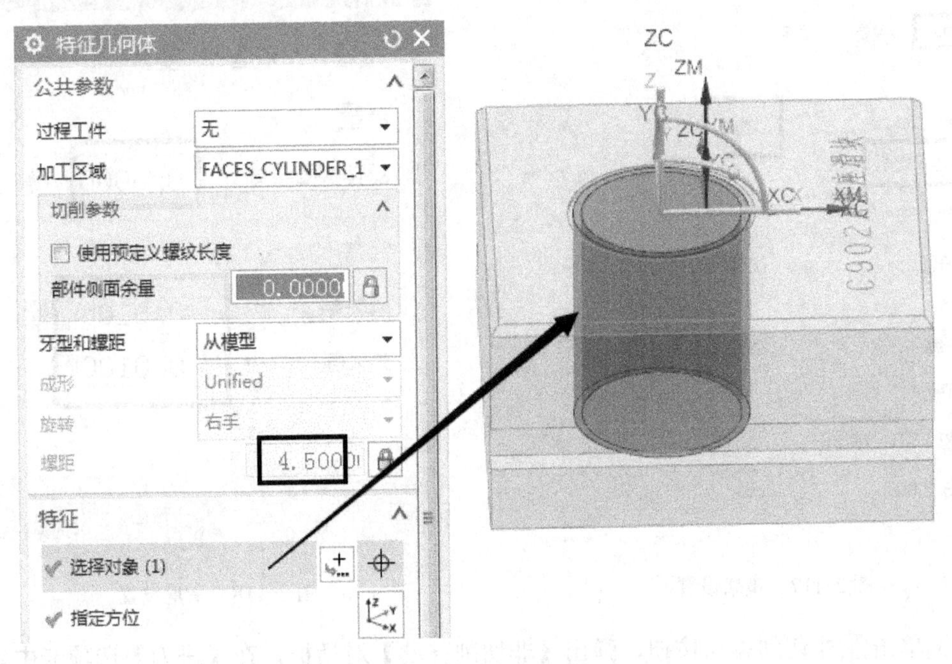

图 2-114　选择特征几何体

（3）在【螺纹尺寸】中单击从几何体按钮，在弹出的快捷菜单中选择【用户定义】，按如图 2-115 所示设置螺纹尺寸，单击【确定】按钮。

（4）在【刀轨设置】选项组中按如图 2-116 所示设置。

图 2-115　螺纹尺寸设置

图 2-116　刀轨设置

（5）单击切削参数按钮，弹出【切削参数】对话框，在【策略】选项卡中按如图 2-117

所示设置，【余量】选项卡中按如图 2-118 所示设置，单击【确定】按钮。

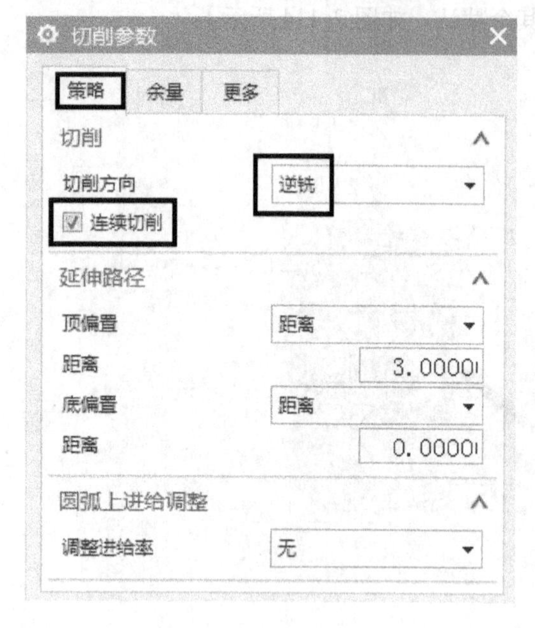

图 2-117　策略设置

图 2-118　余量设置

（6）单击非切削移动按钮，弹出【非切削移动】对话框，在【进刀】选项卡中勾选【从中心开始】复选框，如图 2-119 所示，单击【确定】按钮。

（7）单击进给率和速度按钮，弹出【进给率和速度】对话框，在【主轴速度】中输入“1200”，【进给率】|【切削】中输入“800”，单击【确定】按钮。

（8）在【选项】选项组中单击定制对话框按钮，如图 2-120 所示。

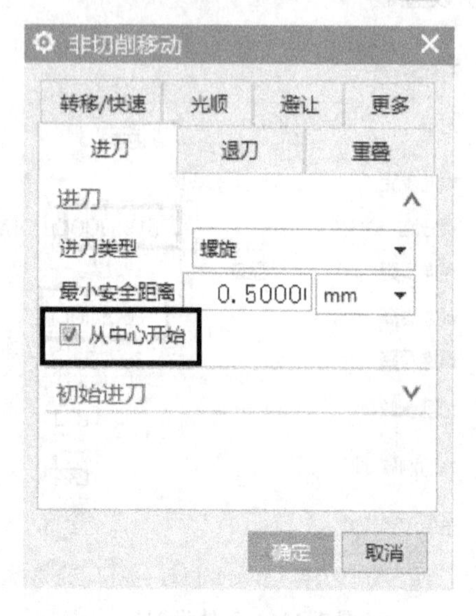

图 2-119　进刀设置

图 2-120　定制对话框

在【定制对话框】|【要添加的项】中，鼠标双击【运动输出类型】选项，如图 2-121

所示，单击【确定】按钮。

（9）在【运动输出类型】下拉列表中选择【直线】，如图2-122所示。

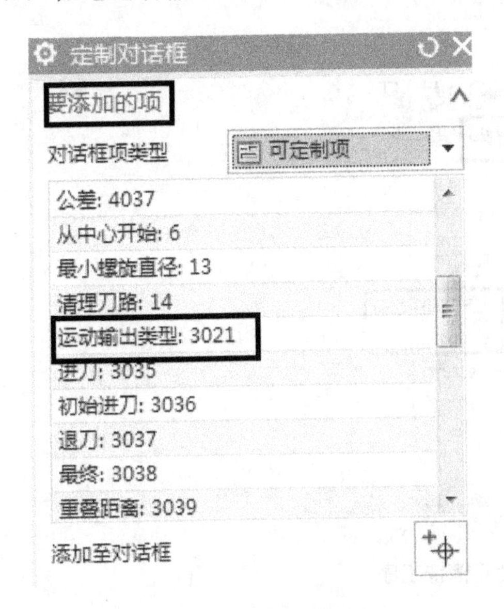

图2-121　添加项设置

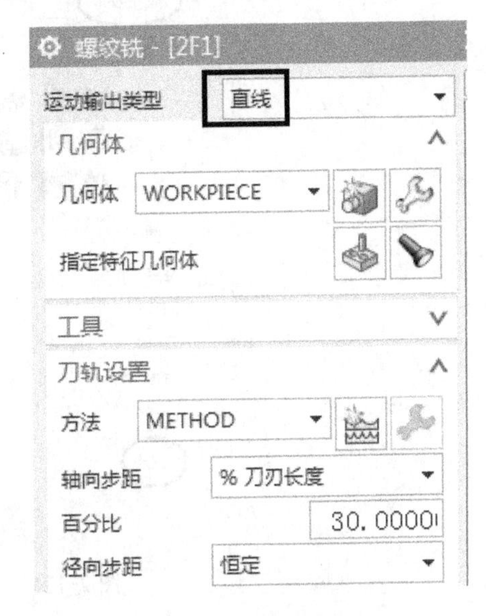

图2-122　选择运输出类型

（10）单击生成按钮，生成的刀具路径如图2-123所示。

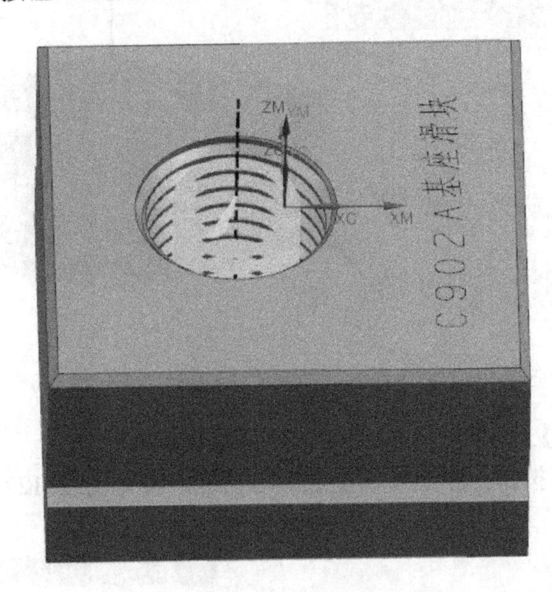

图2-123　生成刀具路径

2.2.5　槽铣削

1. 左槽粗加工

（1）鼠标右击【槽铣削】程序组，在弹出的快捷菜单中，单击【插入】|工序按钮，弹出【创建工序】对话框，按如图2-124所示设置，单击【确定】按钮。

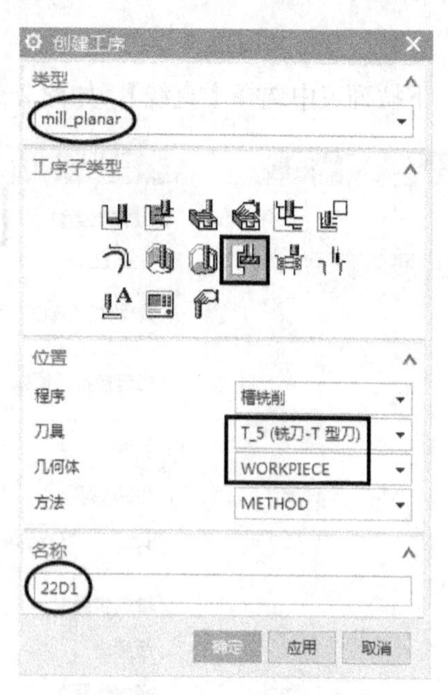

图 2-124　创建槽铣工序

（2）单击指定槽按钮，弹出【特征几何体】对话框，在【槽】|【选择对象】中选择左边槽，如图 2-125 所示，单击【确定】按钮。

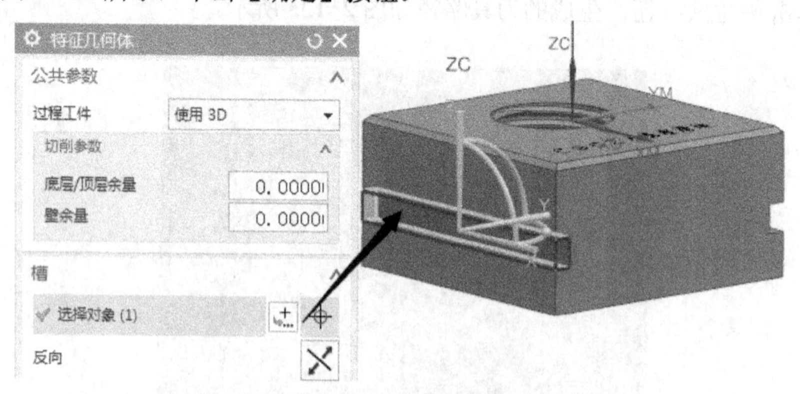

图 2-125　槽几何体设置

（3）在【刀轨设置】选项组中按如图 2-126 所示设置。

（4）单击切削层按钮，弹出【切削层】对话框，按如图 2-127 所示设置，单击【确定】按钮。

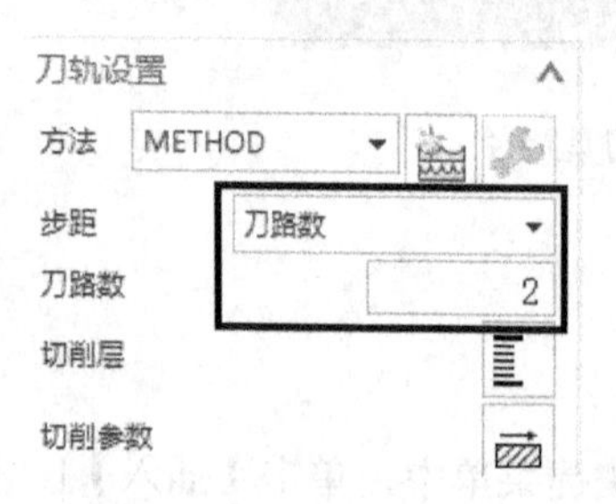

图 2-126　步距设置

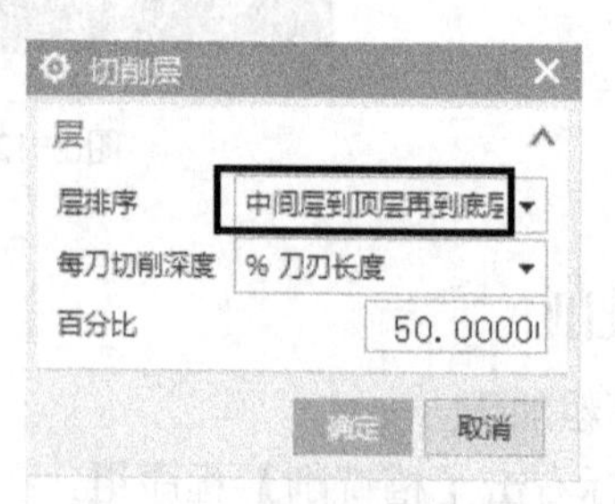

图 2-127　层顺序设置

（5）单击切削参数按钮，弹出【切削参数】对话框，在【余量】选项卡中按如图 2-128 所示设置，单击【确定】按钮。

（6）在非切削移动中全部采用默认参数。

（7）单击进给率和速度按钮，弹出【进给率和速度】对话框，在【主轴速度】中输入“1200”,【进给率】｜【切削】中输入“800”，单击【确定】按钮。

（8）单击生成按钮，生成的刀具路径如图 2-129 所示。

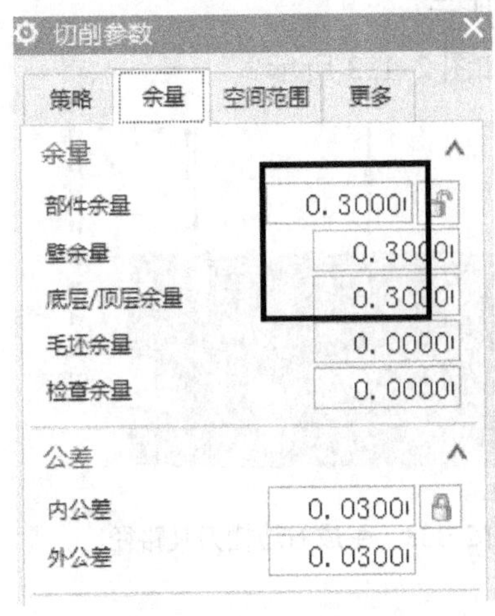

图 2-128 余量设置

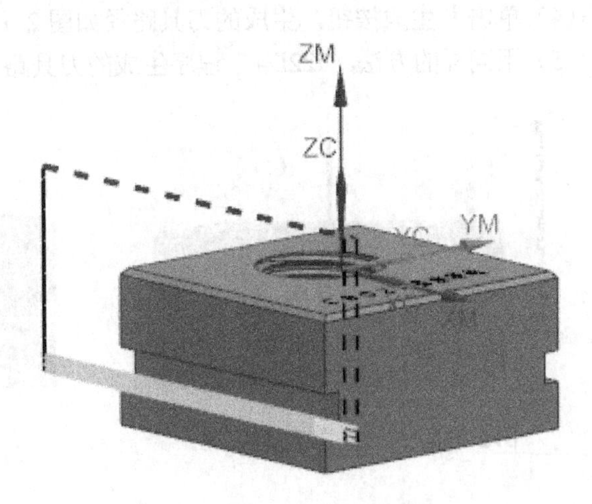

图 2-129 生成刀具路径

2．右边槽粗加工

（1）鼠标右击刚创建的 “22D1”程序，在弹出的快捷菜单中选择【复制】，再次右击“22D1”程序，在弹出的快捷菜单中选择【粘贴】，将名称重命名为“22D2”。

（2）双击 22D2 程序，弹出【槽铣削】对话框，单击指定槽按钮，弹出【特征几何体】对话框，在【槽】｜【选择对象】中删除之前的选项，重新选择右边的槽，如图 2-130 所示，单击【确定】按钮。

（3）单击生成按钮，生成的刀具路径如图 2-131 所示。

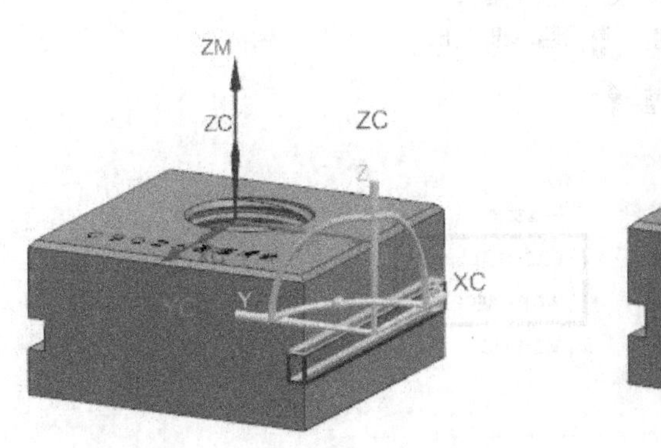

图 2-130 选择槽几何体

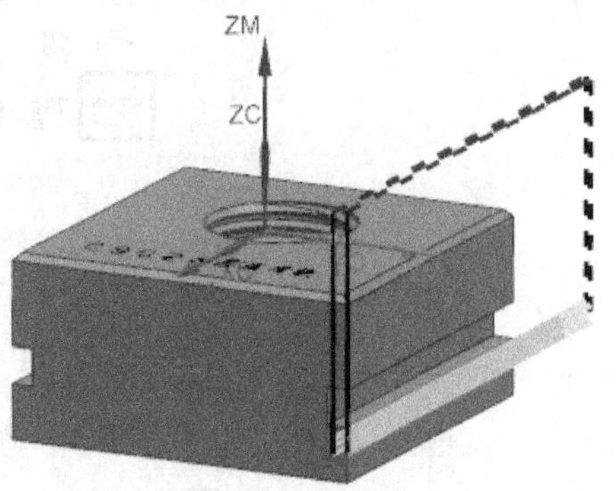

图 2-131 生成刀具路径

3．槽精加工

（1）选择“22D1”“22D2”程序并单击鼠标右键，在弹出的快捷菜单中选择【复制】，鼠标右击“22D2”程序，在弹出的快捷菜单中选择【粘贴】，将名称分别重命名为“22D3”“22D4”。

（2）双击“22D3”程序，弹出【槽铣削】对话框，在【刀轨设置】|【刀路数】中输入“1”；在【余量】选项卡中全部输入“0”，【公差】中均输入“0.01”，其余默认。

（3）单击进给率和速度按钮，弹出【进给率和速度】对话框，在【进给率】|【切削】中输入“450”，单击【确定】按钮。

（4）单击生成按钮，生成的刀具路径如图 2-132 所示。

（5）用同样的方法，“22D4”程序生成的刀具路径如图 2-133 所示。

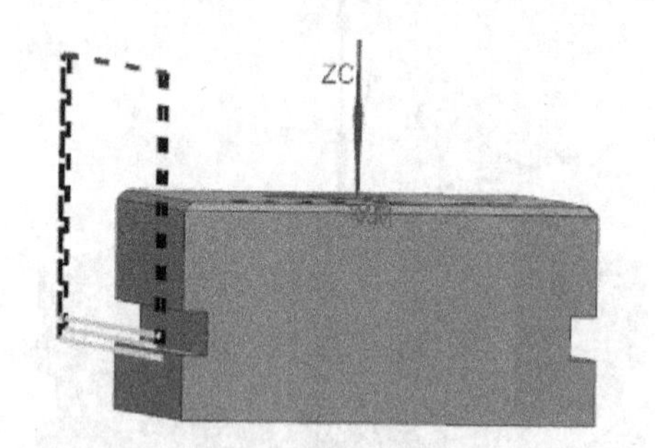

图 2-132　生成左边槽刀具路径

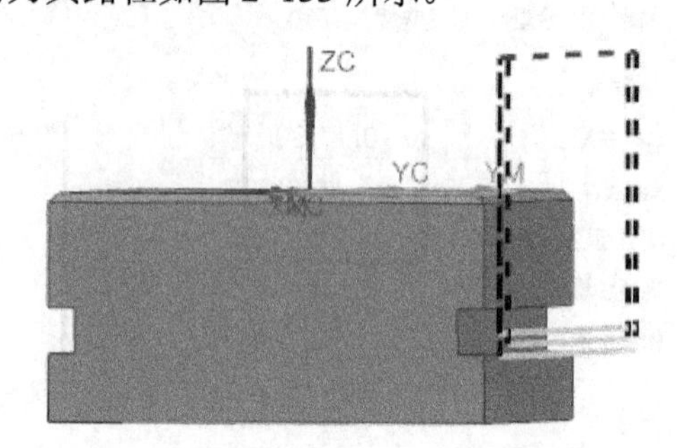

图 2-133　生成右边槽刀具路径

2.2.6　平面文字

（1）鼠标右击【平面文字】程序组，在弹出的快捷菜单中，单击【插入】| 工序按钮，弹出【创建工序】对话框，按如图 2-134 所示设置，单击【确定】按钮。

图 2-134　创建平面文字工序

（2）在【平面文本】对话框中单击**A**指定制图文本按钮，弹出【文本几何体】对话框，选择已创建的制图文本，单击【确定】按钮，返回【平面文本】对话框。单击指定底面按钮，弹出【平面】对话框，在【选择对象】中选择滑块的上表面，如图 2-135 所示。

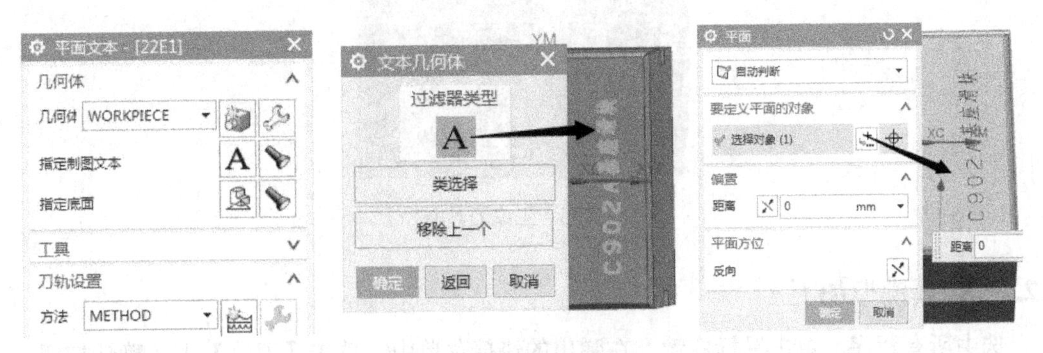

图 2-135 指定文本和底面

（3）在【刀轨设置】选项组中按如图 2-136 所示设置。

（4）单击非切削移动按钮，弹出【非切削移动】对话框，在【进刀类型】选项卡中按如图 2-137 所示设置，单击【确定】按钮。

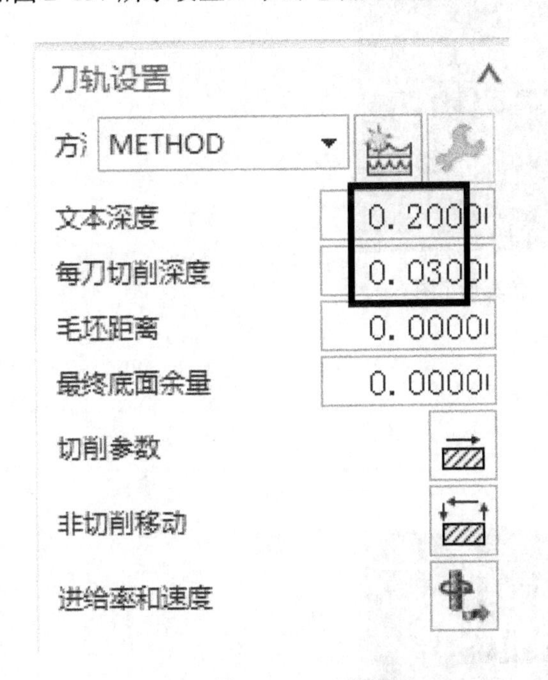

图 2-136 刀轨设置

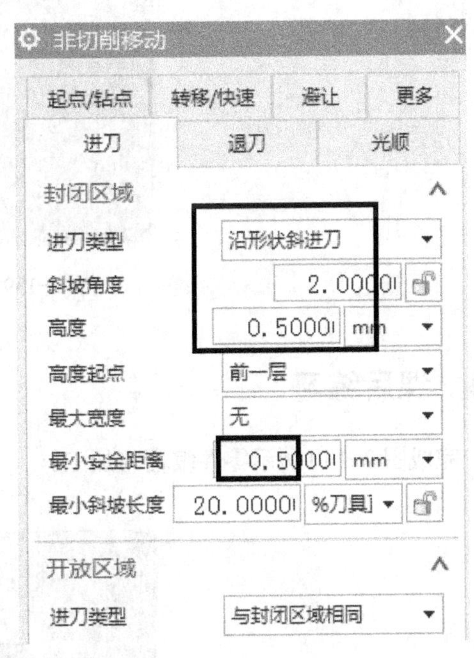

图 2-137 进刀设置

（5）单击进给率和速度按钮，弹出【进给率和速度】对话框，在【主轴速度】中输入“8000”，【进给率】|【切削】中输入“500”，单击【确定】按钮。

（6）单击生成按钮，生成的刀具路径如图 2-138 所示。

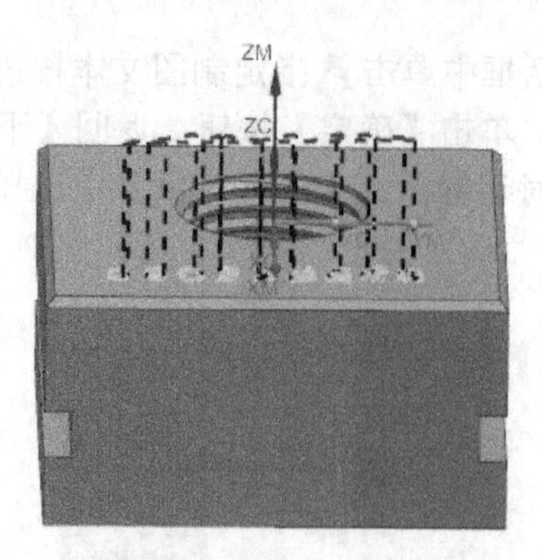

图 2-138　生成刀具路径

2.2.7　仿真模拟加工

选中所有程序，单击鼠标右键，在弹出的快捷菜单中，单击【刀轨】|确认按钮，弹出【刀轨可视化】对话框，单击【3D 动态】按钮，单击播放按钮，仿真模拟加工如图 2-139 所示。

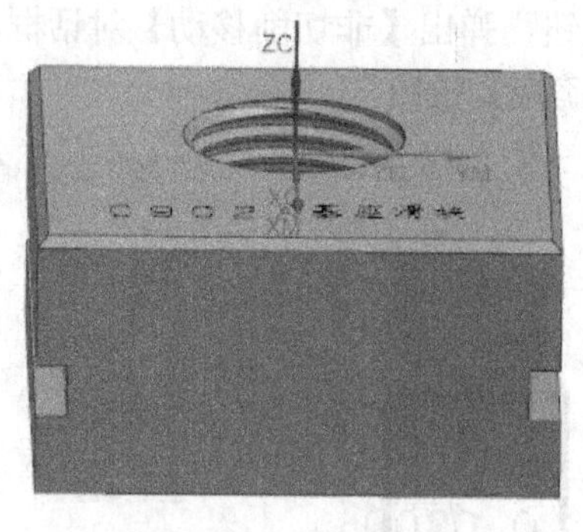

图 2-139　仿真加工图

2.3　课后练习

完成图 2-140 所示零件编程与加工。

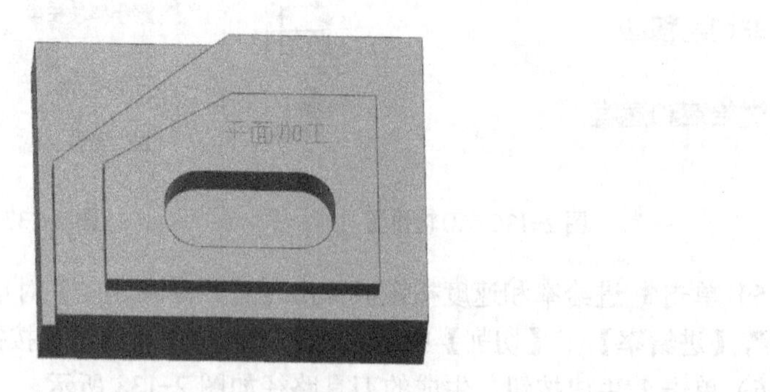

图 2-140　练习零件

第3章　轮 廓 加 工

本章以五角星图案、丝印夹具、简易模具三个零件的编程与加工为例，详细讲解了型腔铣、拐角粗加工、深度加工拐角、面铣、深度轮廓铣、自适应铣削、插铣、平面铣、曲面区域轮廓铣、区域轮廓铣、轮廓文本、剩余铣、非陡峭区域轮廓铣、陡峭区域轮廓铣、多刀路清根、轮廓3D、固定轮廓铣的编程方法和参数设置方法，以及曲线驱动的特殊用法。

3.1　五角星图案编程与加工

五角星图案编程与加工

3.1.1　编程准备

1．打开文件

启动UG软件，打开3.1五角星零件模型，零件材料为45钢。

2．创建加工坐标系和工件几何体

（1）在【应用模块】中单击加工按钮，弹出【加工环境】对话框，按如图3-1所示设置，单击【确定】按钮。

（2）在【工序导航器】空白处单击鼠标右键，在弹出的快捷菜单中选择几何视图，单击MCS_MILL前面的“+”号将其展开。双击MCS_MILL按钮，弹出【MSC铣削】对话框，在【机床坐标系】中默认当前坐标系，在【安全设置】|【安全距离】中输入“30”，其余默认，如图3-2所示，单击【确定】按钮。

图3-1　加工环境设置

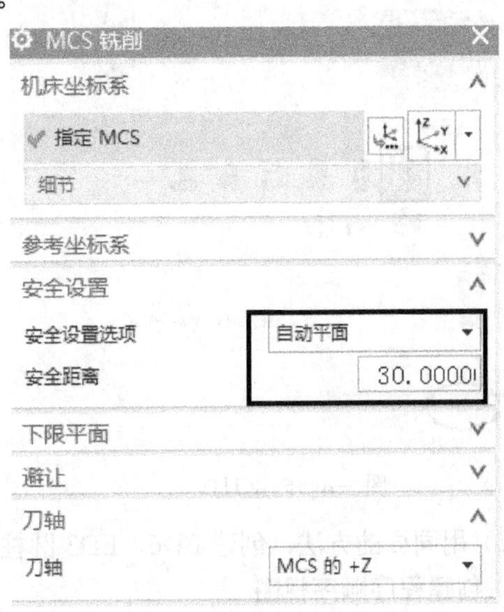

图3-2　安全设置

（3）创建工件几何体。双击 WORKPIECE 按钮，弹出【工件】对话框，单击指定部件按钮，弹出【部件几何体】对话框，在【选择对象】中选择五角星模型，单击【确定】按钮；单击指定毛坯按钮，弹出【毛坯几何体】对话框，按如图 3-3 所示设置，单击【确定】按钮。

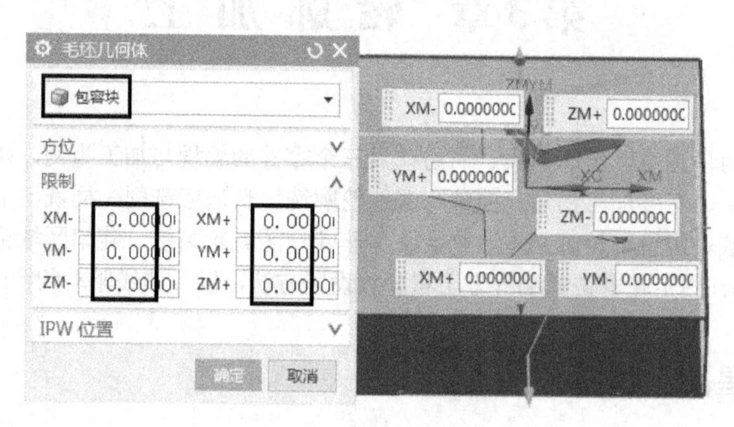

图 3-3　创建毛坯几何体

3．创建刀具

（1）在【工序导航器】空白处单击鼠标右键，在弹出的快捷菜单中选择机床视图，在工具栏中单击创建刀具按钮，弹出【创建刀具】对话框，按如图 3-4 所示设置，单击【确定】按钮，弹出【铣刀-5 参数】对话框，在【尺寸】选项组中按如图 3-5 所示设置，单击【确定】按钮。

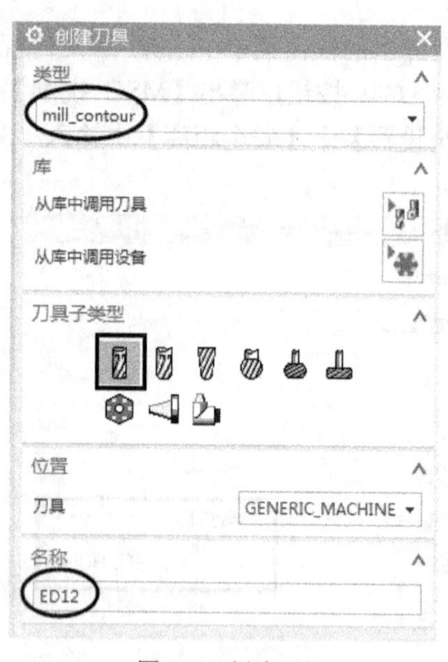

图 3-4　创建刀具

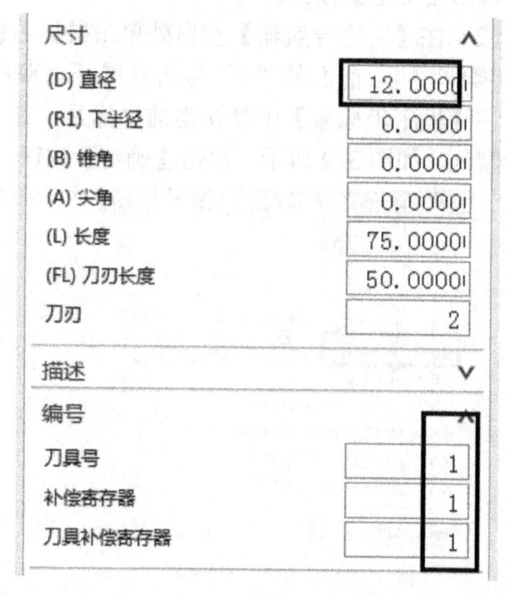

图 3-5　设置刀具参数

（2）用同样的方法，创建 ED6、ED3 圆柱铣刀，在刀具编号中分别输入“2”和“3”。

4．创建程序顺序视图

（1）在【工序导航器】空白处单击鼠标右键，在弹出的快捷菜单中，选择程序顺序视图，在工具条中单击创建程序按钮，弹出【创建程序】对话框，按如图3-6所示设置，两次单击【确定】按钮，完成程序组的创建。

（2）用同样的方法继续创建【图案精加工】程序组，如图3-7所示。

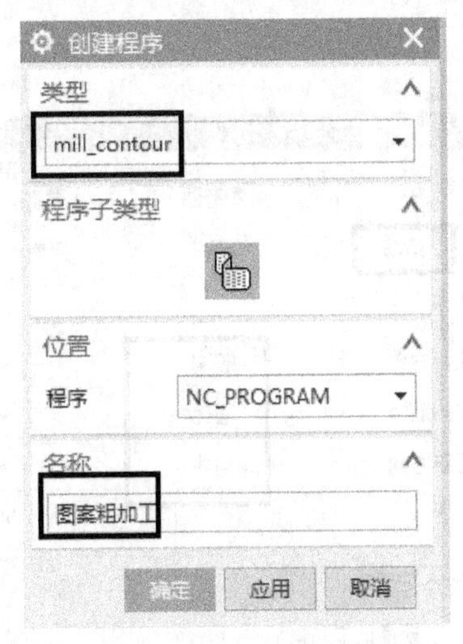

图3-6 创建程序组

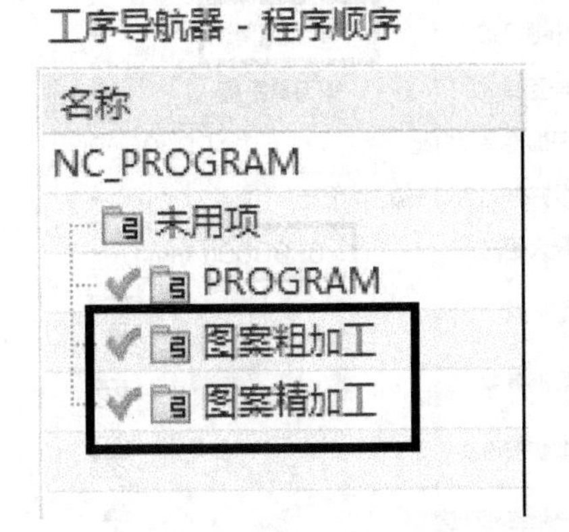

图3-7 创建的所有程序组

3.1.2 图案粗加工

1. 图案第一次粗加工

（1）鼠标右击【图案粗加工】程序组，在弹出的快捷菜单中，单击【插入】|工序按钮，弹出【创建工序】对话框，按如图3-8所示设置，单击【确定】按钮。

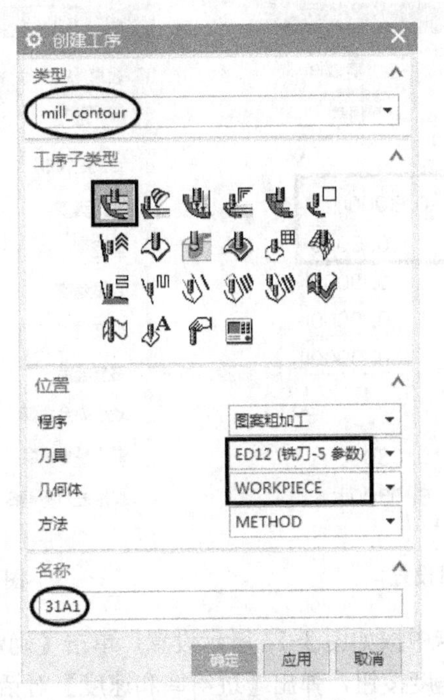

图3-8 创建型腔铣工序

（2）在【刀轨设置】选项组中按如图 3-9 所示设置。

（3）单击切削参数按钮，弹出【切削参数】对话框，在【策略】选项卡中按如图 3-10 所示设置。

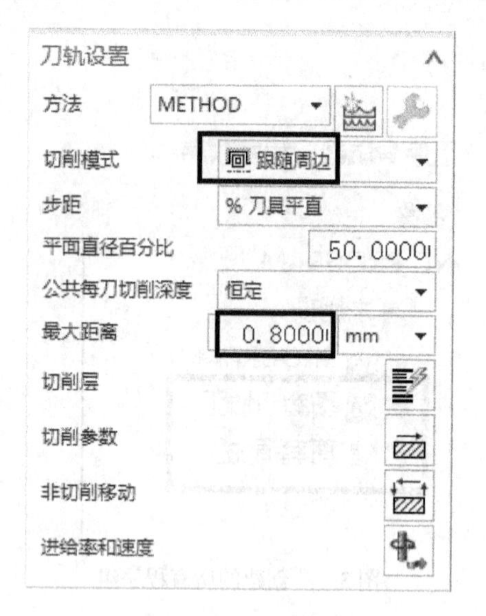

图 3-9　刀轨设置

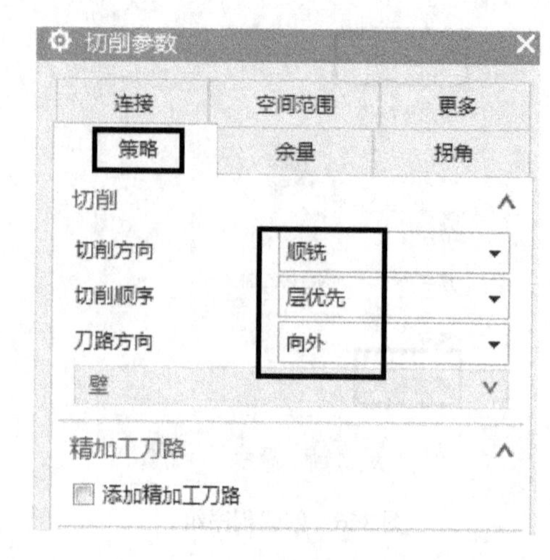

图 3-10　策略设置

在【余量】选项卡中按如图 3-11 所示设置，单击【确定】按钮。

（4）单击非切削移动按钮，弹出【非切削移动】对话框，在【进刀】选项卡中按如图 3-12 所示设置。

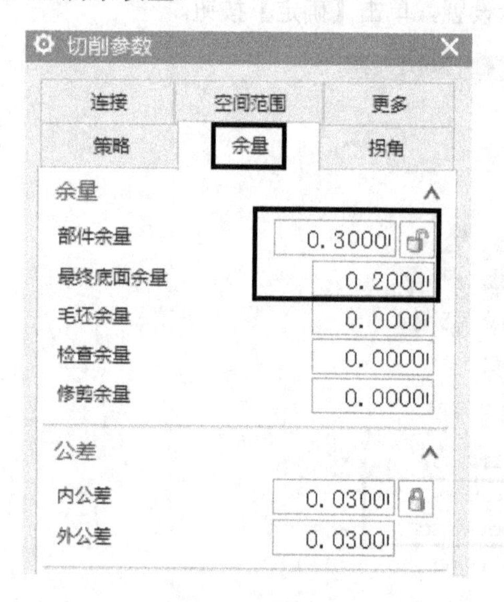

图 3-11　余量设置

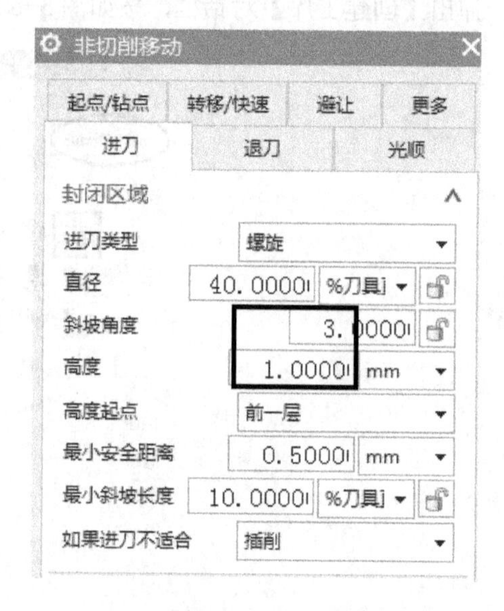

图 3-12　进刀设置

在【转移/快速】选项卡中按如图 3-13 所示设置，单击【确定】按钮。

（5）单击进给率和速度按钮，弹出【进给率和速度】对话框，在【主轴速度】中输入“1500”，【进给率】｜【切削】中输入“1200”，单击【确定】按钮。

（6）单击生成按钮，生成的刀具路径如图 3-14 所示。

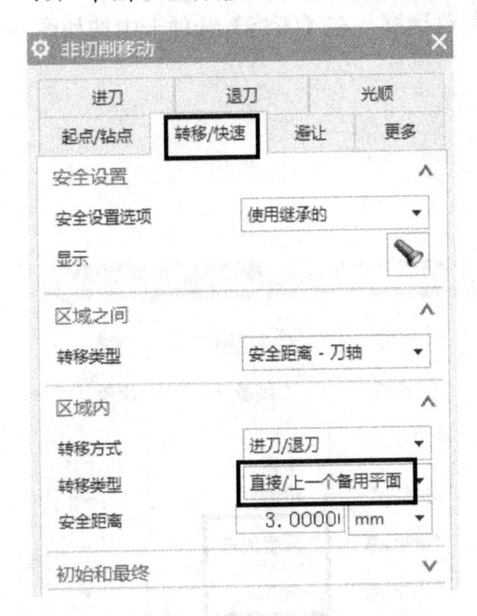

图 3-13　转移类型设置

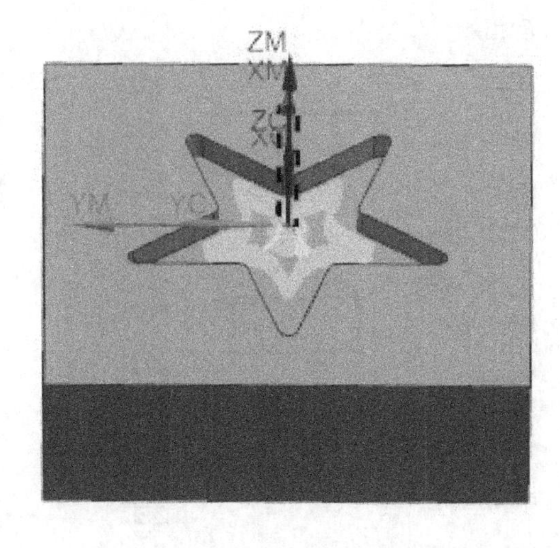

图 3-14　生成的刀具路径

2．图案第二次粗加工

（1）鼠标右击【图案粗加工】程序组，在弹出的对话框中，单击【插入】|工序按钮，弹出【创建工序】对话框，按如图 3-15 所示设置，单击【确定】按钮。

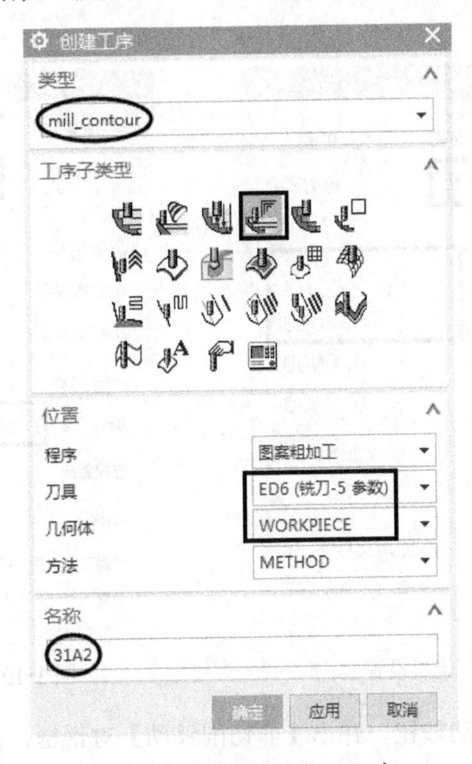

图 3-15　创建拐角粗加工工序

（2）在【刀轨设置】选项组中按如图 3-16 所示设置。

（3）单击切削参数按钮，弹出【切削参数】对话框，在【策略】选项卡中按如图 3-17 所示设置。

图 3-16　刀轨设置

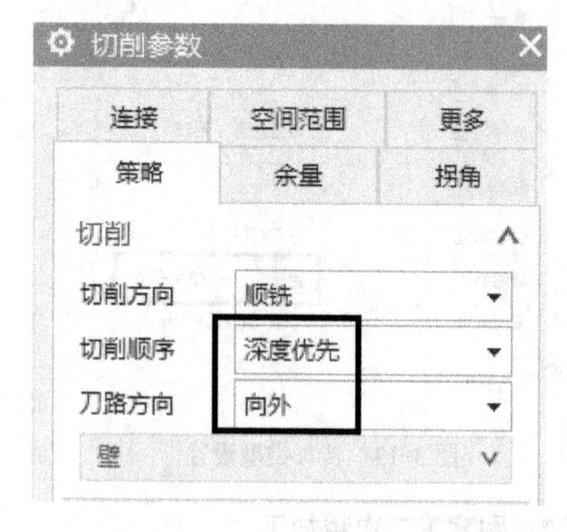

图 3-17　策略设置

在【余量】选项卡中按如图 3-18 所示设置，【空间范围】选项卡中按如图 3-19 所示设置，单击【确定】按钮。

图 3-18　余量设置

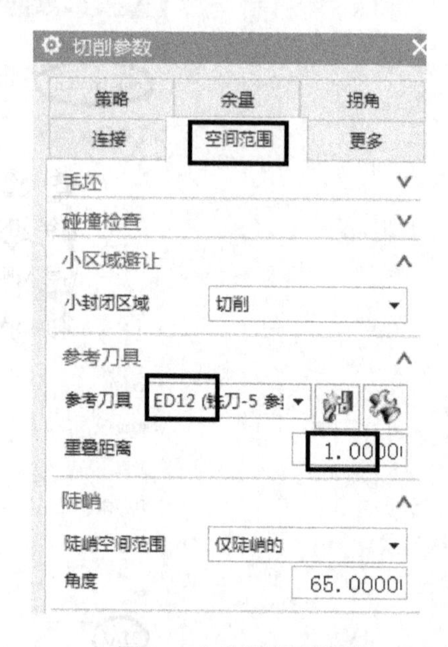

图 3-19　空间范围设置

（4）单击非切削移动按钮，弹出【非切削移动】对话框，在【进刀】选项卡中按如图 3-20 所示设置，【转移/快速】选项卡中按如图 3-21 所示设置，单击【确定】按钮。

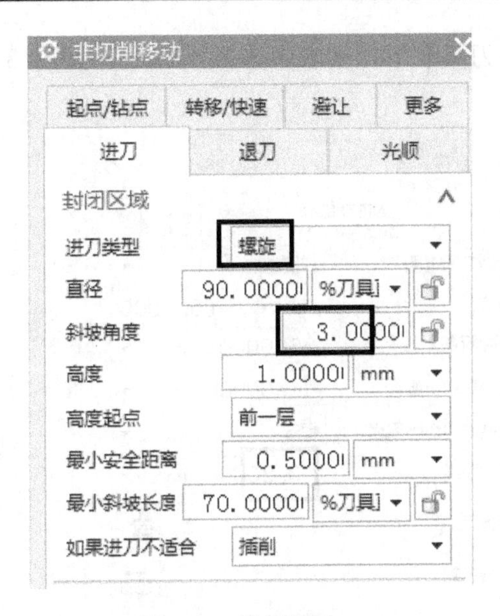

图3-20 进刀设置

图3-21 转移/快速设置

（5）单击进给率和速度按钮，弹出【进给率和速度】对话框，在【主轴速度】中输入“2000”,【进给率】|【切削】中输入“800”，单击【确定】按钮。

（6）单击生成按钮，生成的刀具路径如图3-22所示。

3. 图案第三次粗加工

（1）鼠标右击【图案粗加工】程序组，在弹出的快捷菜单中，单击【插入】|工序按钮，弹出【创建工序】对话框，按如图3-23所示设置，单击【确定】按钮。

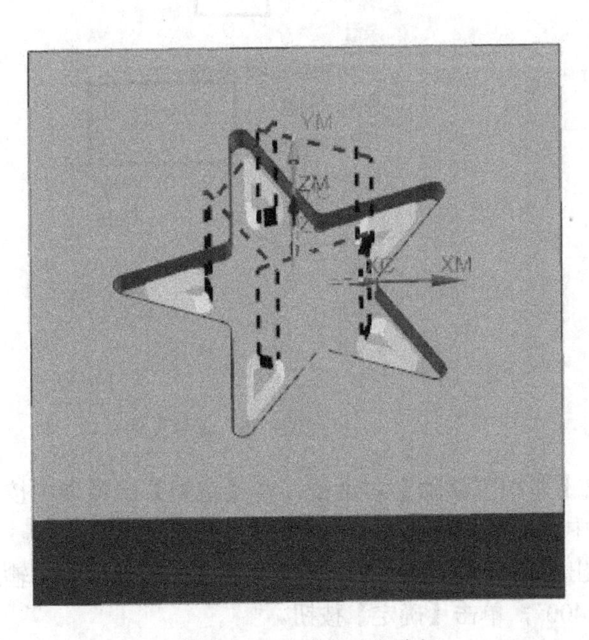

图3-22 生成的刀具路径

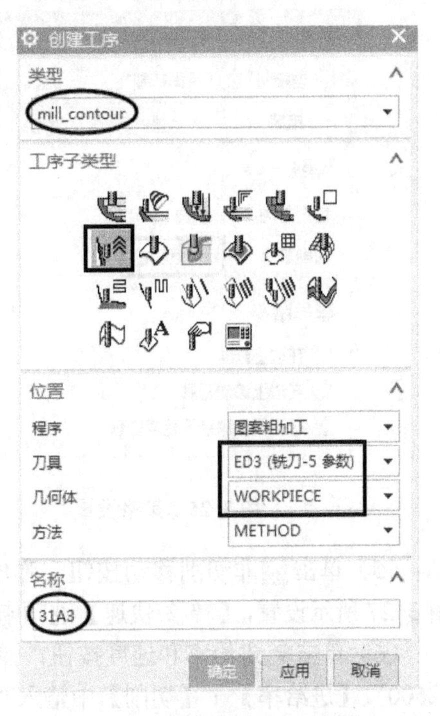

图3-23 创建深度加工拐角工序

（2）在【深度加工拐角】对话框的【参考刀具】下拉列表中选择“ED6”，如图 3-24 所示。

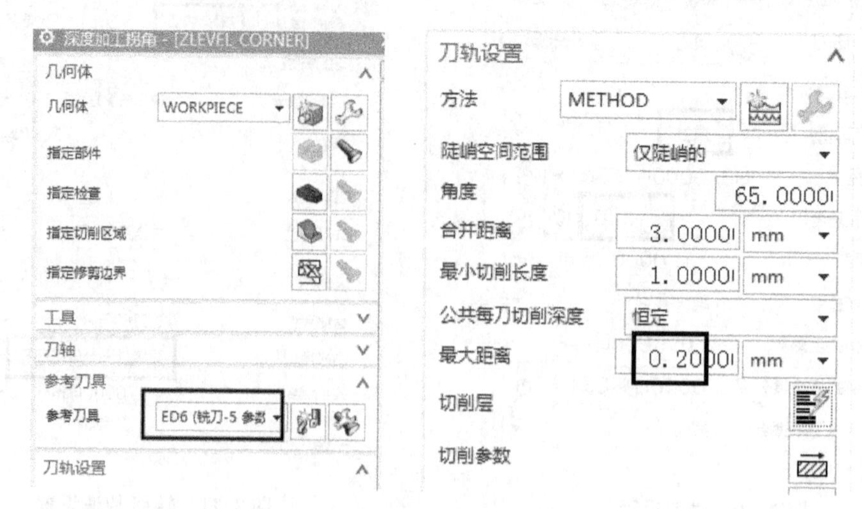

图 3-24　刀轨设置

（3）在【刀轨设置】选项组中按如图 3-24 所示设置。

（4）单击切削参数按钮，弹出【切削参数】对话框，在【策略】选项卡中按如图 3-25 所示设置。

在【余量】选项卡中按如图 3-26 所示设置，单击【确定】按钮。

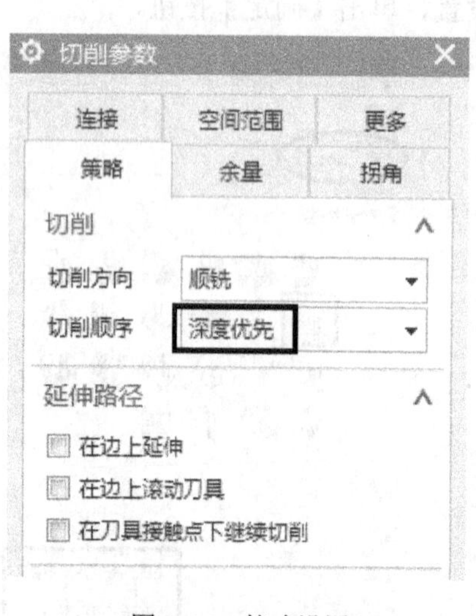

图 3-25　策略设置

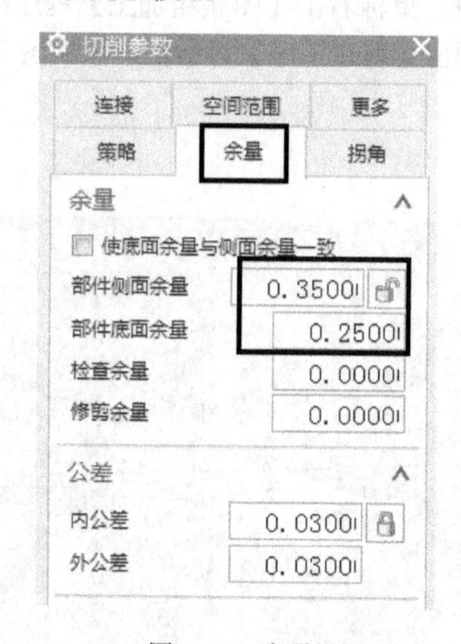

图 3-26　余量设置

（5）单击非切削移动按钮，弹出【非切削移动】对话框，在【进刀】选项卡中按如图 3-27 所示设置，【转移/快速】选项卡中全部选择默认，单击【确定】按钮。

（6）单击进给率和速度按钮，弹出【进给率和速度】对话框，在【主轴速度】中输入“2600”，【进给率】|【切削】中输入“400”，单击【确定】按钮。

（7）单击生成按钮，生成的刀具路径如图 3-28 所示。

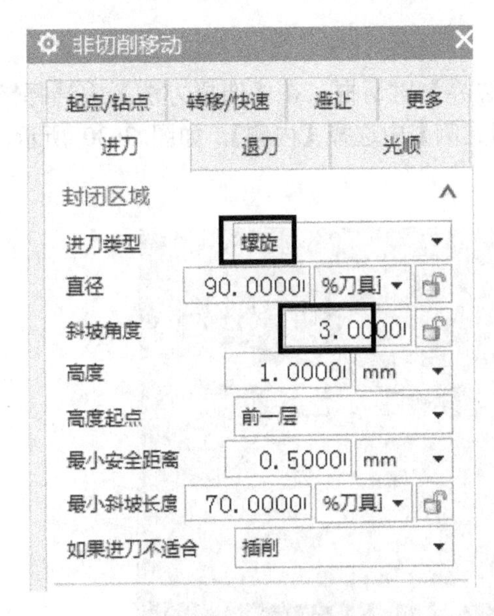

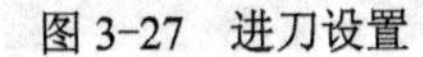
图 3-27　进刀设置

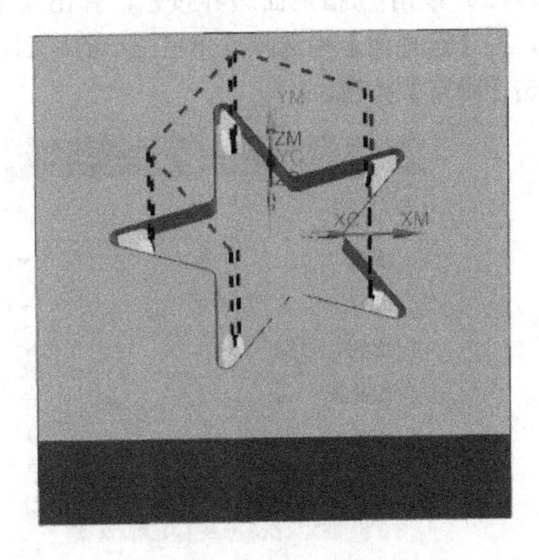

图 3-28　生成的刀具路径

3.1.3　图案精加工

1. 底面精加工

（1）鼠标右击【图案精加工】程序组，在弹出的快捷菜单中，单击【插入】| 工序按钮，弹出【创建工序】对话框，按如图 3-29 所示设置，单击【确定】按钮。

图 3-29　创建面铣工序

（2）单击指定面边界按钮，弹出【毛坯边界】对话框，在【选择方法】中选择面，在【选择面】中选择五角星图形的底面，【刀具侧】中选择【内侧】，如图 3-30 所示，单击【确定】按钮。

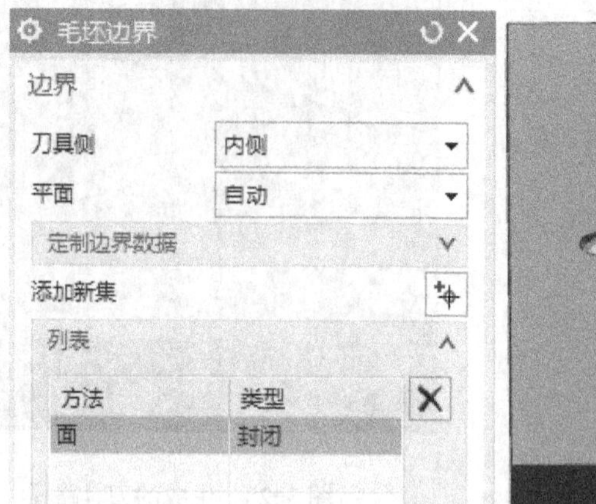

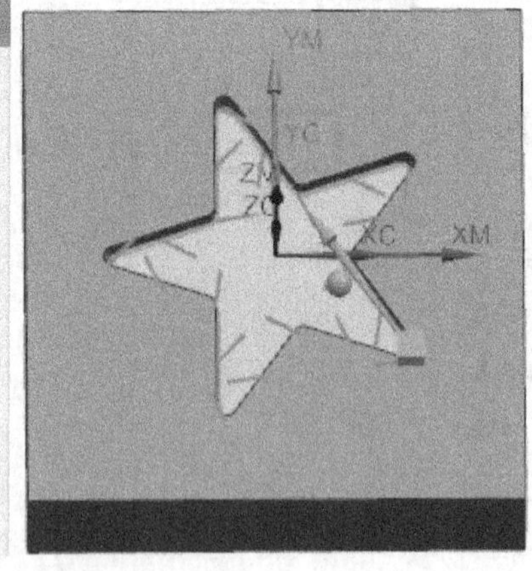

图 3-30　选择加工底面

（3）在【刀轨设置】选项组中按如图 3-31 所示设置。

（4）单击切削参数按钮，弹出【切削参数】对话框，在【策略】选项卡中按如图 3-32 所示设置。

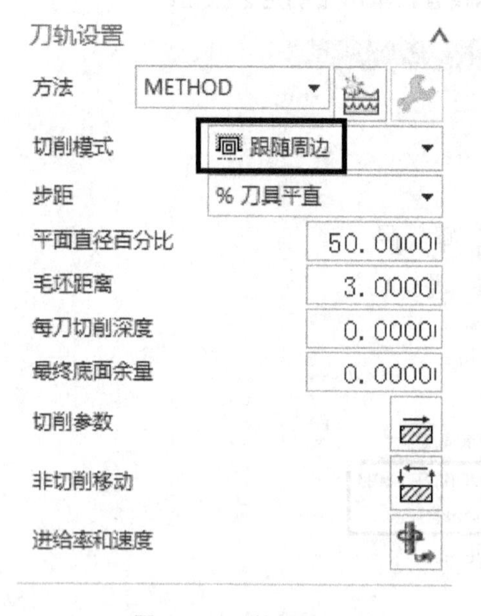

图 3-31　刀轨设置

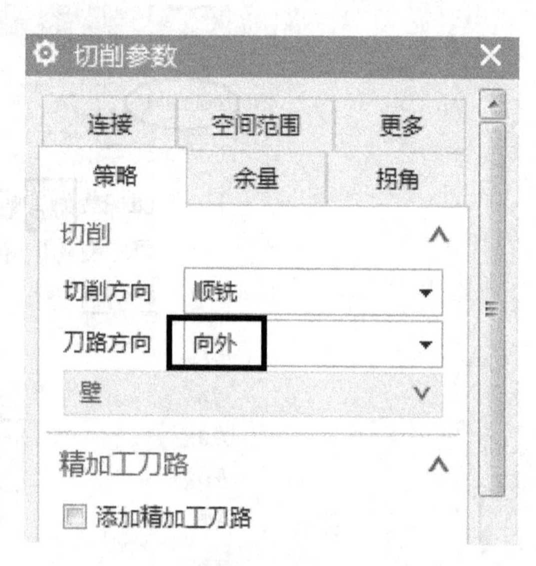

图 3-32　策略设置

在【余量】选项卡中按如图 3-33 所示设置，单击【确定】按钮。

（5）单击非切削移动按钮，弹出【非切削移动】对话框，在【进刀】选项卡中按如图 3-34 所示设置。

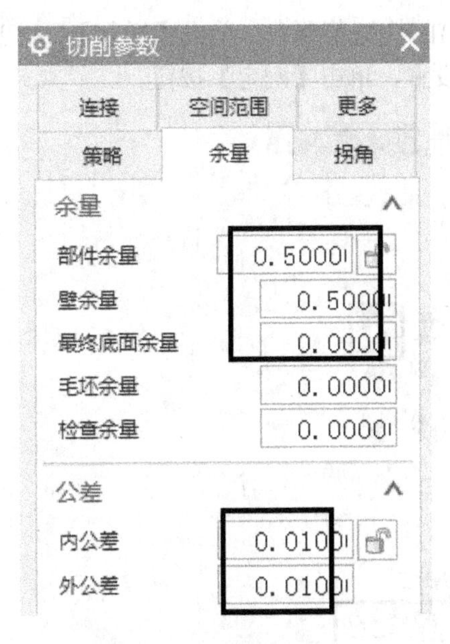

图 3-33 余量设置

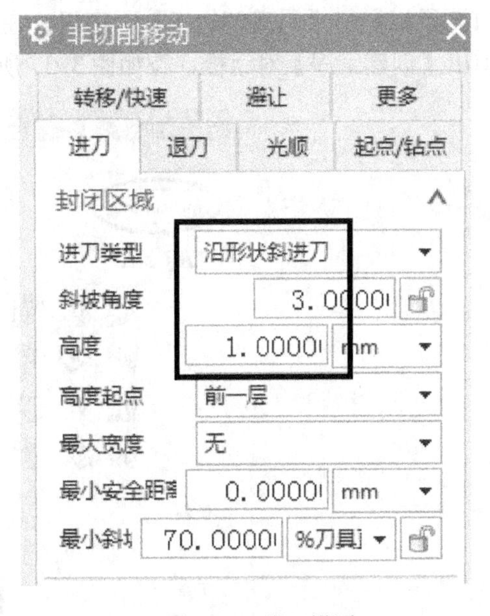

图 3-34 进刀设置

在【转移/快速】选项卡中按如图 3-35 所示设置，单击【确定】按钮。

（6）单击进给率和速度按钮，弹出【进给率和速度】对话框，在【主轴速度】中输入“2500”，【进给率】|【切削】中输入“500”，单击【确定】按钮。

（7）单击生成按钮，生成的刀具路径如图 3-36 所示。

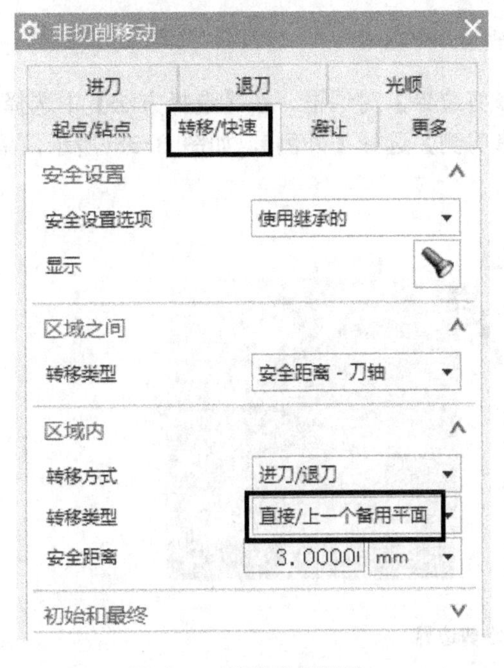

图 3-35 转移类型设置

图 3-36 生成的刀具路径

2．侧壁精加工

（1）鼠标右击【图案精加工】程序组，在弹出的快捷菜单中，单击【插入】|工序按钮，弹出【创建工序】对话框，按如图 3-37 所示设置，单击【确定】按钮。

图 3-37　创建深度轮廓铣工序

（2）单击指定修剪边界按钮，弹出【修剪边界】对话框，在【选择方法】中选择点，在【指定点】中选择模型的四个顶点，【修剪侧】选择【外侧】，如图 3-38 所示，单击【确定】按钮。

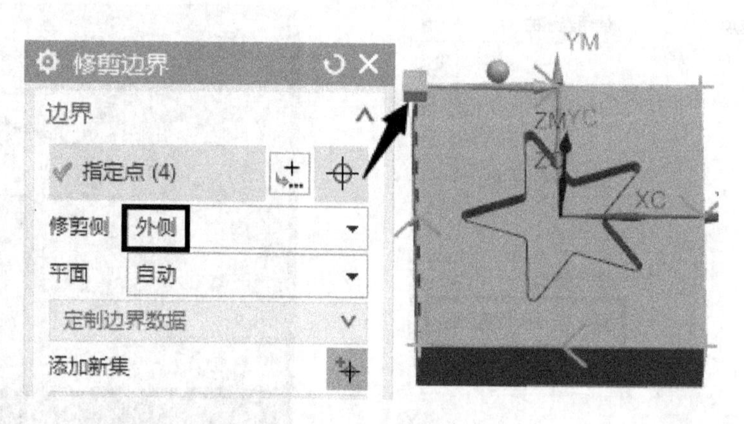

图 3-38　修剪边界

（3）在【刀轨设置】选项组中按如图 3-39 所示设置。

（4）单击切削参数按钮，弹出【切削参数】对话框，在【策略】选项卡中按如图 3-40 所示设置；在【连接】选项卡中的【层到层】下拉列表中选择【直接对部件进刀】。

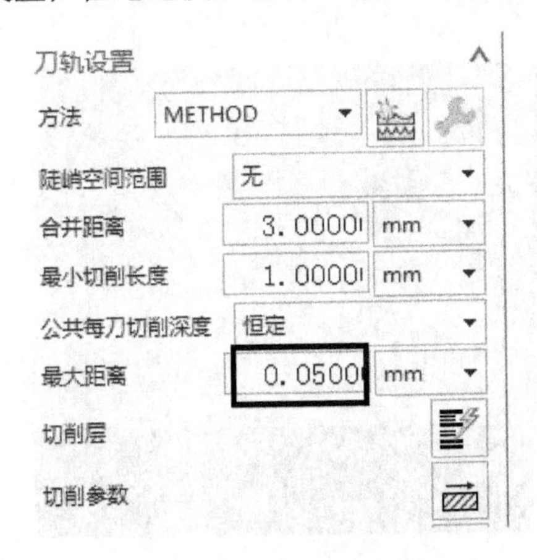

图 3-39　刀轨设置

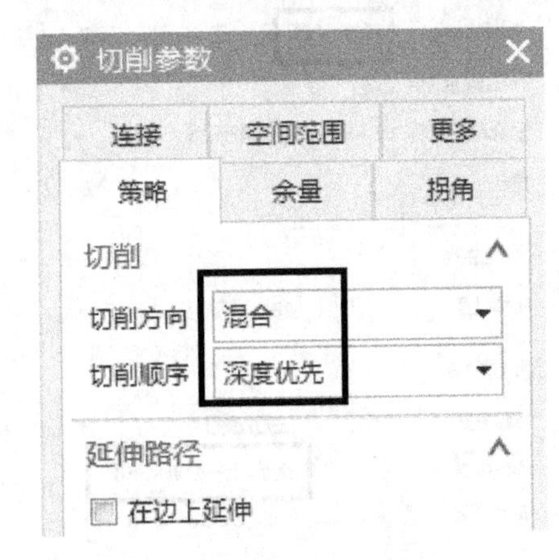

图 3-40　策略设置

在【余量】选项卡中按如图 3-41 所示，单击【确定】按钮。

（5）单击非切削移动按钮，弹出【非切削移动】对话框，在【进刀】选项卡中按如图 3-42 所示设置。

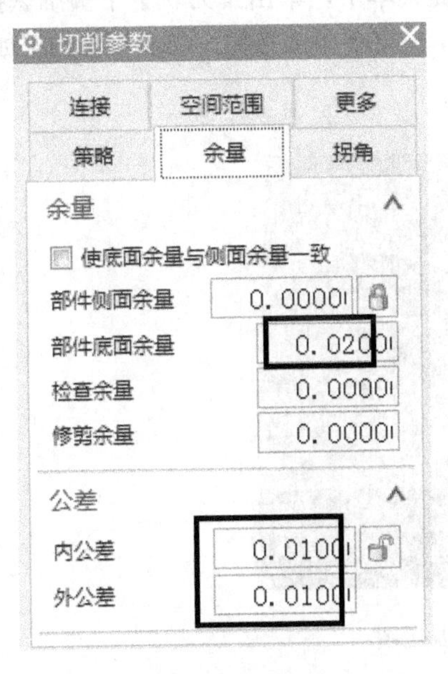

图 3-41　余量设置

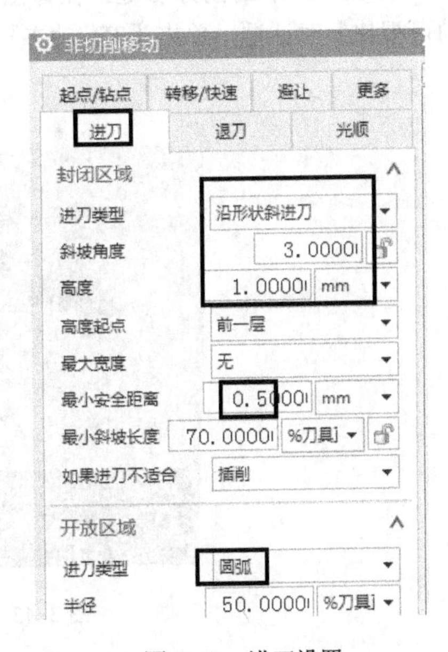

图 3-42　进刀设置

在【转移/快速】选项卡中按如图 3-43 所示设置，单击【确定】按钮。

（6）单击进给率和速度按钮，弹出【进给率和速度】对话框，在【主轴速度】中输入“3500”,【进给率】|【切削】中输入“400”，单击【确定】按钮。

（7）单击生成按钮，生成的刀具路径如图 3-44 所示。

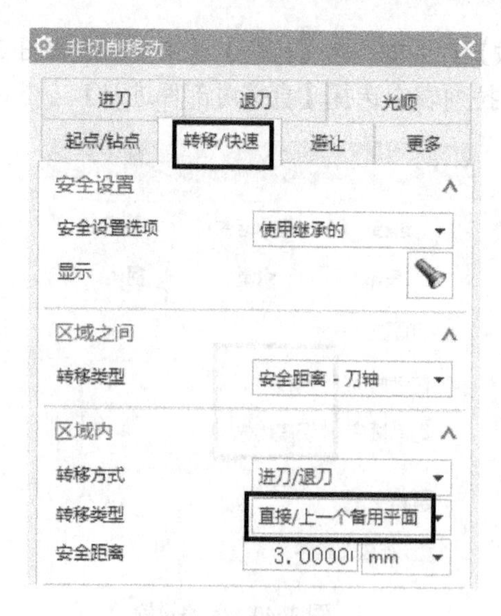

图 3-43　转移类型设置

图 3-44　生成刀具路径

3.1.4　仿真模拟加工

选中所有程序，单击鼠标右键，在弹出的快捷菜单中，单击【刀轨】|确认按钮，弹出【刀轨可视化】对话框，单击【3D 动态】按钮，单击▶播放按钮，仿真模拟加工如图 3-45 所示。

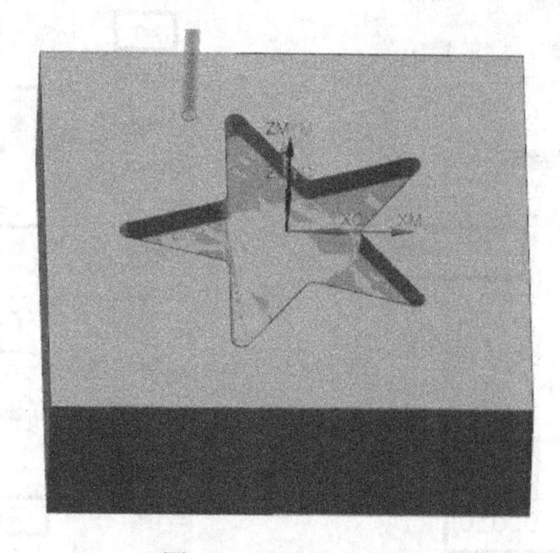

图 3-45　仿真加工图

3.2　丝印夹具编程与加工

丝印夹具编程与加工

3.2.1　编程准备

1．打开文件

启动 UG 软件，打开 3.2 丝印夹具模型，零件材料为合金铝。

2. 创建加工坐标系和工件几何体

（1）在【应用模块】中单击加工按钮，弹出【加工环境】对话框，按如图 3-46 所示设置。

（2）在【工序导航器】空白处单击鼠标右键，在弹出的快捷菜单中选择几何视图，单击 MCS_MILL 前面的“+”号将其展开。双击 MCS_MILL 按钮，弹出【MSC 铣削】对话框，在【机床坐标系】中默认当前坐标系，在【安全距离】中输入“30”，其余默认，单击【确定】按钮，如图 3-47 所示。

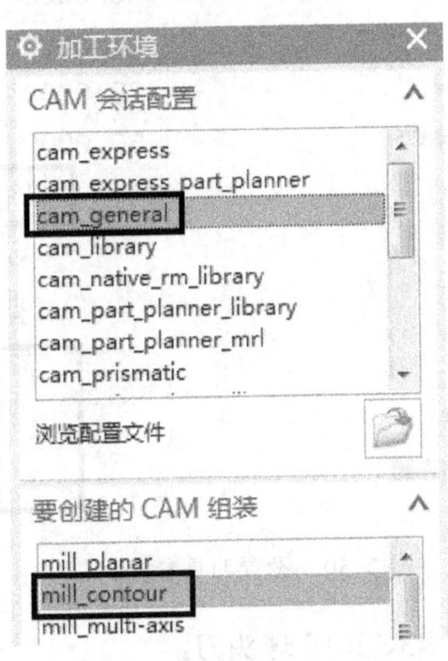

图 3-46　加工环境设置

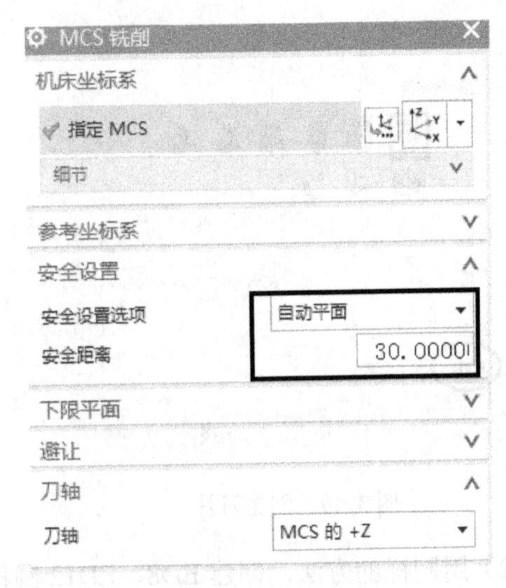

图 3-47　安全设置

（3）创建工件几何体。双击 WORKPIECE 按钮，弹出【工件】对话框，单击选择指定部件按钮，弹出【部件几何体】对话框，在【选择对象】中选择丝印夹具模型，单击【确定】按钮；单击指定毛坯按钮，弹出【毛坯几何体】对话框，在【选择对象】中选择以前创建的长方体，如图 3-48 所示，单击【确定】按钮，并隐藏毛坯。

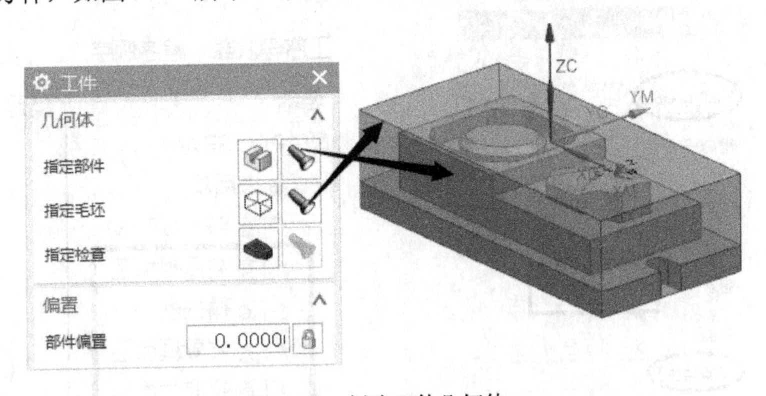

图 3-48　创建工件几何体

3. 创建刀具

（1）在【工序导航器】空白处单击鼠标右键，在弹出的快捷菜单中选择机床视图，在工具栏中单击创建刀具按钮，弹出【创建刀具】对话框，按如图 3-49 所示设置，单击

【确定】按钮，弹出【铣刀-5 参数】对话框，在【尺寸】选项组中按如图 3-50 所示设置，单击【确定】按钮。

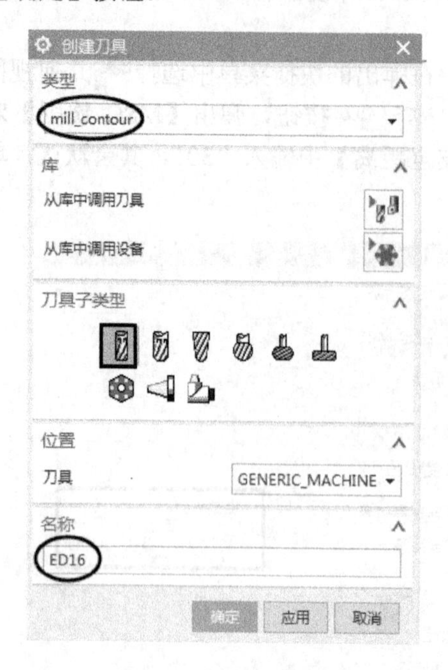

图 3-49　创建刀具

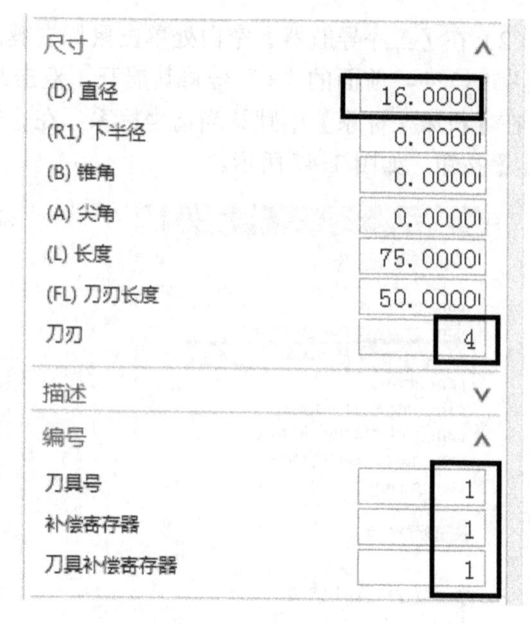

图 3-50　设置刀具参数

（2）用同样的方法，创建 ED8、ED12 圆柱铣刀及 R3、R0.5 球头刀。

4. 创建程序顺序视图

（1）在【工序导航器】空白处单击鼠标右键，在弹出的快捷菜单中，选择程序顺序视图，在工具条中单击创建程序按钮，弹出【创建程序】对话框，按如图 3-51 所示设置，两次单击【确定】按钮，完成程序组的创建。

（2）用同样的方法继续创建如图 3-52 所示的其他程序组。

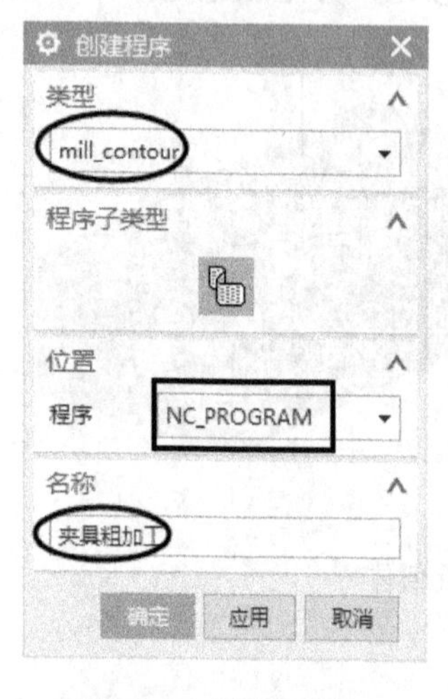

图 3-51　创建程序组

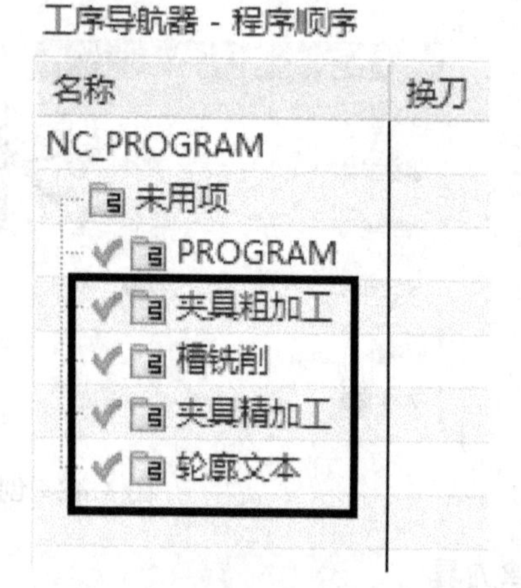

图 3-52　创建的所有程序组

3.2.2 夹具粗加工

1. 夹具第一次粗加工

（1）鼠标右击【夹具粗加工】程序组，在弹出的快捷菜单中，单击【插入】|工序按钮，弹出【创建工序】对话框，按如图3-53所示设置，单击【确定】按钮。

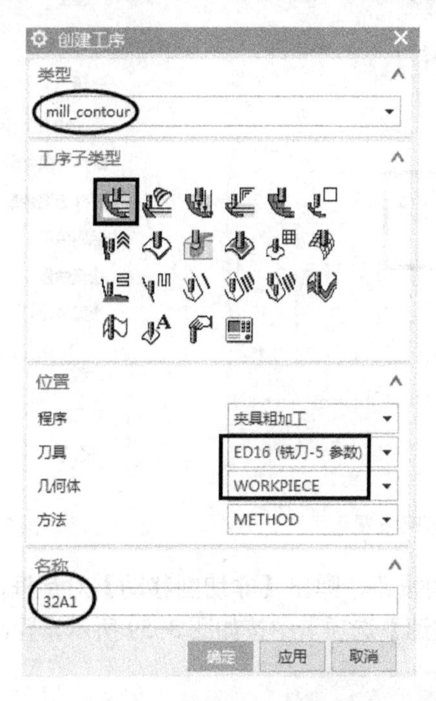

图3-53 创建型腔铣工序

（2）在【刀轨设置】选项组中按如图3-54所示设置。

（3）单击切削层按钮，弹出【切削层】对话框，在【范围类型】中选择【单侧】,【范围定义】|【选择对象】中选择底座的上表面，如图5-55所示底面。

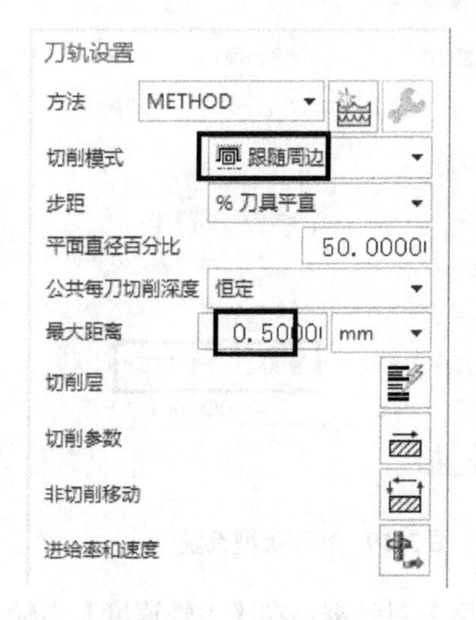

图3-54 刀轨设置

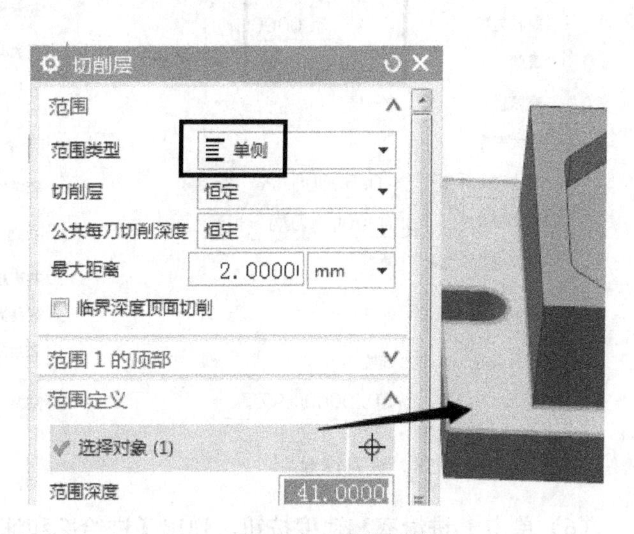

图3-55 切削层设置

（4）单击切削参数按钮，弹出【切削参数】对话框，在【策略】选项卡中按如图 3-56 所示设置，【余量】选项卡中按如图 3-57 所示设置，单击【确定】按钮。

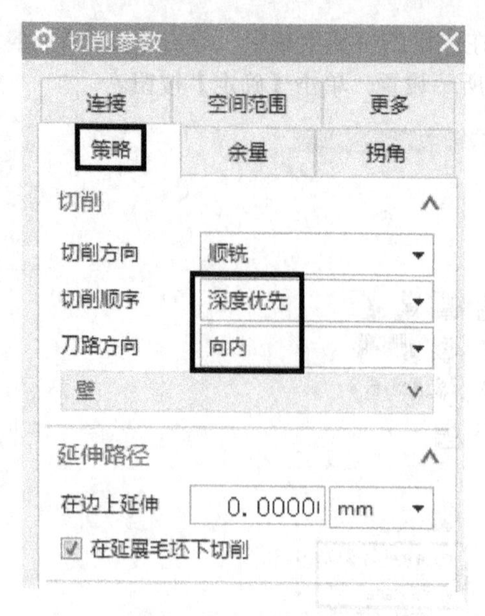

图 3-56 策略设置

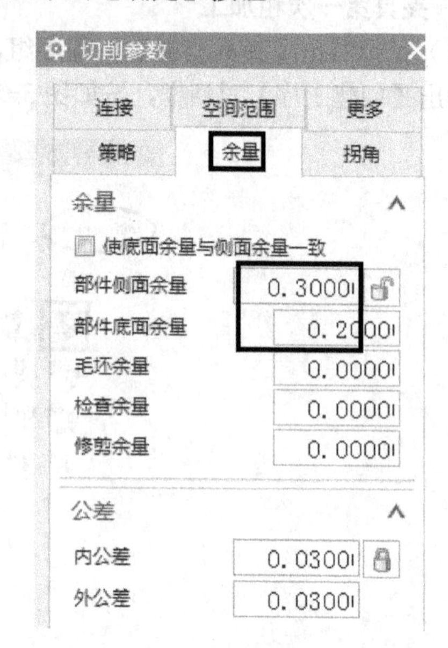

图 3-57 余量设置

（5）单击非切削移动按钮，弹出【非切削移动】对话框，在【进刀】选项卡中按如图 3-58 所示设置，【转移/快速】选项卡中按如图 3-59 所示设置，单击【确定】按钮。

图 3-58 进刀设置

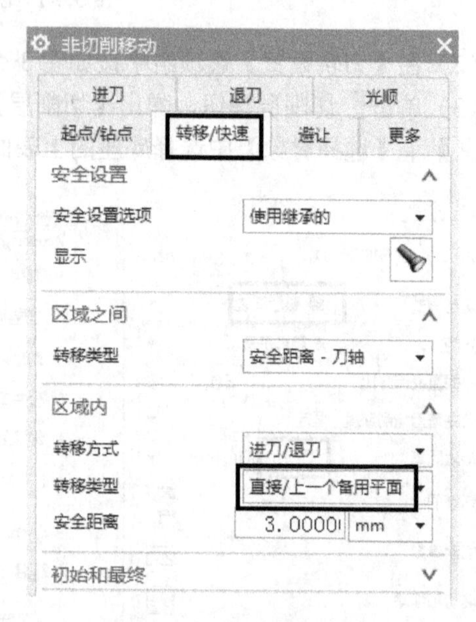

图 3-59 转移类型设置

（6）单击进给率和速度按钮，弹出【进给率和速度】对话框，在【主轴速度】中输入

“4000”，【进给率】|【切削】中输入“3500”，单击【确定】按钮。

（7）单击生成按钮，生成的刀具路径如图3-60所示。

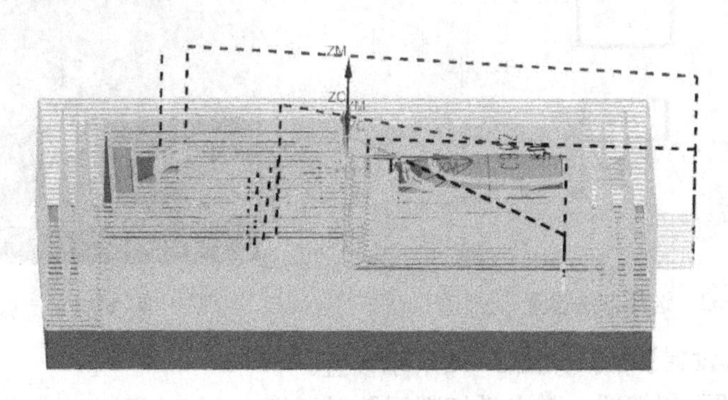

图3-60 生成的刀具路径

2. 夹具第二次粗加工

（1）鼠标右击【夹具粗加工】程序组，在弹出的快捷菜单中，单击【插入】|工序按钮，弹出【创建工序】对话框，按如图3-61所示设置，单击【确定】按钮。

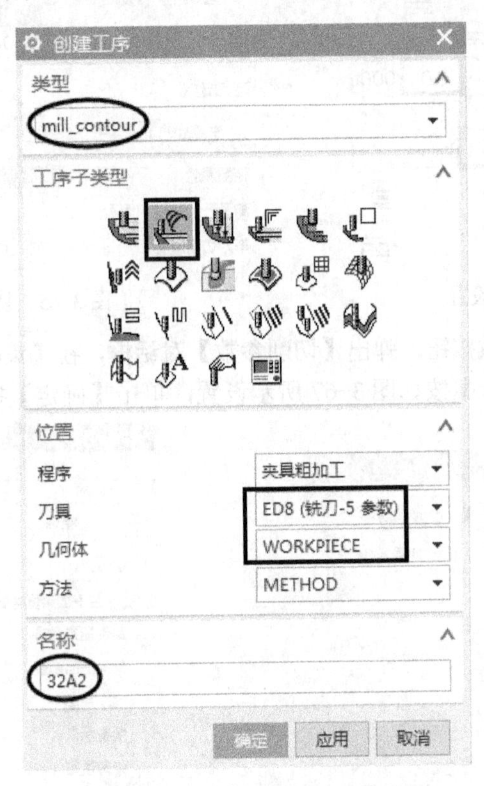

图3-61 创建自适应铣削工序

（2）单击指定修剪边界按钮，弹出【修剪边界】对话框，在【选择方法】中选择点，【修剪侧】中选择【外侧】，如图3-62所示；在【指定点】中选择如图3-63所示的四个顶点，单击【确定】按钮。

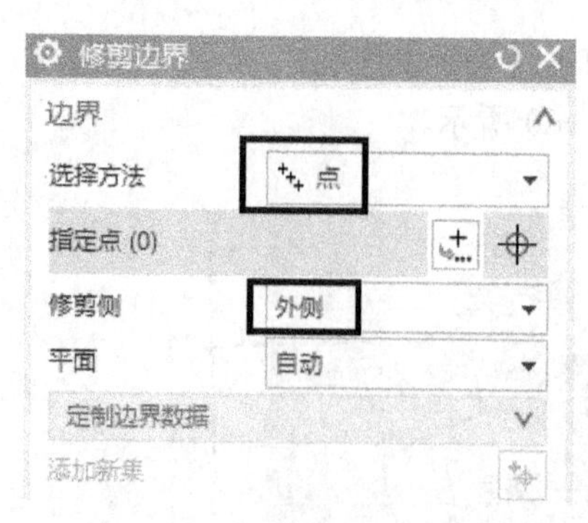

图 3-62　选择方法设置

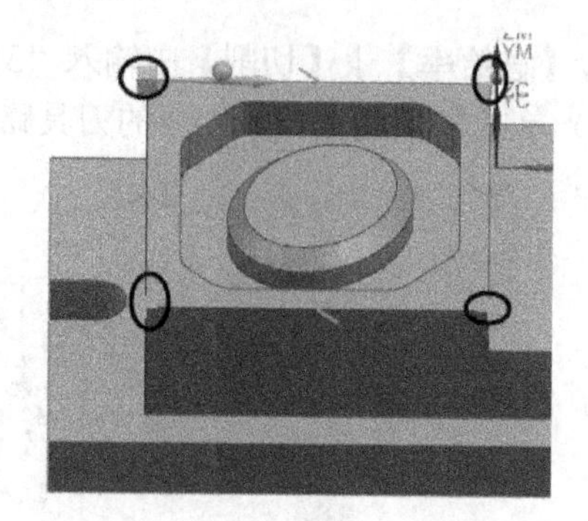

图 3-63　边界设置

（3）在【刀轨设置】中按如图 3-64 所示设置。

（4）单击切削层按钮，弹出【切削层】对话框，在【范围类型】中选择【单侧】，在【范围 1 的顶部】中选择四边形的顶平面，【范围定义】中选择如图 3-65 所示底面，单击【确定】按钮。

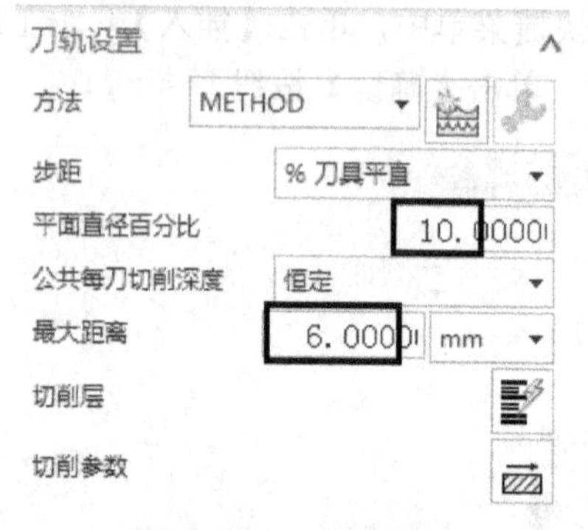

图 3-64　刀轨设置

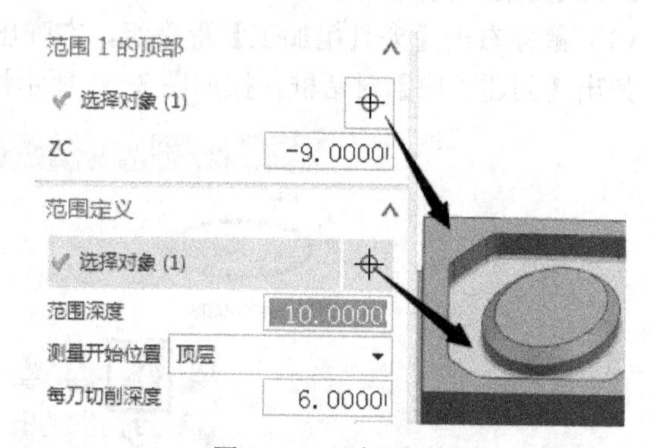

图 3-65　切削层设置

（5）单击切削参数按钮，弹出【切削参数】对话框，在【策略】选项卡中按如图 3-66 所示设置，【余量】选项卡中按如图 3-67 所示设置，单击【确定】按钮。

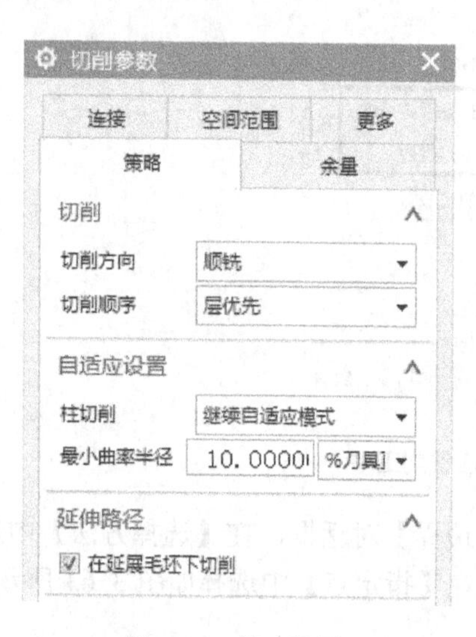

图 3-66　策略设置

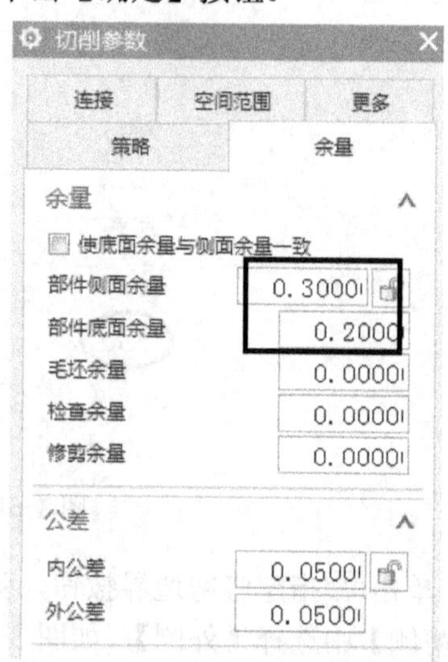

图 3-67　余量设置

（6）单击非切削移动按钮，弹出【非切削移动】对话框，在【进刀】选项卡中按如图3-68所示设置，【转移/快速】选项卡中按如图3-69所示设置，单击【确定】按钮。

图3-68 进刀设置

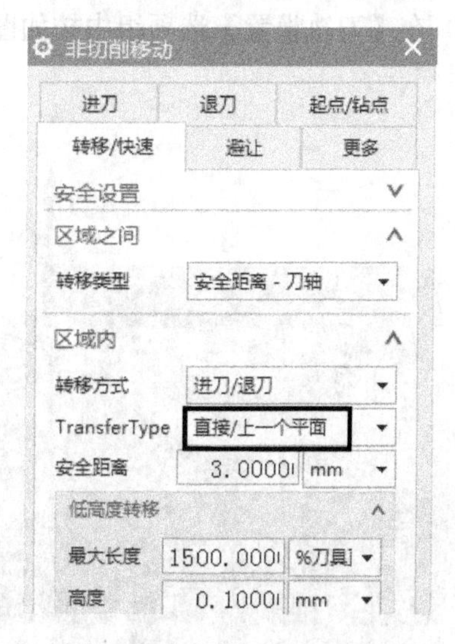

图3-69 转移类型设置

（7）单击进给率和速度按钮，弹出【进给率和速度】对话框，在【主轴速度】中输入“4500”，【进给率】|【切削】中输入“3000”，单击【确定】按钮。

（8）单击生成按钮，生成的刀具路径如图3-70所示。

3．椭圆倒角面粗加工

（1）鼠标右击【夹具粗加工】程序组，在弹出的快捷菜单中，单击【插入】|工序按钮，弹出【创建工序】对话框，按如图3-71所示设置，单击【确定】按钮。

图3-70 生成的刀具路径

图3-71 创建深度轮廓铣工序

（2）单击指定切削区域按钮，弹出【切削区域】对话框，在【选择方法】中选择面，【选择对象】中选择如图 3-72 所示倒角斜面，单击【确定】按钮。

（3）在【刀轨设置】选项组中按如图 3-73 所示设置。

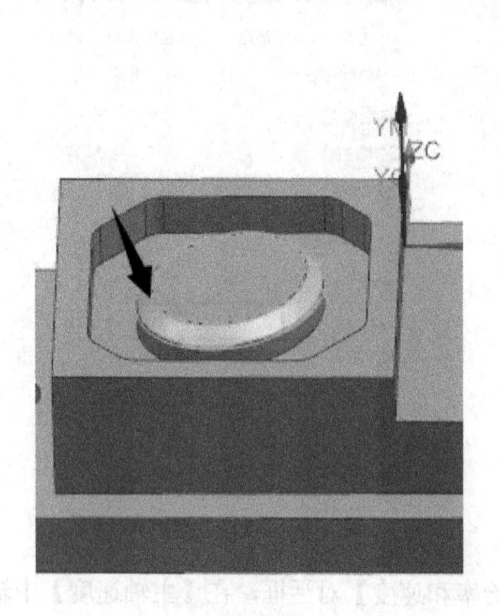

图 3-72　指定切削区域

图 3-73　刀轨设置

（4）单击切削参数按钮，弹出【切削参数】对话框，在【策略】选项卡中按如图 3-74 所示设置，【连接】选项卡中的【层到层】下拉列表中选择【直接对部件对刀】，【余量】选项卡中按如图 3-75 所示设置，单击【确定】按钮。

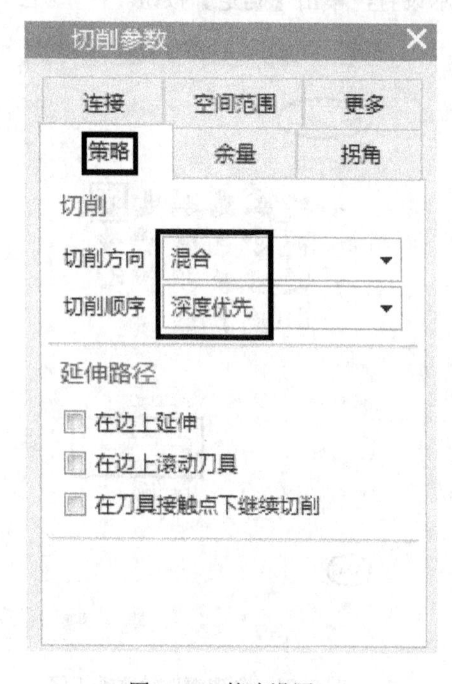

图 3-74　策略设置

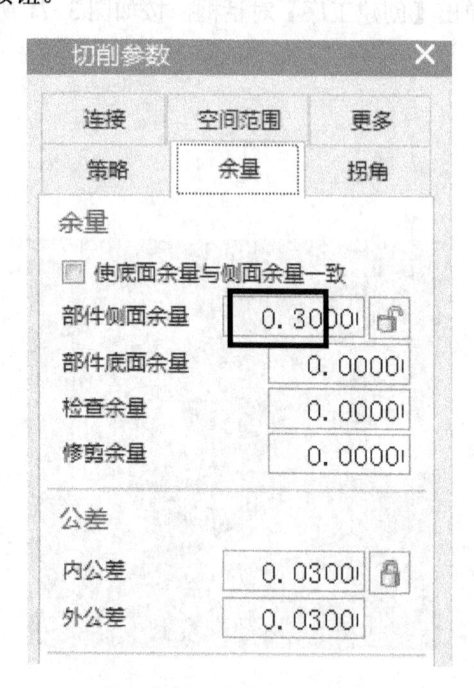

图 3-75　余量设置

（5）单击非切削移动按钮，弹出【非切削移动】对话框，在【进刀】选项卡中按如图 3-76 所示设置，【转移/快速】选项卡中按如图 3-77 所示设置，单击【确定】按钮。

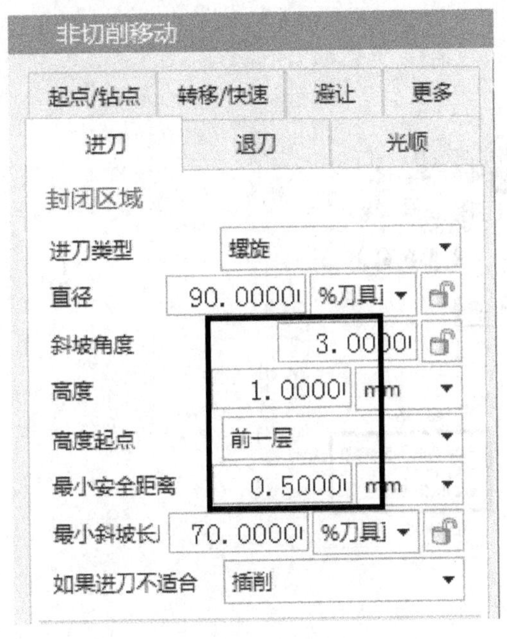

图 3-76 进刀设置

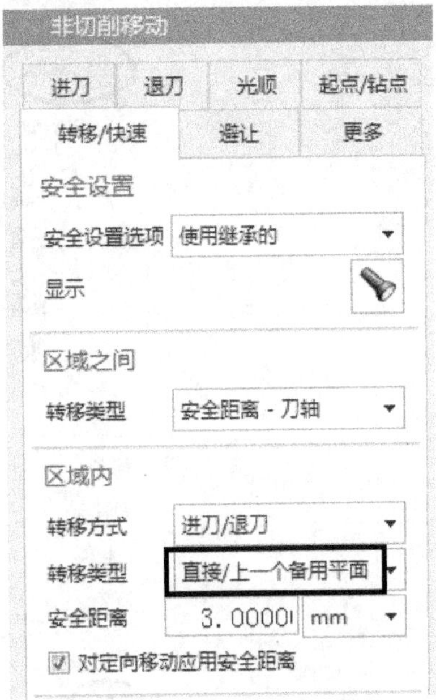

图 3-77 转移类型设置

（6）单击进给率和速度按钮，弹出【进给率和速度】对话框，在【主轴速度】中输入“6000”，【进给率】|【切削】中输入“4500”，单击【确定】按钮。

（7）单击生成按钮，生成的刀具路径如图 3-78 所示。

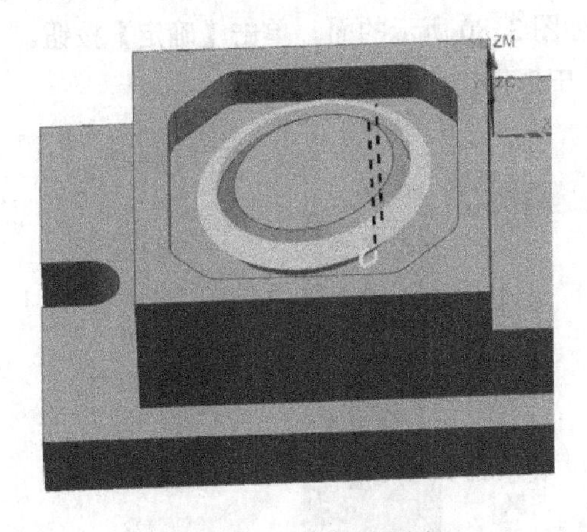

图 3-78 生成的刀具路径

3.2.3 槽铣削

1．左边槽铣削

（1）鼠标右击【槽铣削】程序组，在弹出的快捷菜单中，单击【插入】|工序按钮，

弹出【创建工序】对话框，按如图 3-79 所示设置，单击【确定】按钮。

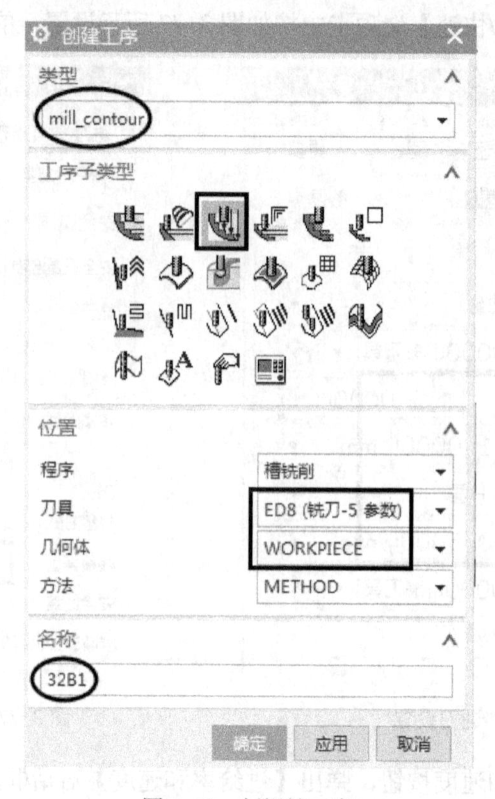

图 3-79　创插铣工序

（2）单击指定切削区域按钮，弹出【切削区域】对话框，在【选择方法】中选择面，【选择对象】中选择如图 3-80 所示的面，单击【确定】按钮。

（3）在【刀轨设置】中按如图 3-81 所示设置。

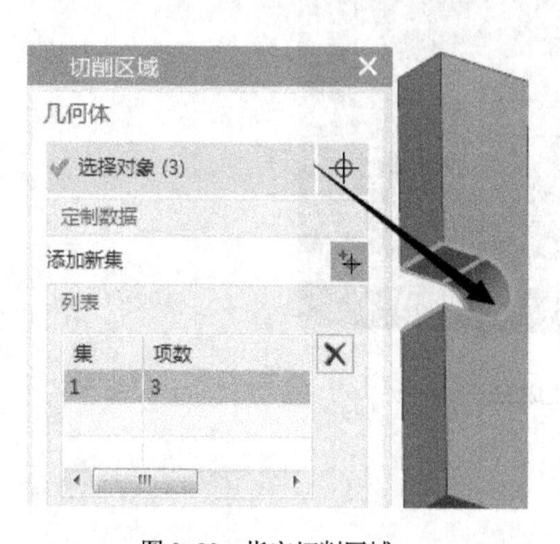

图 3-80　指定切削区域

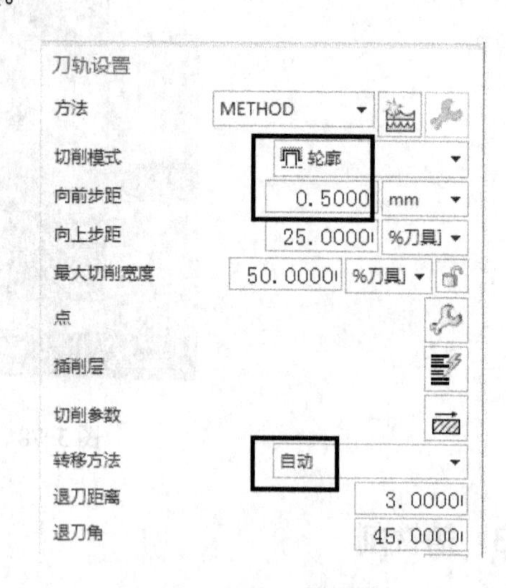

图 3-81　刀轨设置

（4）单击切削参数按钮，弹出【切削参数】对话框，在【余量】选项卡中侧壁和底面余量均输入“0”，单击【确定】按钮。

（5）单击进给率和速度按钮，弹出【进给率和速度】对话框，在【主轴速度】中输入“6000”，【进给率】|【切削】中输入“3000”，单击【确定】按钮。

（6）单击生成按钮，生成的刀具路径如图3-82所示。

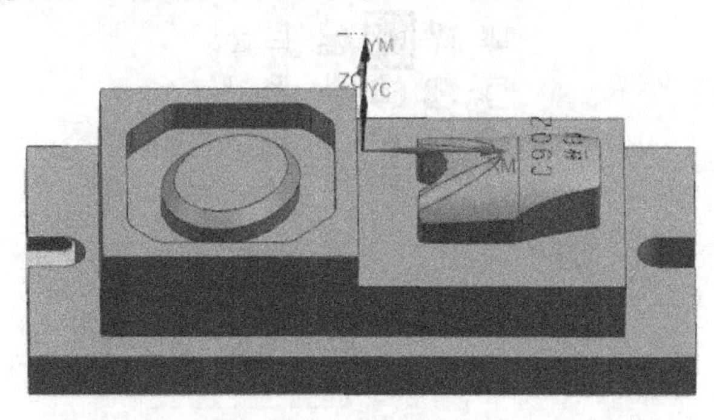

图3-82 生成的刀具路径

2．右边槽铣削

（1）鼠标右击刚创建的“32B1”程序，弹出快捷菜单，在【对象】下拉列表中选择变换，在【变换】|【类型】中选择【通过一平面镜像】，在【变换参数】|【指定平面】中选择【YC-ZC 平面】，【结果】中选择【复制】，如图3-83所示，单击【确定】按钮，生成的刀具路径如图3-84所示。

（2）将名称重命名为“32B2”。

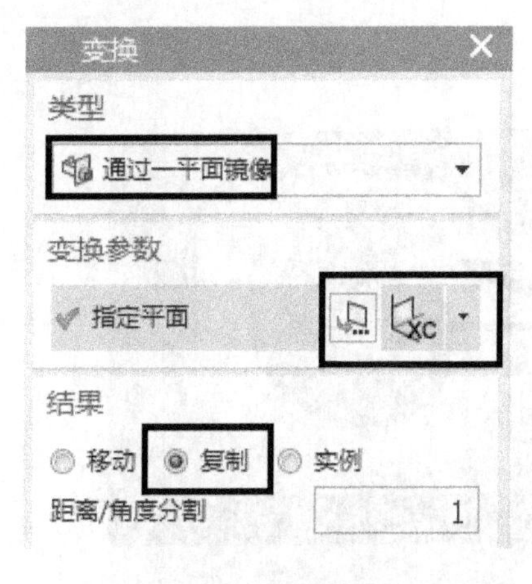

图3-83 变换设置

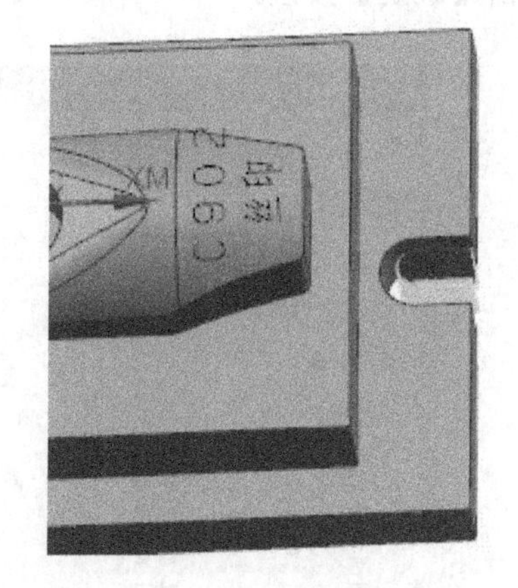

图3-84 生成的刀具路径

3.2.4 夹具精加工

1．椭圆部分底面精加工

（1）鼠标右击【夹具精加工】程序组，在弹出的对话框中，单击【插入】|工序按钮，弹出【创建工序】对话框，按如图3-85所示设置，单击【确定】按钮。

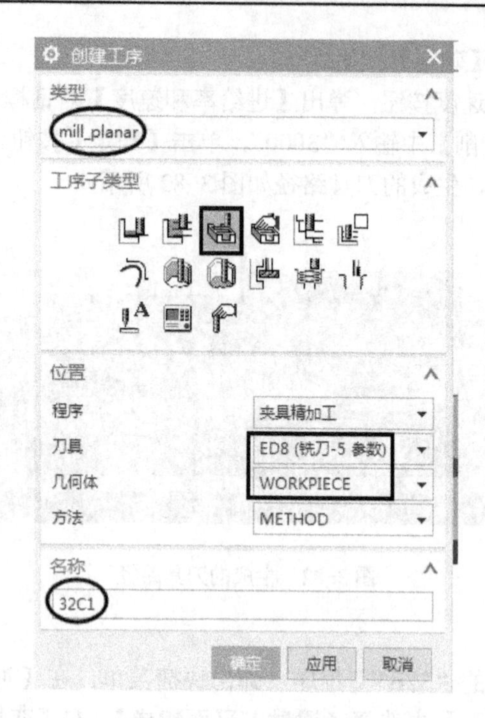

图 3-85　创建面铣工序

（2）单击指定面边界按钮，弹出【毛坯边界】对话框，在【选择方法】中选择面，在【选择面】中选择腔体的底面，如图 3-86 所示；单击添加新集按钮，选择椭圆的顶面，单击【确定】按钮。

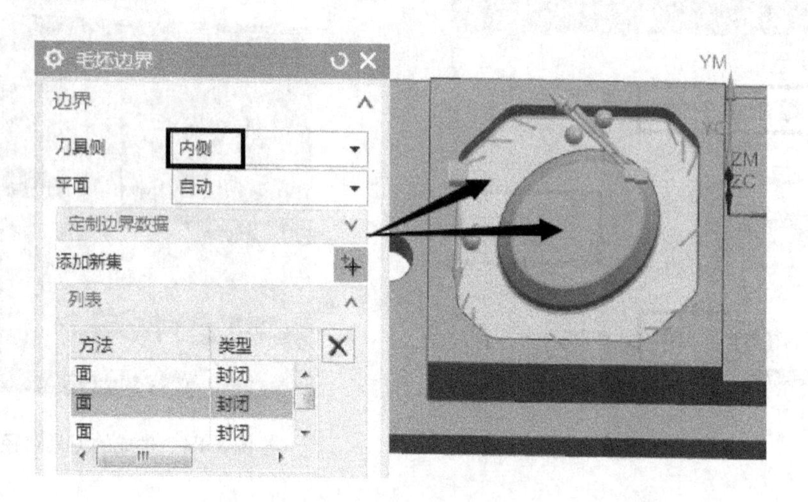

图 3-86　选择面

（3）在【刀轨设置】选项组中按如图 3-87 所示设置。

（4）单击切削参数按钮，弹出【切削参数】对话框，在【策略】选项卡中按如图 3-88 所示设置，【余量】选项卡中将部件余量、壁余量均输入“0.5”，公差中均输入“0.01”，单击【确定】按钮。

图 3-87　刀轨设置

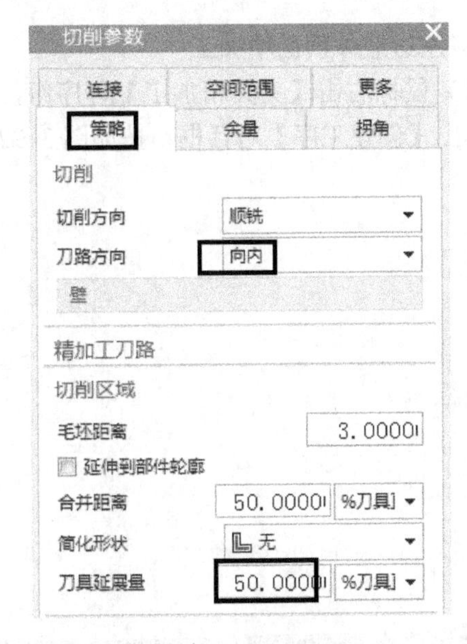

图 3-88　策略设置

（5）单击非切削移动按钮，弹出【非切削移动】对话框，在【进刀】选项卡中按如图 3-89 所示设置，【转移/快速】选项卡中按如图 3-90 所示设置，单击【确定】按钮。

图 3-89　进刀设置

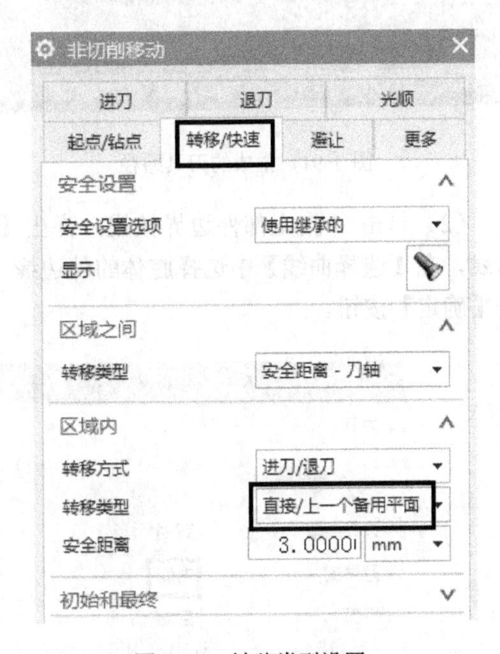

图 3-90　转移类型设置

（6）单击进给率和速度按钮，在【主轴速度】中输入“6000”，【进给率】|【切削】中输入“1200”，单击【确定】按钮。

（7）单击生成按钮，生成的刀具路径如图 3-91 所示。

2．左边腔体顶面精加工

（1）鼠标右击【夹具精加工】程序组，在弹出的快捷菜单中，单击【插入】|工序按钮，弹出【创建工序】对话框，按如图 3-92 所示设置，单击【确定】按钮。

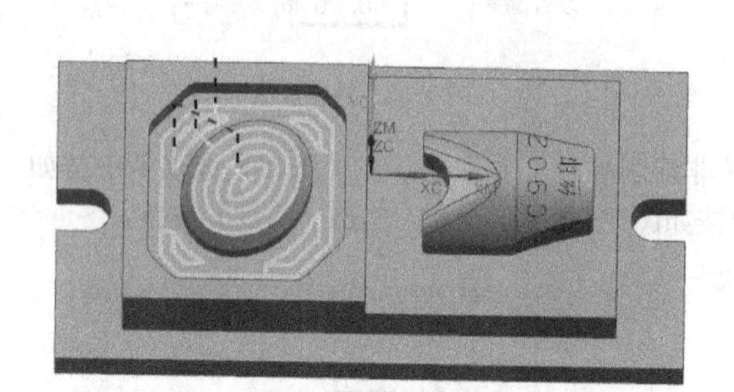

图 3-91　生成的刀具路径

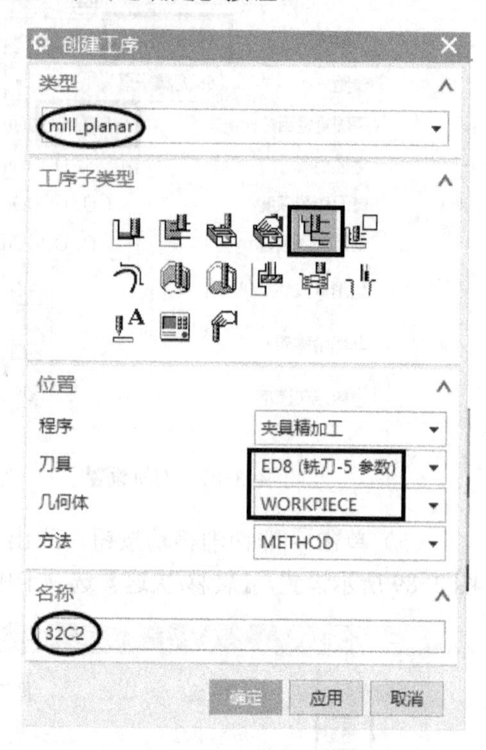

图 3-92　创建平面铣工序

（2）单击指定部件边界按钮，弹出【部件边界】对话框，在【选择方法】中选择曲线，在【选择曲线】中选择腔体的外边缘，【刀具侧】选择【内侧】，如图 3-93 所示，单击【确定】按钮。

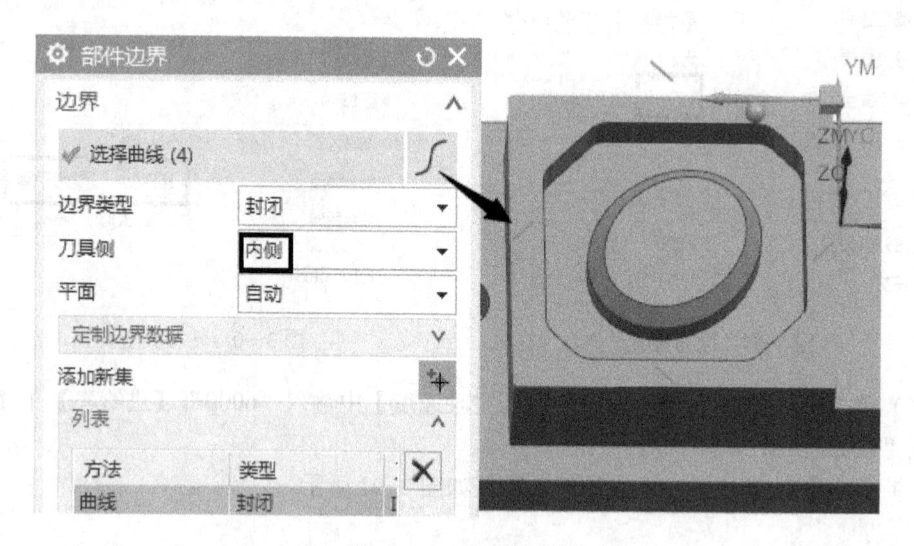

图 3-93　边界设置

（3）单击指定底面按钮，弹出【平面】对话框，在【选择平面对象】中选择如图 3-94 所示的顶面，单击【确定】按钮。

（4）在【刀轨设置】中按如图 3-95 所示设置。

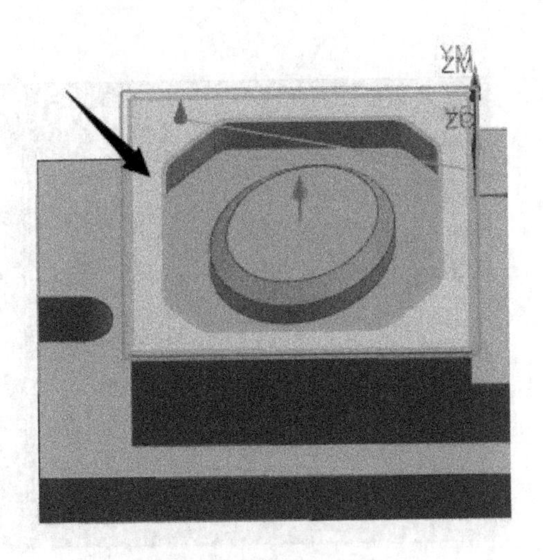

图 3-94　底面设置

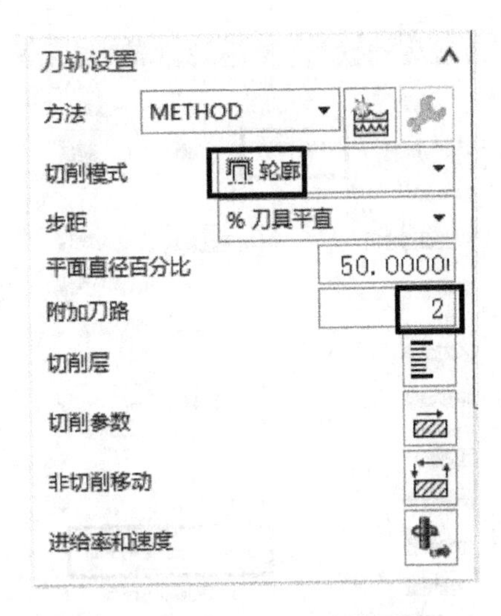

图 3-95　刀轨设置

（5）单击切削参数按钮，弹出【切削参数】对话框，在【余量】选项卡中按如图 3-96 所示设置，单击【确定】按钮。

（6）单击非切削移动按钮，弹出【非切削移动】对话框，在【进刀】选项卡中按如图 3-97 所示设置。

图 3-96　余量设置

图 3-97　进刀设置

在【转移/快速】选项卡中按如图 3-98 所示，单击【确定】按钮。

（7）单击进给率和速度按钮，弹出【进给率和速度】按钮，在【主轴速度】中输入“6000”,【进给率】|【切削】中输入“1200”，单击【确定】按钮。

（8）单击生成按钮，生成的刀具路径如图3-99所示。

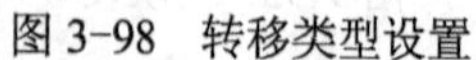
图3-98　转移类型设置

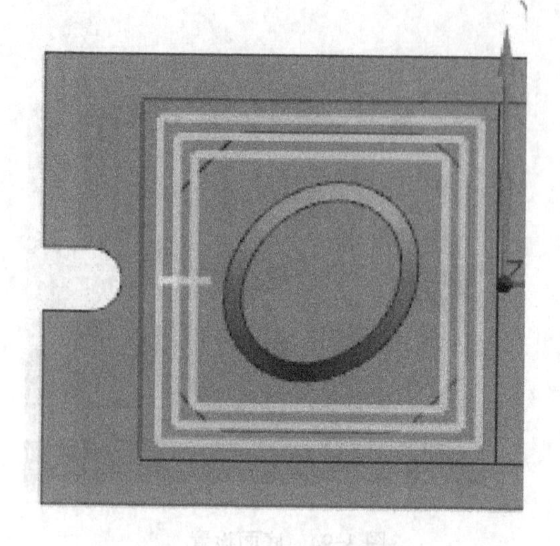

图3-99　生成的刀具路径

3．腔体侧壁精加工

（1）鼠标右击【夹具精加工】程序组，在弹出的快捷菜单中，单击【插入】|工序按钮，弹出【创建工序】对话框，按如图3-100所示设置，单击【确定】按钮。

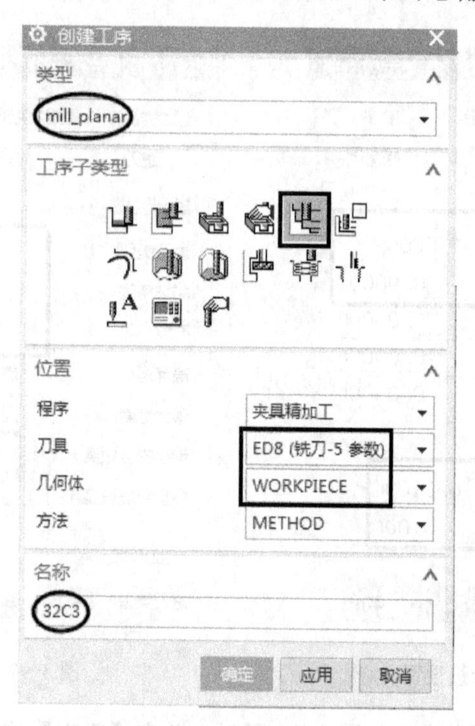

图3-100　创建平面铣工序

（2）单击指定部件边界按钮，弹出【部件边界】对话框，在【选择方法】中选择曲线，在【选择曲线】中选择腔体的底边缘，【刀具侧】选择【内侧】，如图 3-101 所示；单击添加新集按钮，选择椭圆的底边缘，【刀具侧】选择【外侧】，单击【确定】按钮。

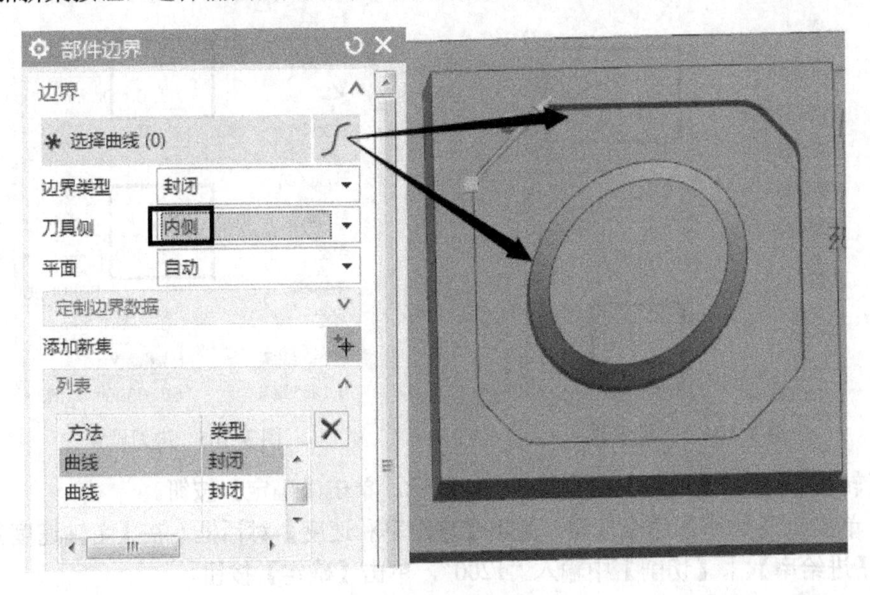

图 3-101　边界设置

（3）单击指定底面按钮，弹出【平面】对话框，在【选择平面对象】中选择如图 3-102 所示的顶面，单击【确定】按钮。

（4）在【刀轨设置】选项组中按如图 3-103 所示设置。

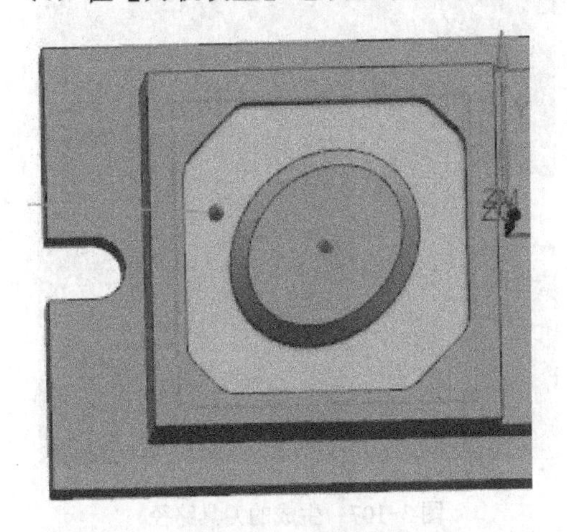

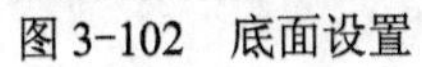

图 3-102　底面设置

图 3-103　刀轨设置

（5）单击切削参数按钮，弹出【切削参数】对话框，在【余量】选项卡中按如图 3-104 所示设置，单击【确定】按钮。

（6）单击非切削移动按钮，弹出【非切削移动】对话框，在【进刀】选项卡中按如图 3-105 所示设置。

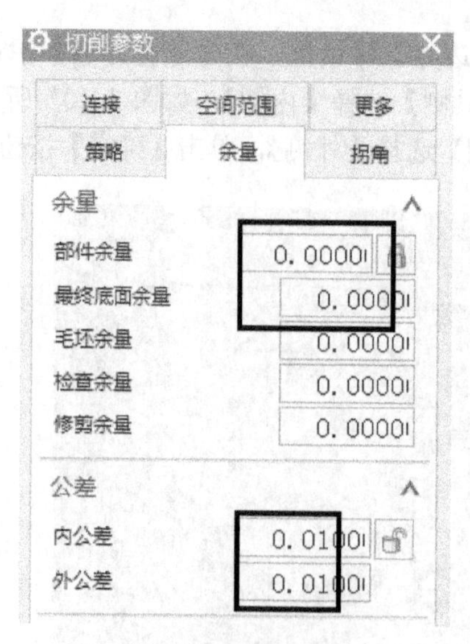

图 3-104　余量设置

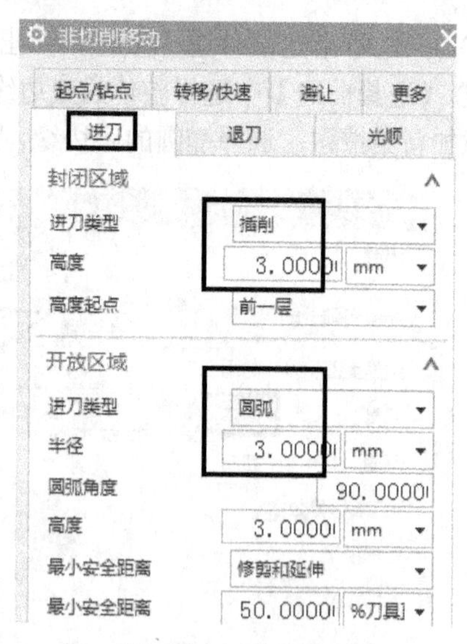

图 3-105　进刀设置

在【转移/快速】选项卡中按如图 3-106 所示，单击【确定】按钮。

（7）单击进给率和速度按钮，弹出【进给率和速度】对话框，在【主轴速度】中输入“6000”，【进给率】|【切削】中输入“1200”，单击【确定】按钮。

（8）单击生成按钮，生成的刀具路径如图 3-107 所示。

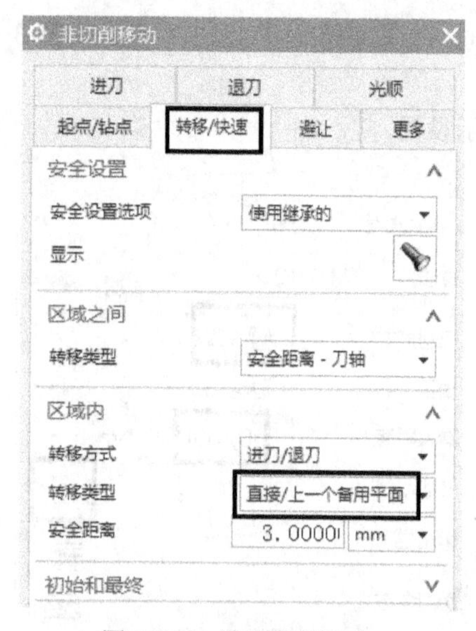

图 3-106　转移类型设置

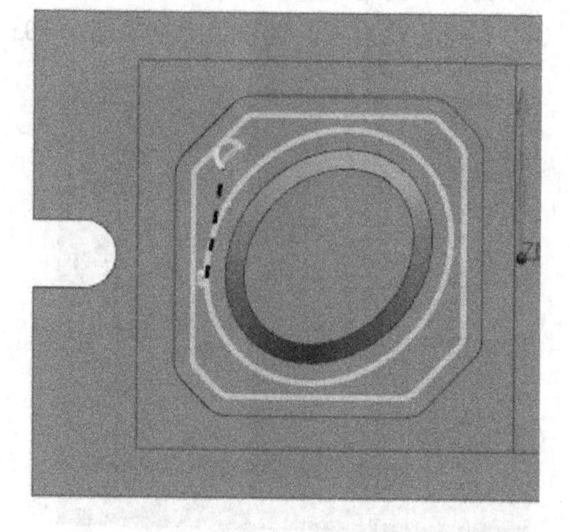

图 3-107　生成的刀具路径

4．其余底面及侧壁精加工

（1）鼠标右击“32C1”程序，在弹出的快捷菜单中选择【复制】，再右击“32C3”程序，在弹出的快捷菜单中选择【粘贴】，并将名称重命名为“32C4”。

（2）双击“32C4”程序，单击指定面边界按钮，弹出【毛坯边界】对话框，在上面【列表】中删除之前的选项，在【选择方法】中选择面，在【选择面】中选择如图 3-108 所示的两个底面，单击【确定】按钮。

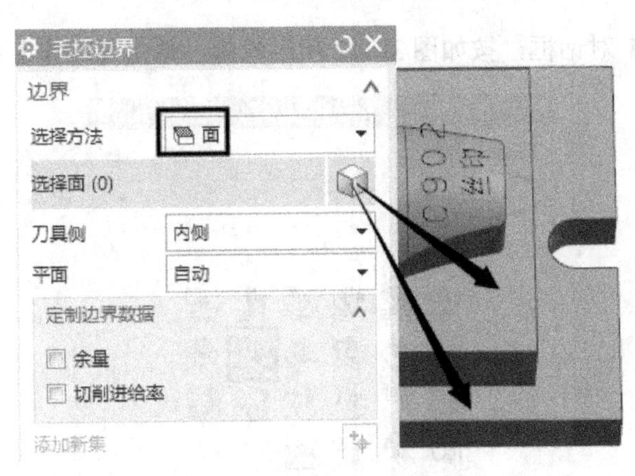

图 3-108 重新选择边界

(3) 在【工具】|【刀具】中选择“ED12”。

(4) 单击切削参数按钮，弹出【切削参数】对话框，在【策略】选项卡中按如图 3-109 所示设置，【余量】中均输入“0”，内外公差均输入“0.01”。

(5) 在【拐角】|【凸角】中选择【延伸并修剪】，如图 3-110 所示，单击【确定】按钮。

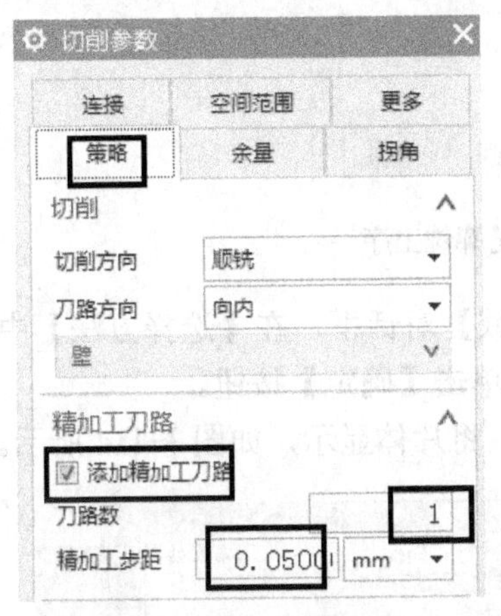

图 3-109 策略设置

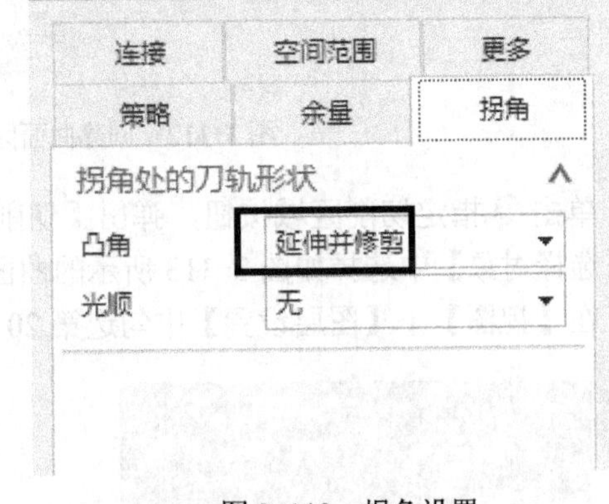

图 3-110 拐角设置

(6) 单击生成按钮，生成的刀具路径如图 3-111 所示。

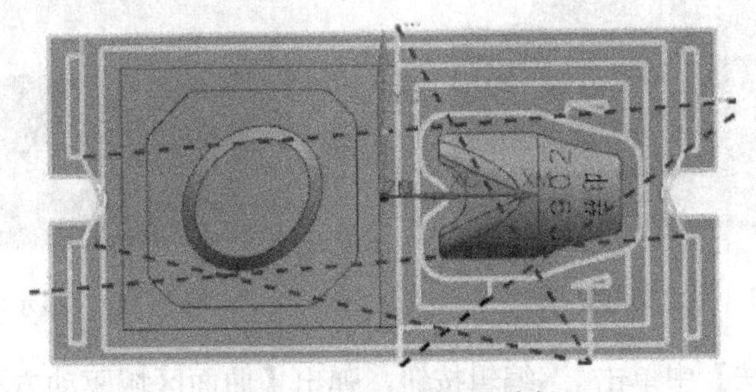

图 3-111 生成的刀具路径

5. 曲面半精加工

(1) 鼠标右击【夹具精加工】程序组，在弹出的快捷菜单中，单击【插入】|工序按

钮，弹出【创建工序】对话框，按如图 3-112 所示设置，单击【确定】按钮。

图 3-112　创建曲面区域轮廓铣工序

（2）单击指定切削区域按钮，弹出【切削区域】对话框，在【选择方法】中选择面，在【选择对象】中选择如图 3-113 所示的曲面，单击【确定】按钮。

（3）在【视图】|【图层设置】中勾选第 20 层，将片体显示，如图 3-114 所示。

图 3-113　指定切削区域

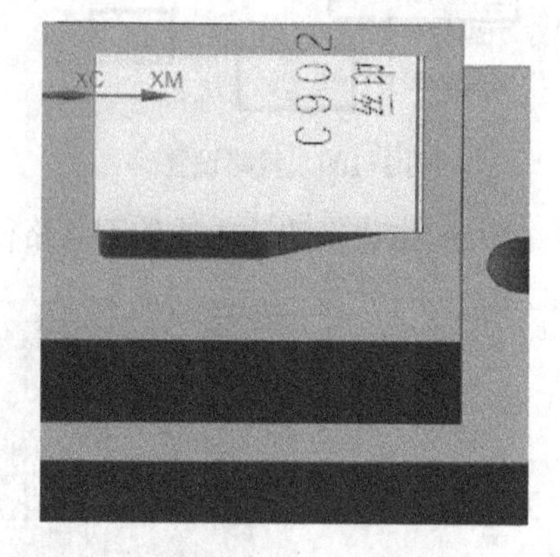

图 3-114　显示区域曲面

（4）在【驱动方法】中单击编辑按钮，弹出【曲面区域驱动方法】对话框，单击指定驱动按钮，弹出【驱动几何体】对话框，在【选择对象】中选择刚显示的片体，如图 3-115 所示，单击【确定】按钮。

（5）单击切削方向按钮，选择如图 3-116 所示的箭头方向。

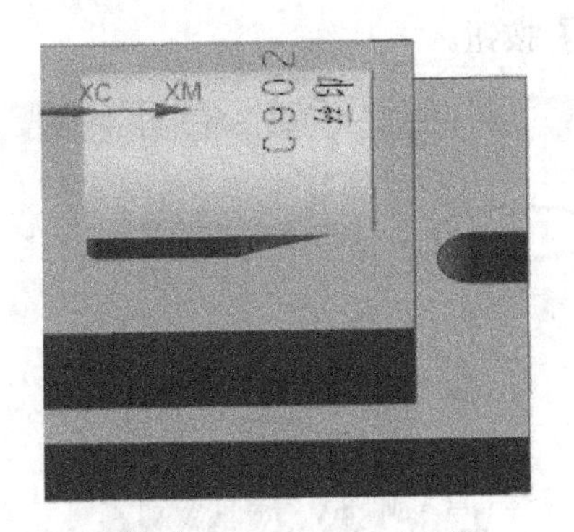

图 3-115 指定驱动几何体

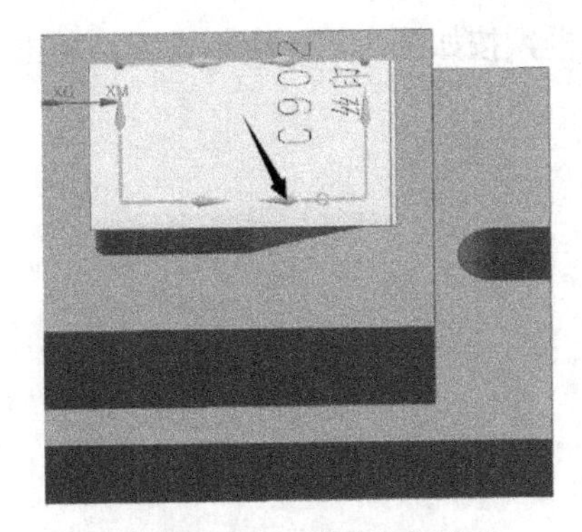

图 3-116 指定切削方向

（6）在【驱动设置】中按如图 3-117 所示设置，单击【确定】按钮。

（7）在【曲面区域轮廓铣】对话框的【投影矢量】|【指定矢量】中选择【-ZC 轴】。

（8）单击切削参数按钮，弹出【切削参数】对话框，在【余量】选项卡中按如图 3-118 所示设置，单击【确定】按钮。

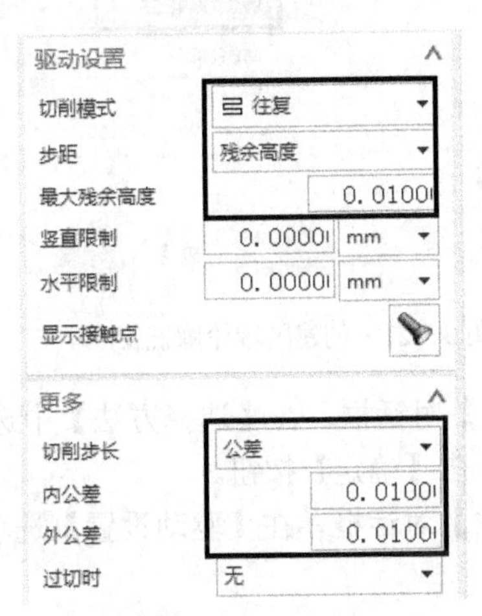

图 3-117 驱动设置

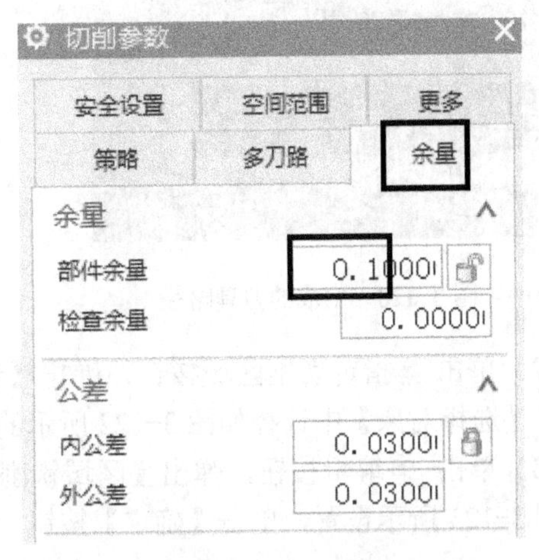

图 3-118 余量设置

（9）在【非切削移动】对话框的【光顺】选项卡中按图 3-119 所示设置，其余采用默认，单击【确定】按钮。

（10）单击进给率和速度按钮，弹出【进给率和速度】对话框，在【主轴速度】中输入“6000”，【进给率】|【切削】中输入“1200”，单击【确定】按钮。

（11）在【视图】|【图层设置】中将 20 层设为不可见。

（12）单击生成按钮，生成的刀具路径如图 3-120 所示。

6. 曲面精加工

（1）鼠标右击【夹具精加工】程序组，在弹出的快捷菜单中，单击【插入】|工序按钮，弹出【创建工

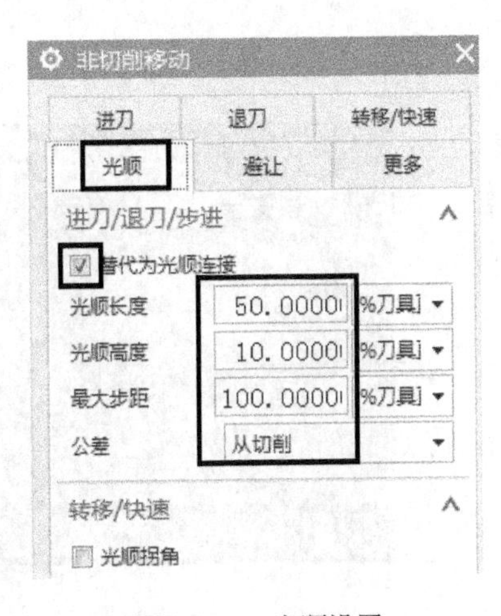

图 3-119 光顺设置

序】对话框，按如图 3-121 所示设置，单击【确定】按钮。

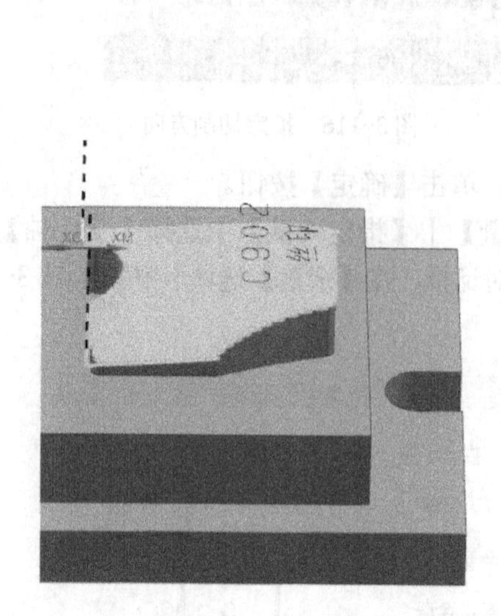

图 3-120　生成的刀具路径

图 3-121　创建区域轮廓铣工序

（2）单击指定切削区域按钮，弹出【切削区域】对话框，在【选择方法】中选择面，在【选择对象】中选择如图 3-122 所示的曲面，单击【确定】按钮。

（3）单击编辑按钮，弹出【区域铣削驱动方法】对话框，在【驱动设置】选项组中按如图 3-123 所示设置，单击【确定】按钮。

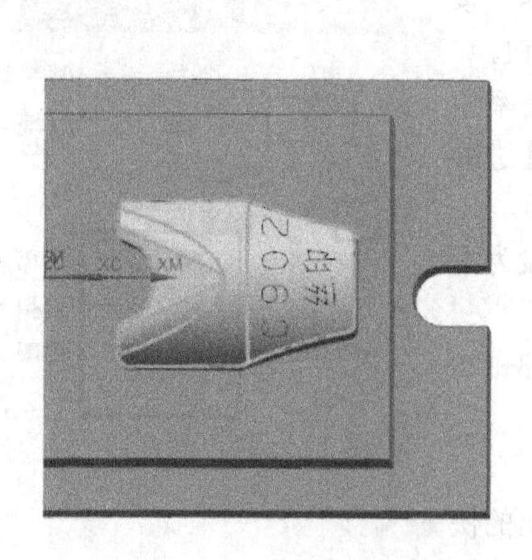

图 3-122　指定切削区域

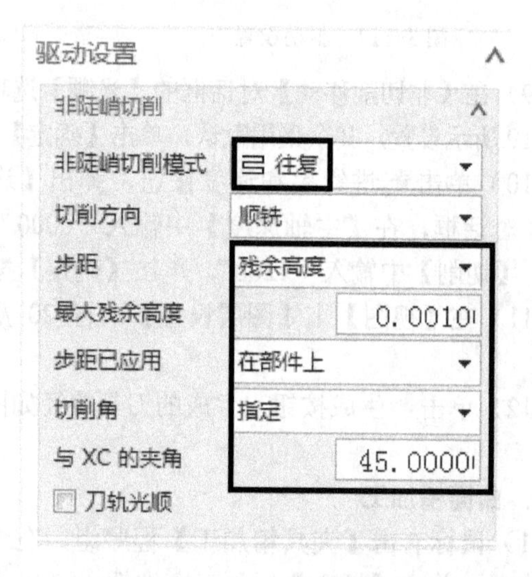

图 3-123　驱动设置

（4）单击切削参数按钮，弹出【切削参数】对话框，在【策略】选项卡中按如图 3-124 所示设置，【余量】选项卡中按如图 3-125 所示设置，单击【确定】按钮。

图 3-124　策略设置

图 3-125　余量设置

（5）在【非切削移动】对话框中全部采用默认。

（6）单击进给率和速度按钮，弹出【进给率和速度】对话框，在【主轴速度】中输入“6000”，【进给率】|【切削】中输入“1200”，单击【确定】按钮。

（7）单击生成按钮，生成的刀具路径如图 3-126 所示。

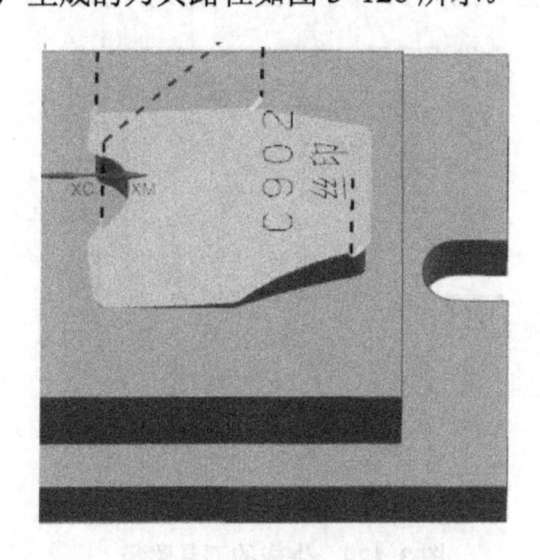

图 3-126　生成的刀具路径

7．椭圆倒角精加工

（1）鼠标右击“32A3”程序，在弹出的快捷菜单中选择【复制】，鼠标右击“32C6”程序，在弹出的快捷菜单中选择【粘贴】，将名称重命名为“32C7”。

（2）双击“32C7”程序，在【工具】|【刀具】中选择“R3”。

（3）在【刀轨设置】选项组中按如图 3-127 所示设置。

（4）单击切削参数按钮，弹出【切削参数】对话框，在【余量】选项卡中按如图 3-128 所示设置，单击【确定】按钮。

图 3-127　刀轨设置

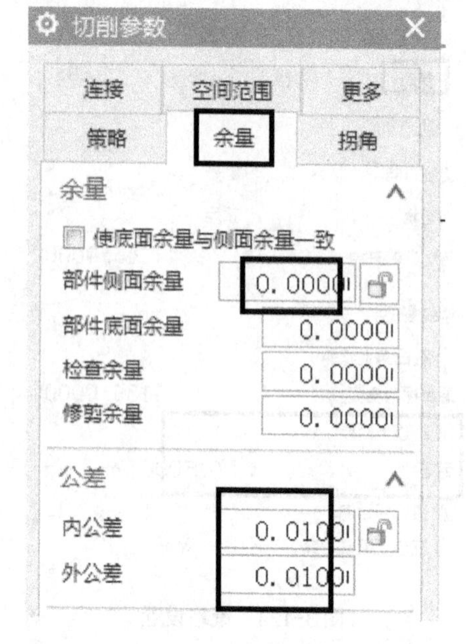

图 3-128　余量设置

（5）单击进给率和速度按钮，弹出【进给率和速度】对话框，在【主轴速度】中输入“6000”,【进给率】|【切削】中输入“1200”，单击【确定】按钮。

（6）单击生成按钮，生成的刀具路径如图 3-129 所示。

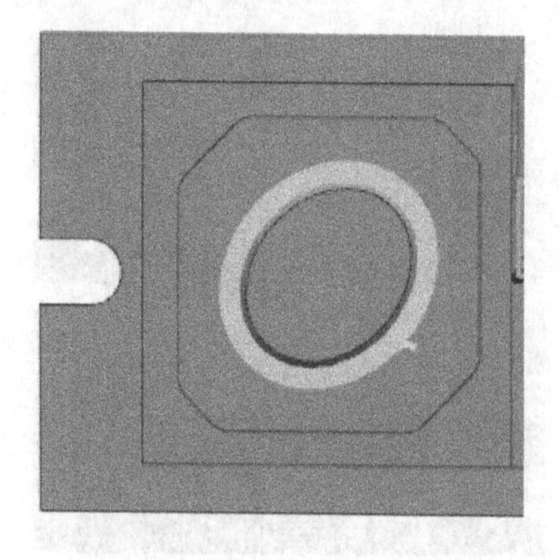

图 3-129　生成的刀具路径

3.2.5　轮廓文本

（1）鼠标右击【轮廓文本】程序组，在弹出的快捷菜单中，单击【插入】|工序按钮，弹出【创建工序】对话框，按如图 3-130 所示设置，单击【确定】按钮。

图 3-130　创建轮廓文本工序

（2）单击A指定制图文本按钮，弹出【文本几何体】对话框，选择如图 3-131 所示的制图文本，单击【确定】按钮。

（3）在【刀轨设置】中按如图 3-132 所示设置。

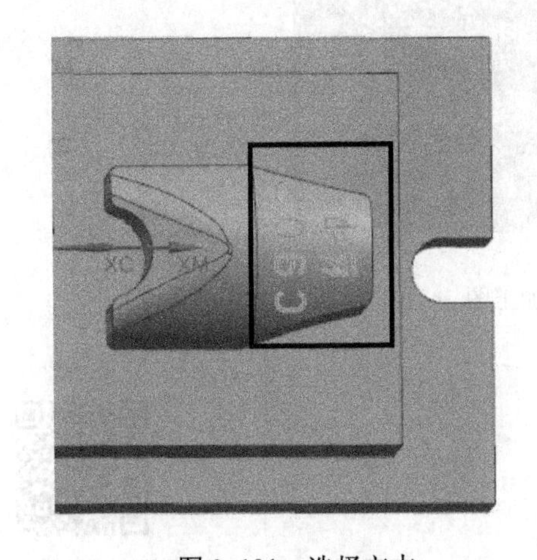

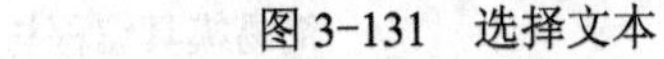

图 3-131　选择文本

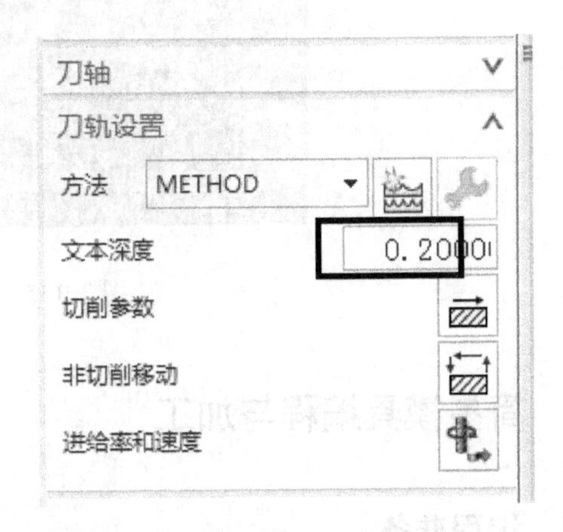

图 3-132　刀轨设置

（4）单击切削参数按钮，弹出【切削参数】对话框，在【多刀路】选项卡中按如图 3-133 所示设置，单击【确定】按钮。

（5）单击进给率和速度按钮，弹出【进给率和速度】对话框，在【主轴速度】中输入“6000”，【进给率】｜【切削】中输入“800”，单击【确定】按钮。

（6）单击生成按钮，生成的刀具路径如图 3-134 所示。

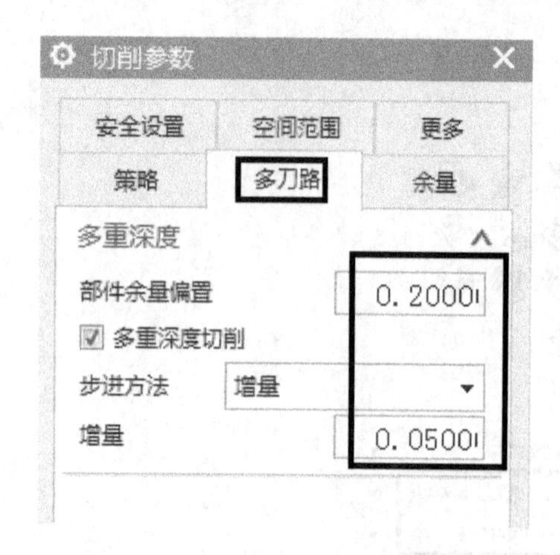

图 3-133　多刀路设置

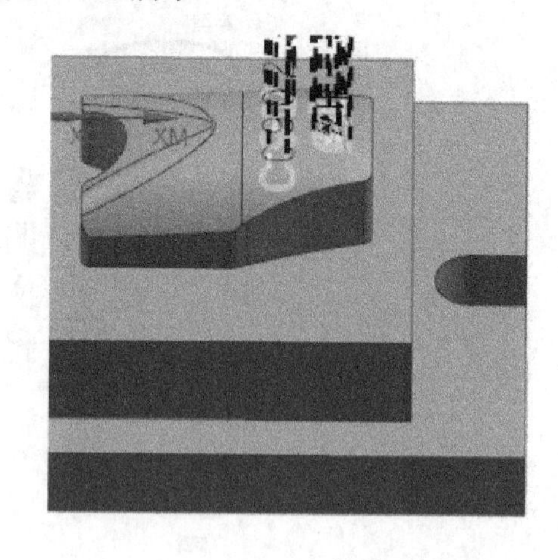

图 3-134　生成的刀具路

3.2.6　仿真模拟加工

选中所有程序，单击鼠标右键，在弹出的快捷菜单中，单击【刀轨】里面的确认按钮，弹出【刀轨可视化】对话框，单击【3D 动态】按钮，单击播放按钮，仿真模拟加工如图 3-135 所示。

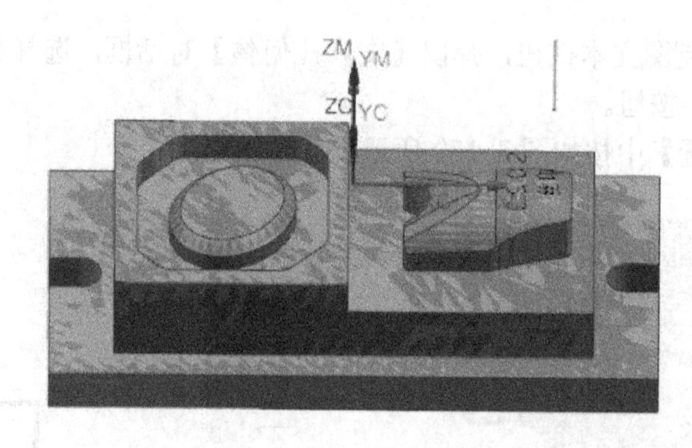

图 3-135　仿真加工图

3.3　简易模具编程与加工

简易模具编程与加工 1

3.3.1　编程准备

1．打开文件

启动 UG 软件，打开 3.3 简易模具模型，零件材料为 3Cr2Mo 钢。

2．创建加工坐标系和工件几何体

简易模具编程与加工 2

（1）在【应用模块】中单击（加工）按钮，弹出【加工环境】对话框，按如图 3-136 所示设置。

（2）在【工序导航器】空白处单击鼠标右键，在弹出的快捷菜单中选择几何视图，单击MCS_MILL前面的“+”号将其展开。双击MCS_MILL按钮，弹出【MSC铣削】对话框，在【机床坐标系】中默认当前坐标系，单击【确定】按钮，在【安全设置】|【安全距离】中输入“30”，其余默认，如图3-137所示，单击【确定】按钮。

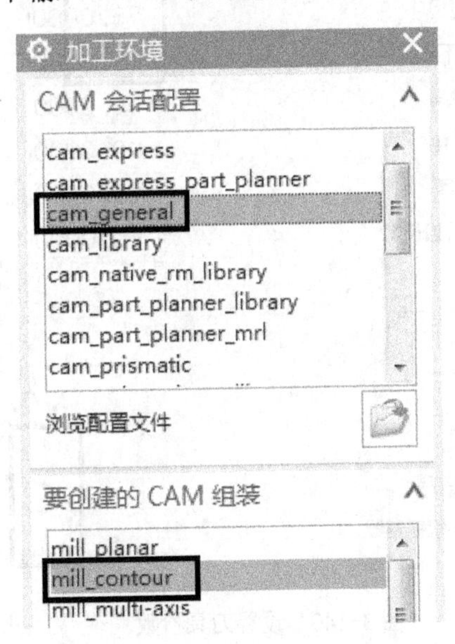

图3-136 加工环境设置

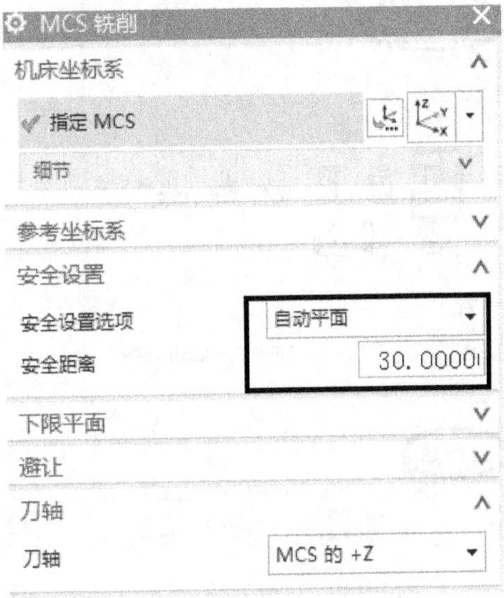

图3-137 安全设置

（3）创建工件几何体。双击WORKPIECE按钮，弹出【工件】对话框，单击指定部件按钮，弹出【部件几何体】对话框，在【选择对象】中选择模具模型，单击【确定】按钮；单击指定毛坯按钮，弹出【毛坯几何体】对话框，按如图3-138所示设置，单击【确定】按钮。

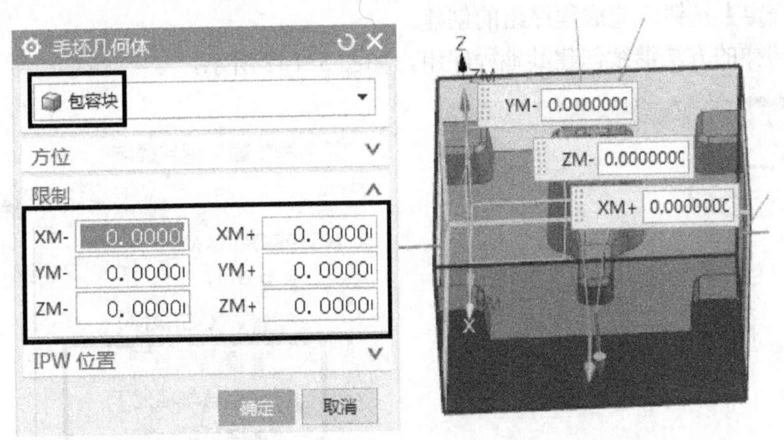

图3-138 创建毛坯几何体

3. 创建刀具

（1）在【工序导航器】空白处单击鼠标右键，在弹出的快捷菜单中选择机床视图，在工具栏中单击创建刀具按钮，弹出【创建刀具】对话框，按如图3-139所示设置，单击

【确定】按钮，弹出【铣刀-5 参数】对话框，在【尺寸】选项组中按如图 3-140 所示设置，单击【确定】按钮。

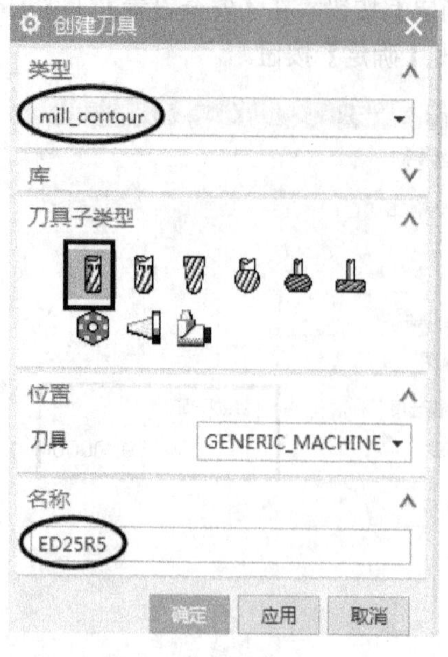

图 3-139　创建刀具

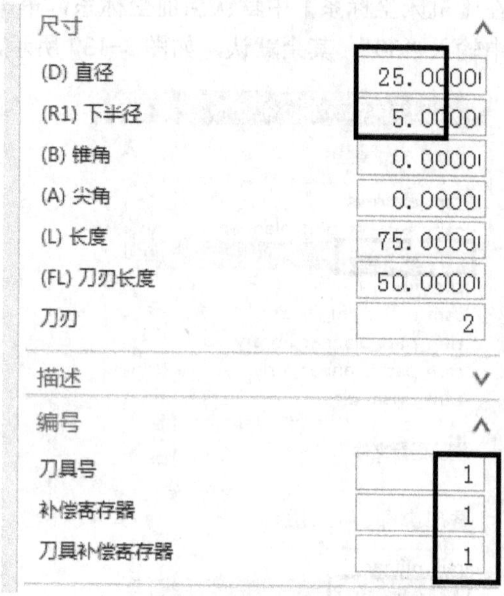

尺寸
(D) 直径　25.0000
(R1) 下半径　5.0000
(B) 锥角　0.0000
(A) 尖角　0.0000
(L) 长度　75.0000
(FL) 刀刃长度　50.0000
刀刃　2
描述
编号
刀具号　1
补偿寄存器　1
刀具补偿寄存器　1

图 3-140　设置刀具参数

（2）用同样的方法，创建 ED12R1、R4、ED12、R1 铣刀，在刀具编号中分别输入对应的刀具编号。

4．创建程序顺序视图

（1）在【工序导航器】空白处单击鼠标右键，在弹出的快捷菜单中，选择程序顺序视图，在工具条中单击创建程序按钮，弹出【创建程序】对话框，按如图 3-141 所示设置，两次单击【确定】按钮，完成程序组的创建。

（2）用同样的方法继续创建其他程序组，如图 3-142 所示。

图 3-141　创建程序组

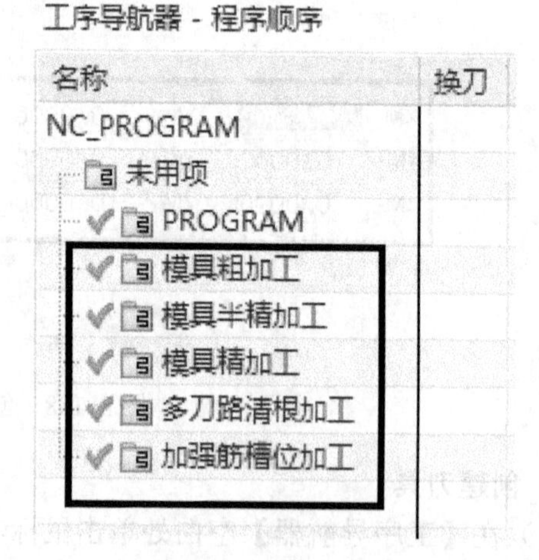

图 3-142　创建的所有程序组

3.3.2 模具粗加工

1. 模具第一次粗加工

（1）鼠标右击【模具粗加工】程序组，在弹出的对话框中，单击【插入】|工序按钮，弹出【创建工序】对话框，按如图3-143所示设置，单击【确定】按钮。

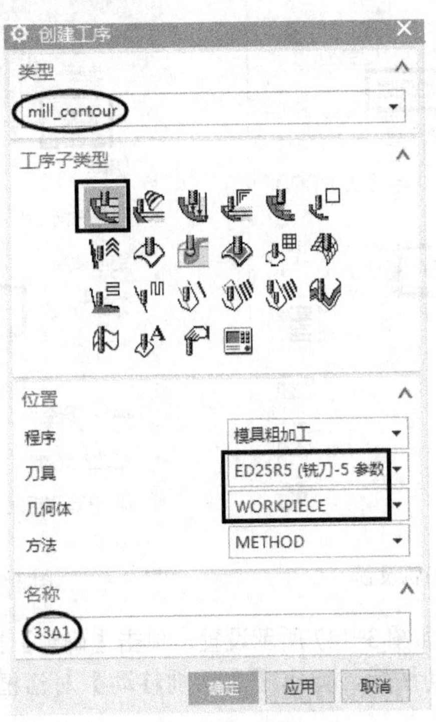

图3-143 创建型腔铣工序

（2）单击指定修剪边界按钮，弹出【修剪边界】对话框，在【选择方法】中选择点，在【指定点】中选择如图3-144所示的四个顶点，【修剪侧】中选择【外侧】，单击【确定】按钮。

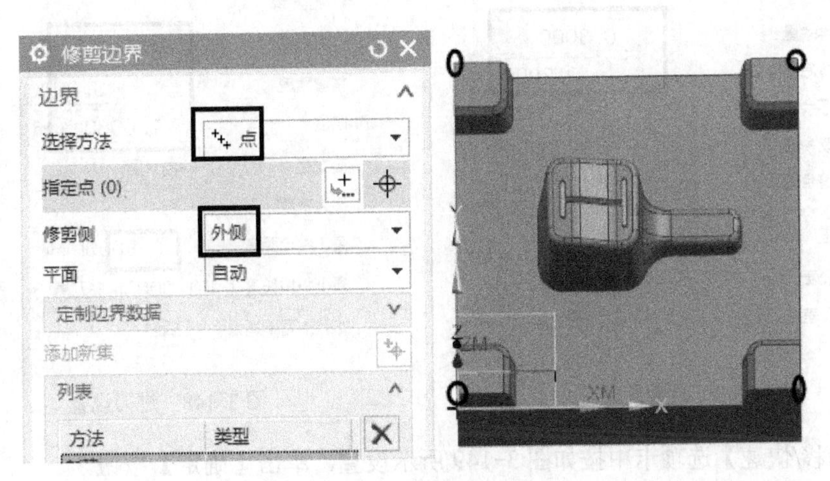

图3-144 设置修剪边界

（3）在【刀轨设置】中按如图 3-145 所示设置。

（4）单击切削参数按钮，弹出【切削参数】对话框，在【策略】选项卡中按如图 3-146 所示设置。

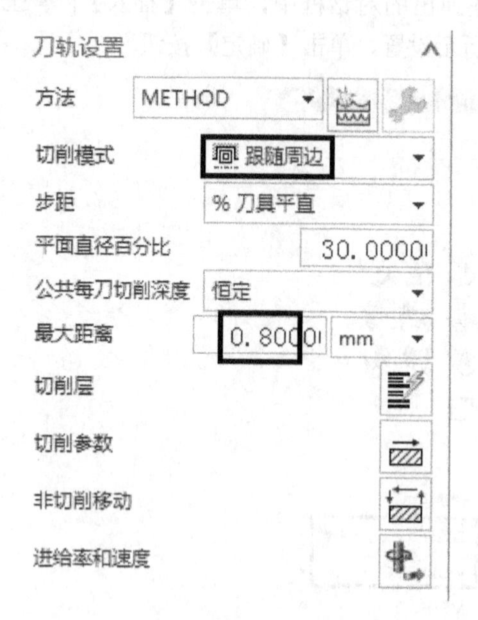

图 3-145　刀轨设置

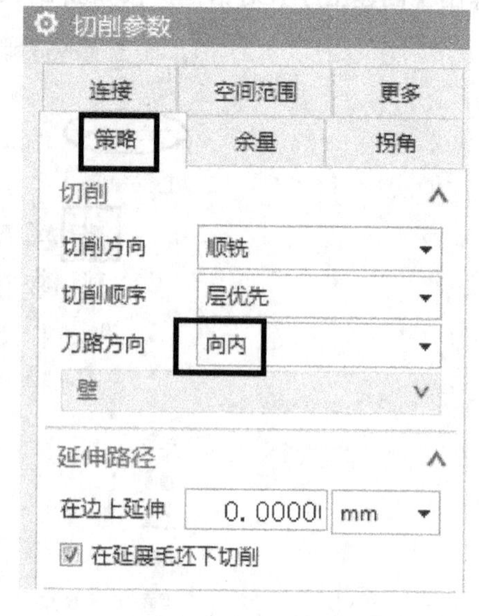

图 3-146　策略设置

在【余量】选项卡中按如图 3-147 所示设置，单击【确定】按钮。

（5）单击非切削移动按钮，弹出【非切削移动】对话框，在【进刀】选项卡中按如图 3-148 所示设置。

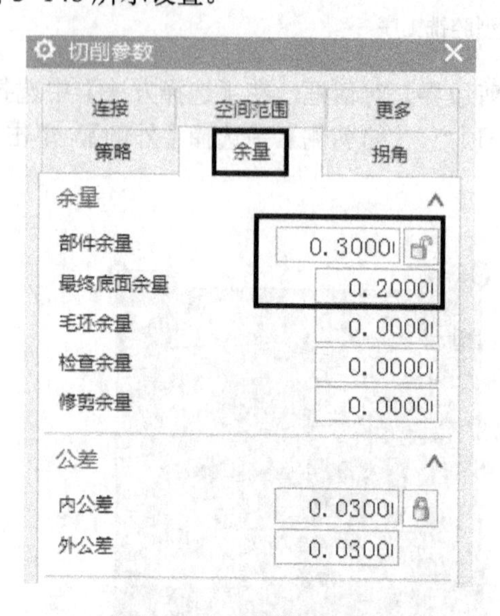

图 3-147　余量设置

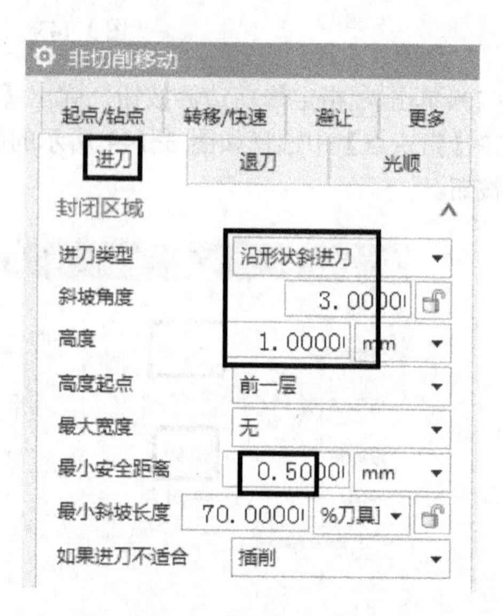

图 3-148　进刀设置

在【转移/快速】选项卡中按如图 3-149 所示设置，单击【确定】按钮。

（6）单击进给率和速度按钮，弹出【进给率和速度】对话框，在【主轴速度】中输入

“1000”,【进给率】|【切削】中输入“1200”，单击【确定】按钮。

(7) 单击生成按钮，生成的刀具路径如图3-150所示。

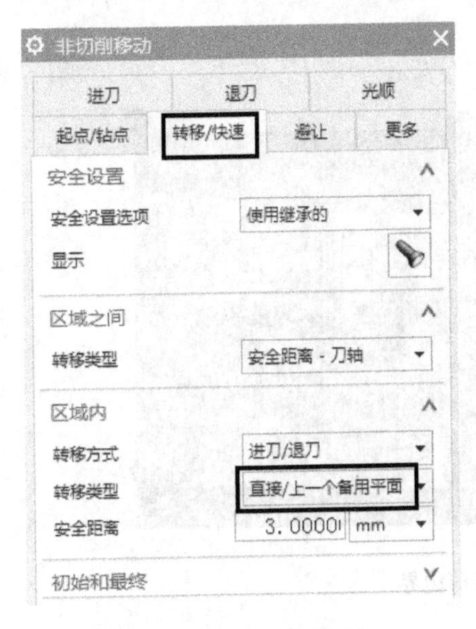

图3-149 转移类型设置

图3-150 生成的刀具路径

2. 模具第二次粗加工

(1) 鼠标右击【模具粗加工】程序组，在弹出的快捷菜单中，单击【插入】|工序按钮，弹出【创建工序】对话框，按如图3-151所示设置，单击【确定】按钮。

图3-151 创建剩余铣工序

（2）单击指定修剪边界按钮，弹出【修剪边界】对话框，在【选择方法】中选择点，在【指定点】中选择如图 3-152 所示的四个顶点，【修剪侧】中选择【外侧】，单击【确定】按钮。

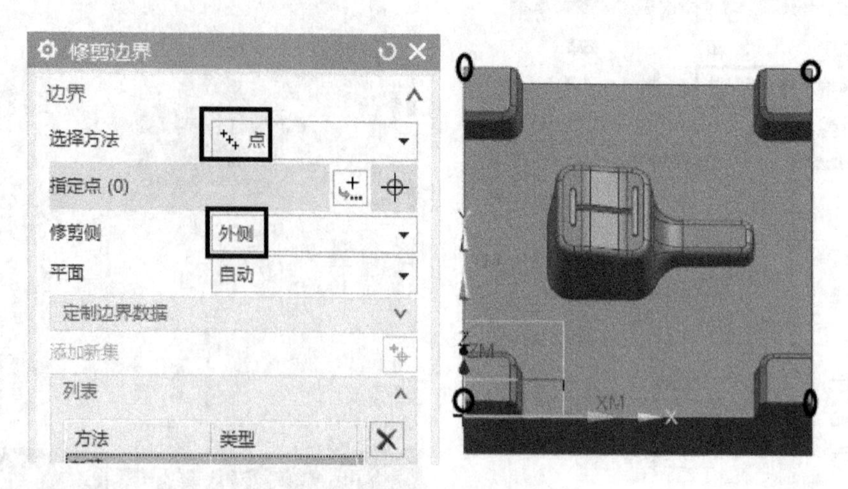

图 3-152　设置修剪边界

（3）在【刀轨设置】选项组中按如图 3-153 所示设置。

（4）单击切削参数按钮，弹出【切削参数】对话框，在【策略】选项卡中按如图 3-154 所示设置。

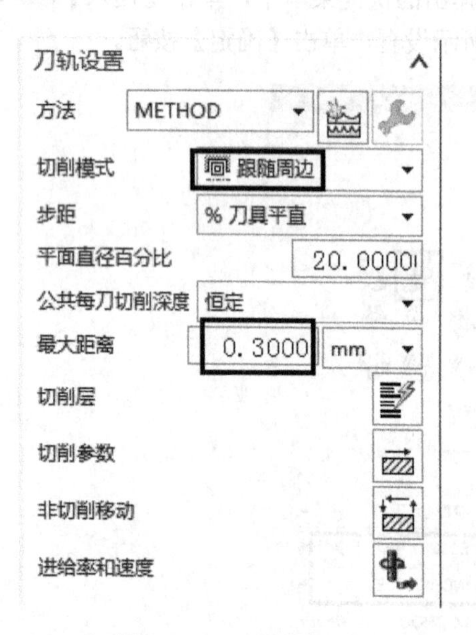

图 3-153　刀轨设置

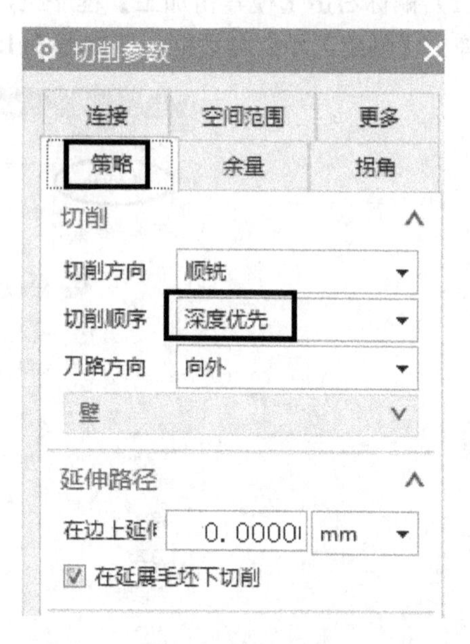

图 3-154　策略设置

在【余量】选项卡中按如图 3-155 所示设置，【空间范围】选项卡按如图 3-156 所示设置，单击【确定】按钮。

（5）单击非切削移动按钮，弹出【非切削移动】对话框，在【进刀】选项卡中按如图 3-157 所示设置。

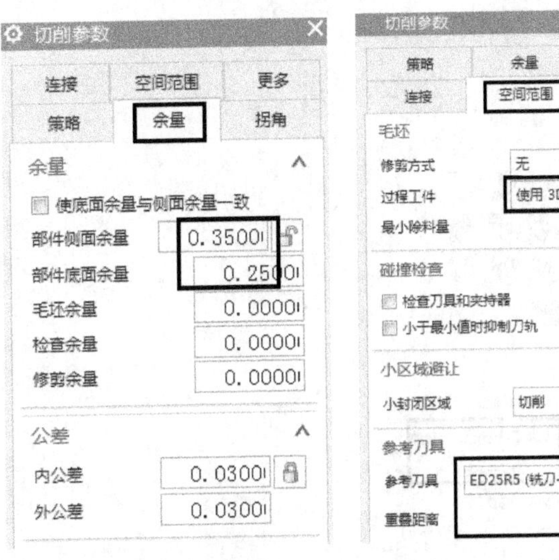

图3-155 余量设置

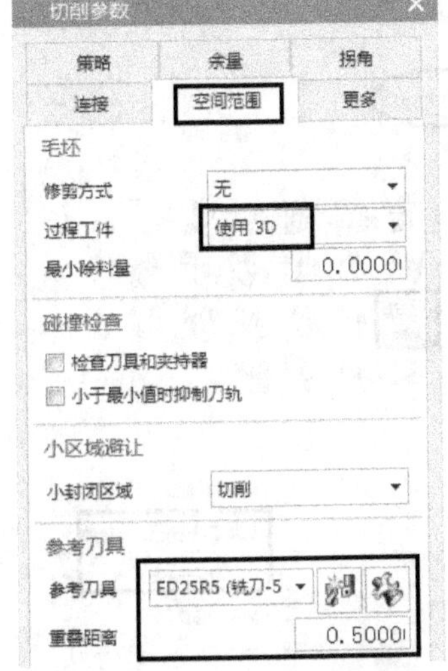

图3-156 空间范围设置

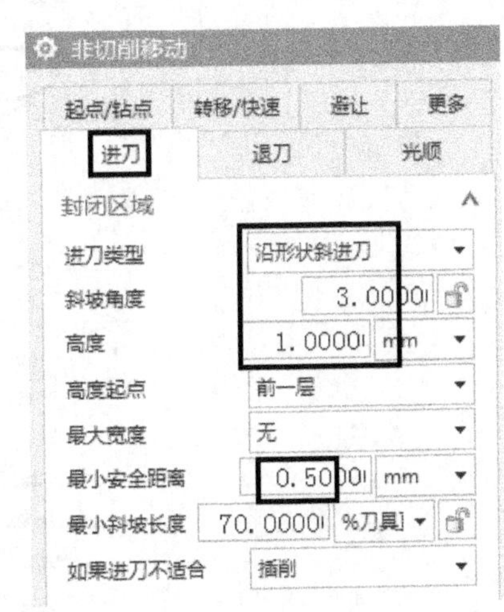

图3-157 进刀设置

在【转移/快速】选项卡中按如图3-158所示设置，单击【确定】按钮。

（6）单击进给率和速度按钮，弹出【进给率和速度】对话框，在【主轴速度】中输入“1500”，【进给率】|【切削】中输入“1200”，单击【确定】按钮。

（7）单击生成按钮，生成的刀具路径如图3-159所示。

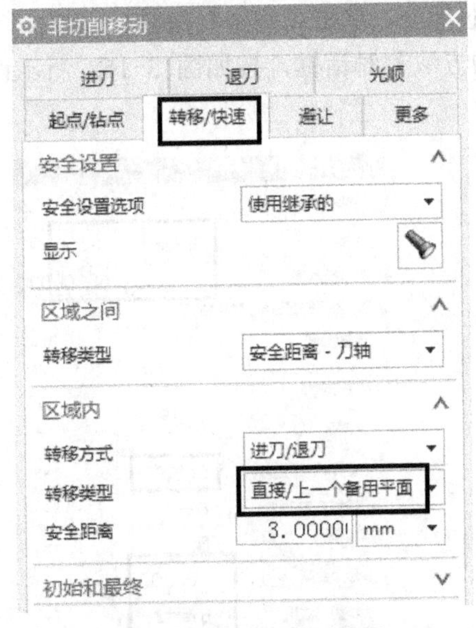

图3-158 转移类型设置

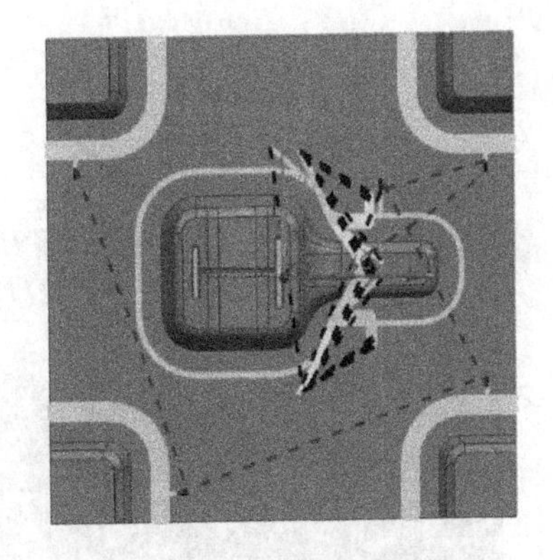

图3-159 生成的刀具路径

3.3.3 模具半精加工

1. 非陡峭区域半精加工

（1）鼠标右击【模具半精加工】程序组，在弹出的快捷菜单中，单击【插入】|工序按钮，弹出【创建工序】对话框，按如图3-160所示设置，单击【确定】按钮。

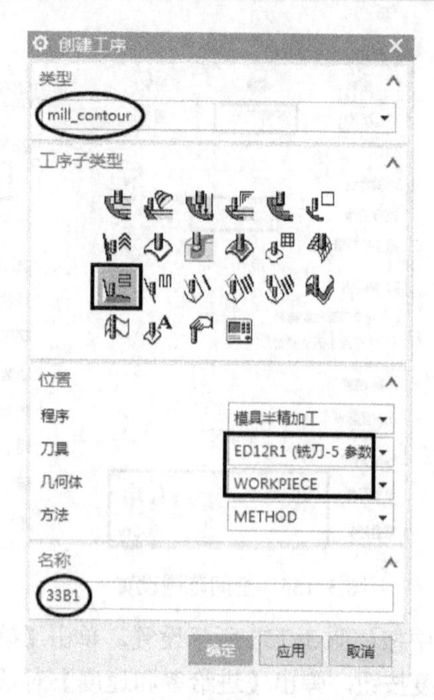

图 3-160　创建非陡峭区域轮廓铣工序

（2）单击指定切削区域按钮，弹出【切削区域】对话框，在【选择方法】中选择面，在【选择对象】中选择如图 3-161 所示的型芯部分，单击【确定】按钮。

（3）单击编辑按钮，弹出【区域铣削驱动方法】对话框，按如图 3-162 所示设置，单击【确定】按钮。

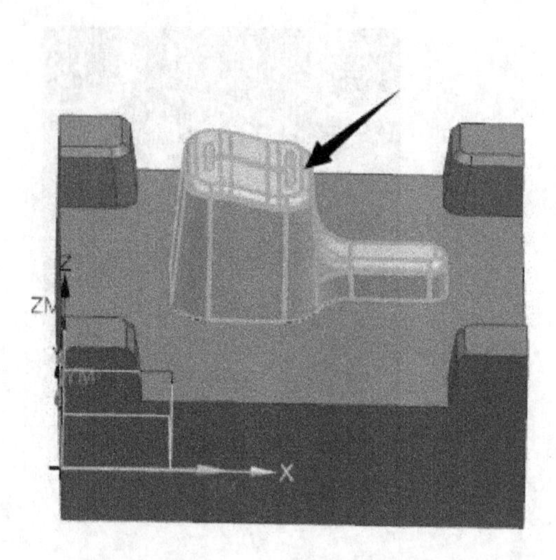

图 3-161　刀轨设置

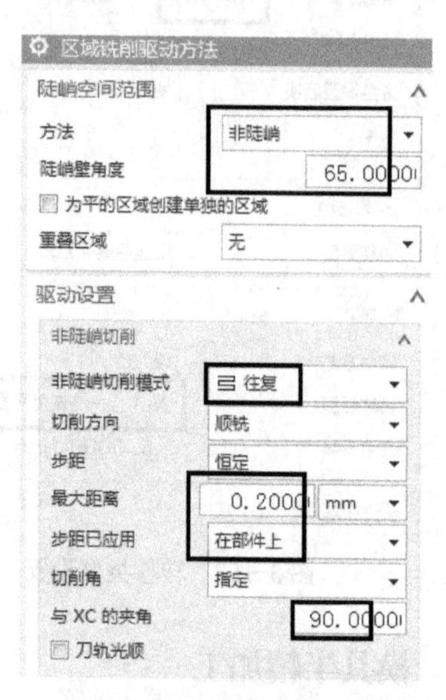

图 3-162　区域铣削驱动设置

（4）单击切削参数按钮，弹出【切削参数】对话框，在【余量】选项卡中按如图 3-163 所示设置，单击【确定】按钮。

（5）在【非切削移动】对话框中全部采用默认。

（6）单击进给率和速度按钮，弹出【进给率和速度】对话框，在【主轴速度】中输入“1500”，【进给率】｜【切削】中输入“1200”，单击【确定】按钮。

（7）单击生成按钮，生成的刀具路径如图 3-164 所示。

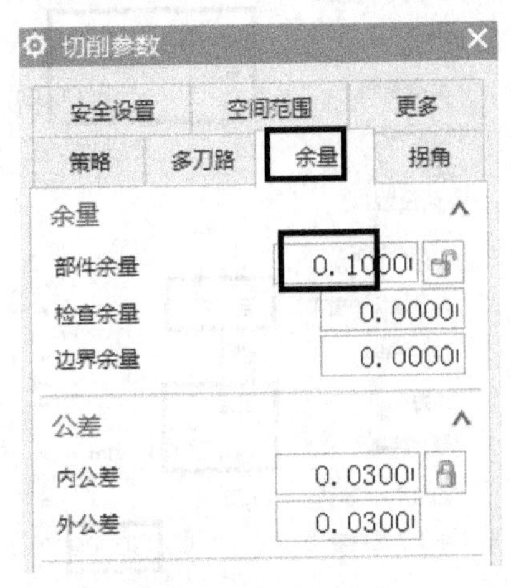

图 3-163　余量设置

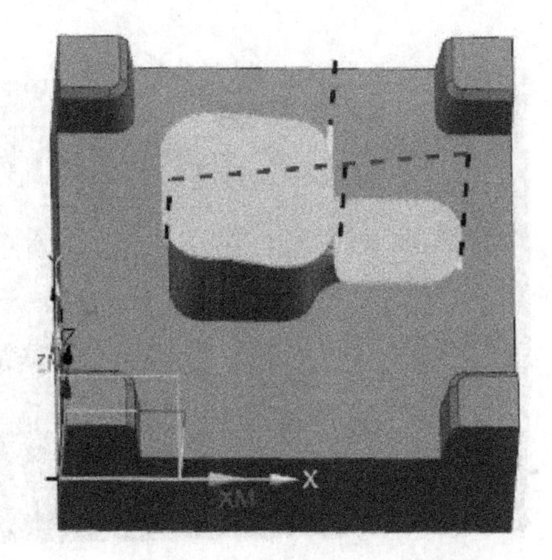

图 3-164　生成的刀具路径

2．陡峭区域 Y 向半精加工

（1）鼠标右击【模具半精加工】程序组，在弹出的对话框中，单击【插入】｜工序按钮，弹出【创建工序】对话框，按如图 3-165 所示设置，单击【确定】按钮。

图 3-165　创建陡峭区域轮廓铣工序

（2）单击指定切削区域按钮，弹出【切削区域】对话框，在【选择方法】中选择面，在【选择对象】中选择如图 3-166 所示的型芯部分，单击【确定】按钮。

（3）单击编辑按钮，弹出【区域铣削驱动方法】对话框，按如图 3-167 所示设置，单击【确定】按钮。

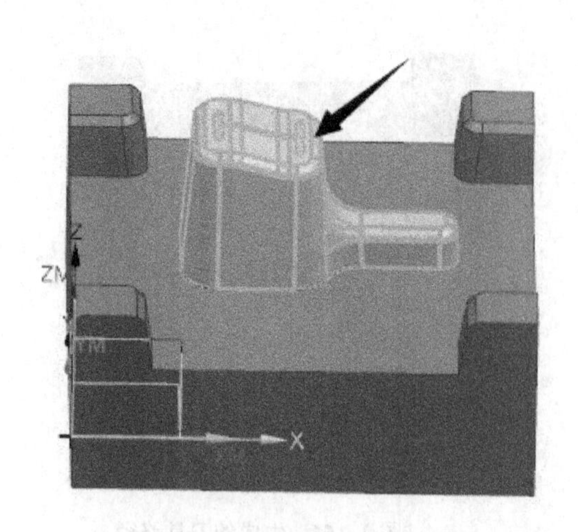

图 3-166　指定切削区域

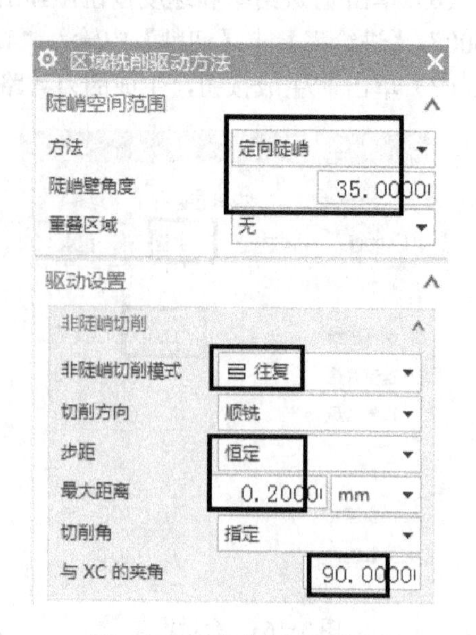

图 3-167　区域铣削驱动设置

（4）单击切削参数按钮，弹出【切削参数】对话框，在【余量】选项卡中按如图 3-168 所示设置，单击【确定】按钮。

（5）在【非切削移动】对话框中全部采用默认。

（6）单击进给率和速度按钮，弹出【进给率和速度】对话框，在【主轴速度】中输入“1500”，【进给率】|【切削】中输入“1200”，单击【确定】按钮。

（7）单击生成按钮，生成的刀具路径如图 3-169 所示。

图 3-168　余量设置

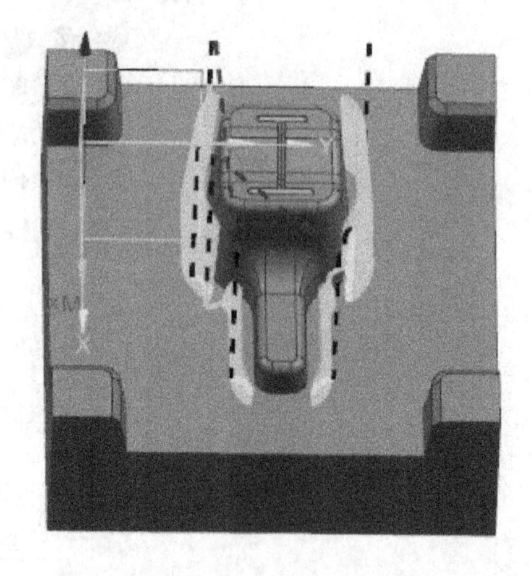

图 3-169　生成的刀具路径

3．陡峭区域 X 向半精加工

（1）鼠标右击“33B2”程序，在弹出的快捷菜单中选择【复制】，再次右击“33B2”程序，在弹出的快捷菜单中选择【粘贴】，将名称重命名为“33B3”。

（2）双击“33B3”程序，弹出【陡峭区域直接轮廓铣】对话框，单击编辑按钮，弹出【区域铣削驱动方法】对话框，在【与 XC 的夹角】中输入“180”，如图 3-170 所示设置，其余默认，单击【确定】按钮。

（3）单击生成按钮，生成的刀具路径如图 3-171 所示。

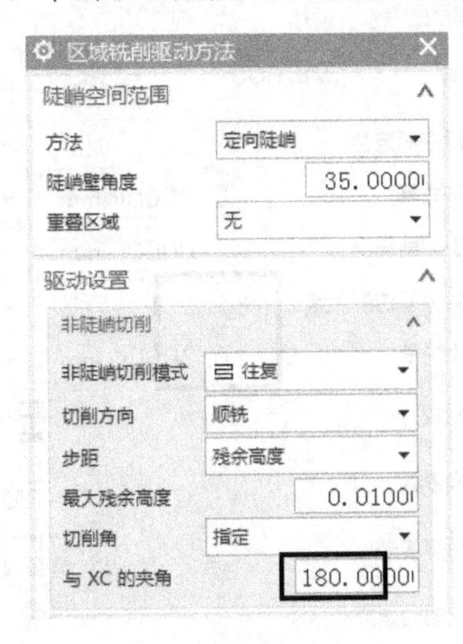

图 3-170　驱动设置

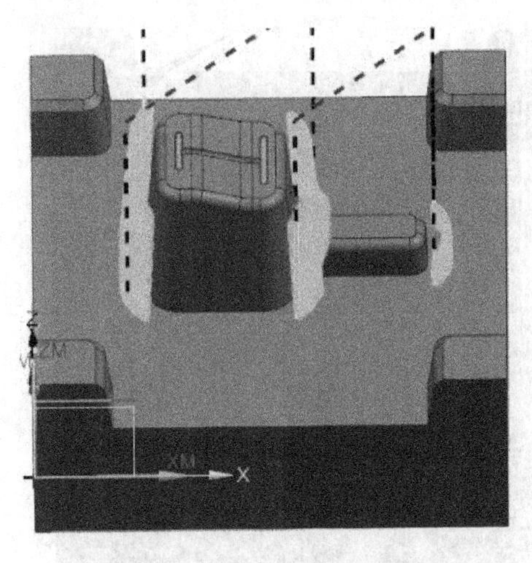

图 3-171　生成的刀具路径

4．虎口位半精加工

（1）鼠标右击【模具半精加工】程序组，在弹出的快捷菜单中，单击【插入】|工序按钮，弹出【创建工序】对话框，按如图 3-172 所示设置，单击【确定】按钮。

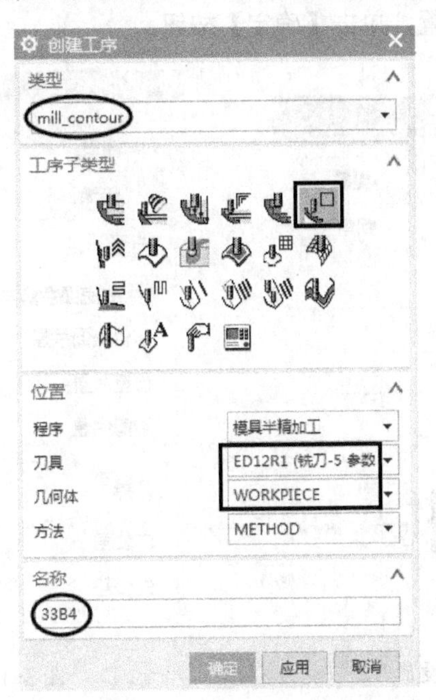

图 3-172　创建深度轮廓铣工序

（2）单击指定切削区域按钮，弹出【切削区域】对话框，在【选择方法】中选择面，在【选择对象】中选择如图 3-173 所示的四个虎口位，单击【确定】按钮。

（3）在【刀轨设置】选项组中按如图 3-174 所示设置。

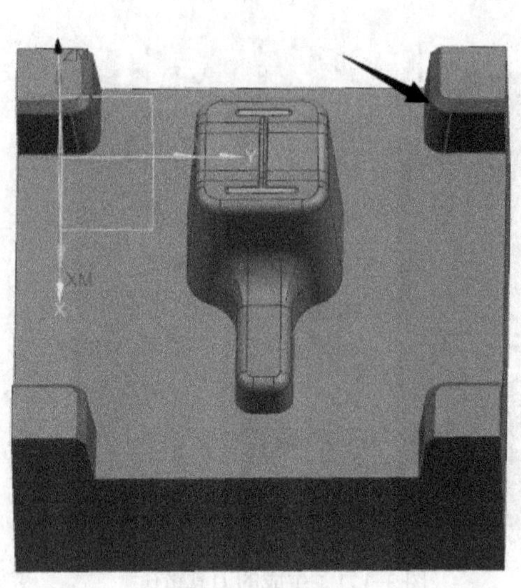

图 3-173　指定切削区域

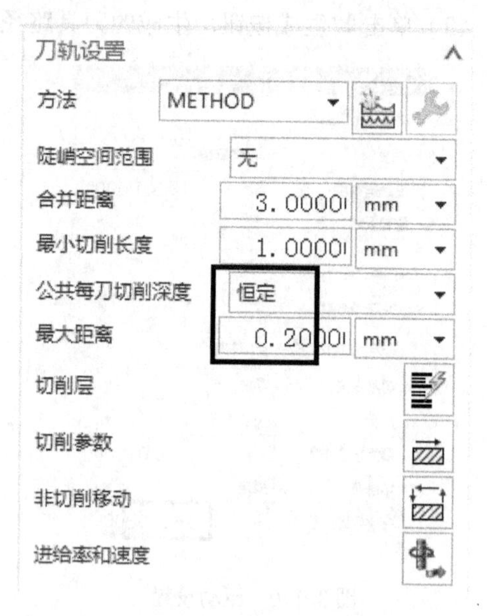

图 3-174　刀轨设置

（4）单击切削参数按钮，弹出【切削参数】对话框，在【策略】选项卡中按如图 3-175 所示设置，【连接】选项卡中的【层到层】下拉列表中选择【直接对部件进刀】，【余量】选项卡中按如图 3-176 所示设置，单击【确定】按钮。

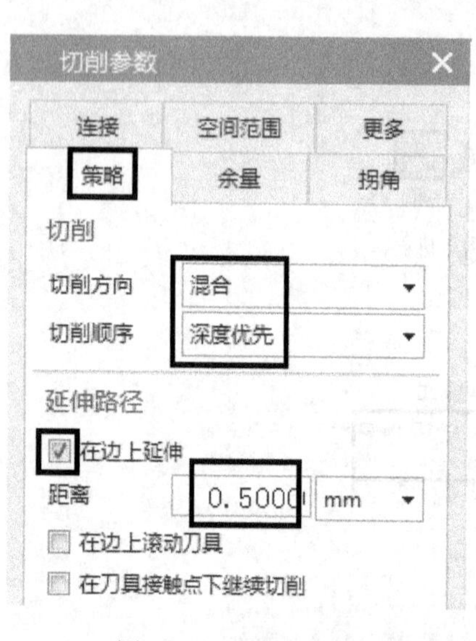

图 3-175　策略设置

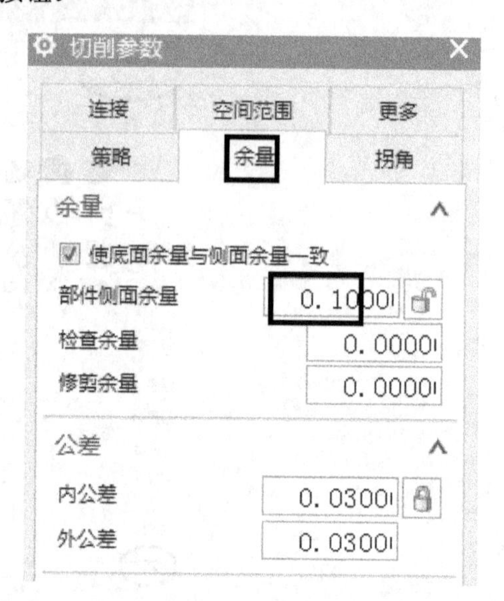

图 3-176　余量设置

（5）单击非切削移动按钮，弹出【非切削移动】对话框，在【进刀】选项卡中按如图 3-177 所示设置，【转移/快速】选项卡中按如图 3-178 所示设置，单击【确定】按钮。

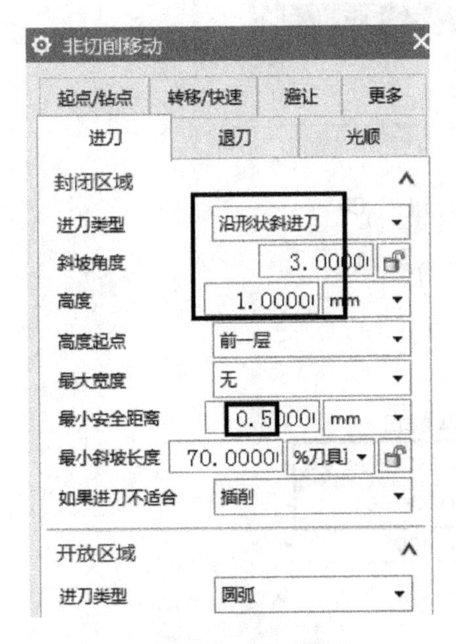

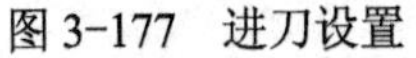
图 3-177 进刀设置

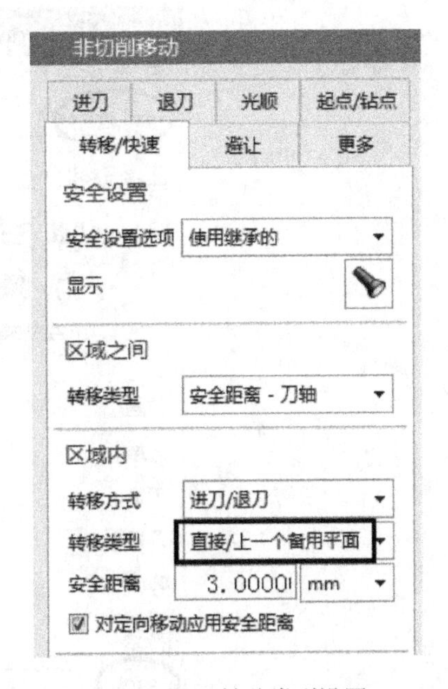

图 3-178 转移类型设置

（6）单击进给率和速度按钮，弹出【进给率和速度】对话框，在【主轴速度】中输入“1500”,【进给率】|【切削】中输入“1200”，单击【确定】按钮。

（7）单击生成按钮，生成的刀具路径如图 3-179 所示。

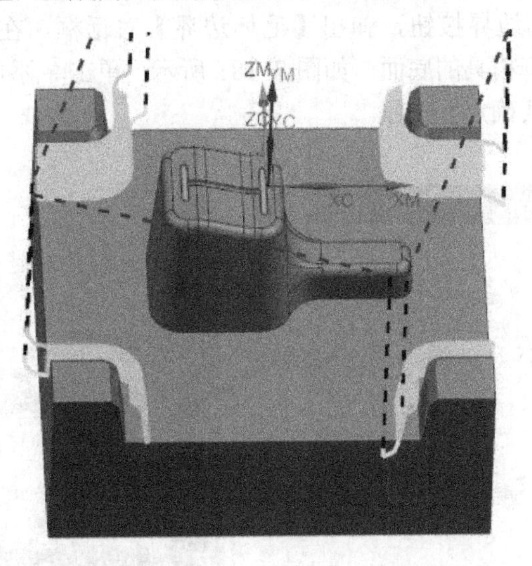

图 3-179 生成的刀具路径

3.3.4 模具精加工

1. 底面精加工

（1）鼠标右击【夹具精加工】程序组，在弹出的快捷菜单中，单击【插入】|工序按钮，弹出【创建工序】对话框，按如图 3-180 所示设置，单击【确定】按钮。

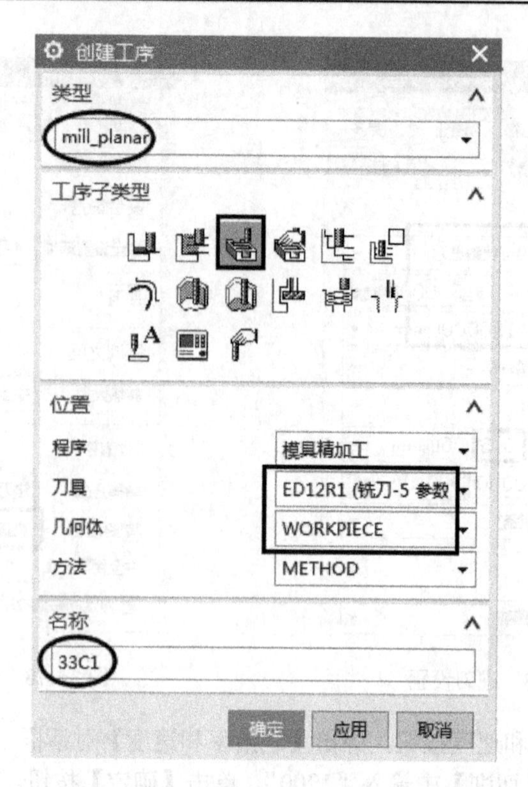

图 3-180　创建面铣工序

（2）单击指定面边界按钮，弹出【毛坯边界】对话框，在【选择方法】中选择面，在【选择面】中选择模具的底面，如图 3-181 所示；单击添加新集按钮，分别选择四个虎口位的顶面，单击【确定】按钮。

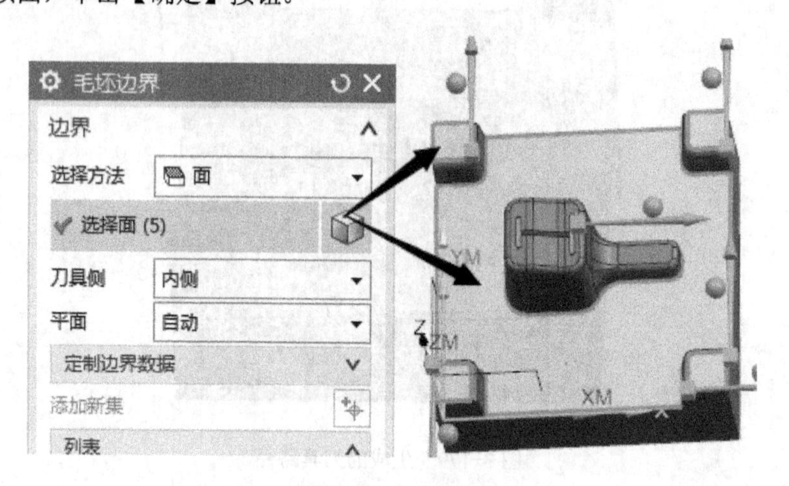

图 3-181　选择面

（3）在【刀轨设置】选项组中按如图 3-182 所示设置。

（4）单击切削参数按钮，弹出【切削参数】对话框，在【策略】选项卡中按如图 3-183 所示设置。

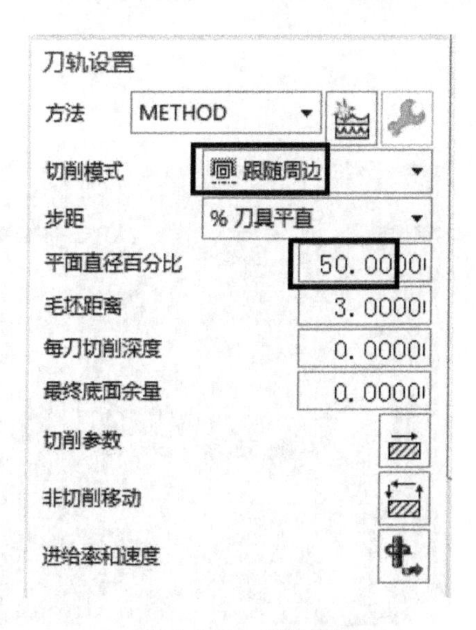

图 3-182 刀轨设置

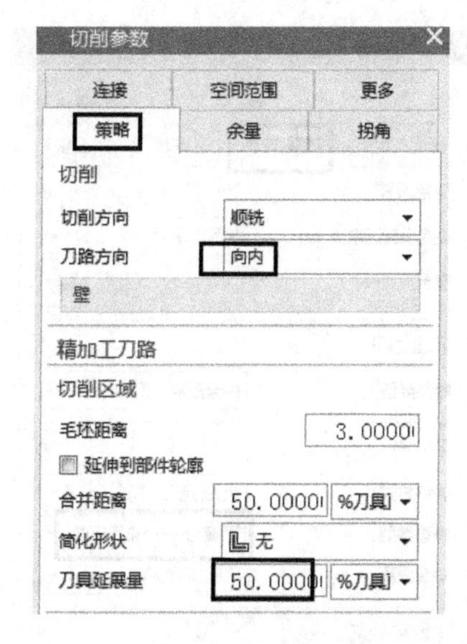

图 3-183 策略设置

在【余量】选项卡中按如图 3-184 所示设置，单击【确定】按钮。

(5) 单击非切削移动按钮，弹出【非切削移动】对话框，在【进刀】选项卡中按如图 3-185 所示设置。

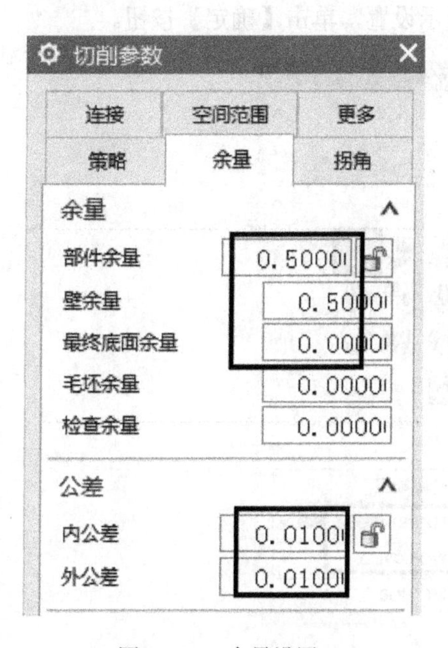

图 3-184 余量设置

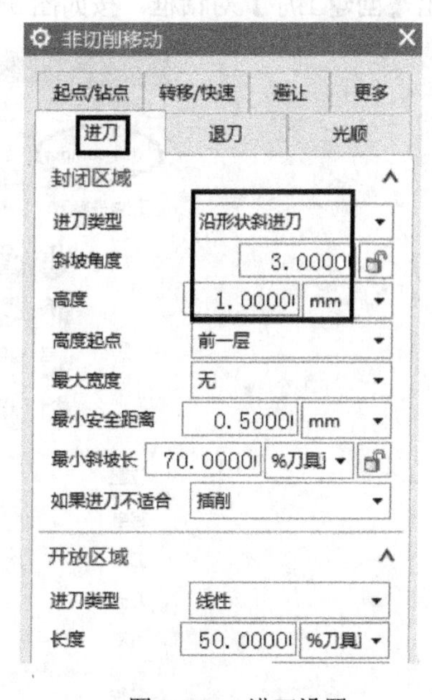

图 3-185 进刀设置

在【转移/快速】选项卡中按如图 3-186 所示设置，单击【确定】按钮。

(6) 单击进给率和速度按钮，弹出【进给率和速度】对话框，在【主轴速度】中输入“1800”,【进给率】|【切削】中输入“700”，单击【确定】按钮。

(7) 单击生成按钮，生成的刀具路径如图 3-187 所示。

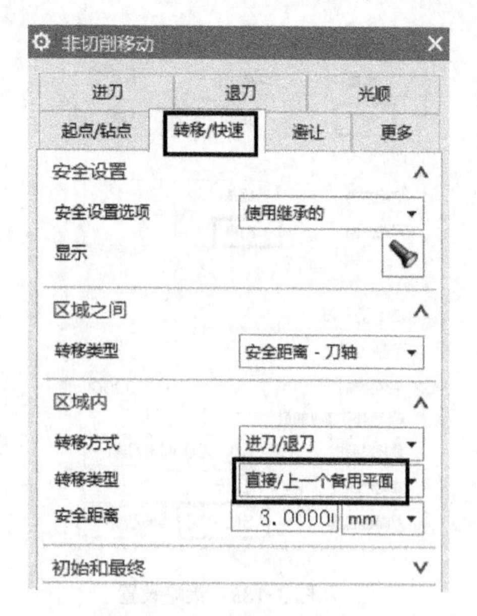

图 3-186　转移类型设置

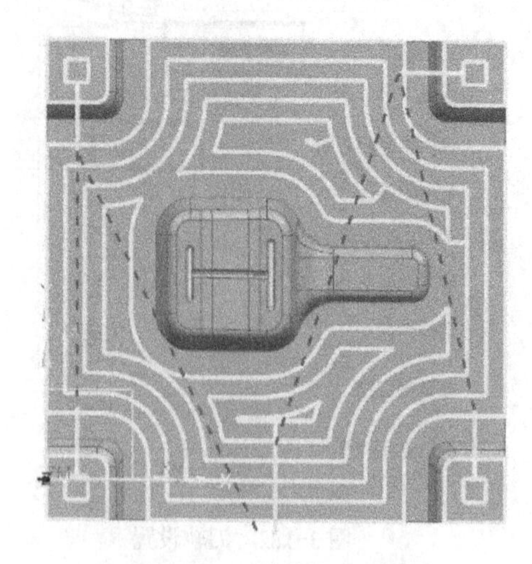

图 3-187　生成的刀具路径

2．型芯精加工

（1）鼠标右击【模具精加工】程序组，在弹出的快捷菜单中，单击【插入】|工序按钮，弹出【创建工序】对话框，按如图 3-188 所示设置，单击【确定】按钮。

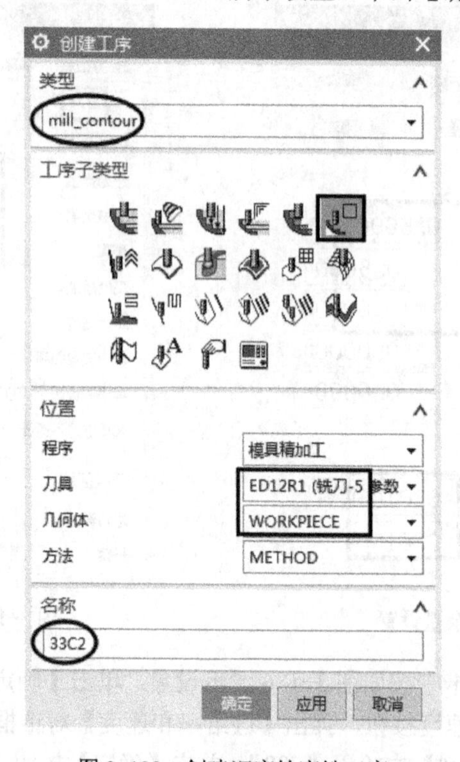

图 3-188　创建深度轮廓铣工序

（2）单击指定切削区域按钮，弹出【切削区域】对话框，在【选择方法】中选择面，【选择对象】中选择如图3-189所示的型芯部分，单击【确定】按钮。

（3）在【刀轨设置】选项组中按如图3-190所示设置。

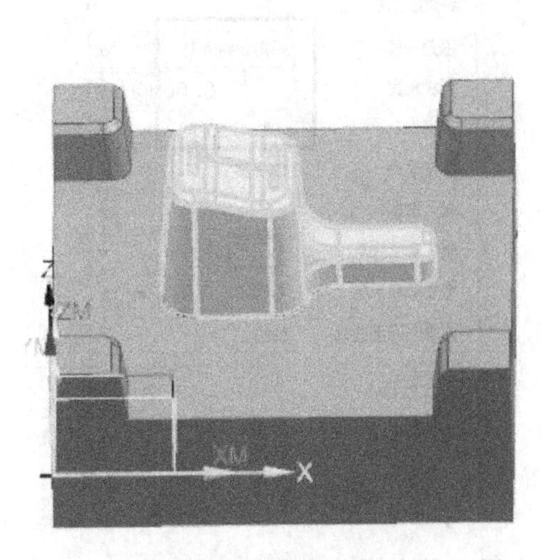

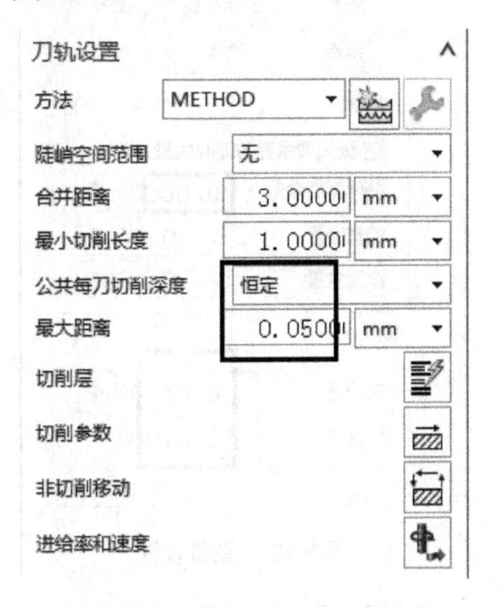

图3-189　指定切削区域　　　　图3-190　刀轨设置

（4）单击切削参数按钮，弹出【切削参数】对话框，在【策略】选项卡中按如图3-191所示设置，在【连接】选项卡中按如图3-192所示设置。

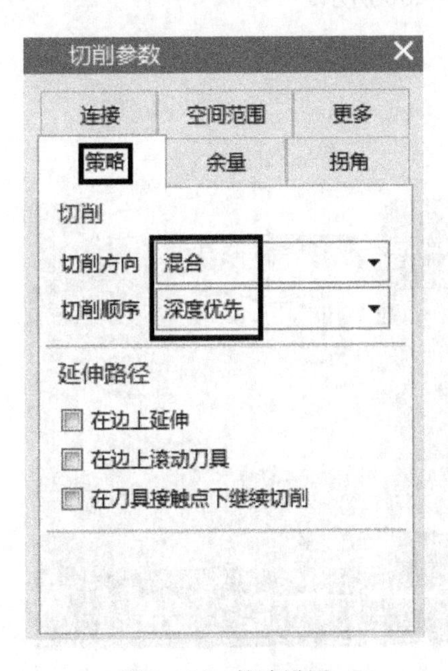

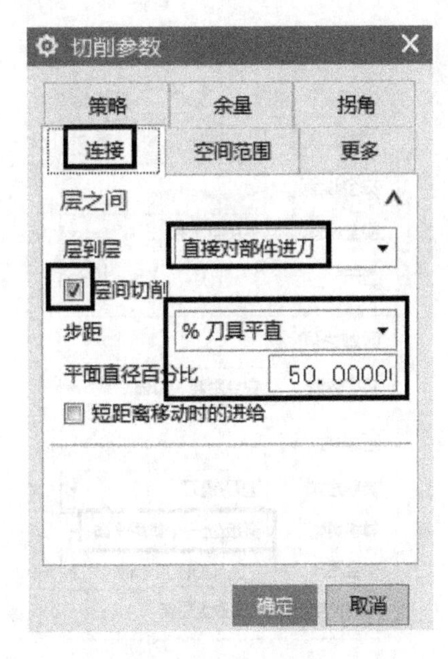

图3-191　策略设置　　　　图3-192　连接设置

在【余量】选项卡中按如图3-193所示设置，单击【确定】按钮。

（5）单击非切削移动按钮，弹出【非切削移动】对话框，在【进刀】选项卡中按如图3-194所示设置。

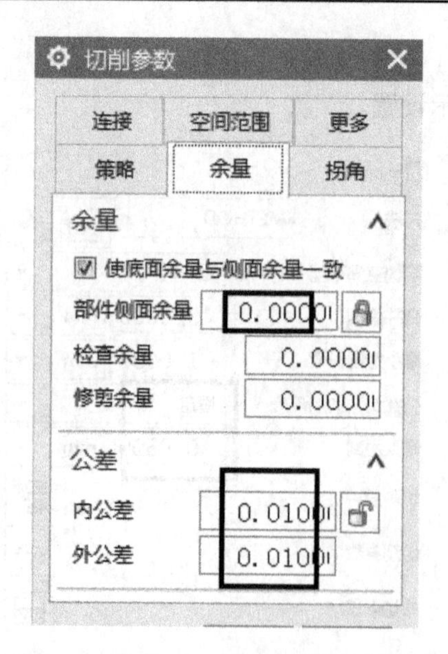

图 3-193　余量设置

图 3-194　进刀设置

在【转移/快速】选项卡中按如图 3-195 所示设置，单击【确定】按钮。

（6）单击进给率和速度按钮，弹出【进给率和速度】对话框，在【主轴速度】中输入“1800”，【进给率】|【切削】中输入“700”，单击【确定】按钮。

（7）单击生成按钮，生成的刀具路径如图 3-196 所示。

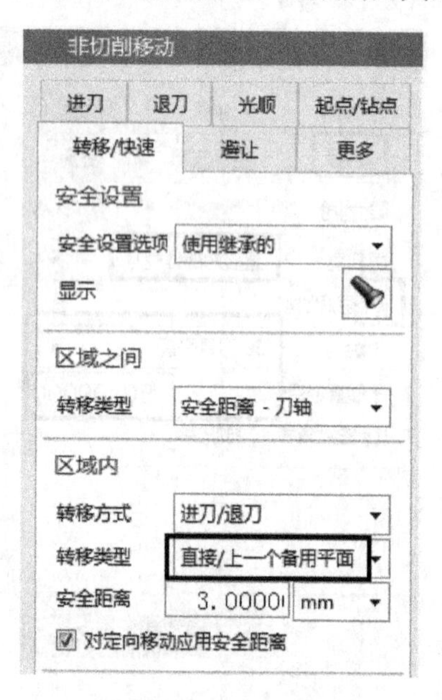

图 3-195　转移类型设置

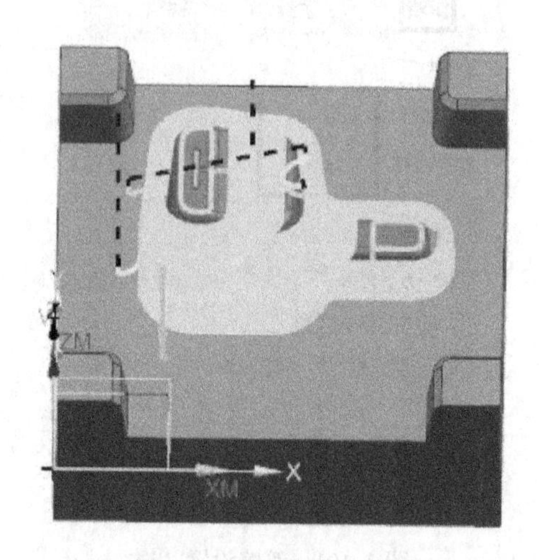

图 3-196　生成的刀具路径

3．虎口位精加工

（1）鼠标右击“33B4”程序，在弹出的快捷菜单中选择【复制】，鼠标右击“33C2”程序，在弹出的快捷菜单中选择【粘贴】，将名称重命名为“33C3”。

（2）双击“33C3”程序，弹出【深度轮廓铣】对话框，在【刀轨设置】中按如图 3-197 所示设置。

（3）单击切削参数按钮，弹出【切削参数】对话框，在【余量】选项卡中按如图 3-198 所示设置，单击【确定】按钮。

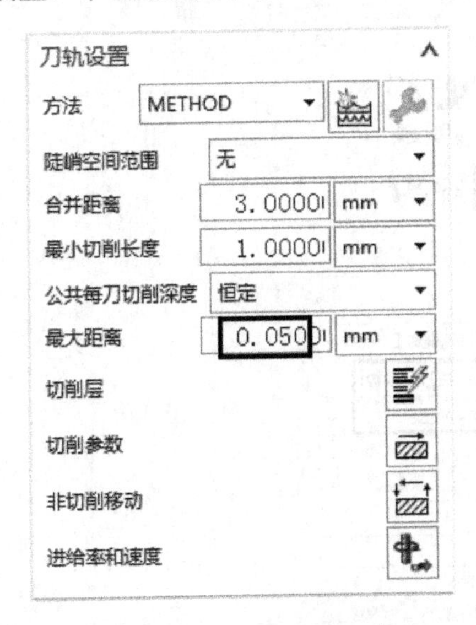

图 3-197 刀轨设置

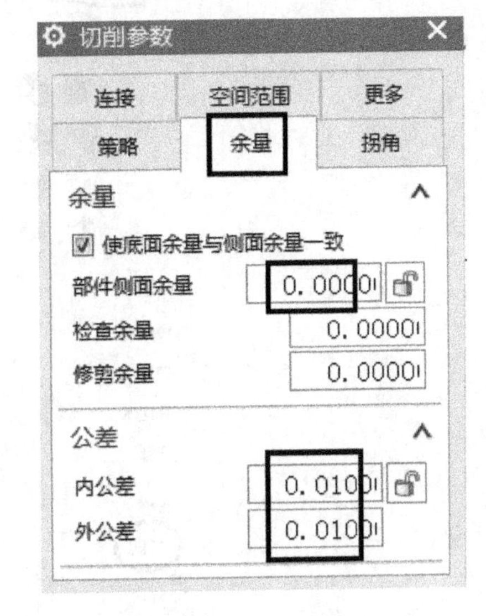

图 3-198 余量设置

（4）单击进给率和速度按钮，弹出【进给率和速度】对话框，在【主轴速度】中输入“1800”，【进给率】|【切削】中输入“700”，单击【确定】按钮。

（5）单击生成按钮，生成的刀具路径如图 3-199 所示。

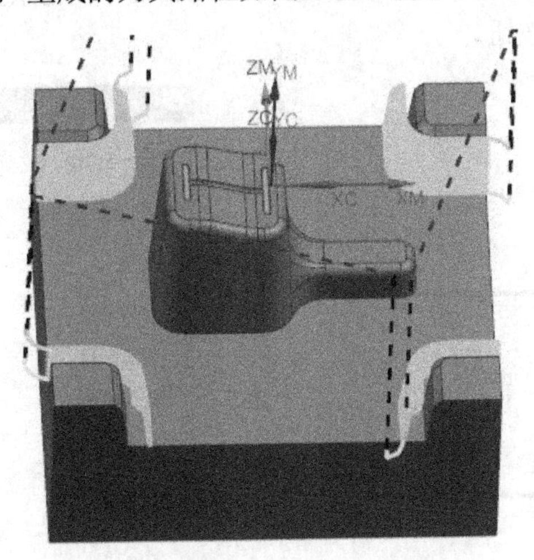

图 3-199 生成的刀具路径

3.3.5 多刀路清根加工

（1）鼠标右击【多刀路清加工】程序组，在弹出的快捷菜单中，单击【插入】|工序

按钮，弹出【创建工序】对话框，按如图 3-200 所示设置，单击【确定】按钮。

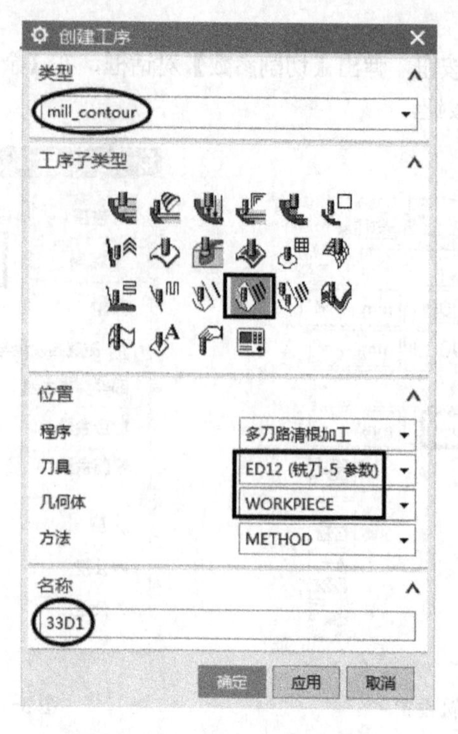

图 3-200　创建多刀路清根工序

（2）在【驱动设置】选项组中按如图 3-201 所示设置。

（3）单击切削参数按钮，弹出【切削参数】对话框，在【余量】选项卡中按如图 3-202 所示设置，单击【确定】按钮。

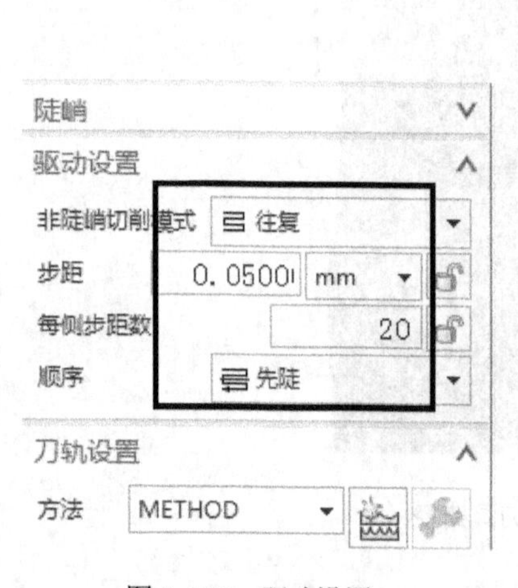

图 3-201　驱动设置

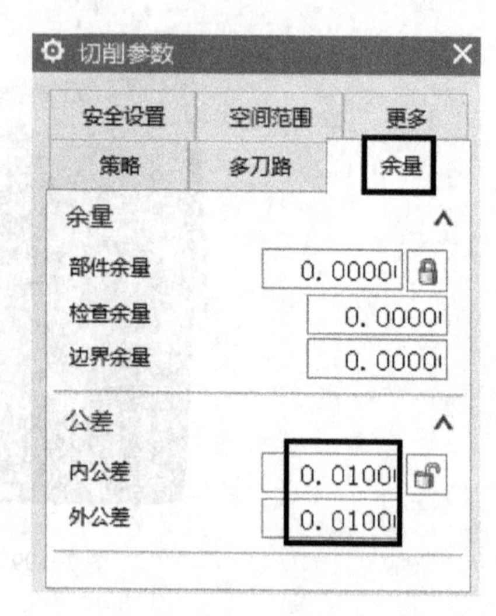

图 3-202　余量设置

（4）在【非切削移动】对话框中全部采用默认。

（5）单击进给率和速度按钮，弹出【进给率和速度】对话框，在【主轴速度】中输入

“1800”,【进给率】|【切削】中输入“700”，单击【确定】按钮。

(6) 单击生成按钮，生成的刀具路径如图3-203所示。

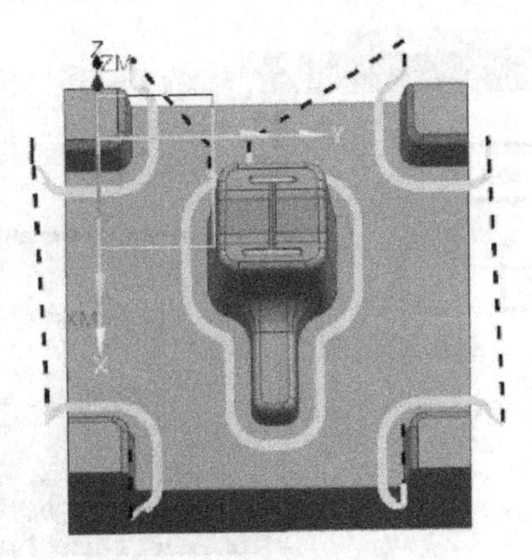

图3-203 生成的刀具路径

3.3.6 加强筋槽位加工

1．平面加强筋槽位加工

(1) 鼠标右击【加强筋槽位加工】程序组，在弹出的快捷菜单中，单击【插入】|工序按钮，弹出【创建工序】对话框，按如图3-204所示设置，单击【确定】按钮。

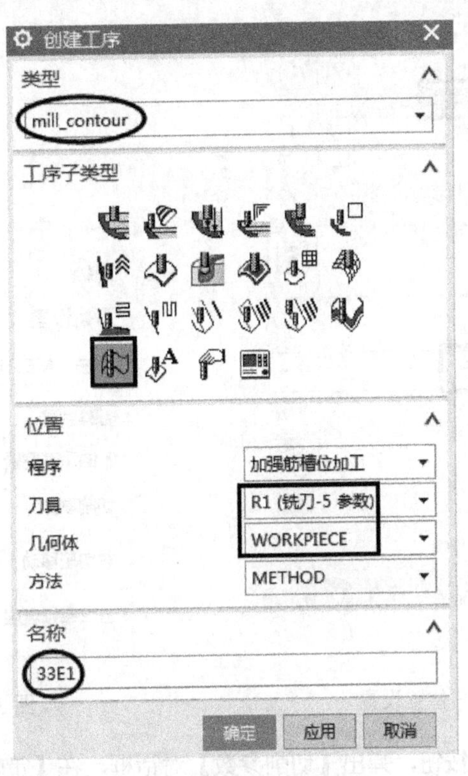

图3-204 创建轮廓3D工序

（2）单击指定部件边界按钮，弹出【部件边界】对话框，在【选择方法】中选择曲线，在【选择曲线】中选择如图 3-205 所示的两条曲线。

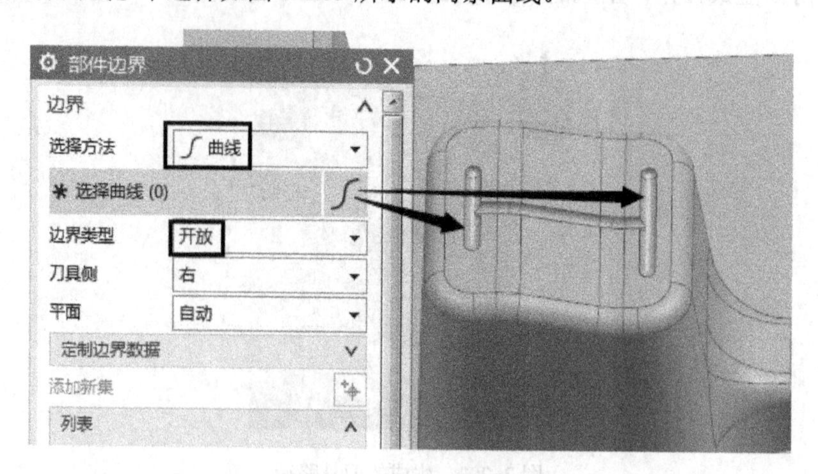

图 3-205　选择曲线

（3）在上【列表】中选择第一条曲线，在下【列表】中选【对中】，【成员】|【刀具位置】中选择【开】，如图 3-206 所示；用同样的方法，将第二条曲线也设置为【开】，单击【确定】按钮。

（4）在【刀轨设置】中按如图 3-207 所示设置。

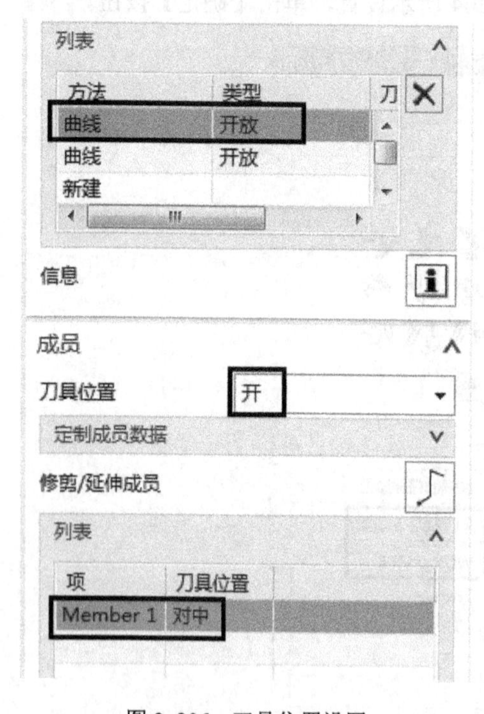

图 3-206　刀具位置设置

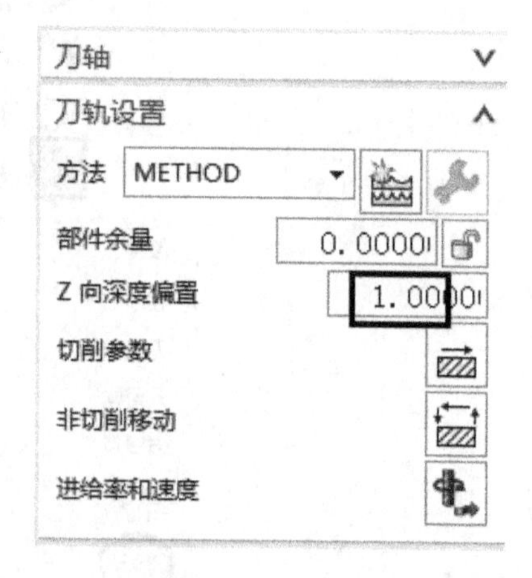

图 3-207　刀轨设置

（5）单击切削参数按钮，弹出【切削参数】对话框，在【策略】选项卡中按如图 3-208 所示设置，【多刀路】选项卡中按如图 3-209 所示设置；在【余量】选项卡中全部输入

“0”，内外公差均输入“0.01”，单击【确定】按钮。

图 3-208 策略设置

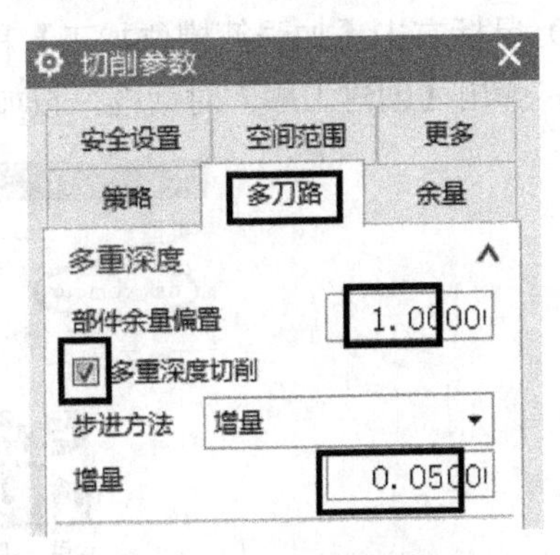

图 3-209 多刀路设置

(6) 单击非切削移动按钮，弹出【非切削移动】对话框，在【进刀】选项卡中按如图 3-210 所示设置，【转移/快速】选项卡中按如图 3-211 所示设置，单击【确定】按钮。

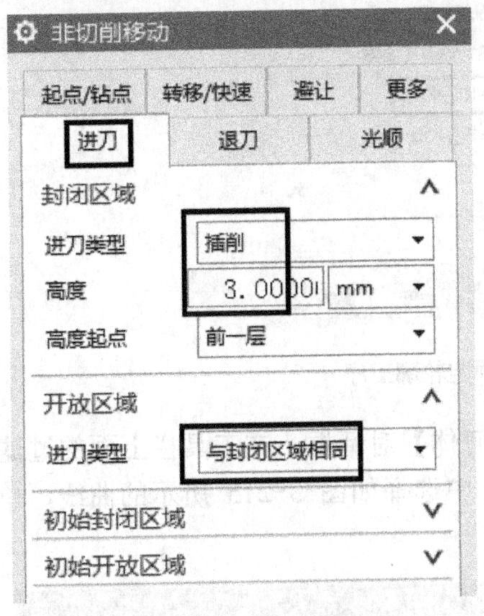

图 3-210 进刀设置

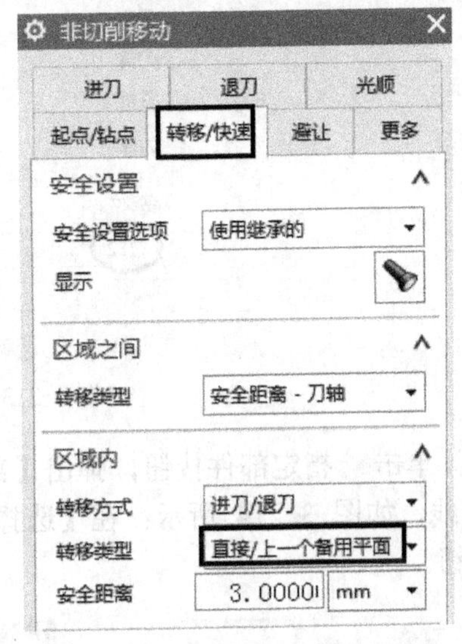

图 3-211 转移/快速设置

(7) 单击进给率和速度按钮，弹出【进给率和速度】对话框，在【主轴速度】中输入“4000”，【进给率】|【切削】中输入“300”，单击【确定】按钮。

(8) 单击生成按钮，生成的刀具路径如图 3-212 所示。

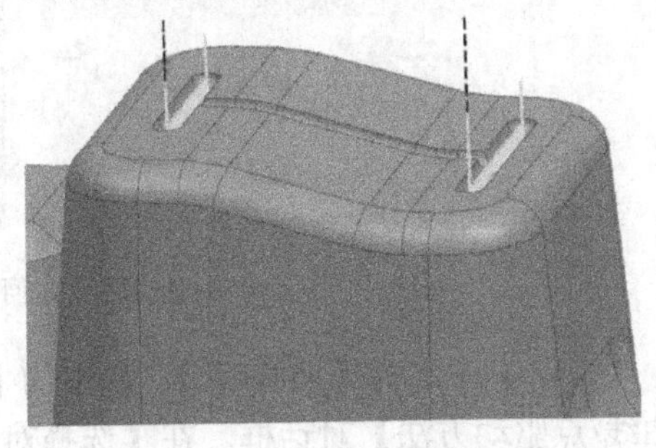

图 3-212 生成的刀具路径

2．曲面加强筋槽位加工（曲线驱动方法的特殊运用）

（1）鼠标右击【加强筋槽位加工】程序组，在弹出的快捷菜单中，单击【插入】|工序按钮，弹出【创建工序】对话框，按如图 3-213 所示设置，单击【确定】按钮。

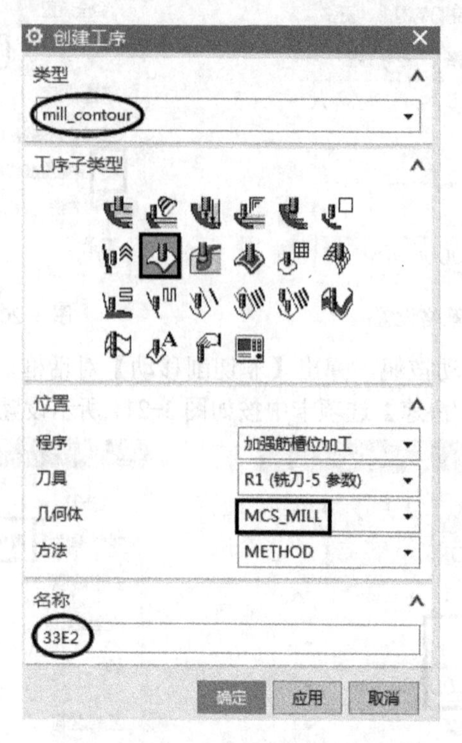

图 3-213 创建固定轮廓工序

（2）单击指定部件按钮，弹出【部件几何体】对话框，在工具栏上面的过滤器中选择曲线，如图 3-214 所示；在【选择对象】中选择如图 3-215 所示的曲线，单击【确定】按钮。

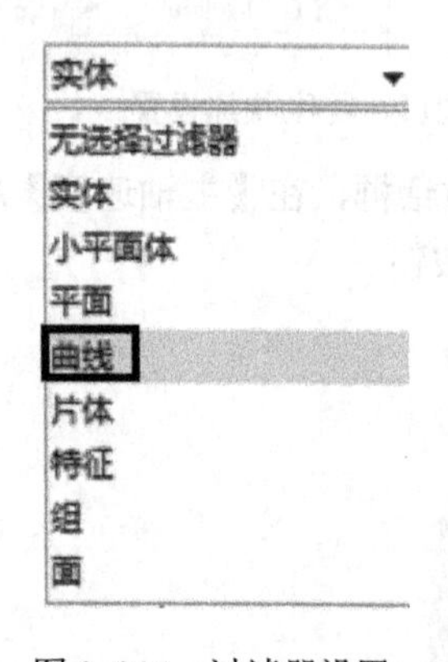

图 3-214 过滤器设置

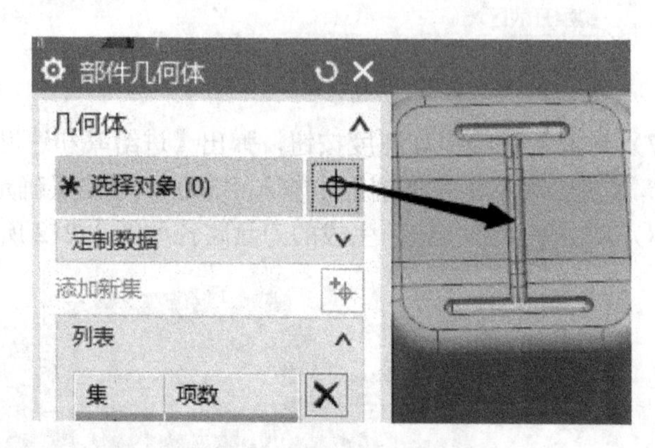

图 3-215 几何体设置

（3）在【驱动方法】|【方法】中选择【曲线/点】，弹出的【驱动方法】对话框中，单击【确定】按钮，弹出【曲线/点驱动方法】对话框，在【选择对象】中选择如图 3-216 所示的曲线，单击【确定】按钮。

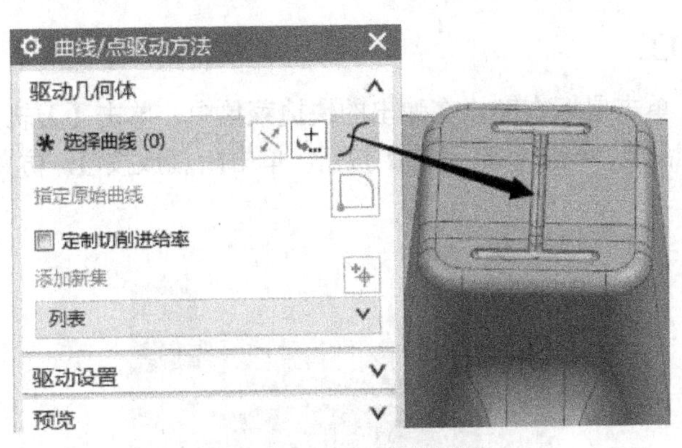

图 3-216 驱动几何体设置

（4）单击切削参数按钮，弹出【切削参数】对话框，在【多刀路】选项卡中按如图 3-217 所示设置，在【余量】选项卡中的余量全部输入“0”，内外公差均输入“0.01”，单击【确定】按钮。

（5）单击非切削移动按钮，弹出【非切削移动】对话框，在【进刀】选项卡中按如图 3-218 所示设置，单击【确定】按钮。

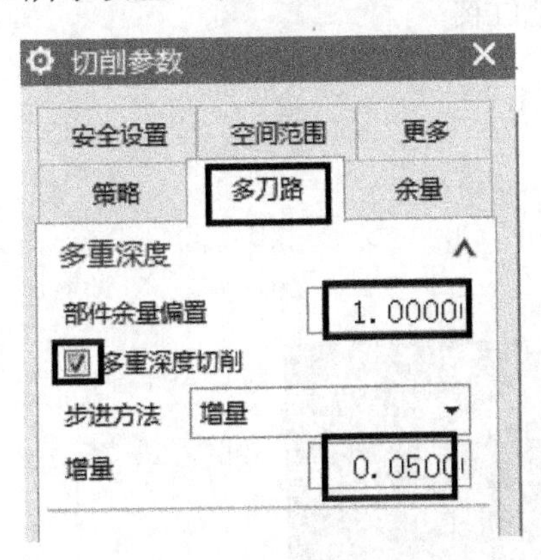

图 3-217 多刀路设置

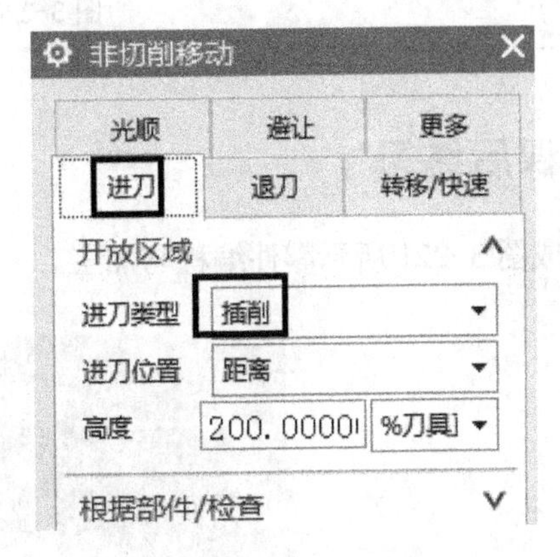

图 3-218 进刀设置

（6）单击进给率和速度按钮，弹出【进给率和速度】对话框，在【主轴速度】中输入“4000”，【进给率】|【切削】中输入“300”，单击【确定】按钮。

（7）单击生成按钮，生成的刀具路径如图 3-219 所示。

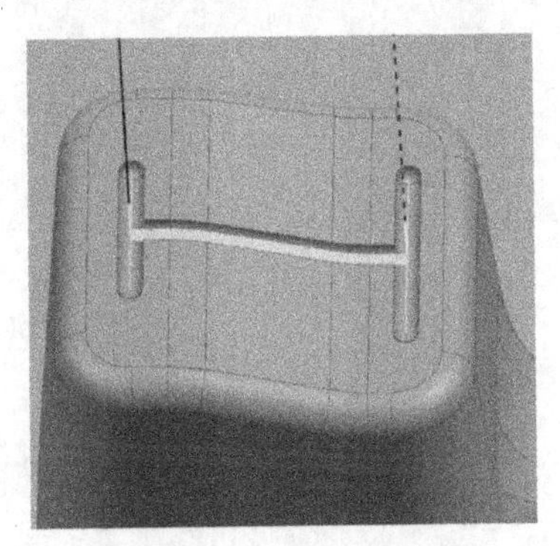

图 3-219 生成的刀具路径

3.3.7 仿真模拟加工

选中所有程序，单击鼠标右键，在弹出的快捷菜单中，单击【刀轨】|确认按钮，弹出【刀轨可视化】对话框，单击【3D 动态】按钮，单击播放按钮，仿真模拟加工如图 3-220 所示。

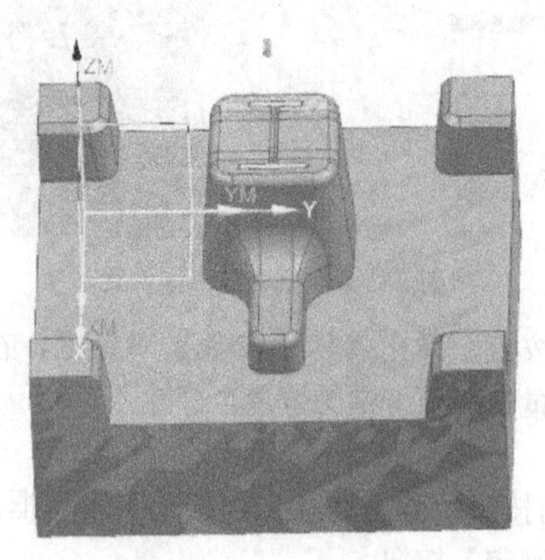

图 3-220 仿真加工图

3.4 课后练习

完成图 3-221 所示零件编程与加工。

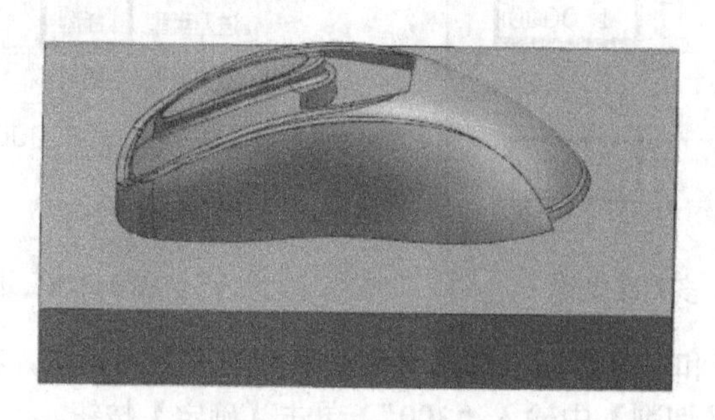

图 3-221 练习零件

第4章 孔 系 加 工

本章以法兰和支架两个零件的编程与加工为例，详细介绍了型腔铣、剩余铣、面铣、孔铣、镗孔、深度轮廓铣、凸台铣、定心钻、钻孔、钻埋头孔、孔倒斜铣、攻螺纹（攻丝）、螺纹铣、径向槽铣、平面铣、区域轮廓铣等子类型的编程方法及参数设置方法。

4.1 法兰编程与加工

法兰编程与加工 1

法兰编程与加工 2

4.1.1 编程准备

1. 打开文件

启动 UG 软件，打开 4.1 法兰零件模型，零件材料为 45 钢。

2. 创建加工坐标系和工件几何体

（1）在【应用模块】中单击加工按钮，弹出【加工环境】对话框，按如图 4-1 所示设置，单击【确定】按钮。

（2）在【工序导航器】空白处单击鼠标右键，在弹出的快捷菜单中选择几何视图，单击 MCS_MILL 前面的“+”号将其展开。双击 MCS_MILL 按钮，弹出【MSC 铣削】对话框，在【机床坐标系】中默认当前坐标系，在【安全设置】|【安全距离】中输入“30”，其余默认，如图 4-2 所示，单击【确定】按钮。

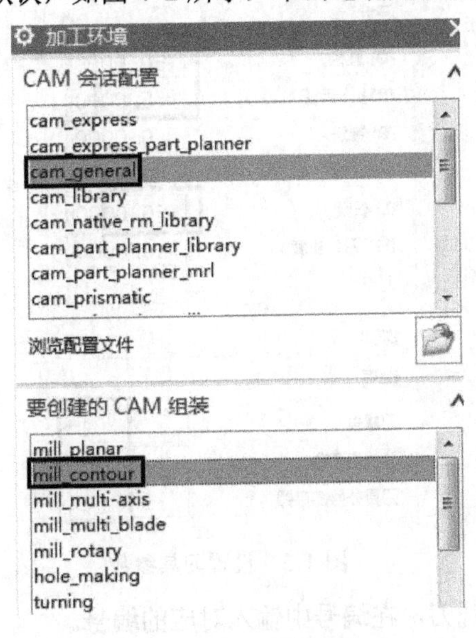

图 4-1 加工环境设置

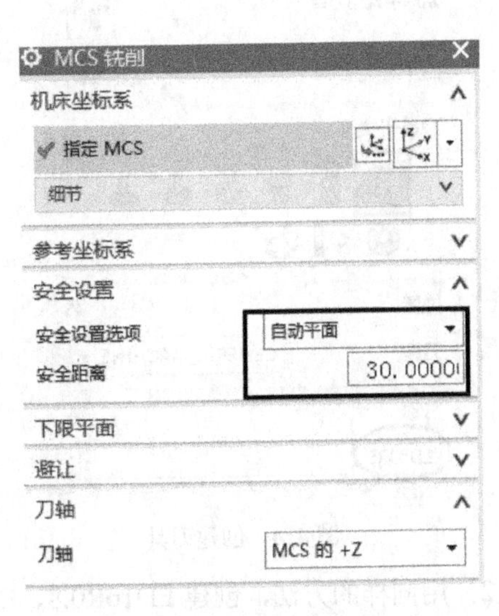

图 4-2 安全设置

（3）创建工件几何体。双击 WORKPIECE 按钮，弹出【工件】对话框，单击指定部件按钮，弹出【部件几何体】对话框，在【选择对象】中选择法兰模型，单击【确定】按钮；单击指定毛坯按钮，弹出【毛坯几何体】对话框，按如图 4-3 所示设置，单击【确定】按钮。

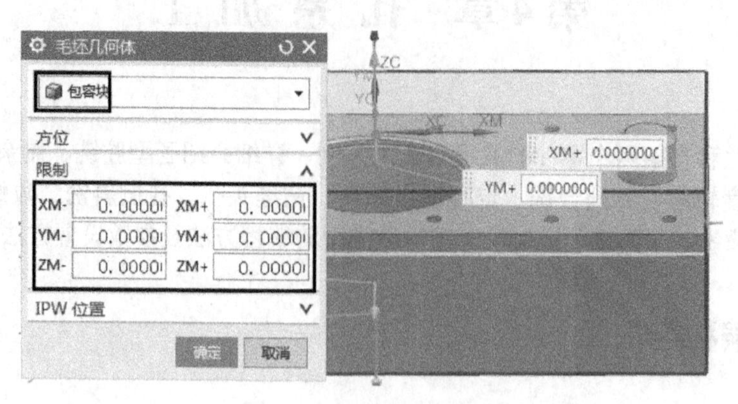

图 4-3　创建毛坯几何体

3．创建刀具

（1）在【工序导航器】空白处单击鼠标右键，在弹出的快捷菜单中选择机床视图，在工具栏中单击创建刀具按钮，弹出【创建刀具】对话框，按如图 4-4 所示设置，单击【确定】按钮，弹出【铣刀-5 参数】对话框，在【尺寸】选项组中按如图 4-5 所示设置，单击【确定】按钮。

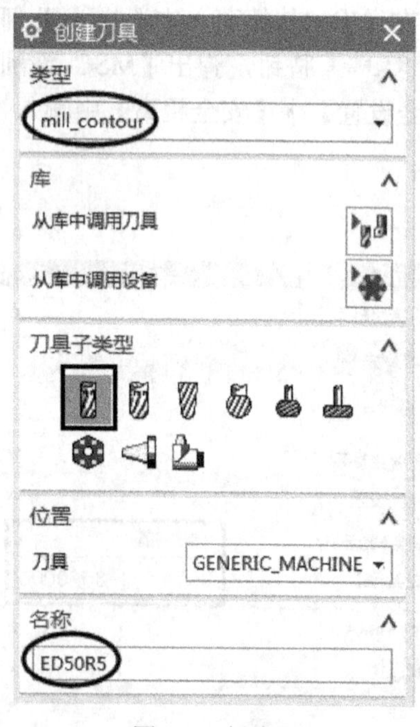

图 4-4　创建刀具

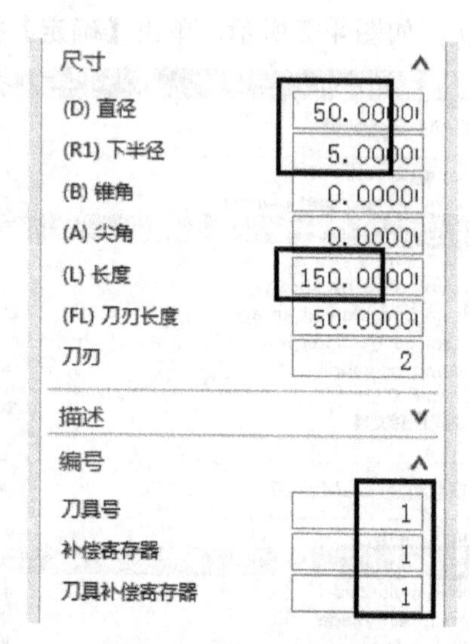

图 4-5　设置刀具参数

（2）用同样的方法，创建 ED16R0.8、ED12 铣刀，在编号中输入对应的编号。

（3）创建中心钻。在工具栏中单击创建刀具按钮，弹出【创建刀具】对话框，按如图 4-6 所示设置，单击【确定】按钮，弹出【铣刀-5 参数】对话框，在【尺寸】选项组中按如图 4-7 所示设置，单击【确定】按钮。

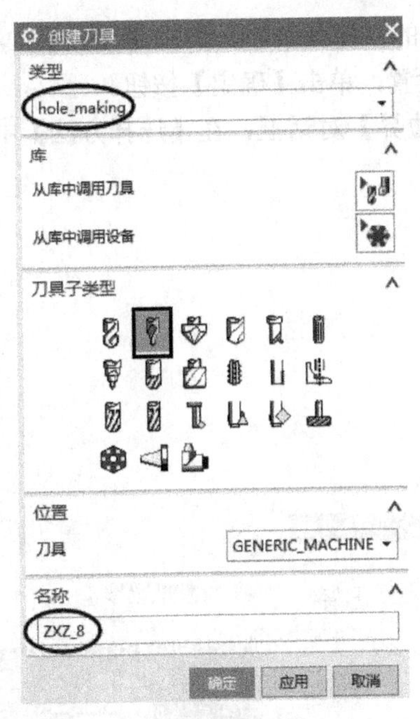

图 4-6　创建中心钻

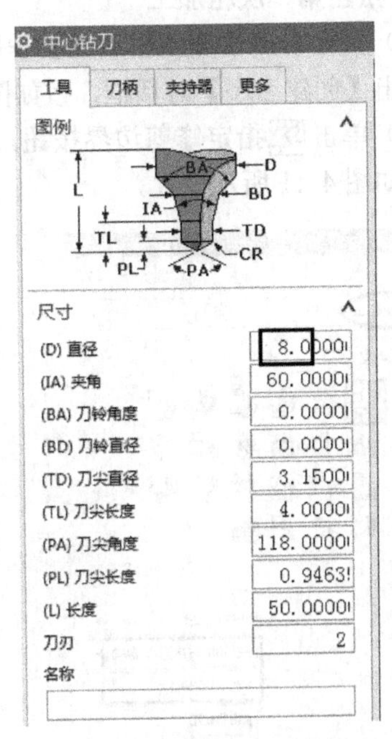

图 4-7　设置中心钻参数

（4）用同样方法创建 DR8.7 钻头、M10 丝锥、C_20 倒角铣刀、THREAD_4.5 螺纹铣刀、T125 镗孔刀、T_2 T 形铣刀，在刀具编号中分别输入对应的编号。

4．创建程序顺序视图

（1）在【工序导航器】空白处单击鼠标右键，在弹出的快捷菜单中，选择程序顺序视图，在工具条中单击创建程序按钮，弹出【创建程序】对话框，按如图 4-8 所示设置，两次单击【确定】按钮，完成程序组的创建。

（2）用同样的方法继续创建其他程序组，如图 4-9 所示。

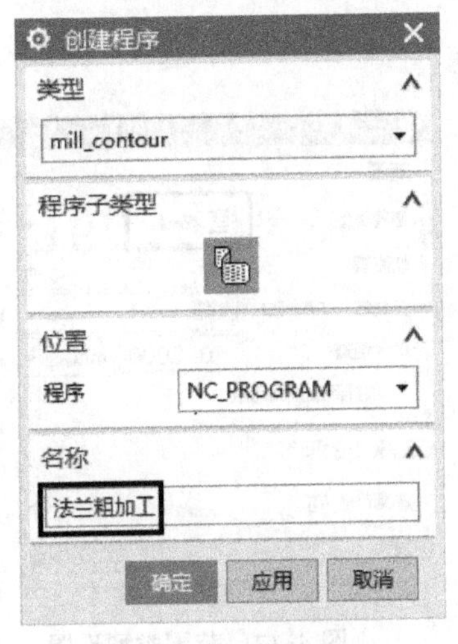

图 4-8　创建程序组

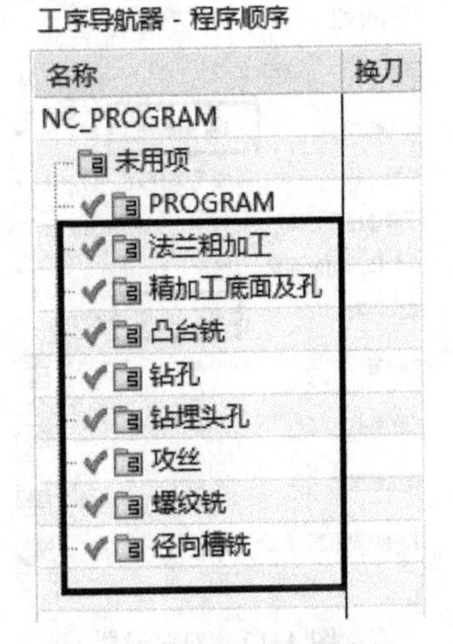

图 4-9　创建的所有程序组

4.1.2 法兰粗加工

1. 法兰第一次粗加工

（1）鼠标右击【法兰粗加工】程序组，在弹出的快捷菜单中，单击【插入】| 工序按钮，弹出【创建工序】对话框，按如图 4-10 所示设置，单击【确定】按钮。

（2）单击指定修剪边界按钮，弹出【修剪边界】对话框，在【选择方法】中选择点，按如图 4-11 所示设置。

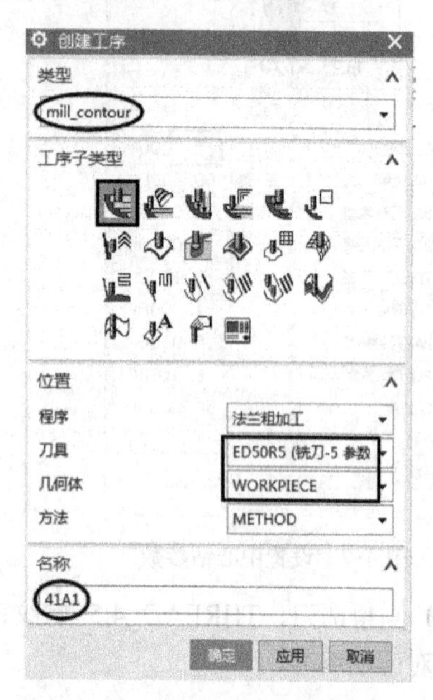

图 4-10　创建型腔铣工序

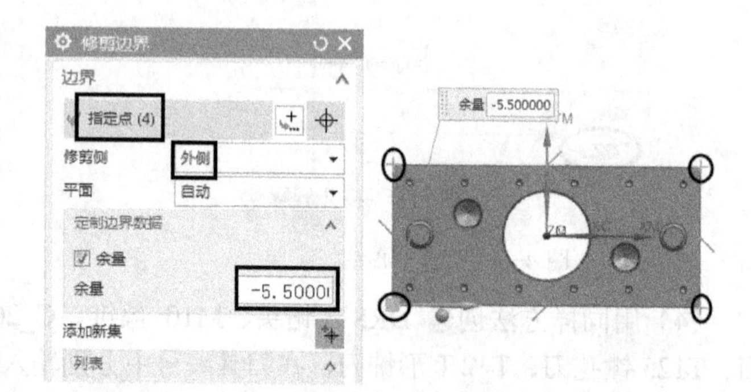

图 4-11　修剪边界设置

（3）在【刀轨设置】选项组中按如图 4-12 所示设置。

（4）单击切削层按钮，弹出【切削层】对话框，在【范围类型】中选择【单侧】，如图 4-13 所示。

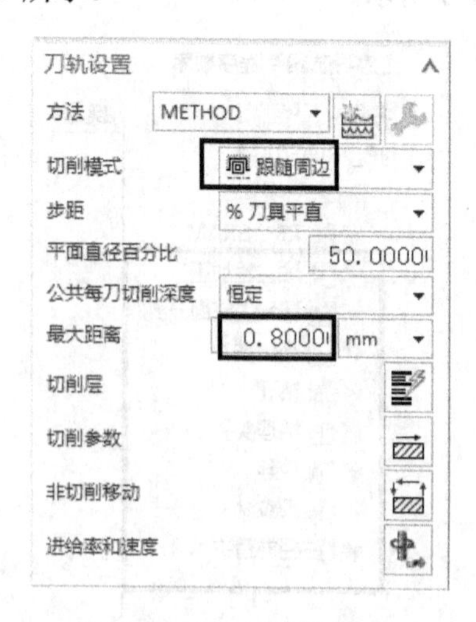

图 4-12　刀轨设置

图 4-13　范围类型设置

在【范围定义】选项组中按如图4-14所示设置，单击【确定】按钮。

（5）单击切削参数按钮，弹出【切削参数】对话框，在【策略】选项卡中按如图4-15所示设置。

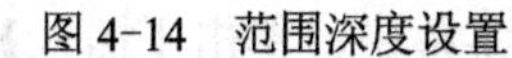

图4-14　范围深度设置

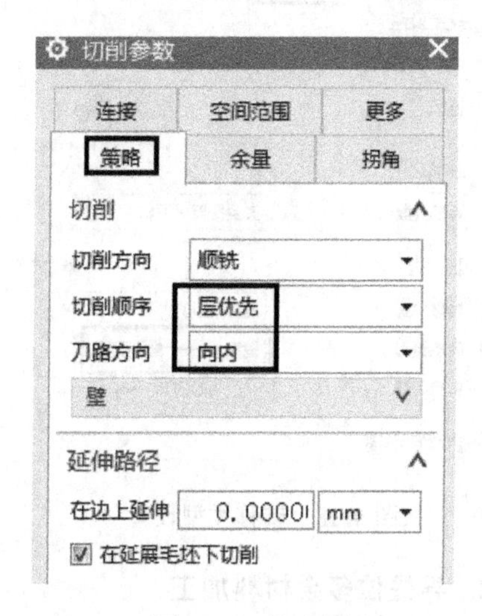

图4-15　策略设置

在【余量】选项卡中按如图4-16所示设置，单击【确定】按钮。

（6）单击非切削移动按钮，弹出【非切削移动】对话框，在【进刀】选项卡中按如图4-17所示设置。

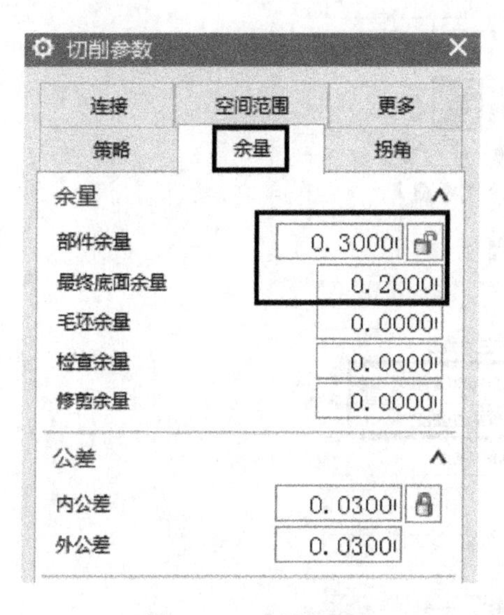

图4-16　余量设置

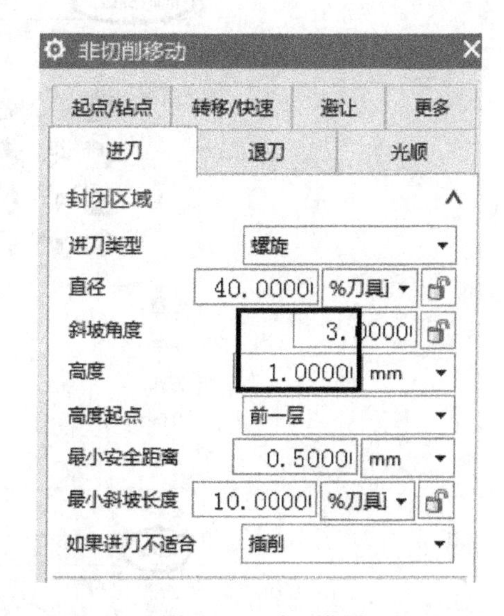

图4-17　进刀设置

在【转移/快速】选项卡中按如图4-18所示设置，单击【确定】按钮。

（7）单击进给率和速度按钮，弹出【进给率和速度】对话框，在【主轴速度】中输入“1200”,【进给率】|【切削】中输入“2000”，单击【确定】按钮。

（8）单击生成按钮，生成的刀具路径如图4-19所示。

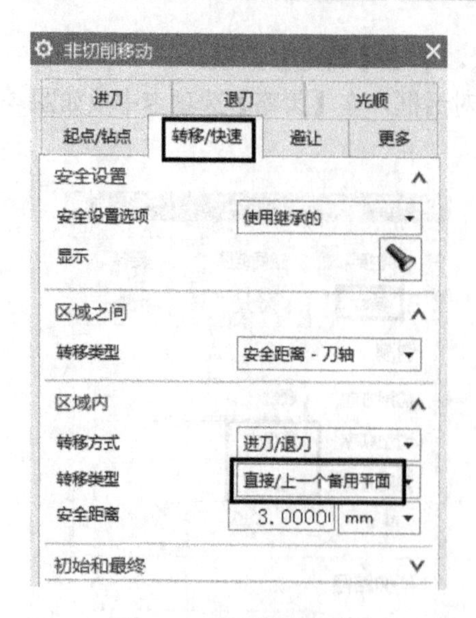

图 4-18　转移类型设置

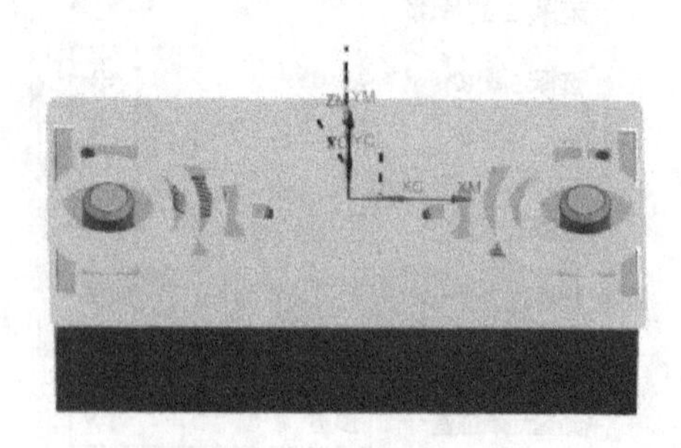

图 4-19　生成的刀具路径

2．导柱位多余材料加工

（1）鼠标右击【法兰粗加工】程序组，在弹出的快捷菜单中，单击【插入】|工序按钮，弹出【创建工序】对话框，按如图 4-20 所示设置，单击【确定】按钮。

图 4-20　创建剩余铣工序

（2）在【刀轨设置】选项组中按如图 4-21 所示设置。

（3）单击切削层按钮，弹出【切削层】对话框，选择如图 4-22 所示的底面，单击【确定】按钮。

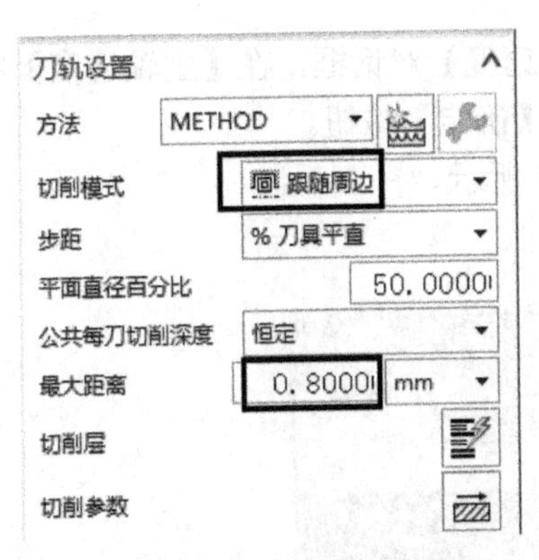

图 4-21 刀轨设置

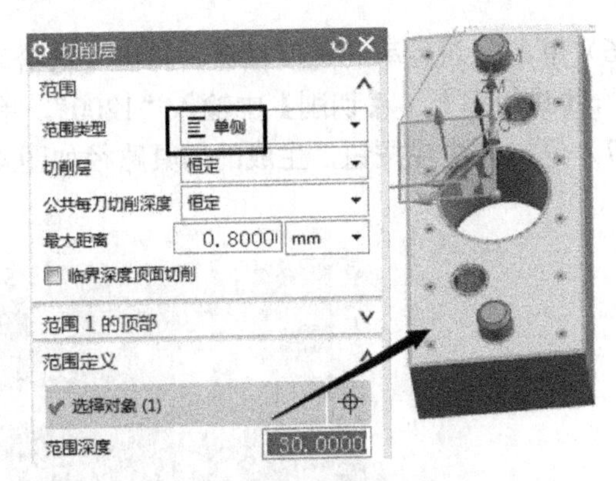

图 4-22 范围设置

（4）单击切削参数按钮，弹出【切削参数】对话框，在【策略】选项卡中按如图 4-23 所示设置，【余量】选项卡中按如图 4-24 所示设置，单击【确定】按钮。

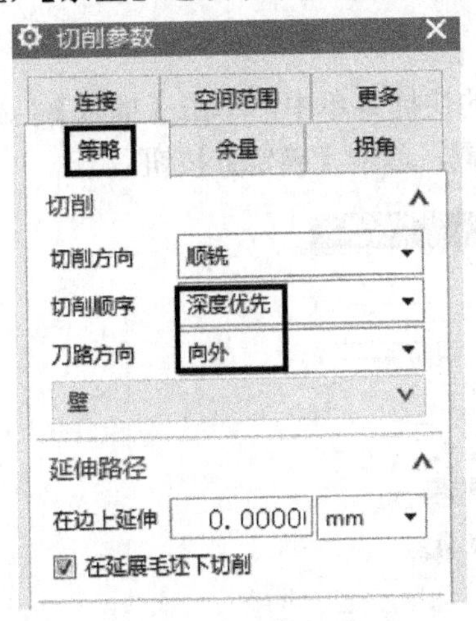

图 4-23 切削层设置

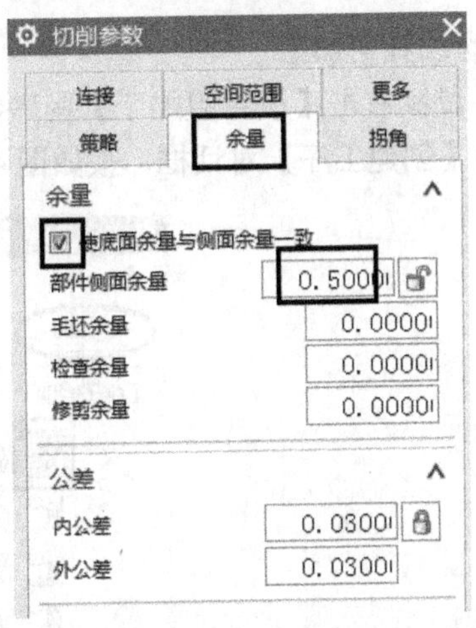

图 4-24 余量设置

（5）单击非切削移动按钮，弹出【非切削移动】对话框，在【进刀】选项卡中按如图 4-25 所示设置，【转移/快速】选项卡中按如图 4-26 所示设置，单击【确定】按钮。

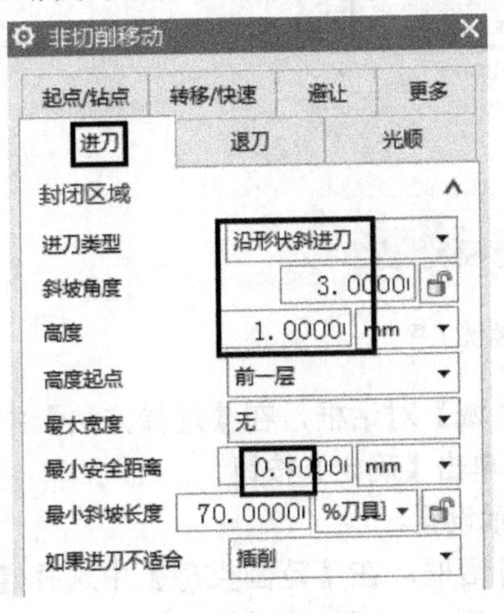

图 4-25 进刀设置

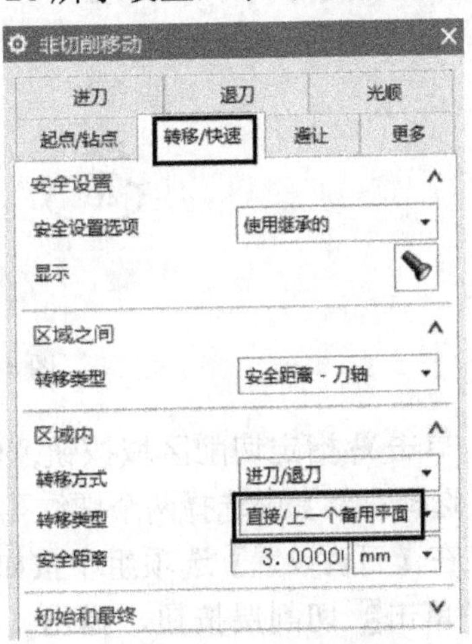

图 4-26 转移快速设置

（6）单击 进给率和速度按钮，弹出【进给率和速度】对话框，在【主轴速度】中输入“1200”,【进给率】|【切削】中输入“1200”，单击【确定】按钮。

（7）单击 生成按钮，生成的刀具路径如图 4-27 所示。

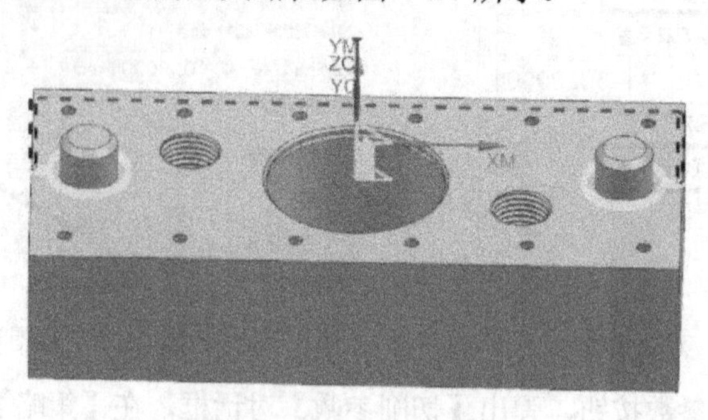

图 4-27　生成的刀具路径

3．螺纹孔粗加工

（1）鼠标右击【法兰粗加工】程序组，在弹出的快捷菜单中，单击【插入】| 工序按钮，弹出【创建工序】对话框，按如图 4-28 所示设置，单击【确定】按钮。

图 4-28　创建型腔铣工序

（2）单击 指定切削区域按钮,弹出【切削区域】对话框，在【选择方法】中选择 面，在【选择对象】中选择两个螺纹孔的内孔面，单击【确定】按钮。

（3）在【刀轨设置】选项组中按如图 4-29 所示设置。

（4）单击 切削层按钮，弹出【切削层】对话框，在【范围类型】中选择【用户定义】，在【范围 1 的顶部】|【选择对象】中选择如图 4-30 所示的面，单击【确定】按钮。

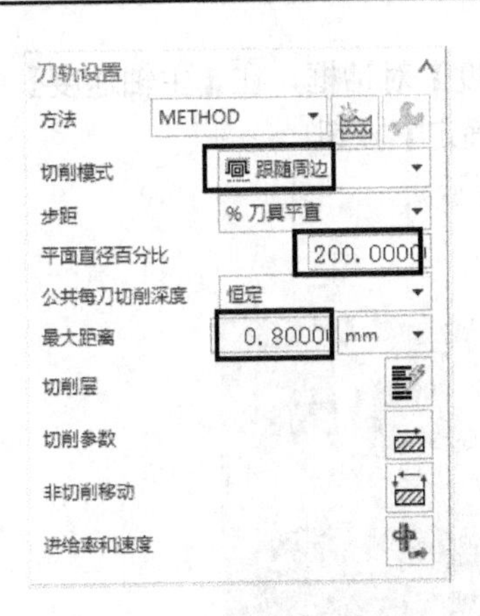

图 4-29　刀轨设置

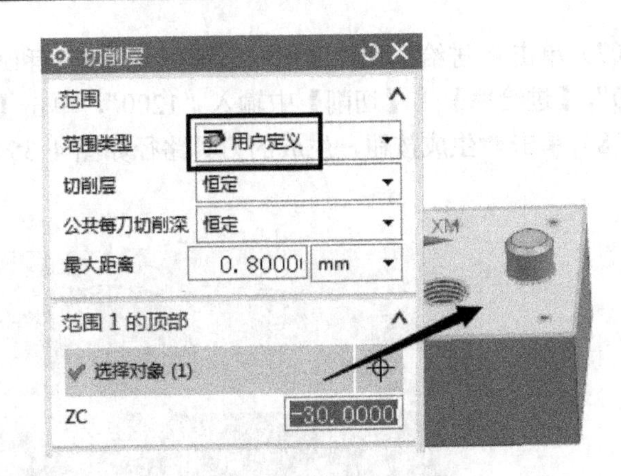

图 4-30　切削层设置

（5）单击切削参数按钮，弹出【切削参数】对话框，在【策略】选项卡中按如图 4-31 所示设置，【余量】选项卡中按如图 4-32 所示设置，单击【确定】按钮。

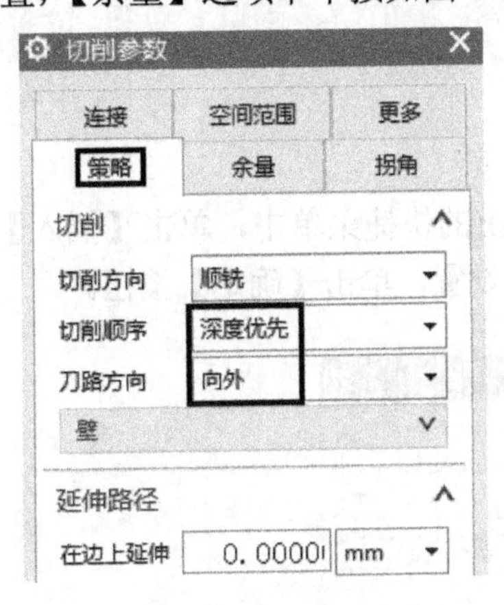

图 4-31　策略设置

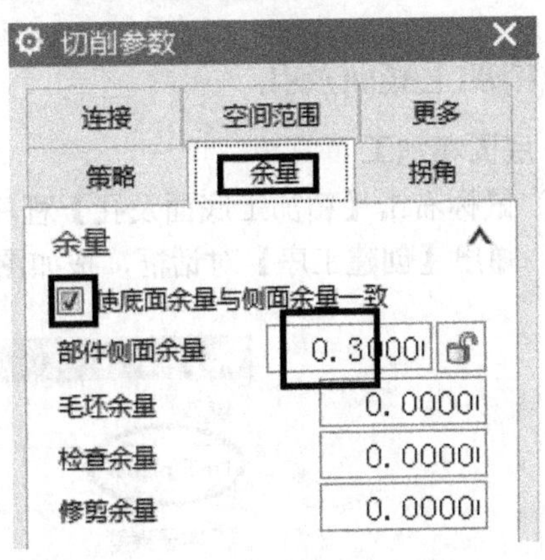

图 4-32　余量设置

（6）单击非切削移动按钮，弹出【非切削移动】对话框，在【进刀】选项卡中按如图 4-33 所示设置，【转移/快速】选项卡中按如图 4-34 所示设置，单击【确定】按钮。

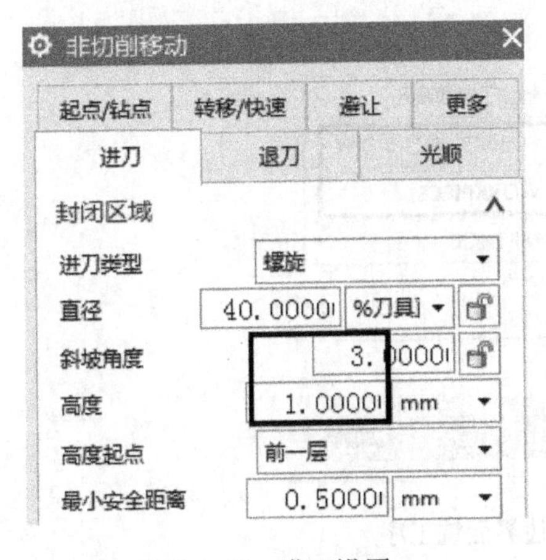

图 4-33　进刀设置

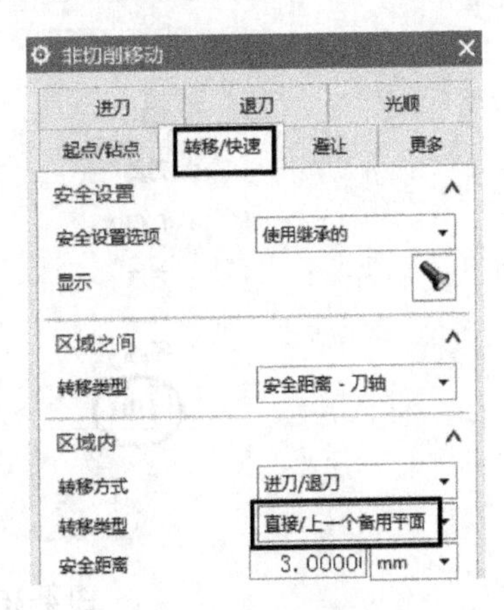

图 4-34　转移类型设置

（7）单击进给率和速度按钮，弹出【进给率和速度】对话框，在【主轴速度】中输入“1200”，【进给率】|【切削】中输入“1200”，单击【确定】按钮。

（8）单击生成按钮，生成的刀具路径如图 4-35 所示。

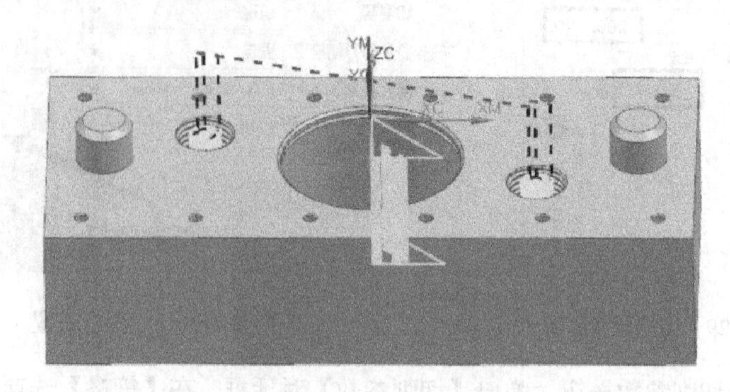

图 4-35 生成的刀具路径

4.1.3 精加工底面及孔

1. 底面精加工

（1）鼠标右击【精加工底面及孔】程序组，在弹出的快捷菜单中，单击【插入】|工序按钮，弹出【创建工序】对话框，按如图 4-36 所示设置，单击【确定】按钮。

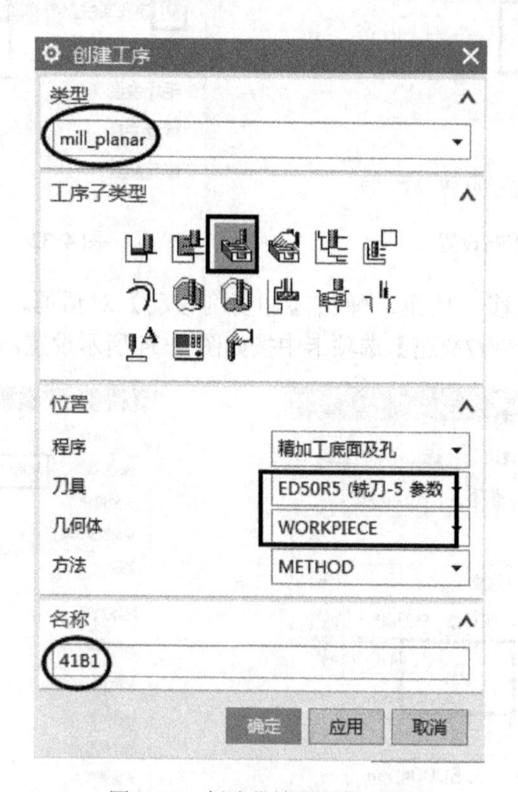

图 4-36 创建带边界面铣工序

（2）单击指定面边界按钮，弹出【毛坯边界】对话框，在【选择方法】中选择面，在【选择对象】中选择如图4-37所示的面，单击【确定】按钮。

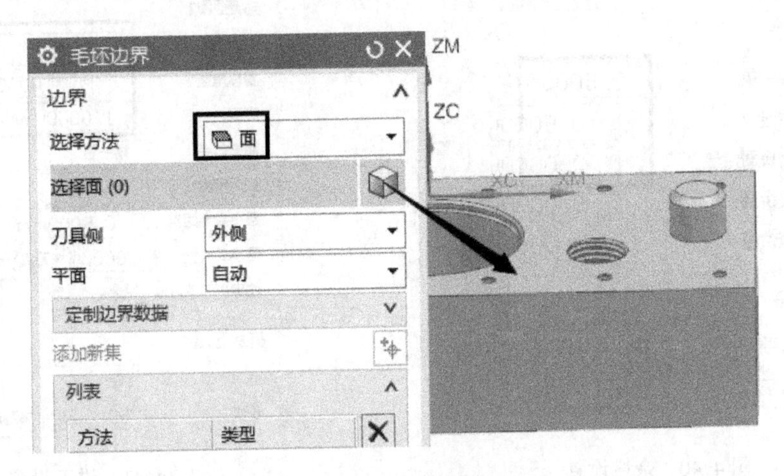

图4-37 选择面

（3）在【刀轨设置】选项组中按如图4-38所示设置。

（4）单击切削参数按钮，弹出【切削参数】对话框，在【策略】选项卡中按如图4-39所示设置。

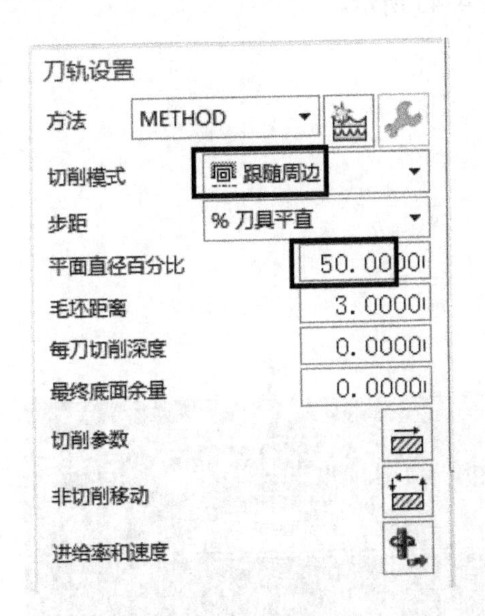

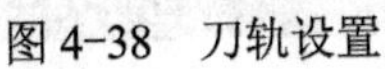

图4-38 刀轨设置

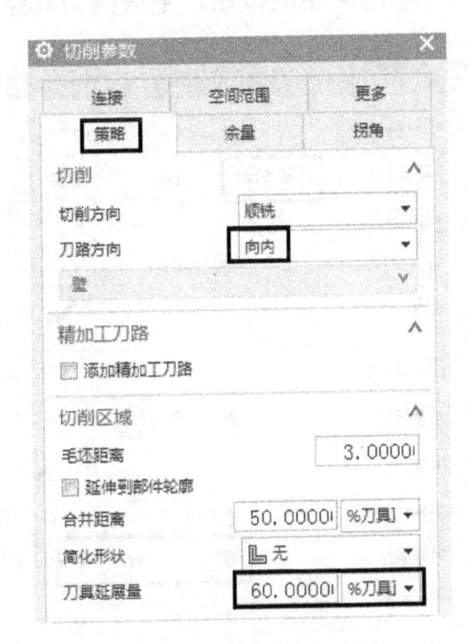

图4-39 策略设置

在【余量】选项卡中按如图4-40所示设置，单击【确定】按钮。

（5）单击非切削移动按钮，弹出【非切削移动】对话框，在【进刀】选项卡按如图4-41所示设置。

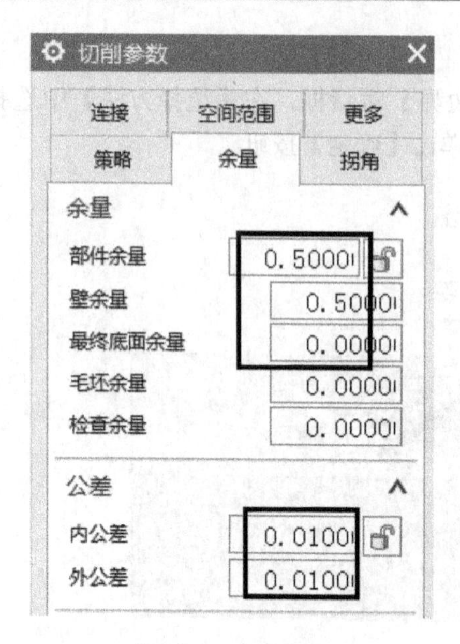

图 4-40　余量设置

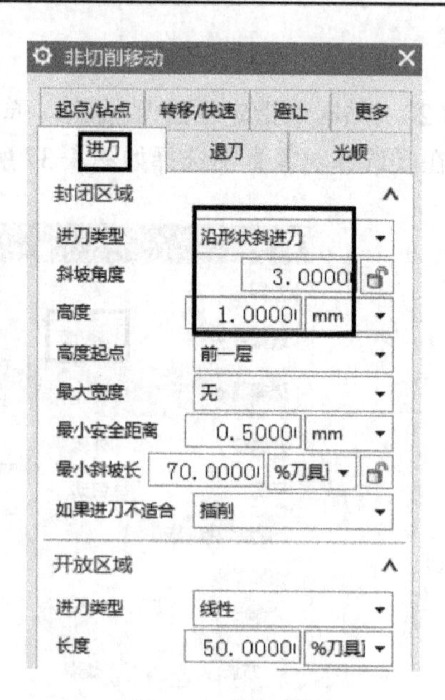

图 4-41　进刀设置

在【转移/快速】选项卡中按如图 4-42 所示设置，单击【确定】按钮。

（6）单击进给率和速度按钮，弹出【进给率和速度】对话框，在【主轴速度】中输入“1500”，【进给率】|【切削】中输入“600”，单击【确定】按钮。

（7）单击生成按钮，生成的刀具路径如图 4-43 所示。

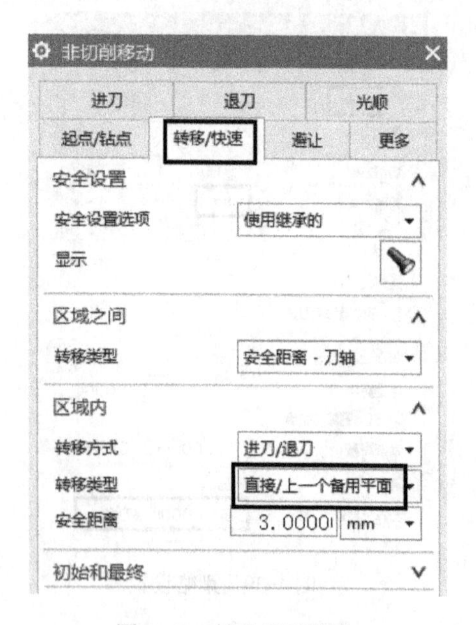

图 4-42　转移类型设置

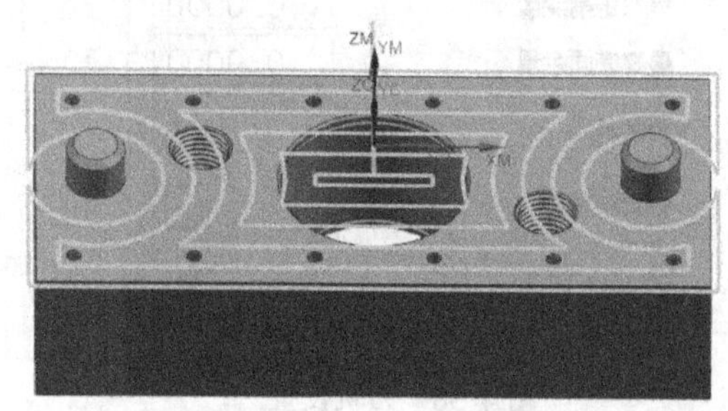

图 4-43　生成的刀具路径

2．螺纹孔精加工

（1）鼠标右击【精加工底面及孔】程序组，在弹出的快捷菜单中，单击【插入】|工序按钮，弹出【创建工序】对话框，按如图 4-44 所示设置，单击【确定】按钮。

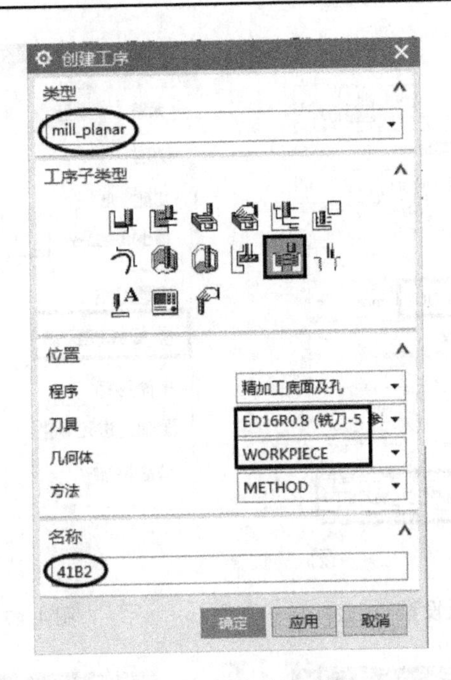

图 4-44 创建孔铣工序

（2）单击指定特征按钮，弹出【特征几何体】对话框，在【选择对象】中选择如图 4-45 所示的两个螺纹孔内孔面，单击【确定】按钮。

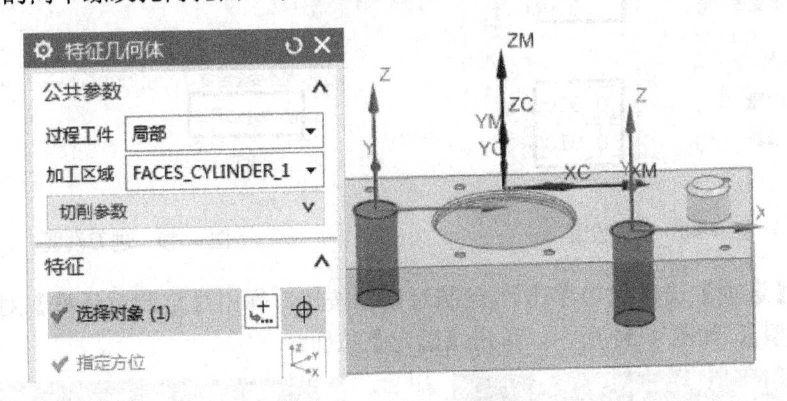

图 4-45 选择几何特征

（3）在【刀轨设置】选项组中按如图 4-46 所示设置。

（4）单击切削参数按钮，弹出【切削参数】对话框，在【策略】选项卡中按如图 4-47 所示设置。

在【余量】选项卡中按如图 4-48 所示设置，单击【确定】按钮。

（5）单击非切削移动按钮，弹出【非切削移动】对话框，在【进刀】选项卡中按如图 4-49 所示设置。

在【转移/快速】选项卡中按如图 4-50 所示设置，单击【确定】按钮。

（6）单击进给率和速度按钮，弹出【进给率和速度】对话框，在【主轴速度】中输入“1500”，【进给率】｜【切削】中输入“600”，单击【确定】按钮。

图 4-46　刀轨设置

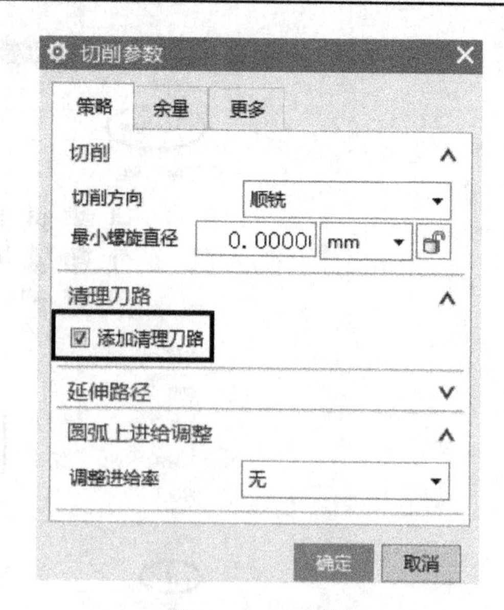

图 4-47　策略设置

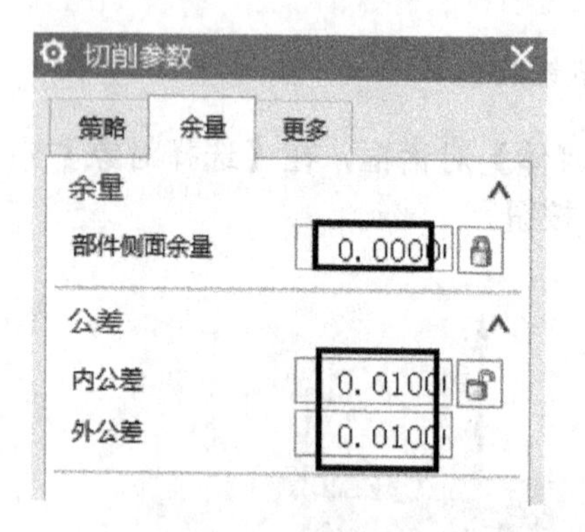

图 4-48　余量设置

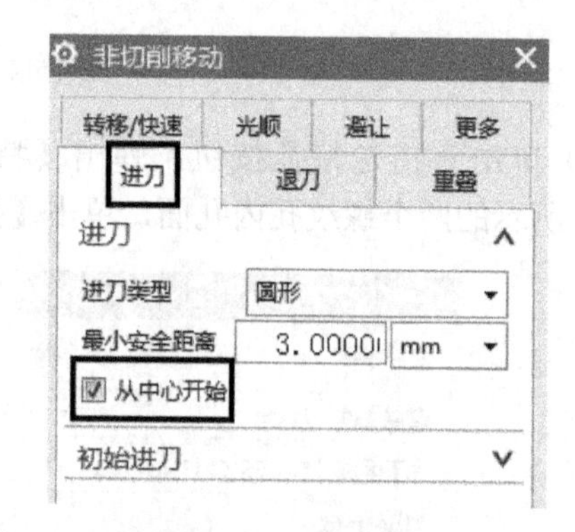

图 4-49　进刀设置

（7）在【选项】选项组中单击定制对话框按钮，弹出【定制对话框】对话框，双击【运动输出类型】，如图 4-51 所示，单击【确定】按钮。

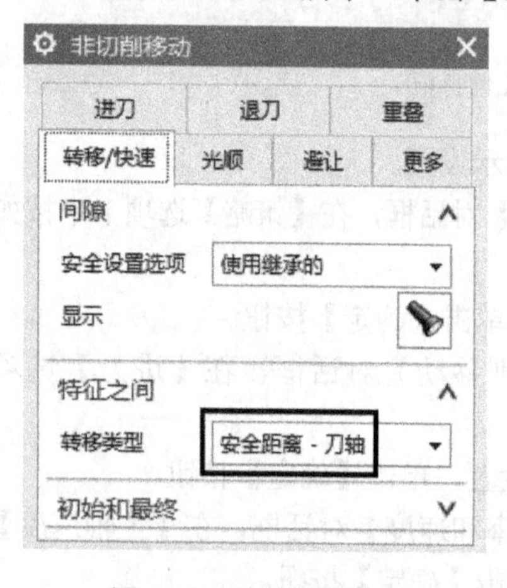

图 4-50　转移类型设置

图 4-51　添加输出类型

（8）在【孔铣】|【运动输出类型】中选择【直线】，如图 4-52 所示。

（9）单击生成按钮，生成的刀具路径如图 4-53 所示。

图 4-52　运动输出类型设置

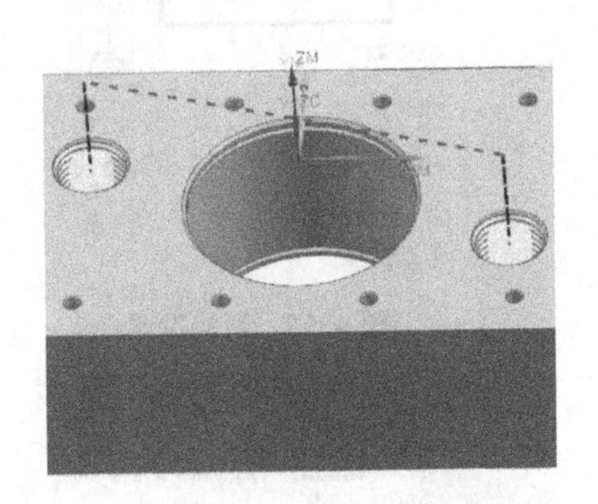

图 4-53　生成的刀具路径

3. 轴承孔精加工

（1）鼠标右击“精加工底面及孔”程序组，在弹出的快捷菜单中，单击【插入】|工序按钮，弹出【创建工序】对话框，按如图 4-54 所示设置，单击【确定】按钮。

（2）单击特征几何体按钮，在【特征】|【选择对象】中选择轴承孔内表面，如图 4-55 所示，单击【确定】按钮。

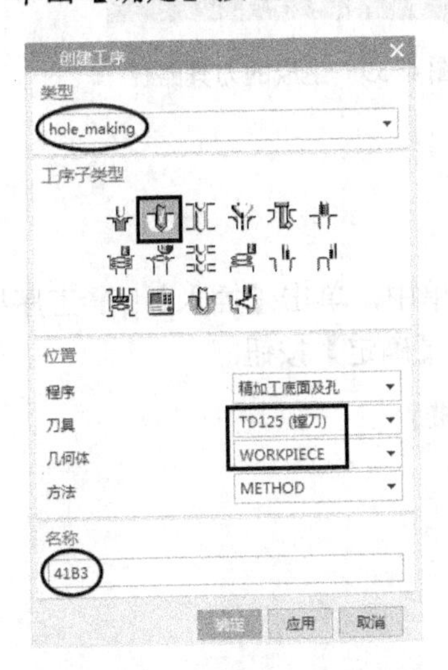

图 4-54　创建镗孔工序

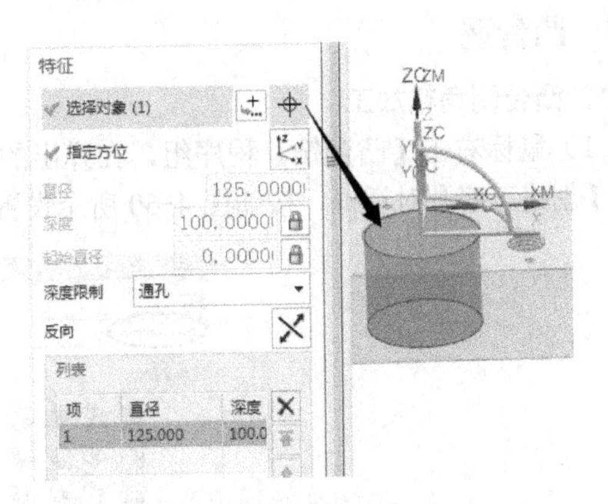

图 4-55　选择特征几何体

（3）在【刀轨设置】选项组中按如图 4-56 所示设置。

（4）单击切削参数按钮，弹出【切削参数】对话框，在【策略】选项卡中按如图 4-57 所示设置，【余量】选项卡中按如图 4-58 所示设置，单击【确定】按钮。

（5）单击进给率和速度按钮，弹出【进给率和速度】对话框，在【主轴速度】中输入“600”，【进给率】|【切削】中输入“80”，单击【确定】按钮。

（6）单击生成按钮，生成的刀具路径如图 4-59 所示。

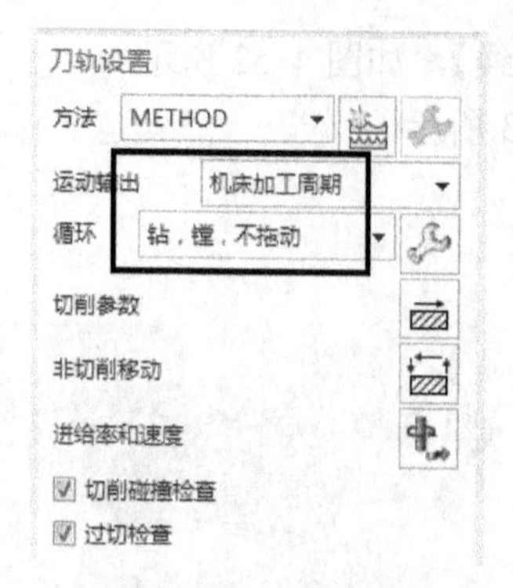

图 4-56 刀轨设置

图 4-57 策略设置

图 4-58 余量设置

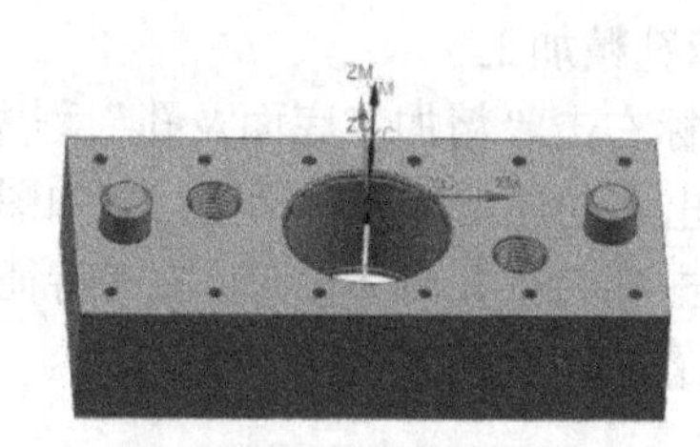

图 4-59 生成的刀具路径

4.1.4 凸台铣

1. 凸台倒角精加工

（1）鼠标右击【凸台铣】程序组，在弹出的快捷菜单中，单击【插入】| 工序按钮，弹出【创建工序】对话框，按如图 4-60 所示设置，单击【确定】按钮。

图 4-60 创建深度轮廓铣工序

（2）单击指定切削区域按钮，弹出【切削区域】对话框，在【选择方法】中选择面，在【选择对象】中选择如图 4-61 所示的倒角面，单击【确定】按钮。

（3）在【刀轨设置】选项组中按如图 4-62 所示设置。

（4）单击切削参数按钮，弹出【切削参数】对话框，在【策略】选项卡中按如图 4-63 所示设置。

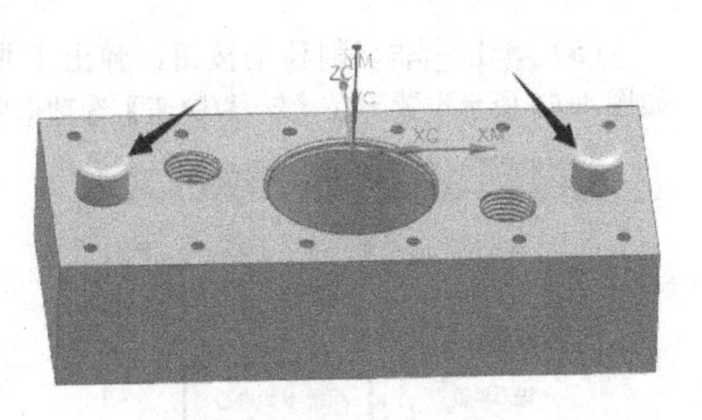

图 4-61 选择切削区域

图 4-62 刀轨设置

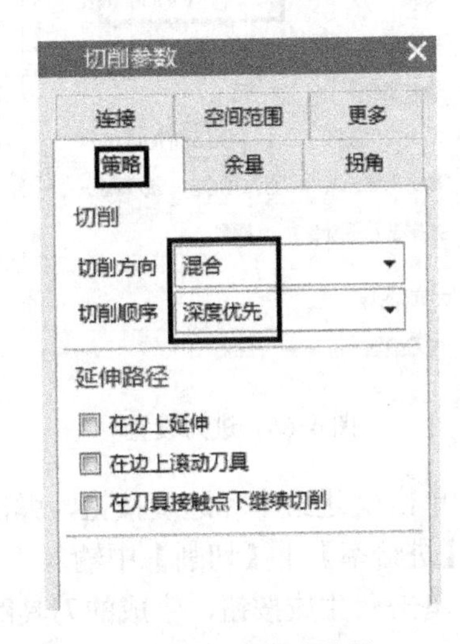

图 4-63 策略设置

在【连接】选项卡中按如图 4-64 所示设置，【余量】选项卡中按如图 4-65 所示设置，单击【确定】按钮。

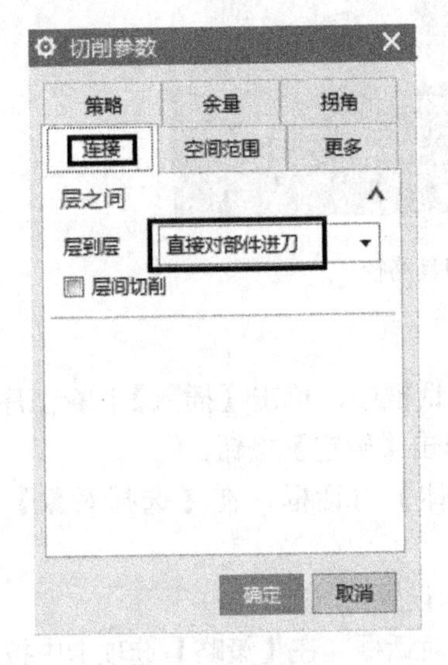

图 4-64 连接设置

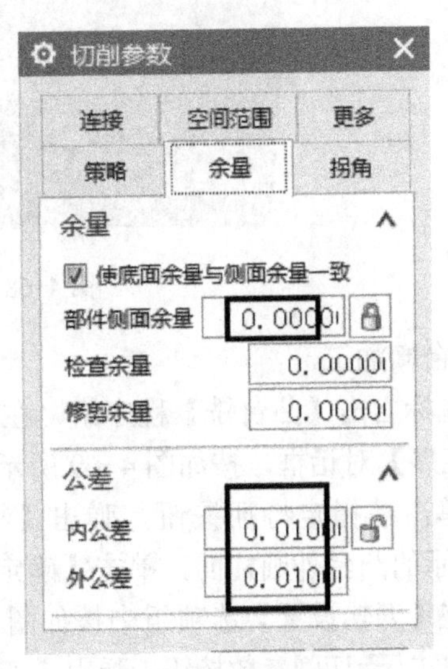

图 4-65 余量设置

（5）单击非切削移动按钮，弹出【非切削移动】对话框，在【进刀】选项卡中按如图 4-66 所示设置，在【转移/快速】选项卡中按如图 4-67 所示设置，单击【确定】按钮。

图 4-66　进刀设置

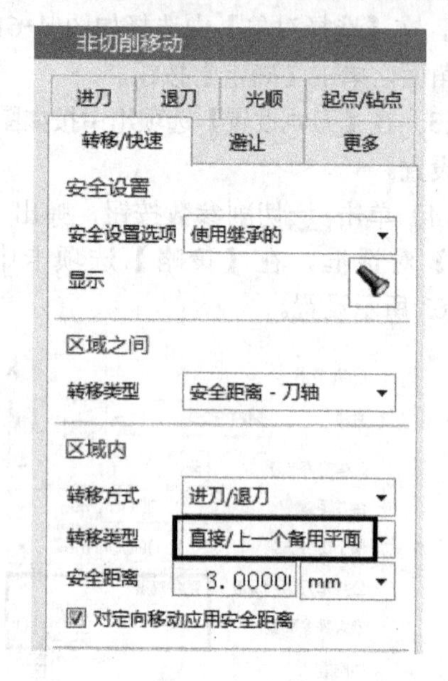

图 4-67　转移类型设置

（6）单击进给率和速度按钮，弹出【进给率和速度】对话框，在【主轴速度】中输入“1500”，【进给率】|【切削】中输入“600”，单击【确定】按钮。

（7）单击生成按钮，生成的刀具路径如图 4-68 所示。

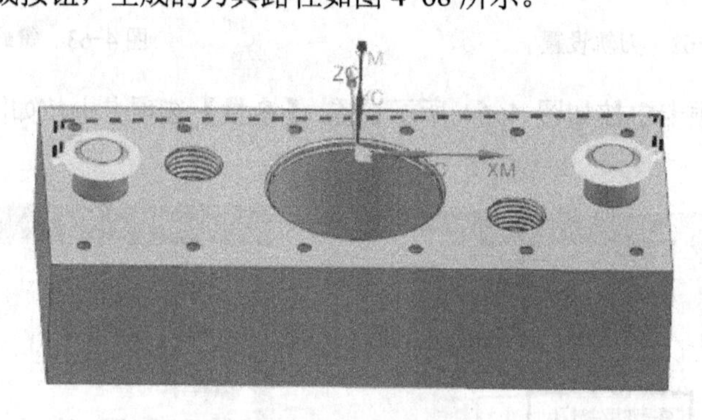

图 4-68　生成的刀具路径

2．凸台精加工

（1）鼠标右击【凸台铣】程序组，在弹出的对话框中，单击【插入】|工序按钮，弹出【创建工序】对话框，按如图 4-69 所示设置，单击【确定】按钮。

（2）单击指定特征按钮，弹出【特征几何体】对话框，在【选择对象】中选择如图 4-70 所示的凸台外圆柱面，单击【确定】按钮。

（3）在【刀轨设置】选项组中按如图 4-71 所示设置。

（4）单击切削参数按钮，弹出【切削参数】对话框，在【策略】选项卡中按如图 4-72 所示设置。

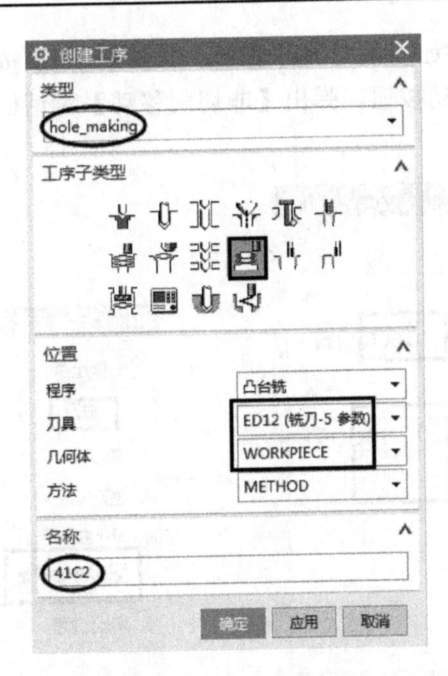

图 4-69　创建凸台铣工序

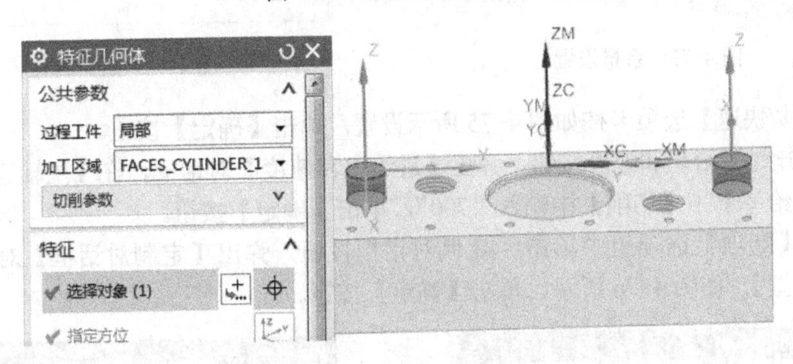

图 4-70　选择特征几何体

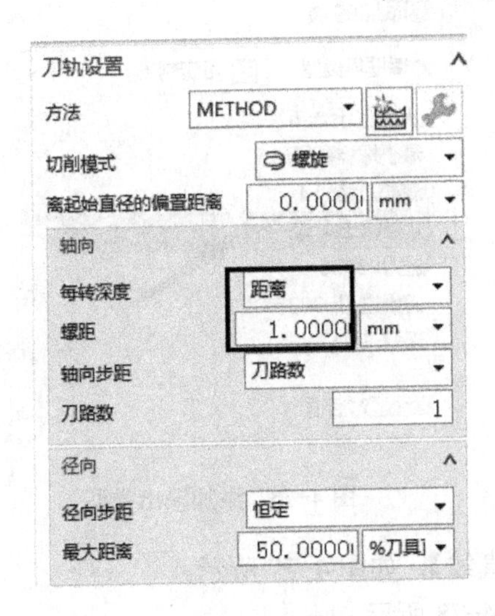

图 4-71　刀轨设置

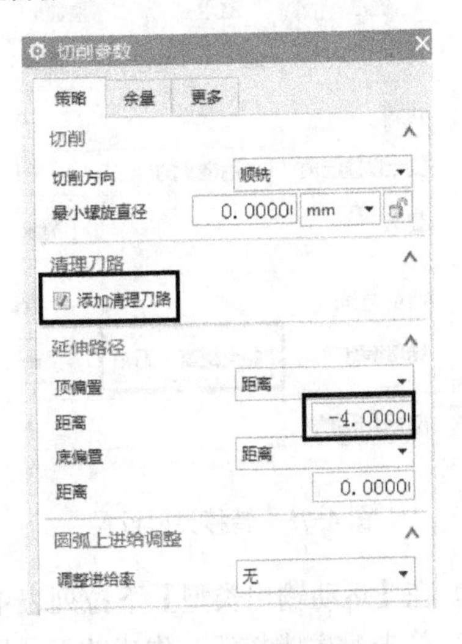

图 4-72　策略设置

在【余量】选项卡中按如图 4-73 所示设置，单击【确定】按钮。

（5）单击非切削移动按钮，弹出【非切削移动】对话框，在【进刀】选项卡中按如图 4-74 所示设置。

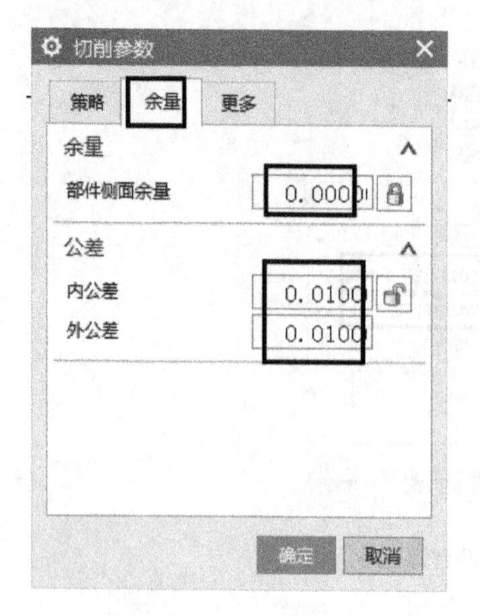

图 4-73　余量设置

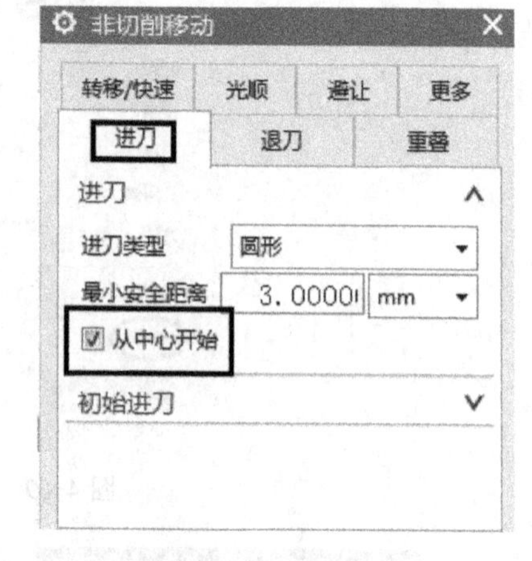

图 4-74　进刀设置

在【转移/快速】选项卡按如图 4-75 所示设置，单击【确定】按钮。

（6）单击进给率和速度按钮，弹出【进给率和速度】对话框，在【主轴速度】中输入“1800”，【进给率】｜【切削】中输入“700”，单击【确定】按钮。

（7）在【选项】选项组中单击定制对话框按钮，弹出【定制对话框】对话框，双击【运动输出类型】，如图 4-76 所示，单击【确定】按钮。

图 4-75　转移类型设置

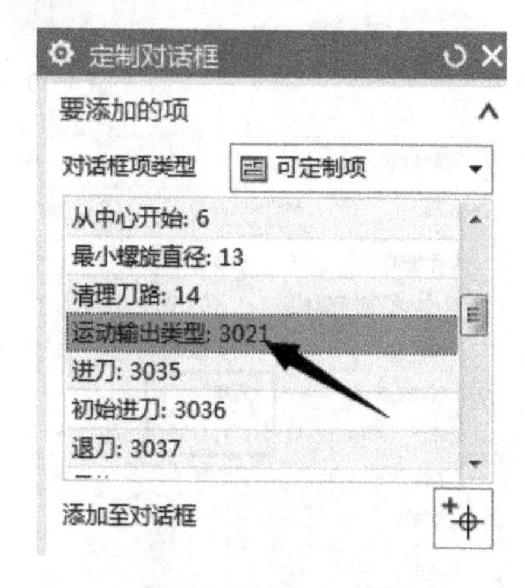

图 4-76　添加输出类型

（8）在【运动输出类型】下拉列表中选择【直线】，如图 4-77 所示。

（9）单击生成按钮，生成的刀具路径如图 4-78 所示。

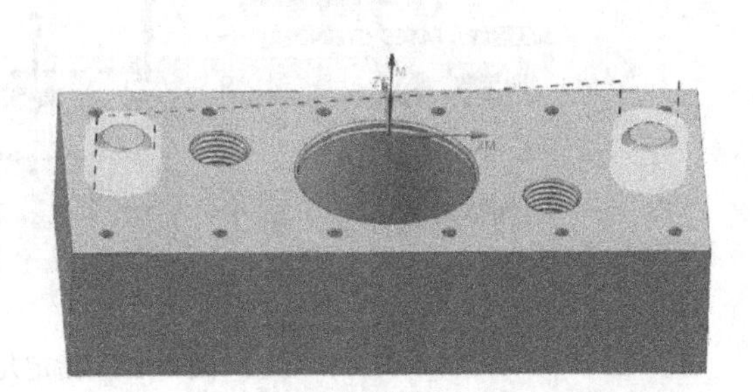

图 4-77　运动输出类型设置　　　　图 4-78　生成的刀具路径

4.1.5　钻孔

1．钻中心孔

（1）鼠标右击【钻孔】程序组，在弹出的快捷菜单中，单击【插入】| 工序按钮，弹出【创建工序】对话框，按如图 4-79 所示设置，单击【确定】按钮。

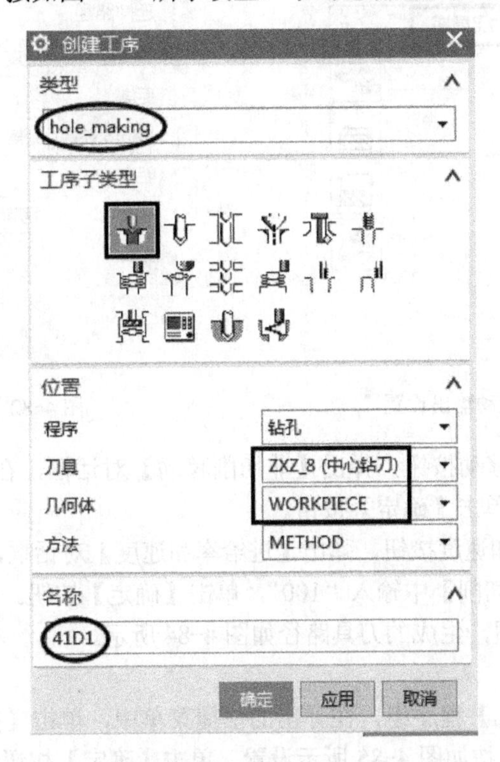

图 4-79　创建定心钻工序

（2）单击指定特征按钮，弹出【特征几何体】对话框，在【选择对象】中选择如图 4-80 所示的孔，单击【确定】按钮。

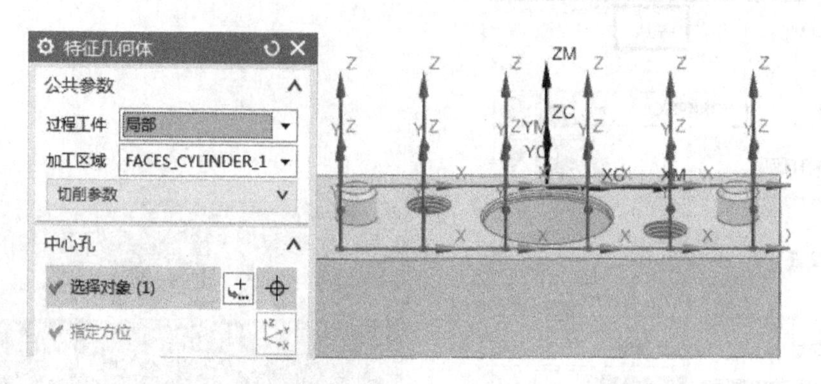

图 4-80　指定几何特征

（3）在【刀轨设置】|【运动输出】中按如图 4-81 所示设置。

（4）单击切削参数按钮，弹出【切削参数】对话框，在【策略】选项卡中按如图 4-82 所示设置，单击【确定】按钮。

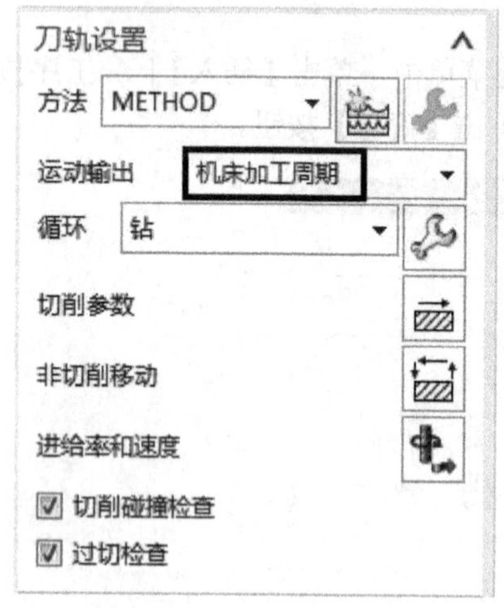

图 4-81　运动输出设置

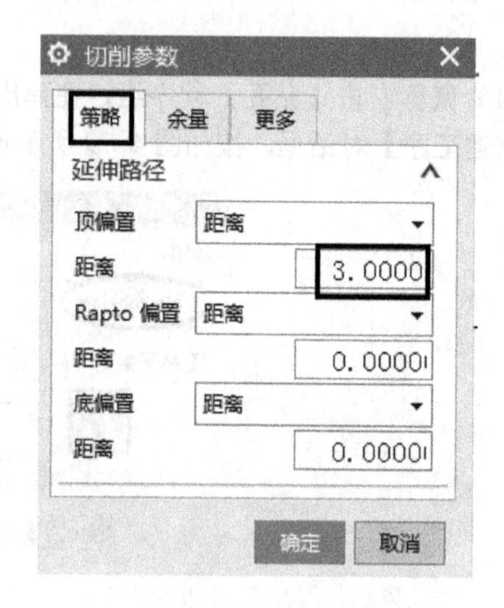

图 4-82　策略设置

（5）单击非切削移动按钮，弹出【非切削移动】对话框，在【转移/快速】选项卡中按如图 4-83 所示设置，单击【确定】按钮。

（6）单击进给率和速度按钮，弹出【进给率和速度】对话框，在【主轴速度】中输入“1600”，【进给率】|【切削】中输入“100”，单击【确定】按钮。

（7）单击生成按钮，生成的刀具路径如图 4-84 所示。

2．钻孔

（1）鼠标右击【钻孔】程序组，在弹出的快捷菜单中，单击【插入】|工序按钮，弹出【创建工序】对话框，按如图 4-85 所示设置，单击【确定】按钮。

（2）单击指定特征按钮，弹出【特征几何体】对话框，在【选择对象】中选择如图 4-86 所示的孔，单击【确定】按钮。

图 4-83　转移类型设置

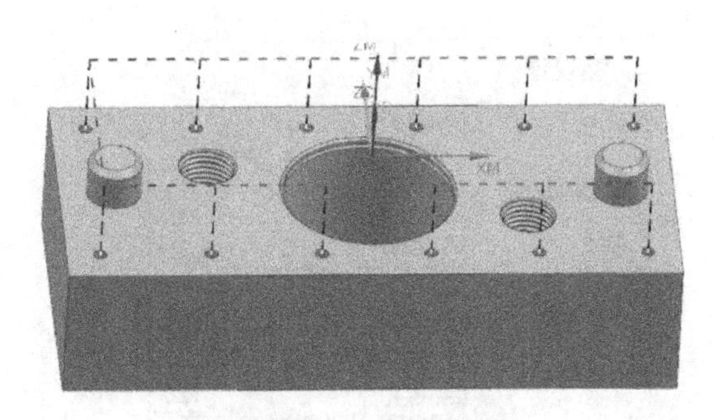

图 4-84　生成的刀具路径

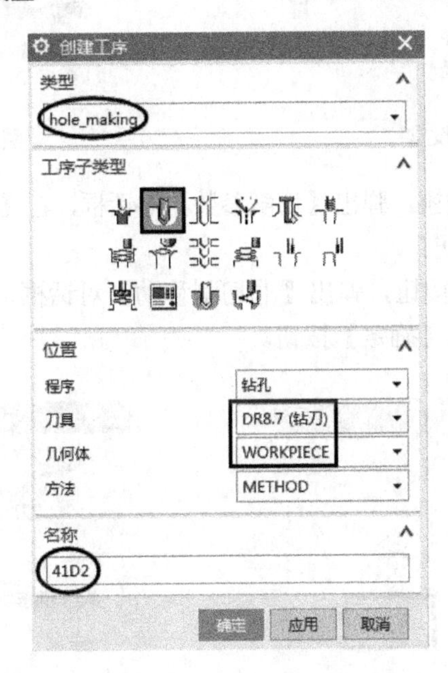

图 4-85　创建钻孔工序

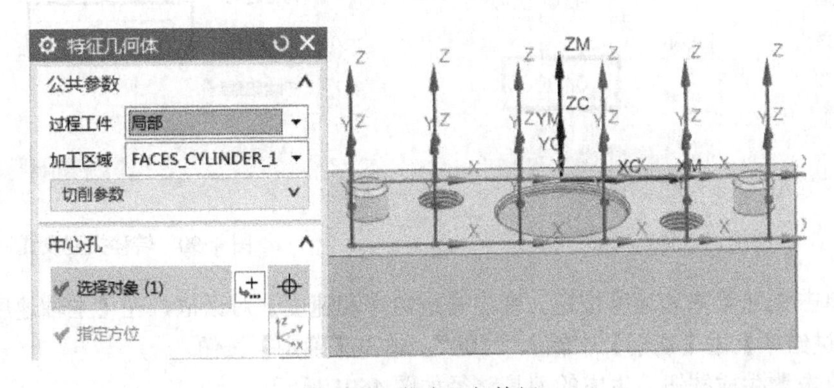

图 4-86　指定几何特征

（3）在【刀轨设置】的【循环】下拉列表中选择【钻、深孔、断屑】，如图 4-87 所示，弹出【循环参数】对话框，在【步进】|【最大距离】中按如图 4-88 所示设置，单击【确定】按钮。

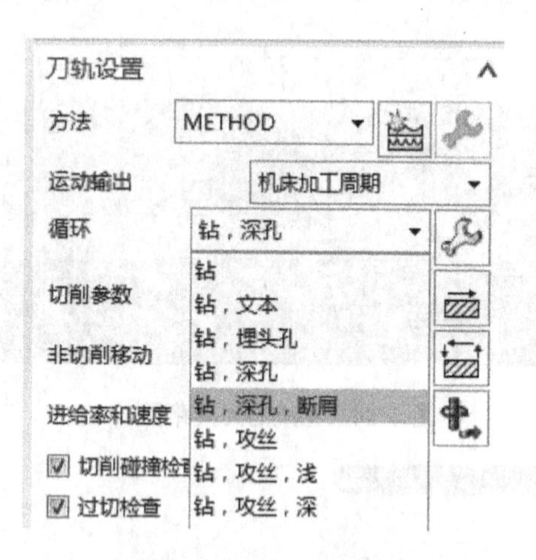

图 4-87　循环设置

图 4-88　步进设置

（4）单击切削参数按钮，弹出【切削参数】对话框，在【策略】选项卡中按如图 4-89 所示设置，单击【确定】按钮。

（5）单击非切削移动按钮，弹出【非切削移动】对话框， 在【转移/快速】选项卡中按如图 4-90 所示设置，单击【确定】按钮。

图 4-89　策略设置

图 4-90　转移类型设置

（6）单击进给率和速度按钮，弹出【进给率和速度】对话框，在【主轴速度】中输入“1500”，【进给率】|【切削】中输入“100”，单击【确定】按钮。

（7）单击生成按钮，生成的刀具路径如图 4-91 所示。

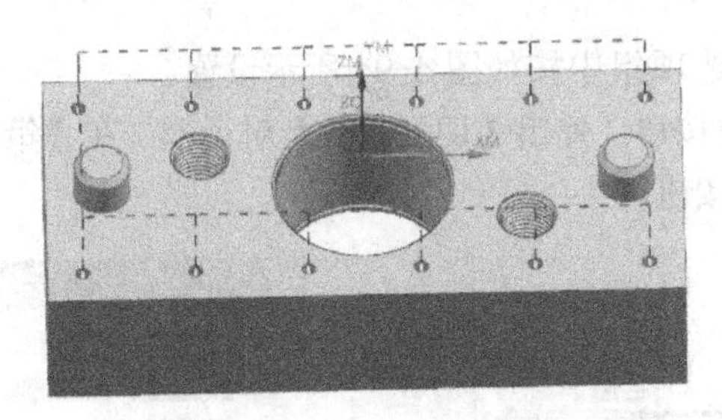

图 4-91 生成的刀具路径

4.1.6 钻埋头孔

1. 所有小孔倒角

（1）鼠标右击【钻埋头孔】程序组，在弹出的快捷菜单中，单击【插入】|工序按钮，弹出【创建工序】对话框，按如图 4-92 所示设置，单击【确定】按钮。

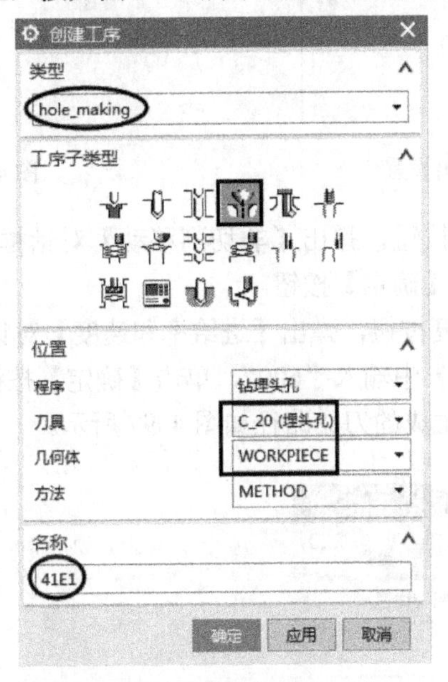

图 4-92 创建钻埋头孔工序

（2）单击指定特征按钮，弹出【特征几何体】对话框，在【选择对象】中选择如图 4-93 所示的孔，单击【确定】按钮。

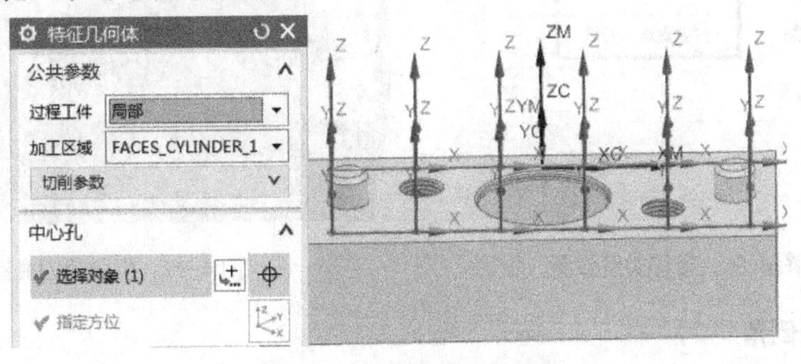

图 4-93 指定几何特征

（3）在【刀轨设置】选项组中按如图 4-94 所示设置。

（4）单击切削参数按钮，弹出【切削参数】对话框，在【策略】选项卡中按如图 4-95 所示设置，单击【确定】按钮。

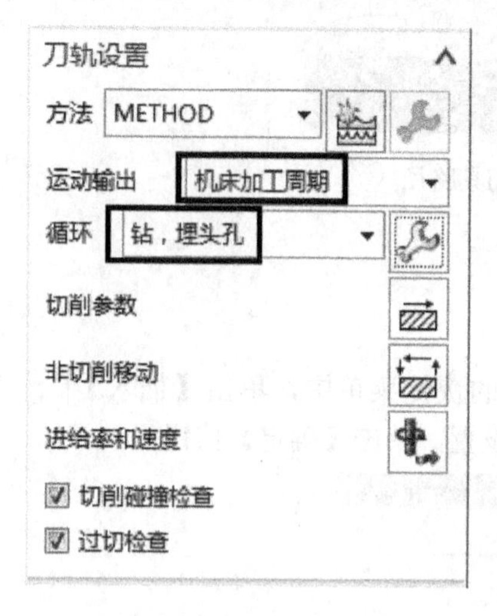

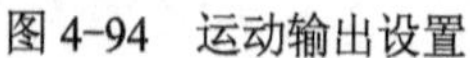

图 4-94　运动输出设置

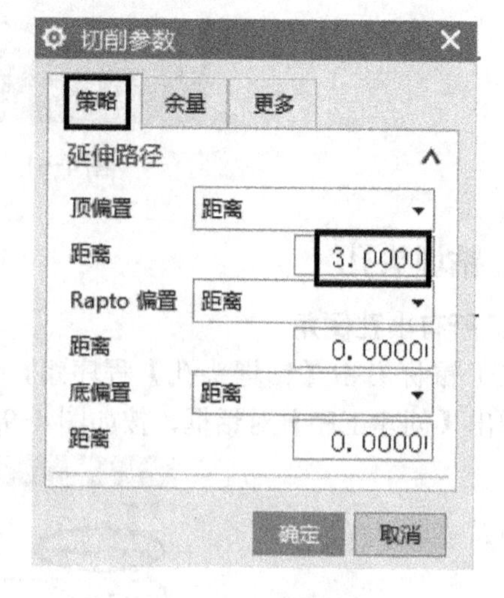

图 4-95　策略设置

（5）单击非切削移动按钮，弹出【非切削移动】对话框，在【转移/快速】选项卡中按如图 4-96 所示设置，单击【确定】按钮。

（6）单击进给率和速度按钮，弹出【进给率和速度】对话框，在【主轴速度】中输入“1200”，【进给率】|【切削】中输入“600”，单击【确定】按钮。

（7）单击生成按钮，生成的刀具路径如图 4-97 所示。

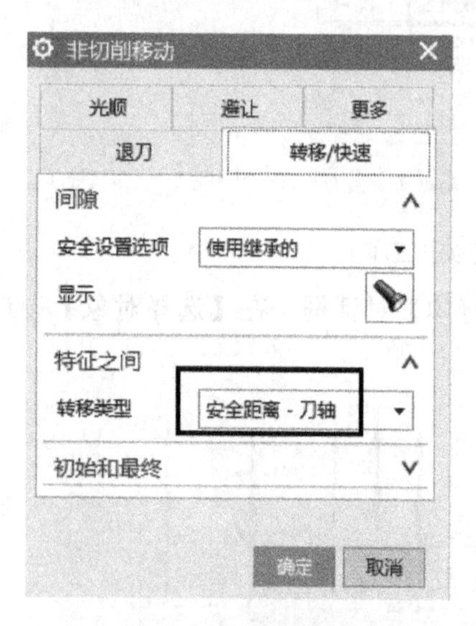

图 4-96　转移类型设置

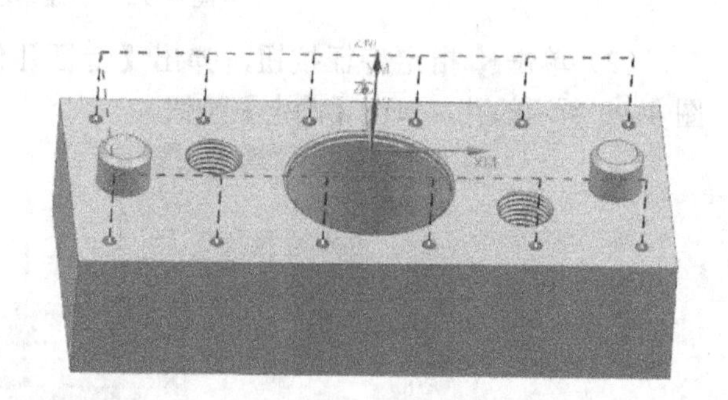

图 4-97　生成的刀具路径

2．轴承孔倒角

（1）鼠标右击【钻埋头孔】程序组，在弹出的快捷菜单中，单击【插入】|工序按

钮，弹出【创建工序】对话框，按如图4-98所示设置，单击【确定】按钮。

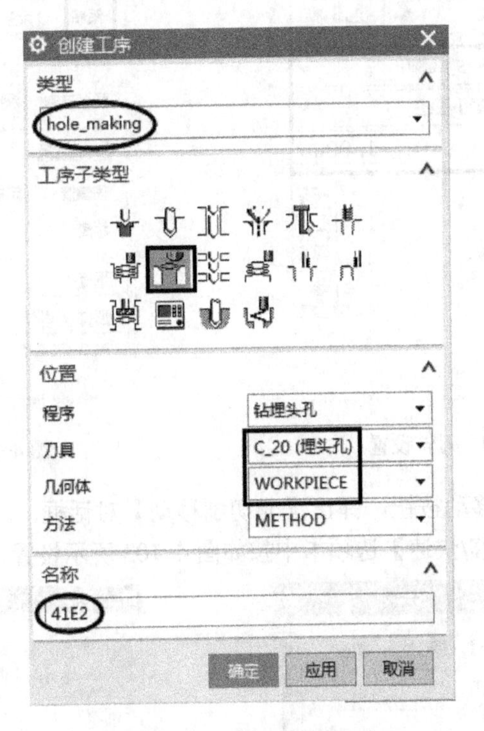

图4-98 创建孔倒斜铣工序

（2）单击指定特征按钮，弹出【特征几何体】对话框，在【选择对象】中选择如图4-99所示的轴承孔，单击【确定】按钮。

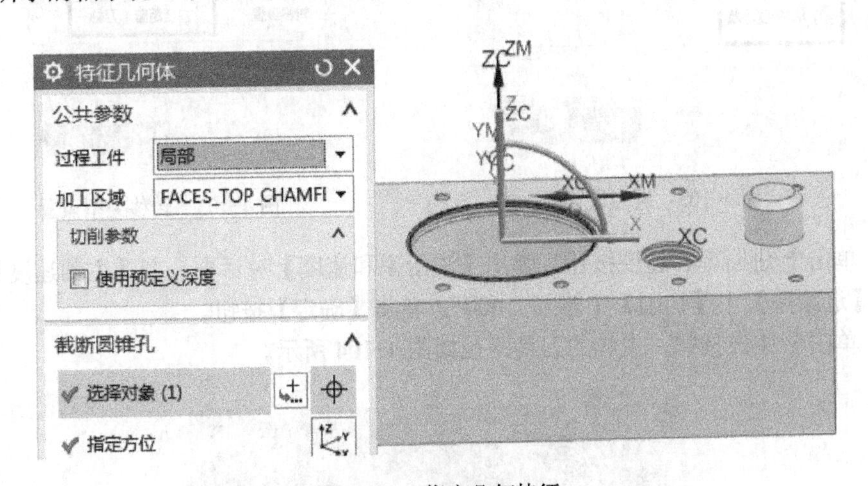

图4-99 指定几何特征

（3）在【刀轨设置】选项组中按如图4-100所示设置。

（4）单击切削参数按钮，弹出【切削参数】对话框，在【策略】选项卡中按如图4-101所示设置，单击【确定】按钮。

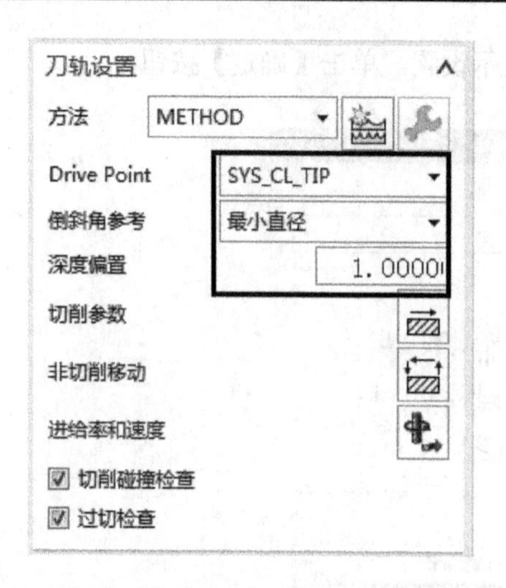

图 4-100　刀轨设置

图 4-101　策略设置

（5）单击非切削移动按钮，弹出【非切削移动】对话框，在【进刀】选项卡中按如图 4-102 所示设置，【转移/快速】选项卡中按如图 4-103 所示设置，单击【确定】按钮。

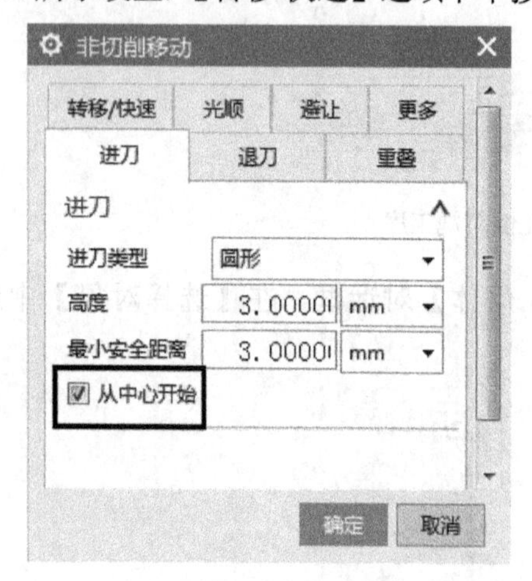

图 4-102　进刀设置

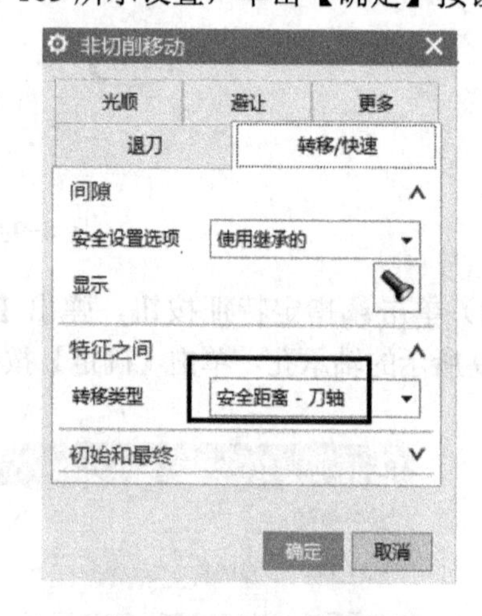

图 4-103　转移类型设置

（6）单击进给率和速度按钮，弹出【进给率和速度】对话框，在【主轴速度】中输入“1200”，【进给率】|【切削】中输入“600”，单击【确定】按钮。

（7）单击生成按钮，生成的刀具路径如图 4-104 所示。

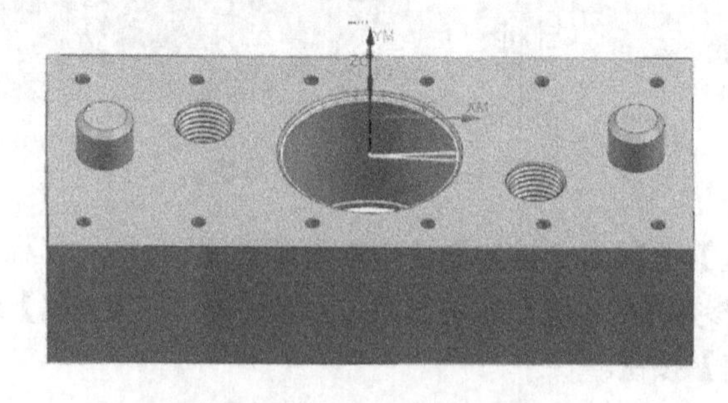

图 4-104　生成的刀具路径

3．两螺纹孔倒角

（1）鼠标右击“41E2”程序，在弹出的快捷菜单中选择【复制】，再次右击“41E2”程序，在弹出的快捷菜单中选择【粘贴】，将名称重命名为“41E3”。

（2）双击“41E3”程序，弹出【孔倒斜铣】对话框，单击指定特征按钮，弹出【特征几何体】对话框，在【列表】中删除之前的选项，【选择对象】中选择如图 4-105 所示的螺纹孔。

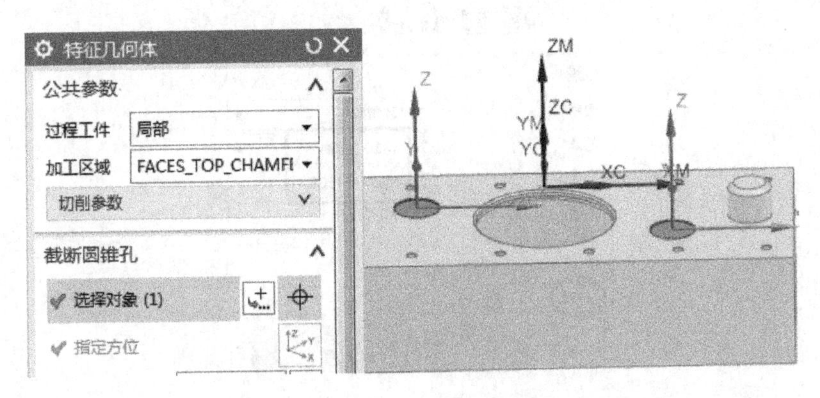

图 4-105 特征几何设置

在【截断圆锥孔】选项组中按如图 4-106 所示设置，单击【确定】按钮。

（3）单击生成按钮，生成的刀具路径如图 4-107 所示。

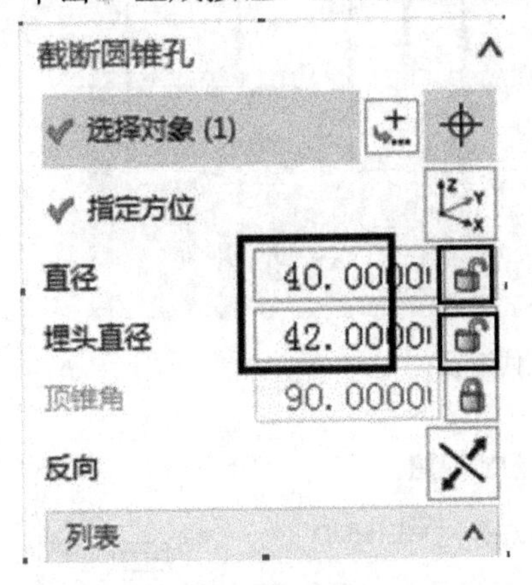

图 4-106 埋头直径设置

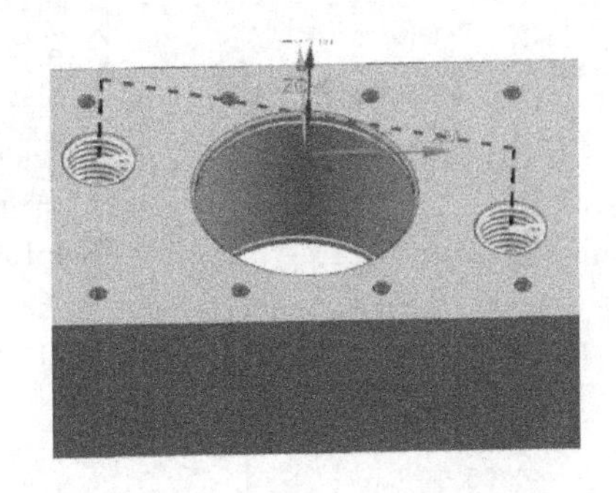

图 4-107 生成的刀具路径

4.1.7 攻丝

（1）鼠标右击【攻丝】程序组，在弹出的快捷菜单中，单击【插入】|工序按钮，弹出【创建工序】对话框，按如图 4-108 所示设置，单击【确定】按钮。

（2）单击指定特征按钮，弹出【特征几何体】对话框，在【选择对象】中选择如图 4-109 所示的孔，单击【确定】按钮。

（3）在【螺纹尺寸】选项组中按如图 4-110 所示设置，单击【确定】按钮。

（4）在【刀轨设置】选项组中按如图 4-111 所示设置。

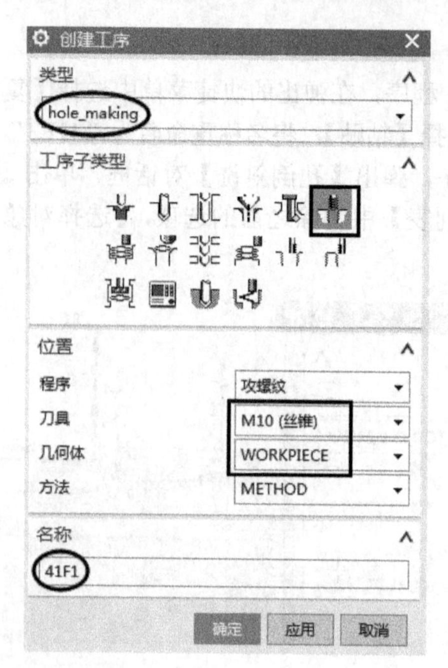

图 4-108　创建攻丝工序

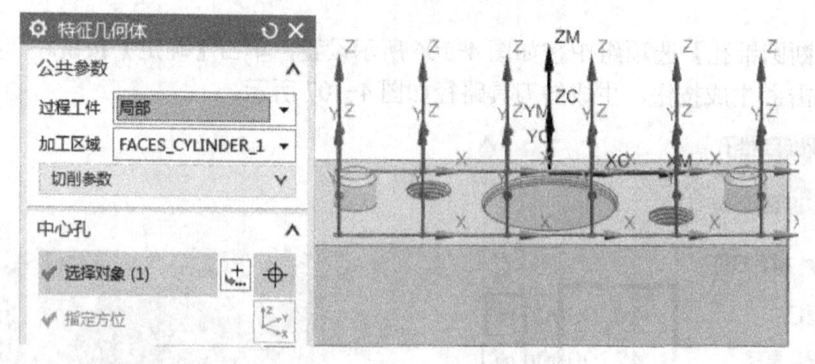

图 4-109　指定几何特征

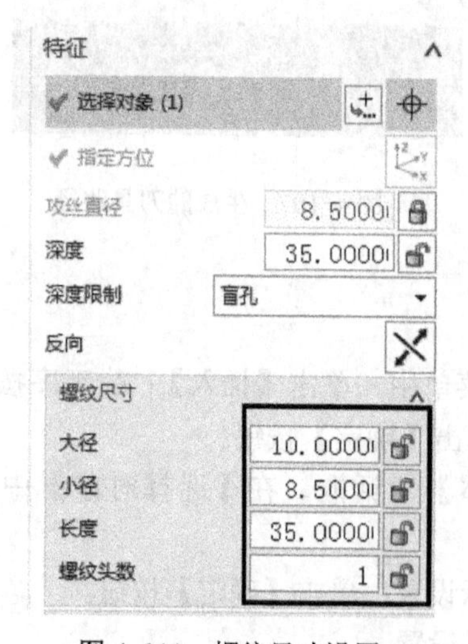

图 4-110　螺纹尺寸设置

图 4-111　循环设置

（5）在弹出的【循环参数】对话框中按如图 4-112 所示设置。

（6）单击切削参数按钮，弹出【切削参数】对话框，在【策略】选项卡中按如图 4-113 所示设置，单击【确定】按钮。

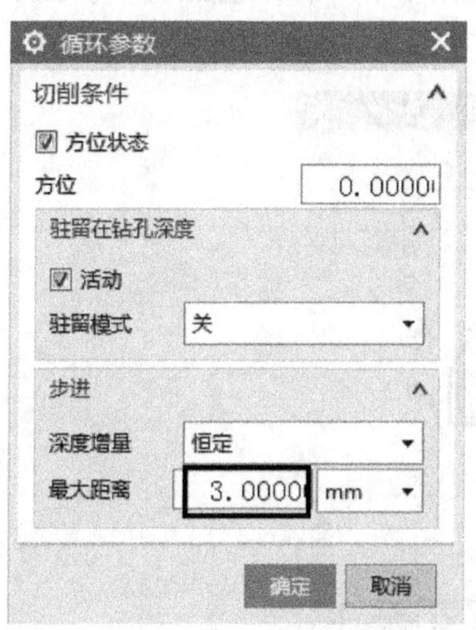
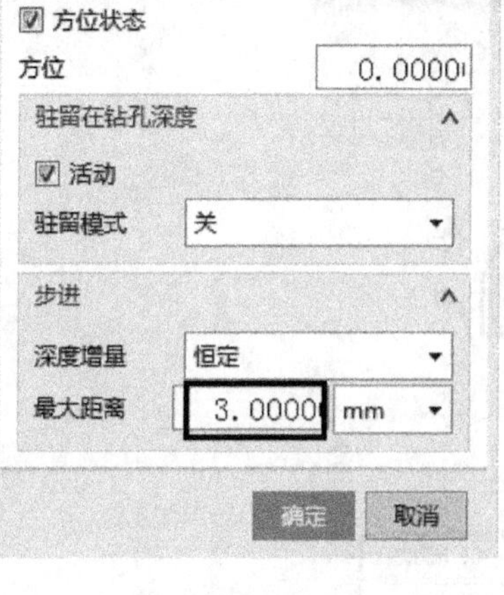

图 4-112 步进设置　　图 4-113 策略设置

温馨提示：最大距离一般输入螺距的整数倍数。

（7）单击非切削移动按钮，弹出【非切削移动】对话框，在【转移/快速】选项卡中按如图 4-114 所示设置，单击【确定】按钮。

（8）单击进给率和速度按钮，弹出【进给率和速度】对话框，在【主轴速度】中输入“400”，【进给率】|【切削】中输入“600”，单击【确定】按钮。

（9）单击生成按钮，生成的刀具路径如图 4-115 所示。

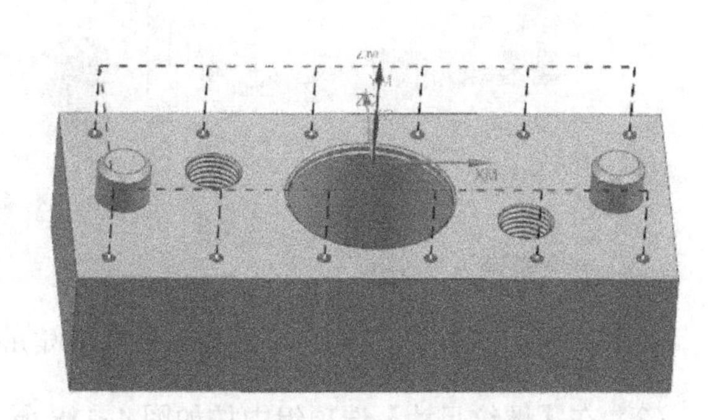

图 4-114 转移类型设置　　图 4-115 生成的刀具路径

温馨提示：攻螺纹时，进给速度等于主轴转速与螺距的乘积。

4.1.8 螺纹铣

（1）鼠标右击【螺纹铣】程序组，在弹出的快捷菜单中，单击【插入】|工序按钮，弹出【创建工序】对话框，按如图 4-116 所示设置，单击【确定】按钮。

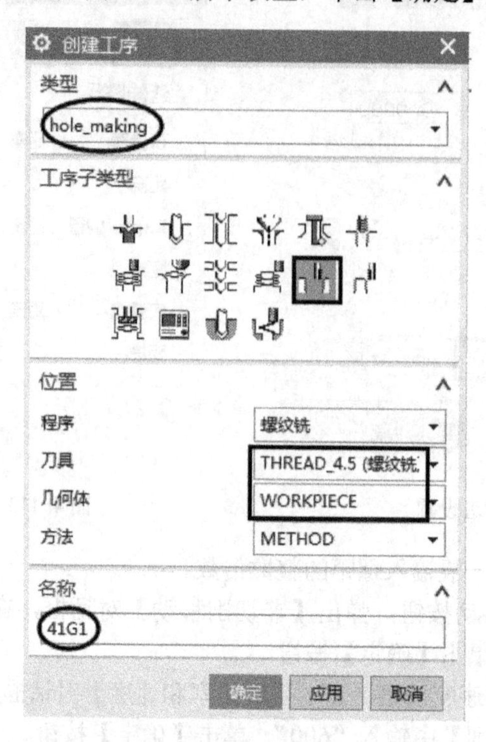

图 4-116 创建螺纹铣工序

（2）单击指定特征按钮，弹出【特征几何体】对话框，在【选择对象】中选择如图 4-117 所示的孔，单击【确定】按钮。

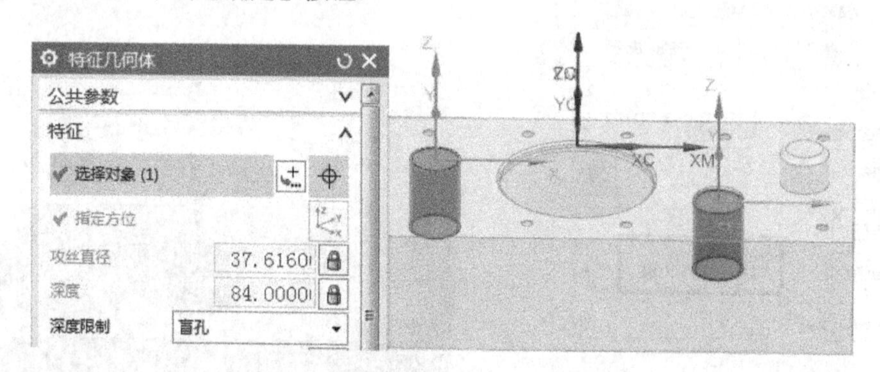

图 4-117 指定几何特征

（3）在【螺纹尺寸】选项组中按如图 4-118 所示设置，单击【确定】按钮。

（4）在【刀轨设置】选项组中按如图 4-119 所示设置。

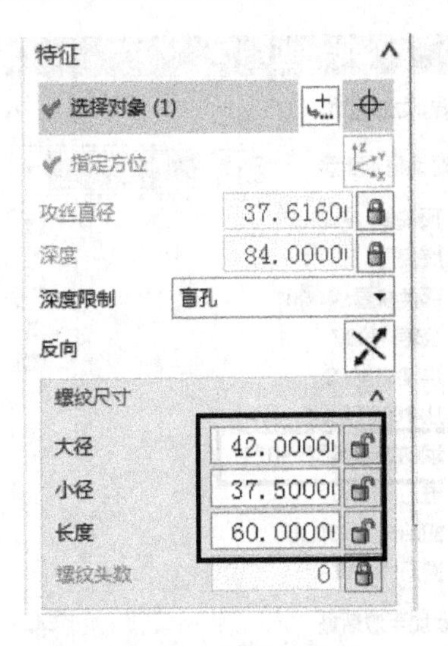

图 4-118 螺纹尺寸设置

图 4-119 刀轨设置

（5）单击切削参数按钮，弹出【切削参数】对话框，在【策略】选项卡中按如图 4-120 所示，单击【确定】按钮。

（6）单击非切削移动按钮，弹出【非切削移动】对话框，在【进刀】选项卡中按如图 4-121 所示设置，单击【确定】按钮。

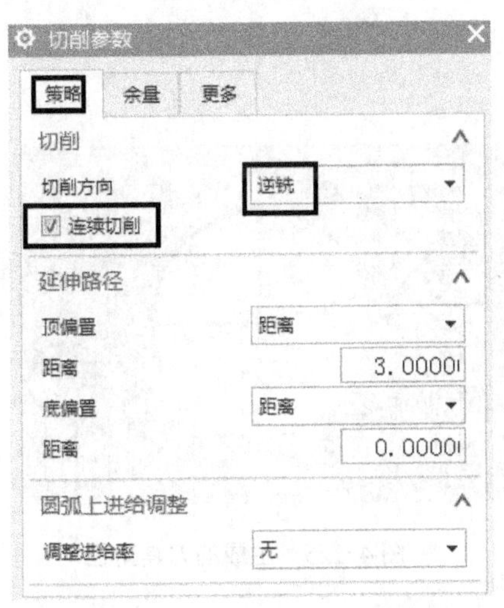

图 4-120 策略设置

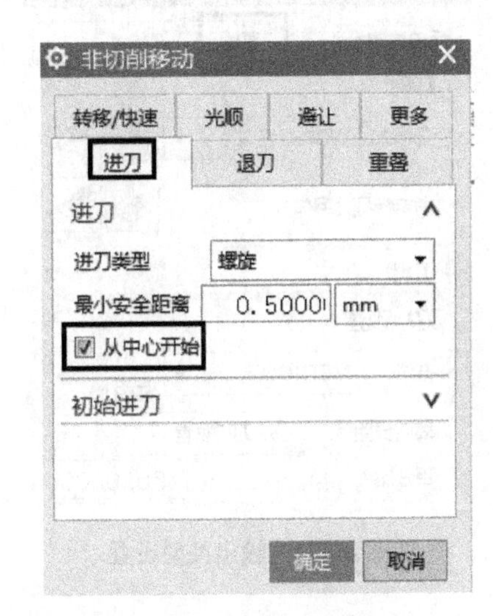

图 4-121 进刀设置

在【转移/快速】选项卡中按如图 4-122 所示设置，单击【确定】按钮。

（7）单击进给率和速度按钮，弹出【进给率和速度】对话框，在【主轴速度】中输入“1500”，【进给率】|【切削】中输入“600”，单击【确定】按钮。

（8）在【选项】选项组中单击定制对话框按钮，弹出【定制对话框】对话框，双击【运动输出类型】，如图 4-123 所示，单击【确定】按钮。

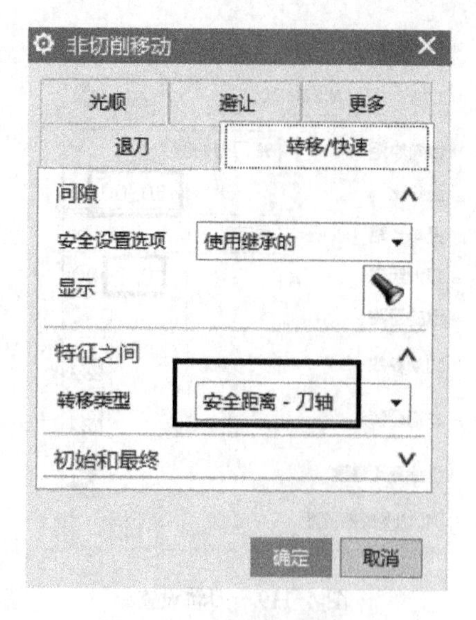

图 4-122　转移类型设置

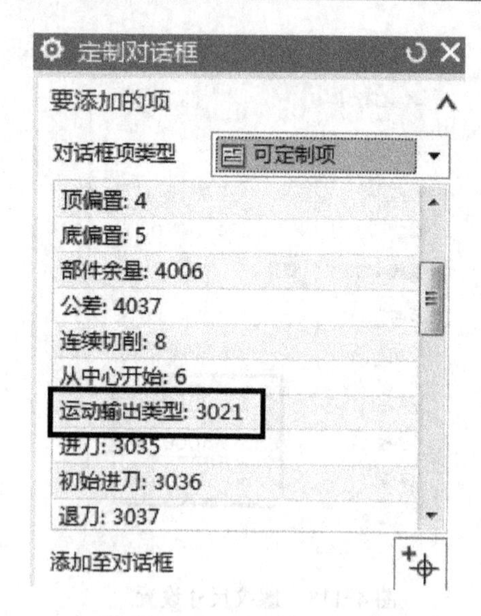

图 4-123　添加运动输出类型

（9）在【运动输出类型】下拉列表中选择【直线】，如图 4-124 所示。

（10）单击生成按钮，生成的刀具路径如图 4-125 所示。

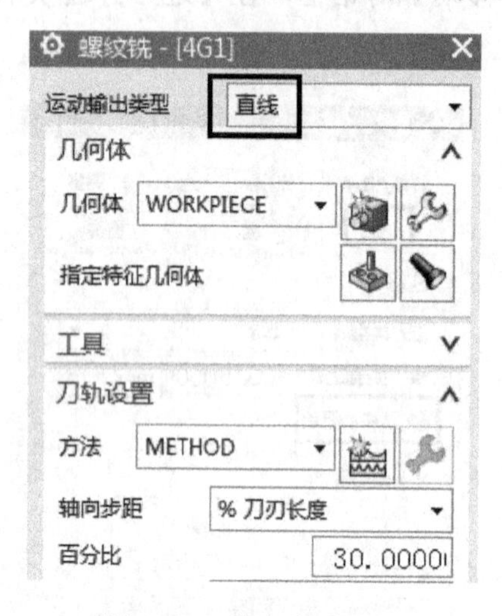

图 4-124　输出类型设置

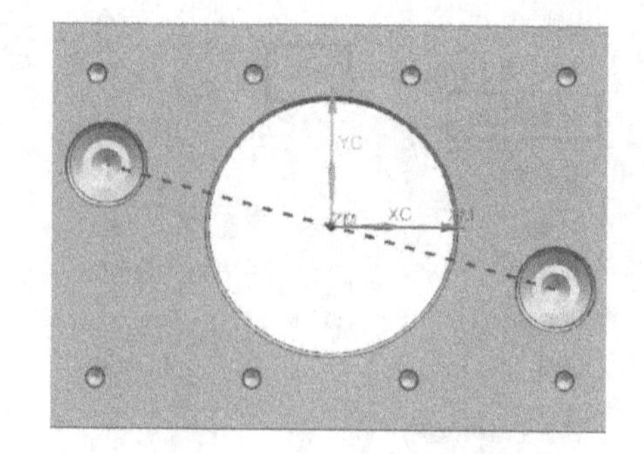

图 4-125　生成的刀具路径

4.1.9　径向槽铣

（1）鼠标右击【径向槽铣】程序组，在弹出的快捷菜单中，单击【插入】|工序按钮，弹出【创建工序】对话框，按如图 4-126 所示设置，单击【确定】按钮。

（2）单击指定特征按钮，弹出【特征几何体】对话框，在【选择对象】中选择如图 4-127 所示的两条槽，单击【确定】按钮。

（3）在【刀轨设置】选项组中按如图 4-128 所示设置。

（4）单击切削参数按钮，弹出【切削参数】对话框，在【余量】选项卡中按如图 4-129 所示设置，单击【确定】按钮。

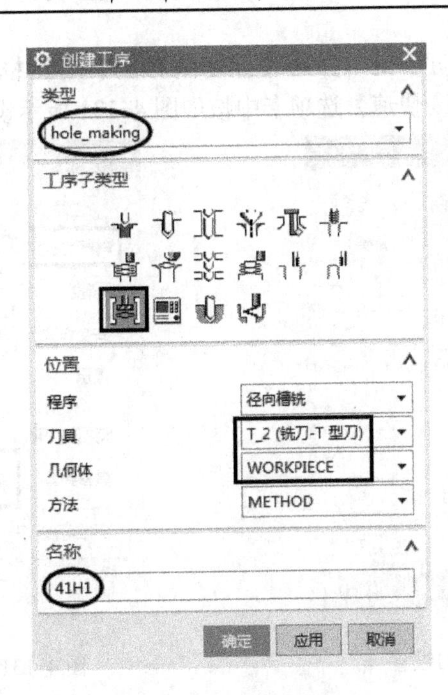

图 4-126 创建径向槽铣工序

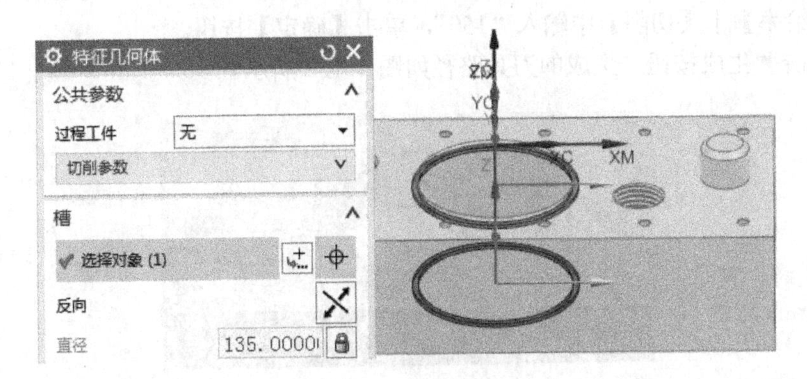

图 4-127 指定几何特征

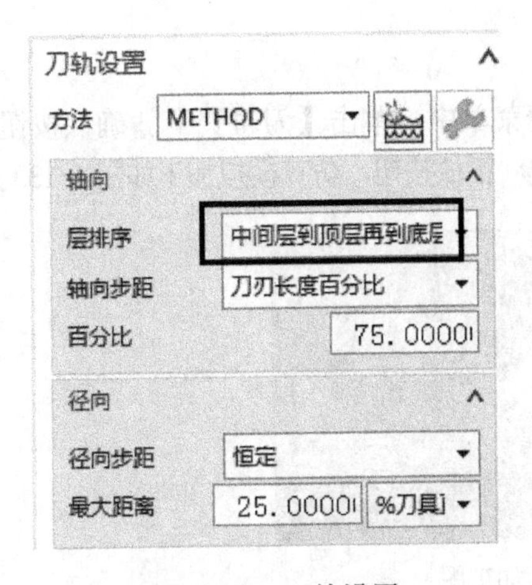

图 4-128 刀轨设置

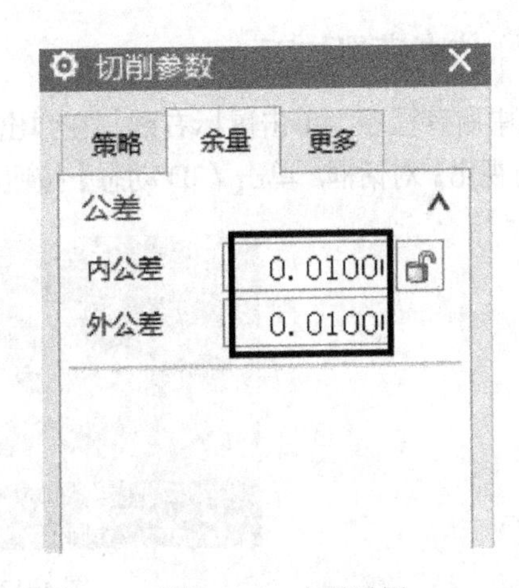

图 4-129 余量设置

（5）单击非切削移动按钮，弹出【非切削移动】对话框，在【进刀】选项卡中按如图 4-130 所示设置，【转移/快速】选项卡中按如图 4-131 所示设置，单击【确定】按钮。

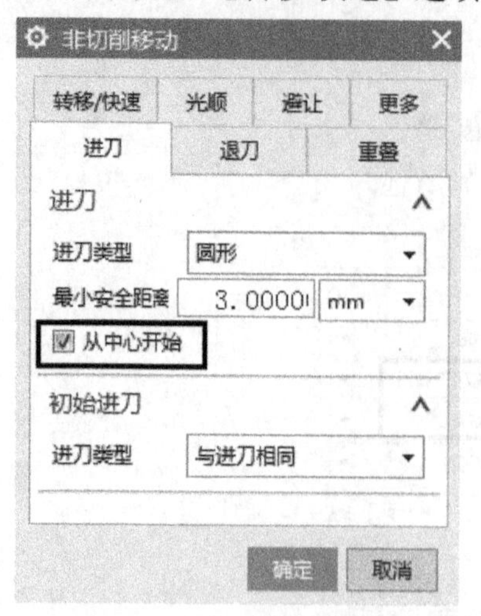

图 4-130　进刀设置

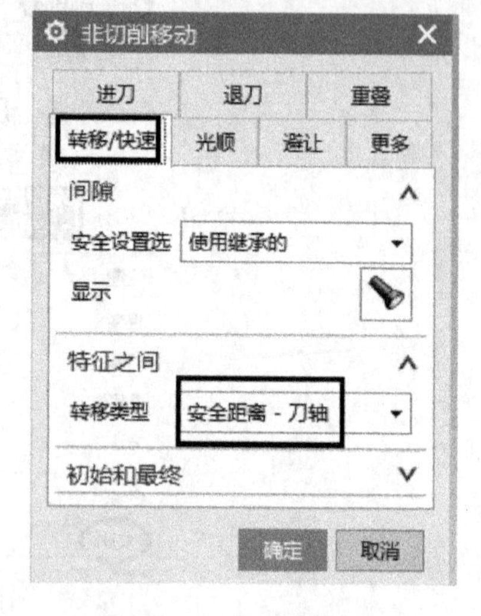

图 4-131　转移类型设置

（6）单击进给率和速度按钮，弹出【进给率和速度】对话框，在【主轴速度】中输入“600”，【进给率】|【切削】中输入“150”，单击【确定】按钮。

（7）单击生成按钮，生成的刀具路径如图 4-132 所示。

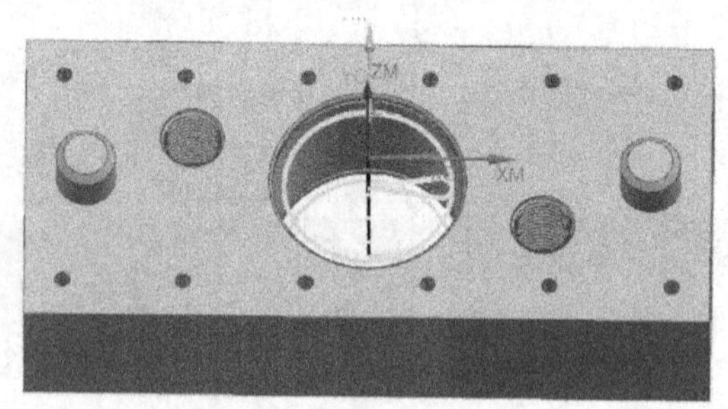

图 4-132　生成的刀具路径

4.1.10　仿真模拟加工

选中所有程序，单击鼠标右键，在弹出的快捷菜单中，单击【刀轨】|确认按钮，弹出【刀轨可视化】对话框，单击【3D 动态】按钮，单击播放按钮，仿真模拟加工如图 4-133 所示。

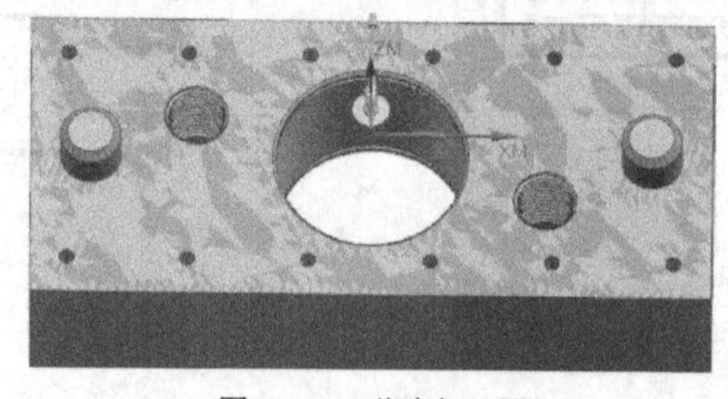

图 4-133　仿真加工图

4.2　支架编程与加工

支架编程与加工 1

支架编程与加工 2

支架编程与加工 3

4.2.1　编程准备

1. 打开文件

启动 UG 软件，打开 4.2 支架零件模型，零件材料为合金铝翻砂件。

2. 创建 A 方向加工坐标系和工件几何体

（1）在【应用模块】中单击加工按钮，弹出【加工环境】对话框，按如图 4-134 所示设置。

（2）在【工序导航器】空白处单击鼠标右键，在弹出的快捷菜单中选择几何视图，单击 MCS_MILL 前面的“+”号将其展开。双击 MCS_MILL 按钮，弹出【MSC 铣削】对话框，在【机床坐标系】中默认当前坐标系，在【安全设置】|【安全距离】中输入“30”，其余默认，如图 4-135 所示，单击【确定】按钮。

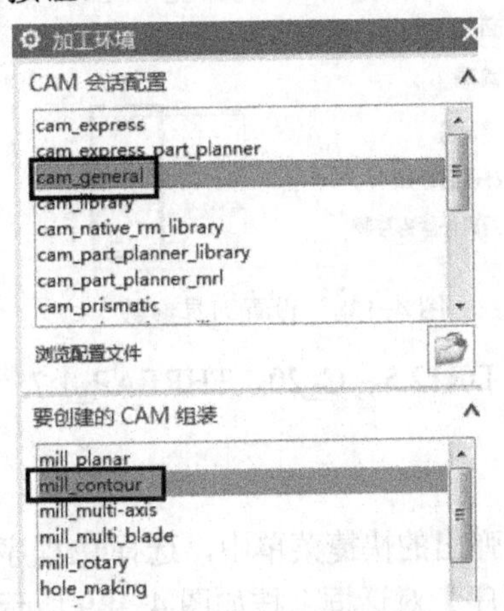

图 4-134　加工环境设置

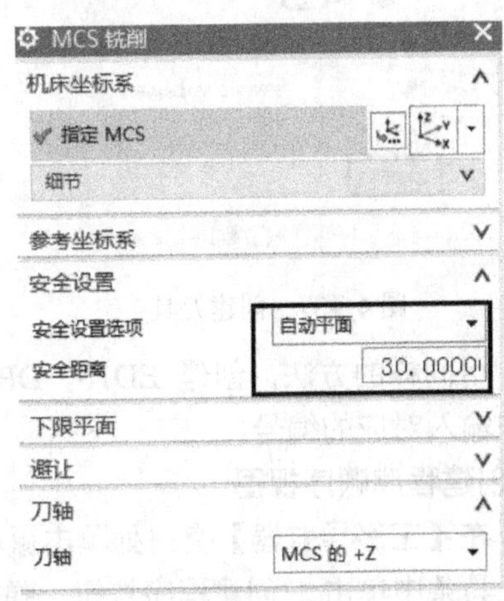

图 4-135　安全设置

（3）创建工件几何体。在【图层设置】中勾选第 10 层。双击 WORKPIECE 按钮，弹出【工件】对话框，单击指定部件按钮，弹出【部件几何体】对话框，在【选择对象】中选择支架模型，单击【确定】按钮；单击指定毛坯按钮，弹出【毛坯几何体】对话框，在【选择对象】中选择如图 4-136 所示毛坯，单击【确定】按钮。

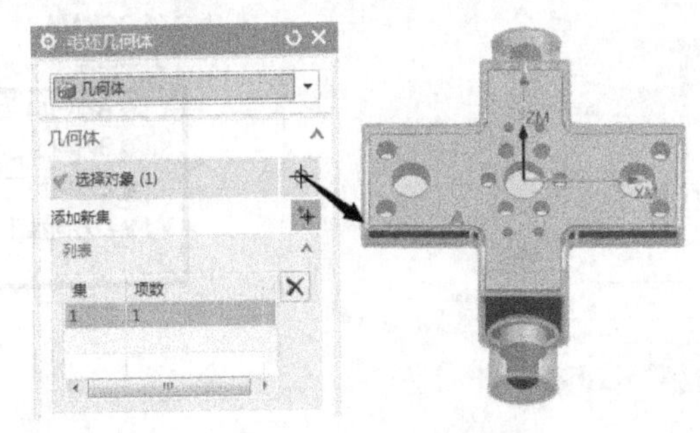

图 4-136　创建几何体

（4）用同样的方法创建 B 方向和 C 方向的加工坐标系及工件几何体。

（5）在图层中关闭 10 层，隐藏毛坯。

3．创建刀具

（1）在【工序导航器】空白处单击鼠标右键，在弹出的快捷菜单中选择机床视图，在工具栏中单击创建刀具按钮，弹出【创建刀具】对话框，按如图 4-137 所示设置，单击【确定】按钮，弹出【铣刀-5 参数】对话框，在【尺寸】中按如图 4-138 所示设置，单击【确定】按钮。

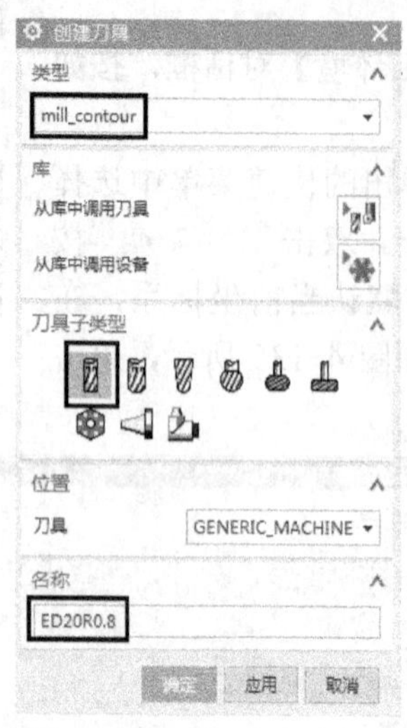

图 4-137 创建刀具

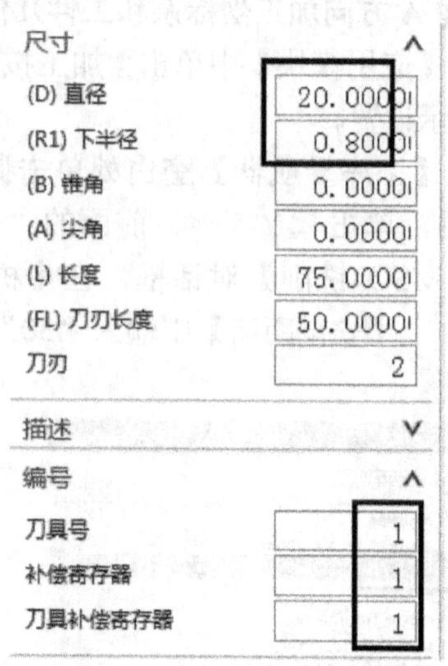

图 4-138 设置刀具参数

（2）用同样的方法，创建 ED16、DR6、DR10、DR12.5、C_20、THREAP_1.75 刀具，在编号中输入对应的编号。

4．创建程序顺序视图

（1）在【工序导航器】空白处单击鼠标右键，在弹出的快捷菜单中，选择程序顺序视图，在工具条中单击创建程序按钮，弹出【创建程序】对话框，按如图 4-139 所示设置，两次单击【确定】按钮，完成程序组的创建。

（2）用同样的方法继续创建其他程序组，如图 4-140 所示。

图 4-139 创建程序组

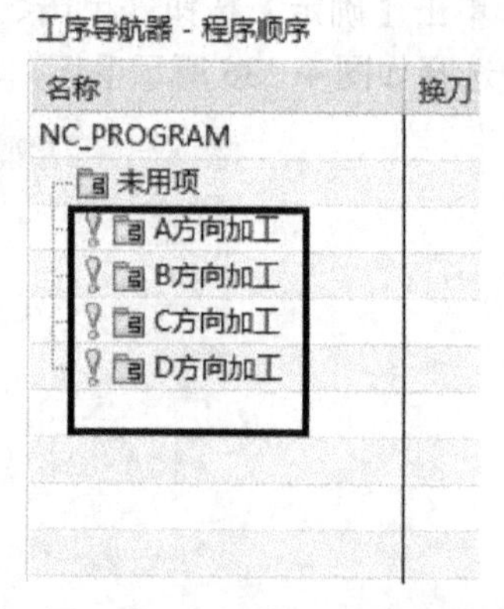

图 4-140 创建的所有程序组

4.2.2　A 方向加工

1．A 方向粗加工

（1）鼠标右击【A 方向加工】程序组，在弹出的对话框中，单击【插入】|工序按钮，弹出【创建工序】对话框，按如图 4-141 所示设置，单击【确定】按钮。

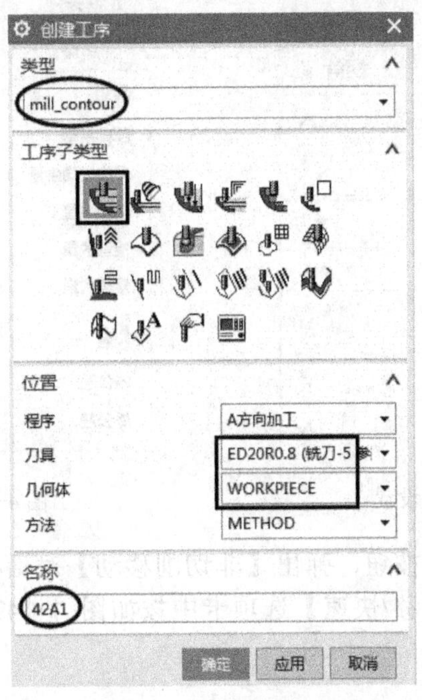

图 4-141　创建型腔铣工序

（2）在【刀轨设置】选项组中按如图 4-142 所示设置。

（3）单击切削层按钮，弹出【切削层】对话框，按如图 4-143 所示设置，单击【确定】按钮。

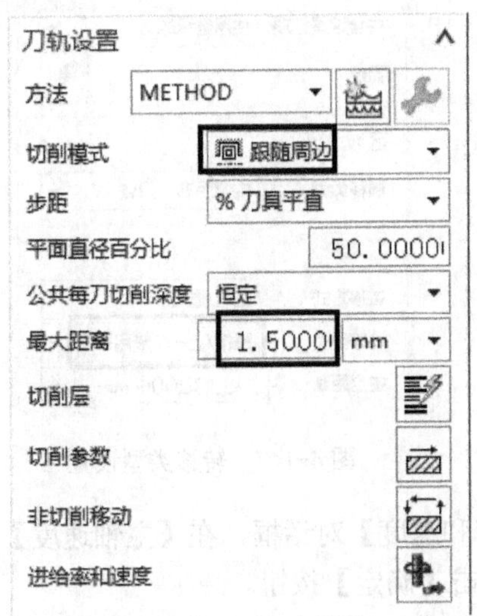

图 4-142　刀轨设置

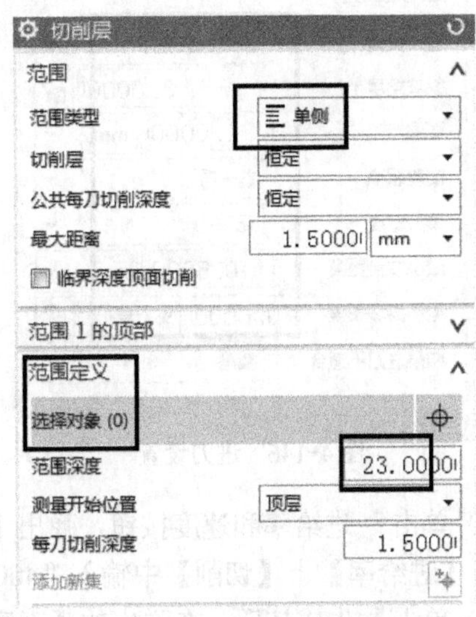

图 4-143　切削层设置

（4）单击切削参数按钮，弹出【切削参数】对话框，在【策略】选项卡中按如图 4-144 所示设置，【余量】选项卡中按如图 4-145 所示设置，单击【确定】按钮。

图 4-144　策略设置

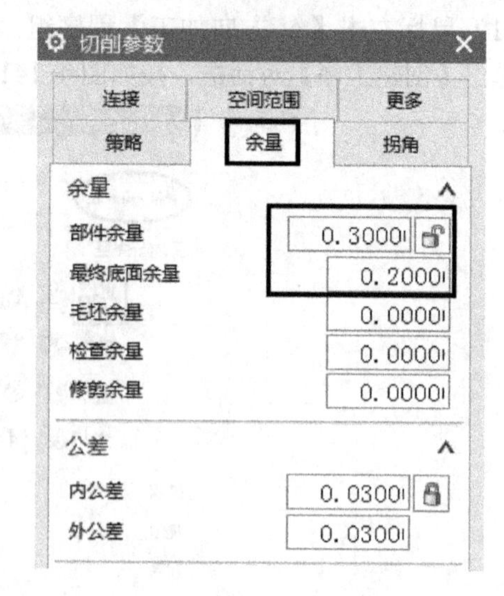

图 4-145　余量设置

（5）单击非切削移动按钮，弹出【非切削移动】对话框，在【进刀】选项卡中按如图 4-146 所示设置，【转移/快速】选项卡中按如图 4-147 所示设置，单击【确定】按钮。

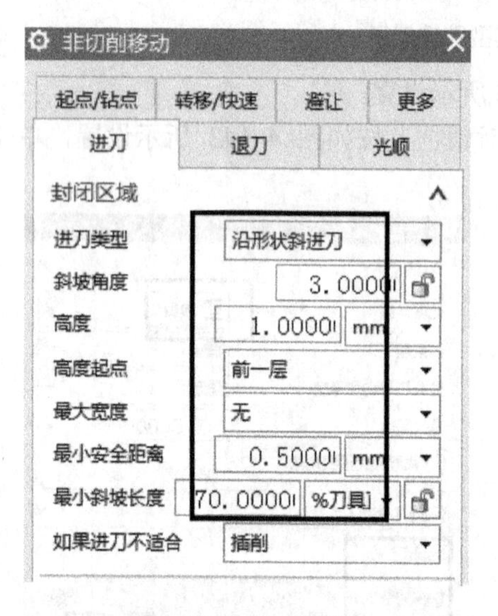

图 4-146　进刀设置

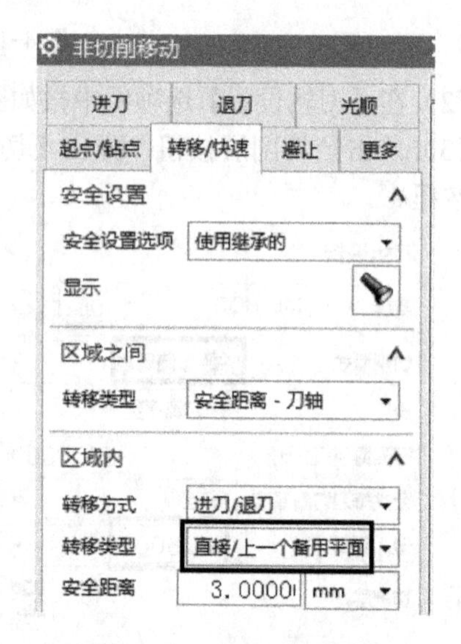

图 4-147　转移类型设置

（6）单击进给率和速度按钮，弹出【进给率和速度】对话框，在【主轴速度】中输入“4000”，【进给率】|【切削】中输入“4000”，单击【确定】按钮。

（7）单击生成按钮，在弹出的【工序编辑】警告对话框中单击【确定】按钮，生成的刀具路径如图 4-148 所示。

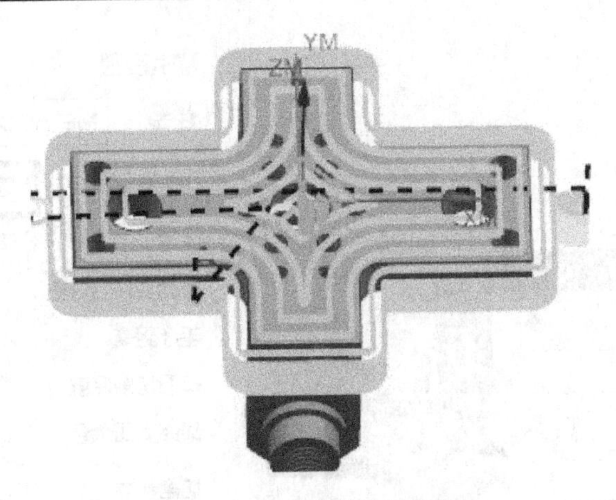

图4-148 生成的刀具路径

2．底面精加工

（1）鼠标右击【A 方向加工】程序组，在弹出的快捷菜单中，单击【插入】|工序按钮，弹出【创建工序】对话框，按如图4-149所示设置，单击【确定】按钮。

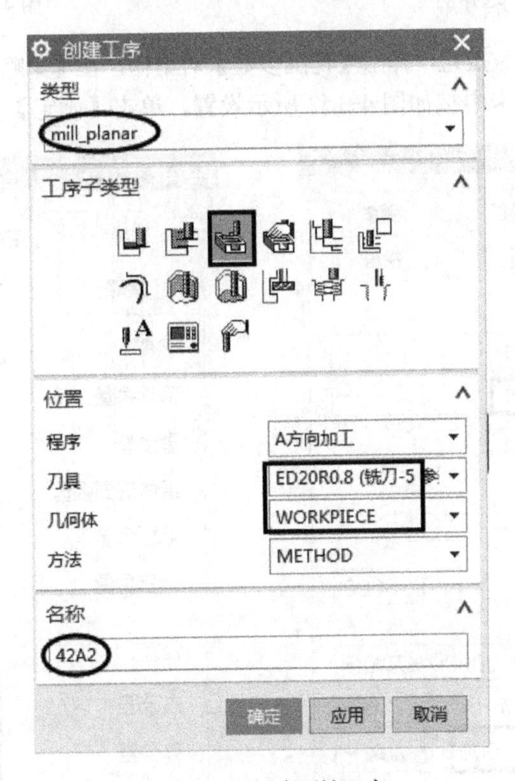

图4-149 创建面铣工序

（2）单击指定面边界按钮，弹出【毛坯边界】对话框，在【选择方法】中选择面，在【选择面】中选择如图4-150所示的支架的底面，单击【确定】按钮。

（3）在【刀轨设置】选项组中按如图4-151所示设置。

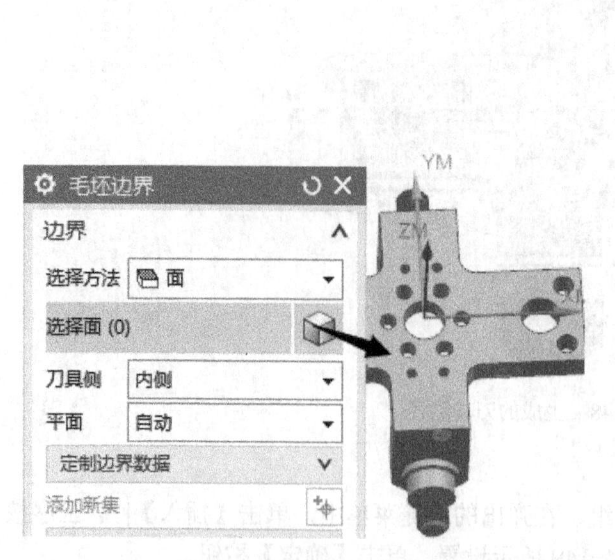

图 4-150　选择面

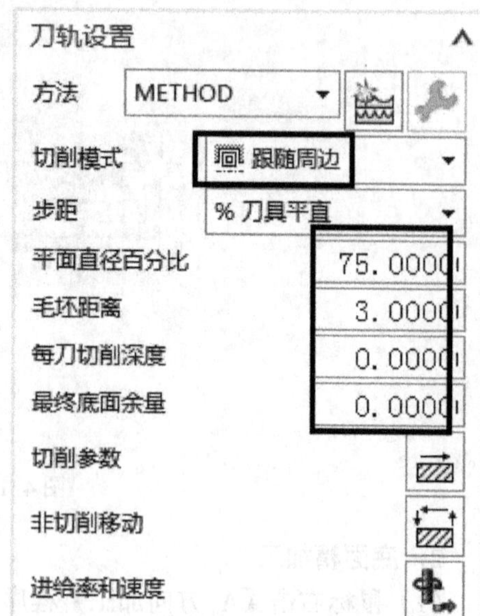

图 4-151　刀轨设置

（4）单击切削参数按钮，弹出【切削参数】对话框，在【策略】选项卡中按如图 4-152 所示设置，【余量】选项卡中按如图 4-153 所示设置，单击【确定】按钮。

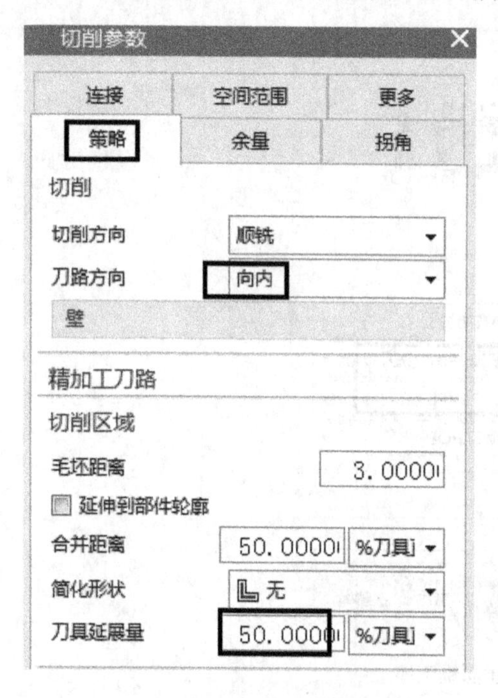

图 4-152　策略设置

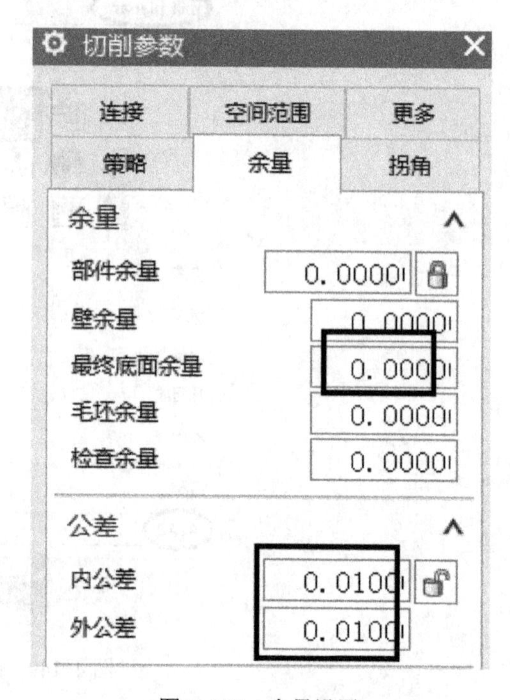

图 4-153　余量设置

（5）单击非切削移动按钮，弹出【非切削移动】对话框，在【进刀】选项卡中按如图 4-154 所示设置，【转移/快速】选项卡中按如图 4-155 所示，单击【确定】按钮。

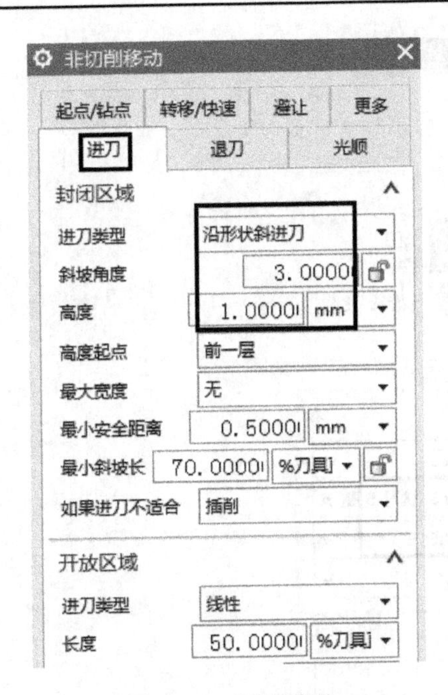

图 4-154 进刀设置

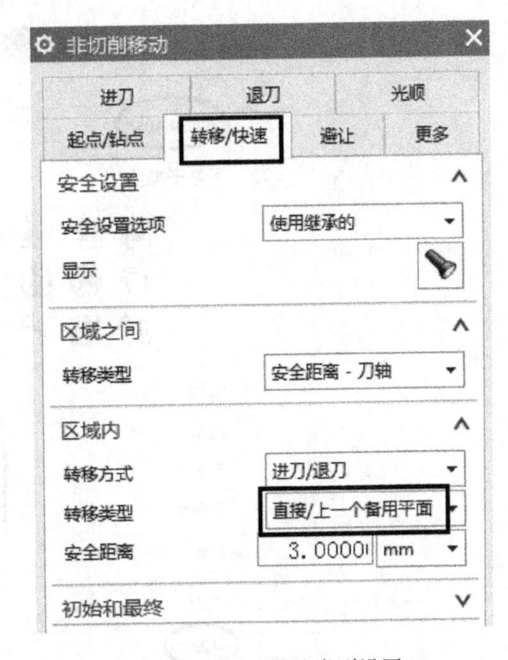

图 4-155 转移类型设置

（6）单击进给率和速度按钮，弹出【进给率和速度】对话框，在【主轴速度】中输入“4000”，【进给率】|【切削】中输入“1000”，单击【确定】按钮。

（7）单击生成按钮，生成的刀具路径如图 4-156 所示。

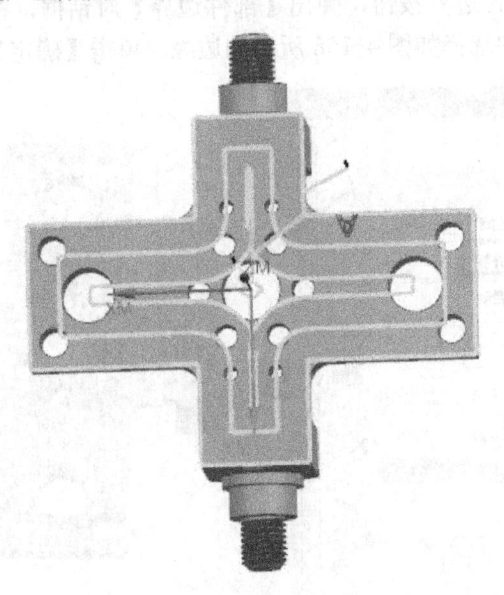

图 4-156 生成的刀具路径

3．侧壁精加工

（1）鼠标右击【A 方向加工】程序组，在弹出的快捷菜单中，单击【插入】|工序按钮，弹出【创建工序】对话框，按如图 4-157 所示设置，单击【确定】按钮。

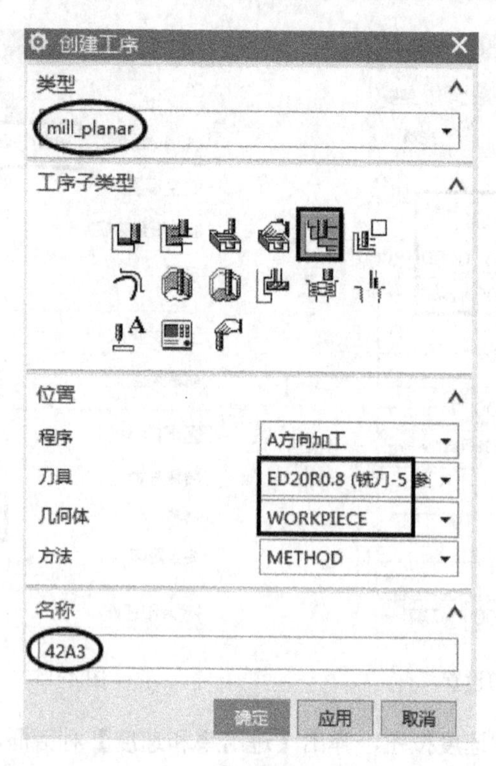

图 4-157　创建平面铣工序

（2）单击指定部件边界按钮，弹出【部件边界】对话框，在【选择方法】中选择曲线，在【选择曲线】中选择如图 4-158 所示的边缘，单击【确定】按钮。

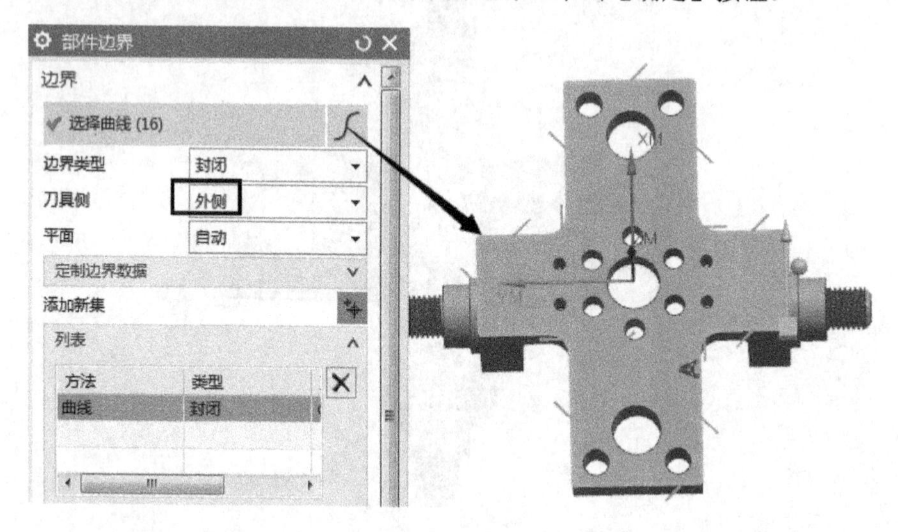

图 4-158　边界设置

（3）单击指定底面按钮，弹出【平面】对话框，在【选择平面对象】中选择如图 4-159 所示的支架底面，在【偏置】|【距离】中输入“23”，注意箭头方向向下，单击【确定】按钮。

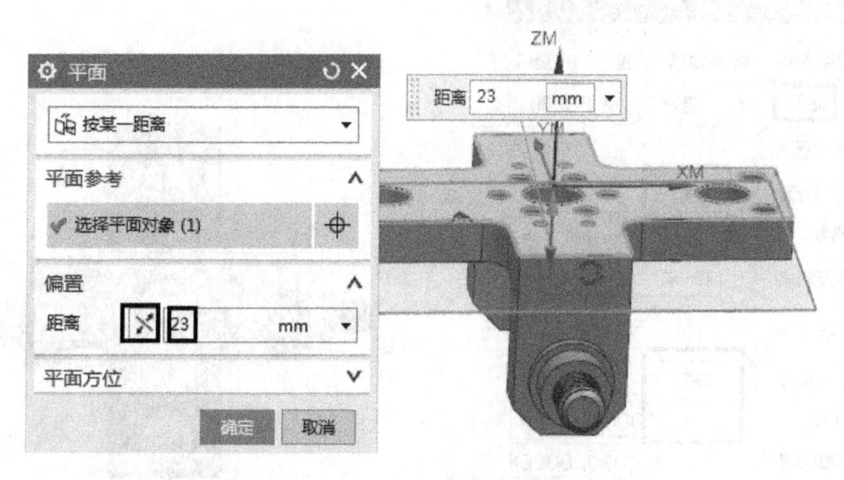

图4-159 加工底平面设置

（4）在【刀轨设置】选项组中按如图4-160所示设置。

（5）单击切削参数按钮，弹出【切削参数】对话框，在【余量】选项卡中按如图4-161所示设置，单击【确定】按钮。

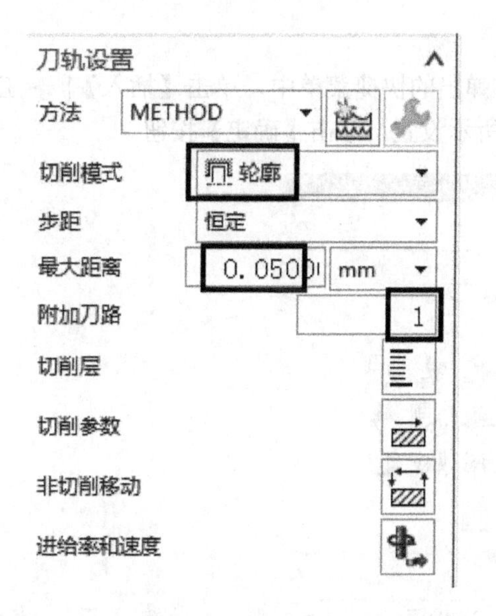

图4-160 刀轨设置

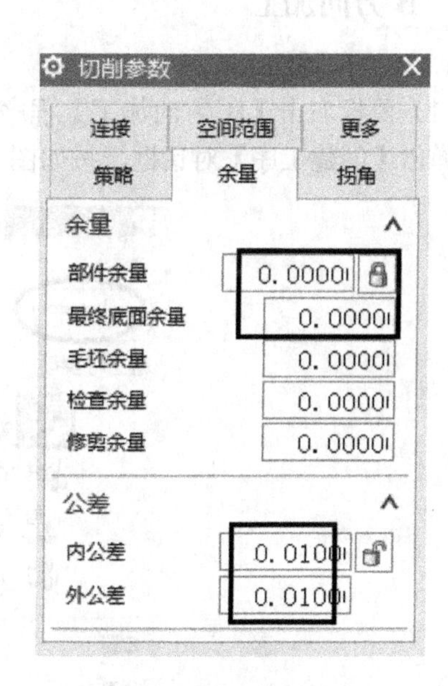

图4-161 余量设置

（6）单击非切削移动按钮，弹出【非切削移动】对话框，在【进刀】选项卡中按如图4-162所示。

（7）单击进给率和速度按钮，弹出【进给率和速度】对话框，在【主轴速度】中输入“4000”，【进给率】|【切削】中输入“1000”，单击【确定】按钮。

（8）单击生成按钮，生成的刀具路径如图4-163所示。

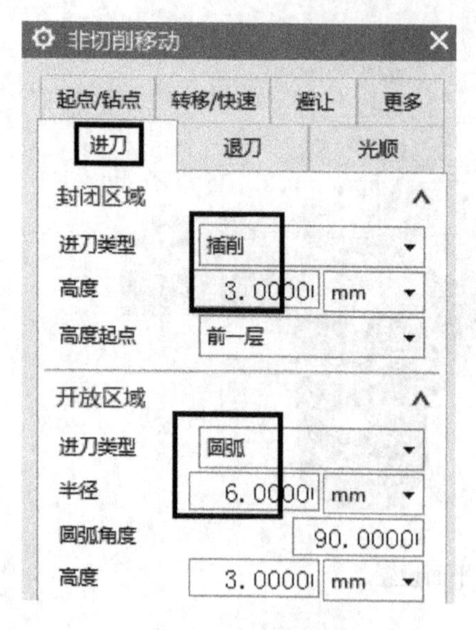

图 4-162　进刀设置

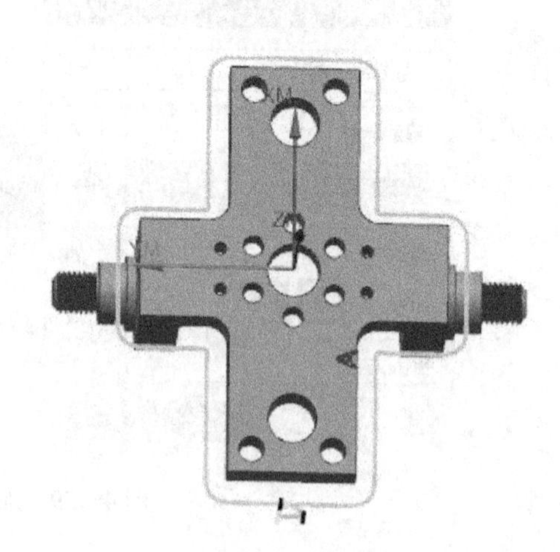

图 4-163　生成刀具路径

4.2.3　B 方向加工

1. B 方向粗加工

（1）鼠标右击【B 方向加工】程序组，在弹出的快捷菜单中，单击【插入】| 工序按钮，弹出【创建工序】对话框，按如图 4-164 所示设置，单击【确定】按钮。

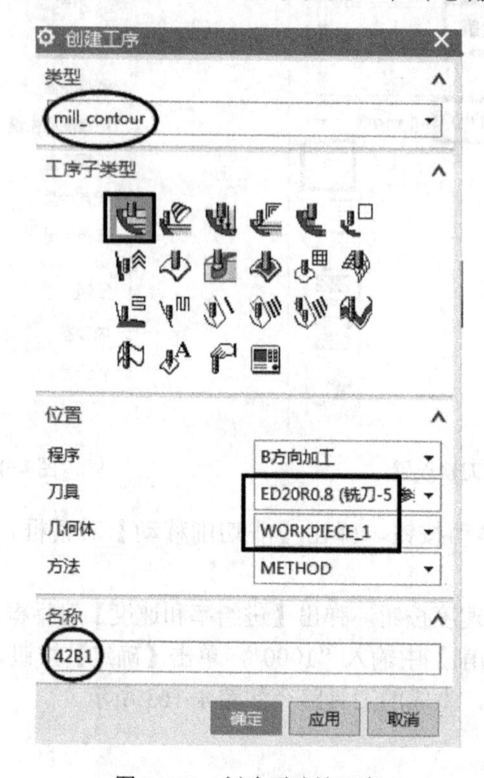

图 4-164　创建型腔铣工序

（2）单击指定切削区域按钮，弹出【切削区域】对话框，在【选择方法】中选择面，在【选择对象】中选择如图4-165所示的面，单击【确定】按钮。

（3）在【刀轨设置】选项组中按如图4-166所示设置。

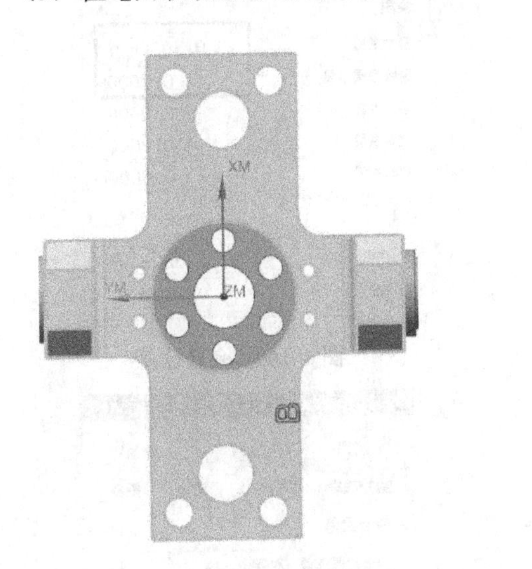

图4-165 选择切削区域

刀轨设置
方法 METHOD
切削模式 跟随周边
步距 % 刀具平直
平面直径百分比 50.0000
公共每刀切削深度 恒定
最大距离 1.5000 mm
切削层
切削参数
非切削移动
进给率和速度

图4-166 刀轨设置

（4）单击切削层按钮，弹出【切削层】对话框，在【范围定义】选项组的【选择对象】中选择如图4-167所示的面，单击【确定】按钮。

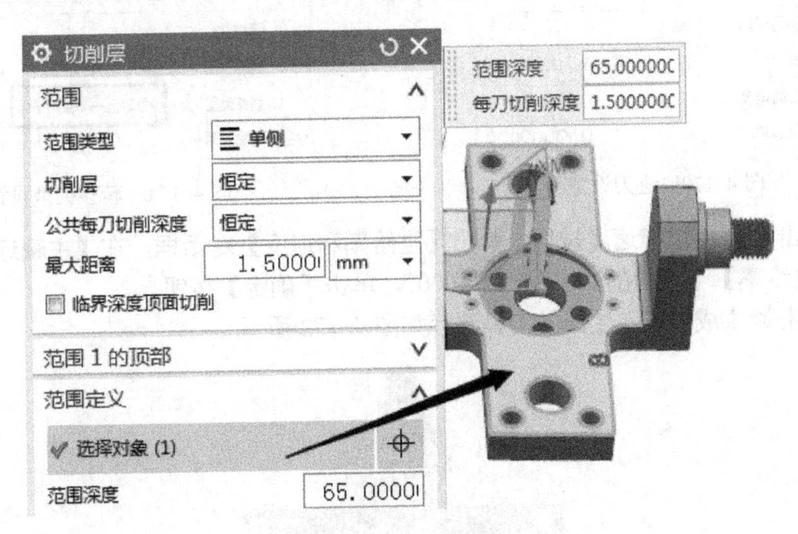

图4-167 切削层设置

（5）单击切削参数按钮，弹出【切削参数】对话框，在【策略】选项卡中按如图4-168所示设置，【余量】选项卡中按如图4-169所示设置，单击【确定】按钮。

（6）单击非切削移动按钮，弹出【非切削移动】对话框，在【进刀】选项卡中按如图4-170所示设置，【转移/快速】选项卡中按如图4-171所示设置，单击【确定】按钮。

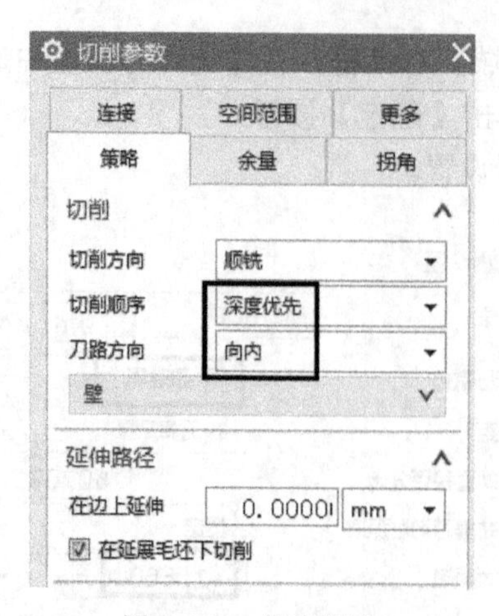

图 4-168　策略设置

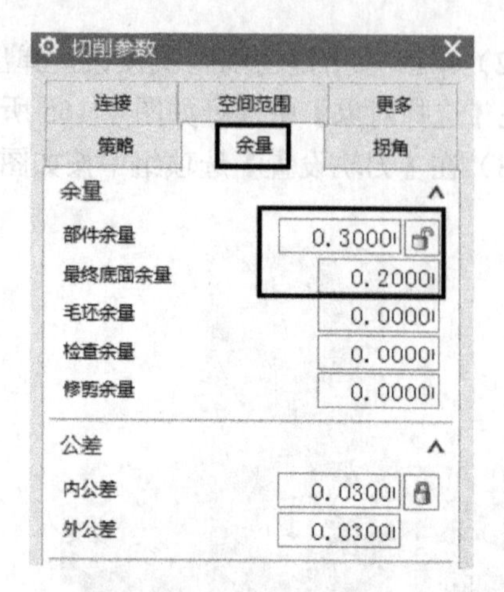

图 4-169　余量设置

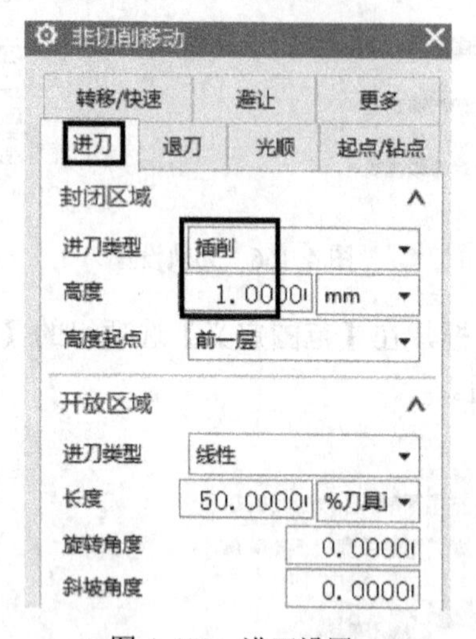

图 4-170　进刀设置

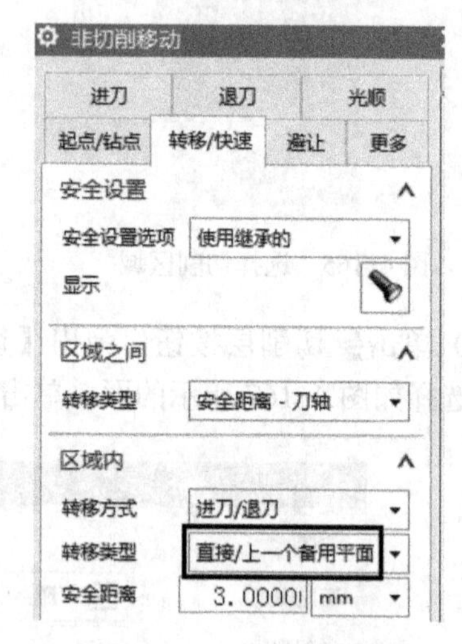

图 4-171　转移类型设置

（7）单击进给率和速度按钮，弹出【进给率和速度】对话框，在【主轴速度】中输入“4000”，【进给率】|【切削】中输入“4000”，单击【确定】按钮。

（8）单击生成按钮，生成的刀具路径如图 4-172 所示。

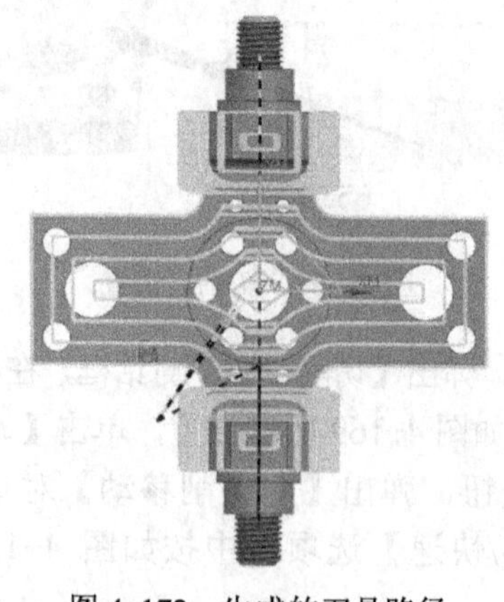

图 4-172　生成的刀具路径

2．耳面精加工

（1）鼠标右击【B 方向加工】程序组，在弹出的快捷菜单中，单击【插入】|工序按钮，弹出【创建工序】对话框，按如图4-173所示设置，单击【确定】按钮。

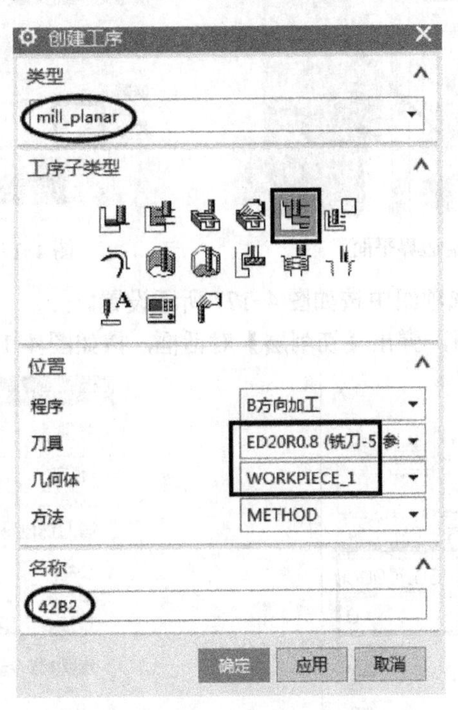

图4-173　创建平面铣工序

（2）单击指定部件边界按钮，弹出【部件边界】对话框，在【选择方法】中选择曲线，在【选择曲线】中选择如图4-174所示的两条边。

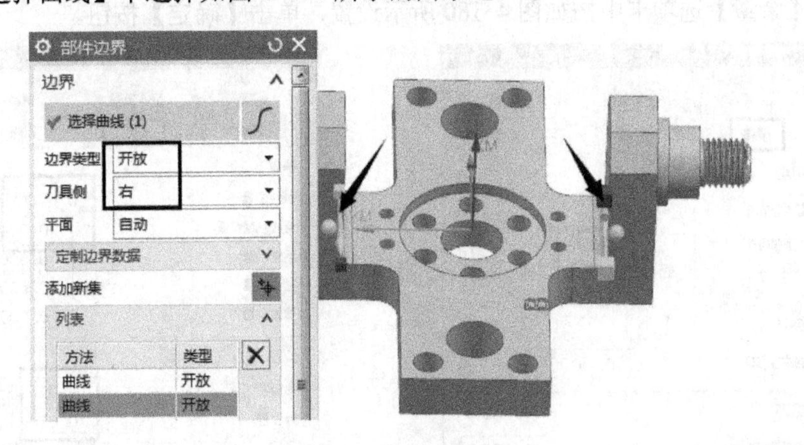

图4-174　边界设置

在【平面】下拉列表中选择【指定】，选择如图4-175所示的面，单击【确定】按钮。

（3）单击指定底面按钮，弹出【平面】对话框，在【要定义平面的对象】选项组的【选择对象】中选择支架的底面，如图4-176所示，单击【确定】按钮。

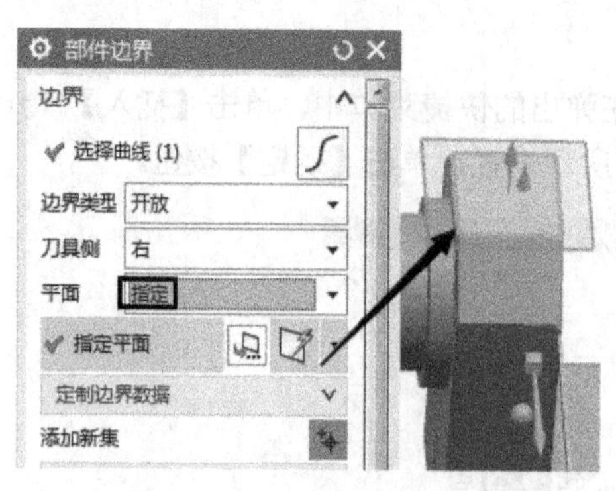

图 4-175　指定边界平面

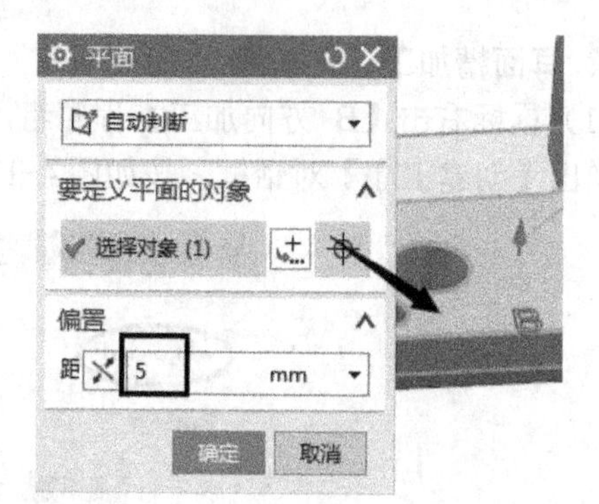

图 4-176　指定加工底面

（4）在【刀轨设置】选项组中按如图 4-177 所示设置。

（5）单击切削层按钮，弹出【切削层】对话框，按如图 4-178 所示设置。

图 4-177　刀轨设置

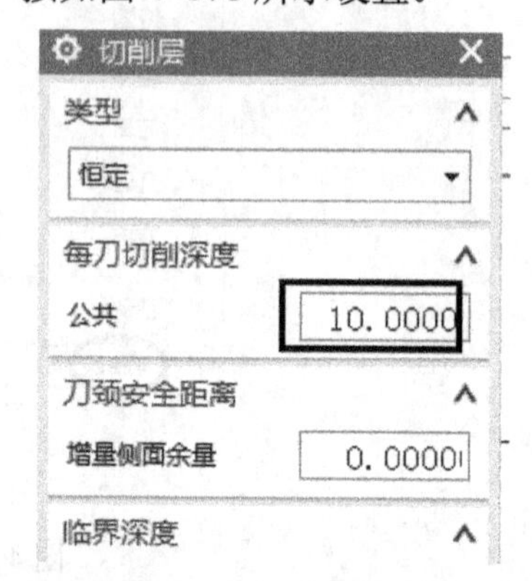

图 4-178　切削层设置

（5）单击切削参数按钮，弹出【切削参数】对话框，在【策略】选项卡中按如图 4-179 所示设置，【余量】选项卡中按如图 4-180 所示设置，单击【确定】按钮。

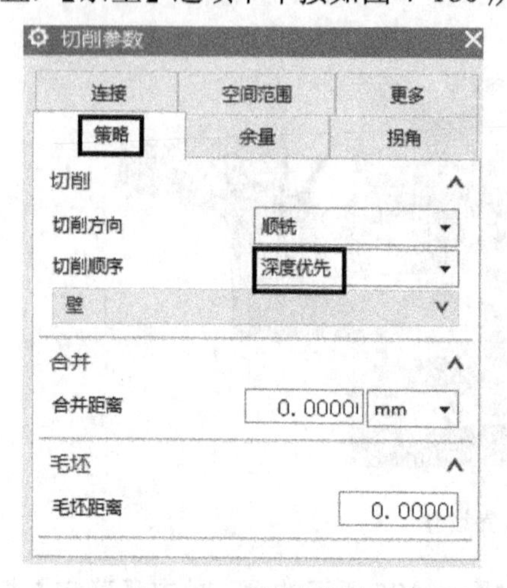

图 4-179　策略设置

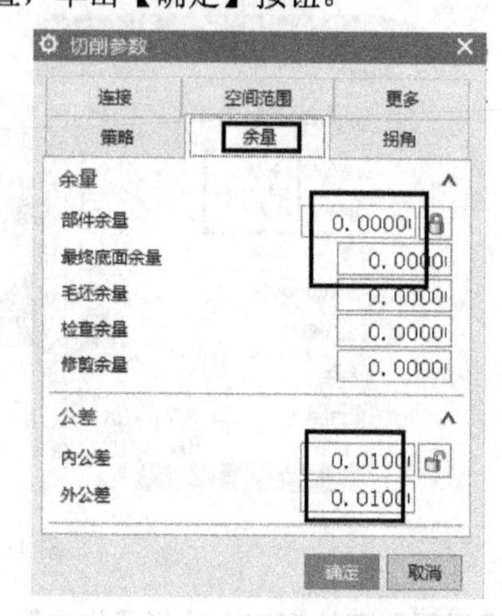

图 4-180　余量设置

（6）单击非切削移动按钮，弹出【非切削移动】对话框，在【进刀】选项卡中按如图 4-181 所示设置，【转移/快速】选项卡中按如图 4-182 所示设置，单击【确定】按钮。

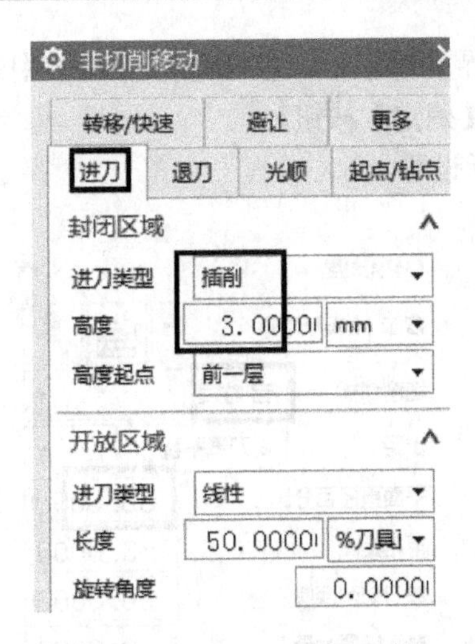

图 4-181　进刀设置

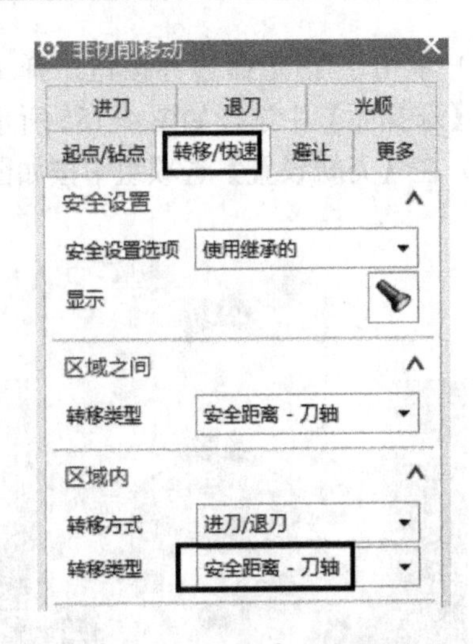

图 4-182　转移类型设置

（7）单击进给率和速度按钮，弹出【进给率和速度】对话框，在【主轴速度】中输入“4000”，【进给率】|【切削】中输入“1000”，单击【确定】按钮。

（8）单击生成按钮，生成的刀具路径如图 4-183 所示。

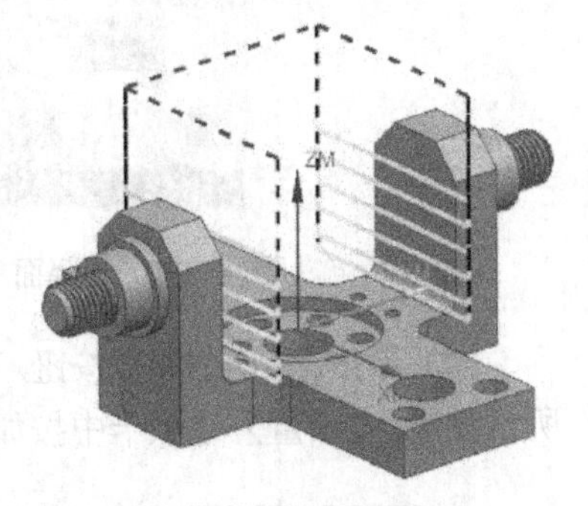

图 4-183　生成刀具路径

3. 底面精加工

（1）鼠标右击【B 方向加工】程序组，在弹出的快捷菜单中，单击【插入】|工序按钮，弹出【创建工序】对话框，按如图 4-184 所示设置，单击【确定】按钮。

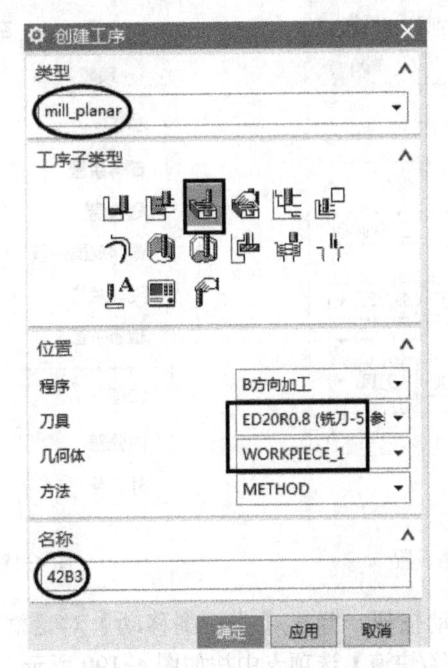

图 4-184　创建面铣工序

（2）单击指定面边界按钮，弹出【毛坯边界】对话框，在【选择方法】中选择面，在【选择面】中选择如图 4-185 所示的面,单击【确定】按钮。

（3）在【刀轨设置】选项组中按如图 4-186 所示设置。

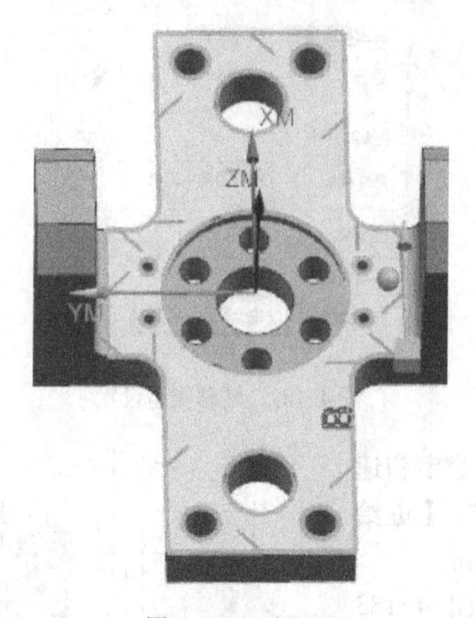

图 4-185　选择面

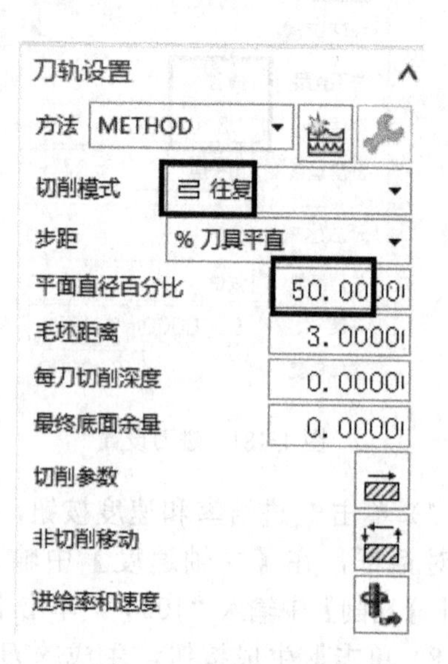

图 4-186　刀轨设置

（4）单击切削参数按钮，弹出【切削参数】对话框，在【策略】选项卡中按如图 4-187 所示设置,【余量】选项卡中按如图 4-188 所示设置，单击【确定】按钮。

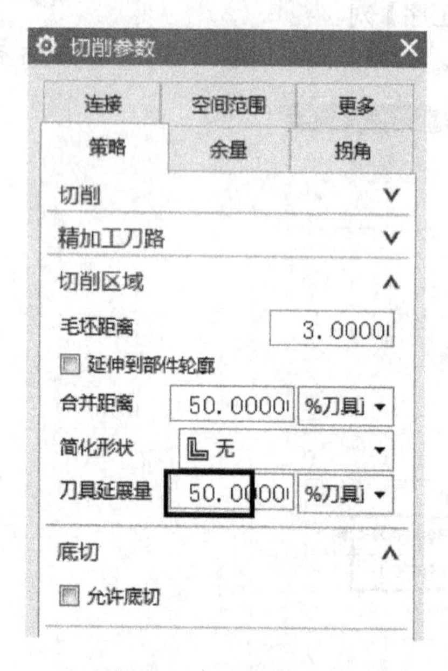

图 4-187　策略设置

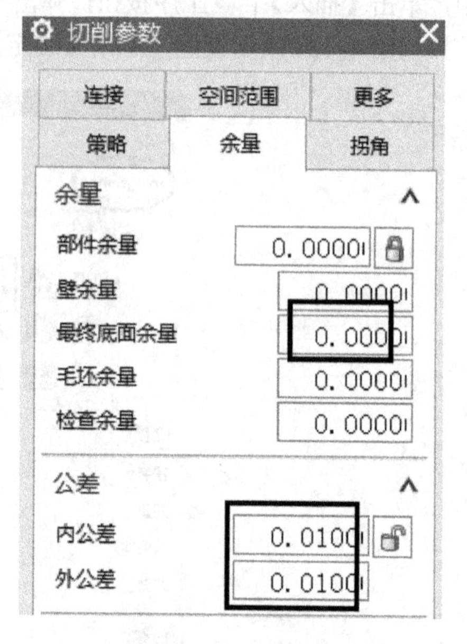

图 4-188　余量设置

（5）单击非切削移动按钮，弹出【非切削移动】对话框，在【进刀】选项卡中按如图 4-189 所示设置,【转移/快速】选项卡中按如图 4-190 所示，单击【确定】按钮。

图 4-189 进刀设置

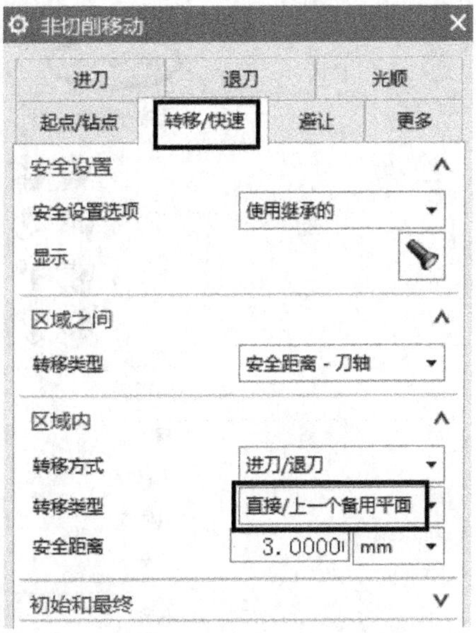

图 4-190 转移类型设置

（6）单击进给率和速度按钮，弹出【进给率和速度】对话框，在【主轴速度】中输入“4000”，【进给率】|【切削】中输入“1000”，单击【确定】按钮。

（7）单击生成按钮，生成的刀具路径如图 4-191 所示。

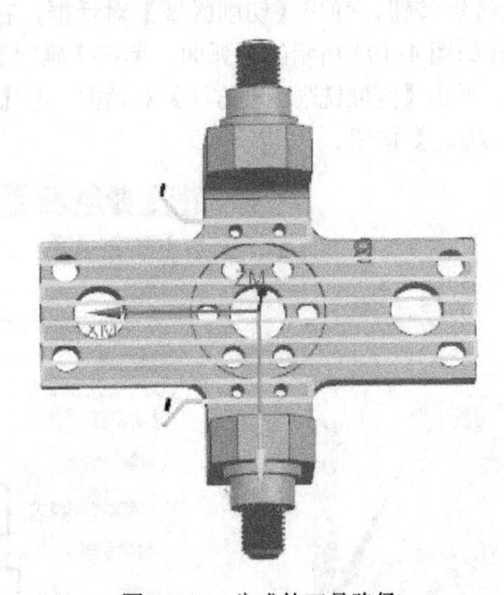

图 4-191 生成的刀具路径

4．圆弧面精加工

（1）鼠标右击【B 方向加工】程序组，在弹出的快捷菜单中，单击【插入】|工序按钮，弹出【创建工序】对话框，按如图 4-192 所示设置，单击【确定】按钮。

图 4-192　创建区域轮廓铣工序

（2）单击指定切削区域按钮，弹出【切削区域】对话框，在【选择方法】中选择面，在【选择对象】中选择如图 4-193 所示的圆弧面，单击【确定】按钮。

（3）单击编辑按钮，弹出【区域铣削驱动方法】对话框，在【驱动设置】选项组中按如图 4-194 所示设置，单击【确定】按钮。

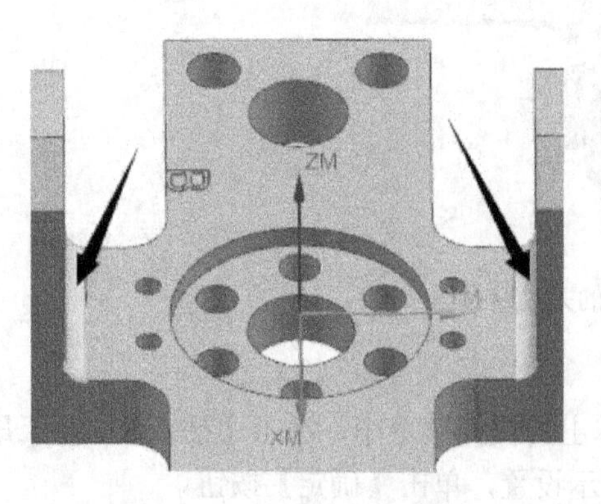

图 4-193　指定切削区域

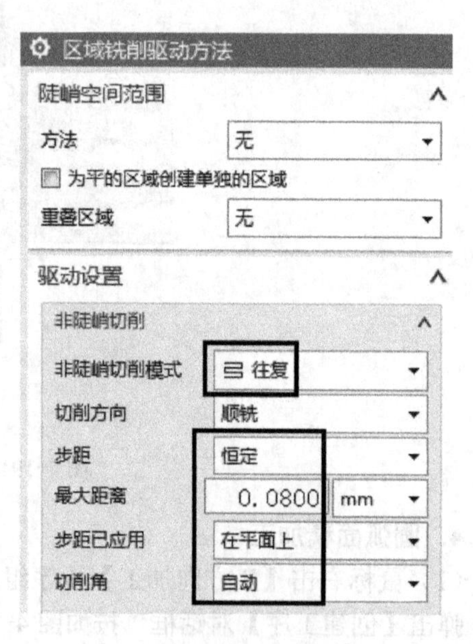

图 4-194　驱动设置

（4）单击切削参数按钮，弹出【切削参数】对话框，在【策略】选项卡中按如图 4-195 所示设置，【余量】选项卡中按如图 4-196 所示，单击【确定】按钮。

图 4-195　策略设置

图 4-196　余量设置

（5）在【非切削移动】对话框中全部采用默认。

（6）单击进给率和速度按钮，弹出【进给率和速度】对话框，在【主轴速度】中输入“4000”，【进给率】|【切削】中输入“1000”，单击【确定】按钮。

（7）单击生成按钮，生成的刀具路径如图 4-197 所示。

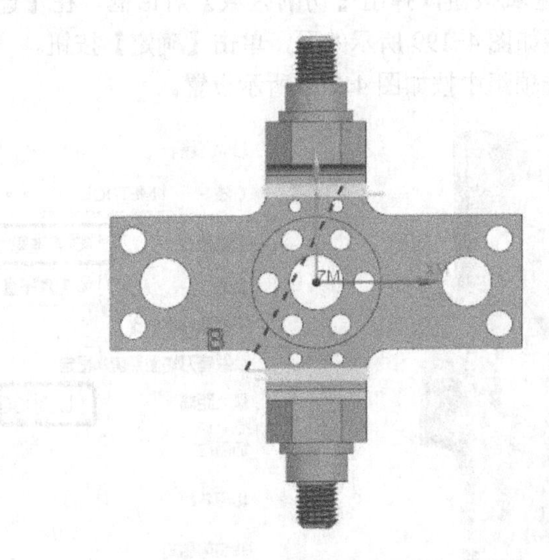

图 4-197　生成的刀具路径

5．孔粗加工

（1）鼠标右击【B 方向加工】程序组，在弹出的快捷菜单中，单击【插入】| 工序按

钮，弹出【创建工序】对话框，按如图 4-198 所示设置，单击【确定】按钮。

图 4-198　创建型腔铣工序

（2）单击指定切削区域按钮，弹出【切削区域】对话框，在【选择方法】中选择面，在【选择对象】中选择如图 4-199 所示的面，单击【确定】按钮。

（3）在【刀轨设置】选项组中按如图 4-200 所示设置。

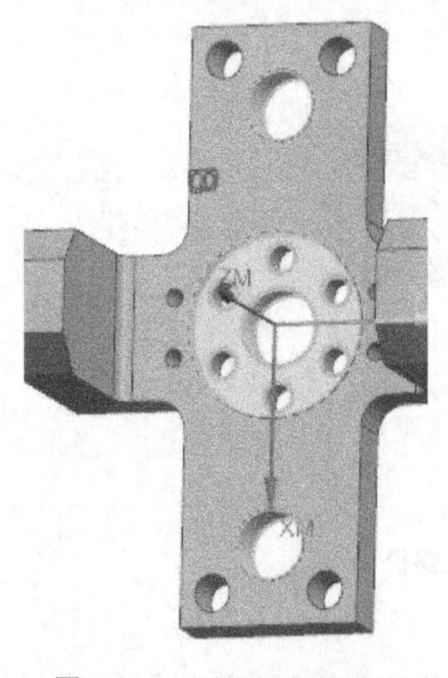

图 4-199　选择切削区域

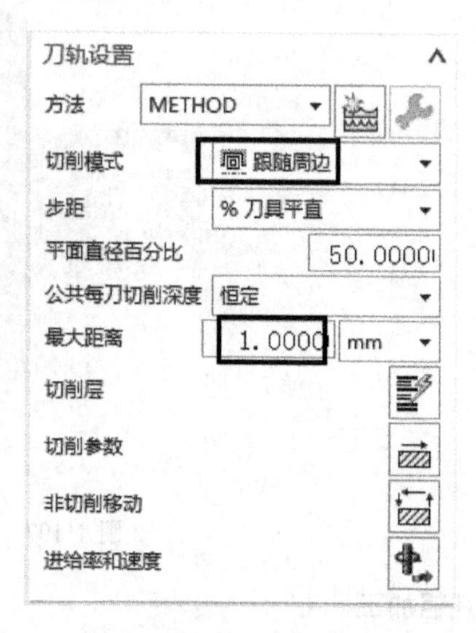

图 4-200　刀轨设置

（4）单击切削层按钮，弹出【切削层】对话框，在【范围 1 的顶部】|【选择对象】中选择如图 4-201 所示的面，单击【确定】按钮。

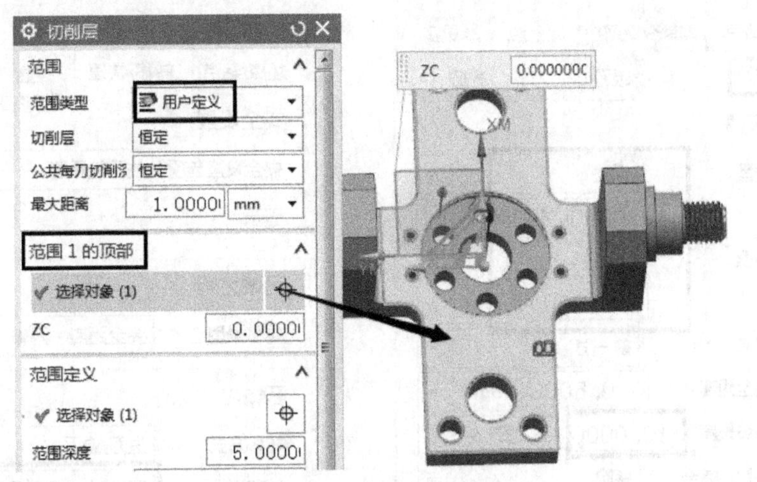

图 4-201　切削层设置

（5）单击切削参数按钮，弹出【切削参数】对话框，在【策略】选项卡中按如图 4-202 所示设置，【余量】选项卡中按如图 4-203 所示设置，单击【确定】按钮。

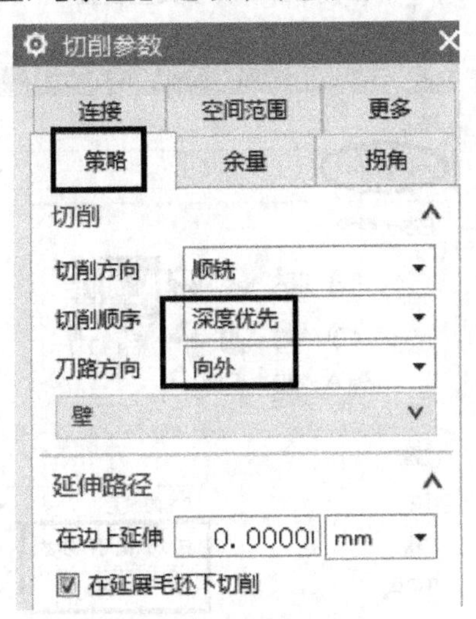

图 4-202　策略设置

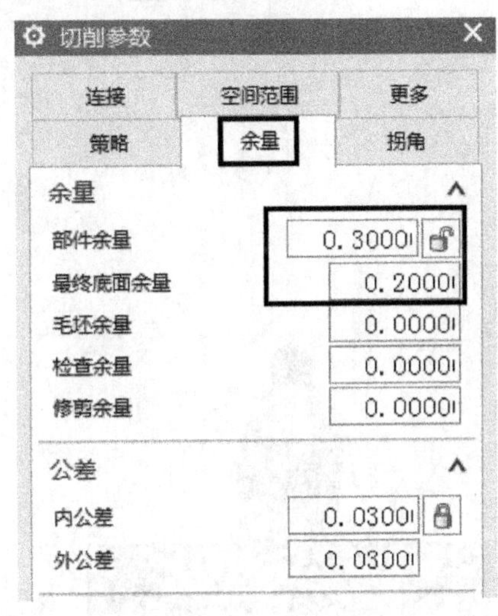

图 4-203　余量设置

（6）单击非切削移动按钮，弹出【非切削移动】对话框，在【进刀】选项卡中按如图 4-204 所示设置，【转移/快速】选项卡中按如图 4-205 所示设置，单击【确定】按钮。

（7）单击进给率和速度按钮，弹出【进给率和速度】对话框，在【主轴速度】中输入“4000”，【进给率】|【切削】中输入“4000”，单击【确定】按钮。

（8）单击生成按钮，生成的刀具路径如图 4-206 所示。

6．三个小孔精加工

（1）鼠标右击【B 方向加工】程序组，在弹出的快捷菜单中，单击【插入】|工序按钮，弹出【创建工序】对话框，按如图 4-207 所示，单击【确定】按钮。

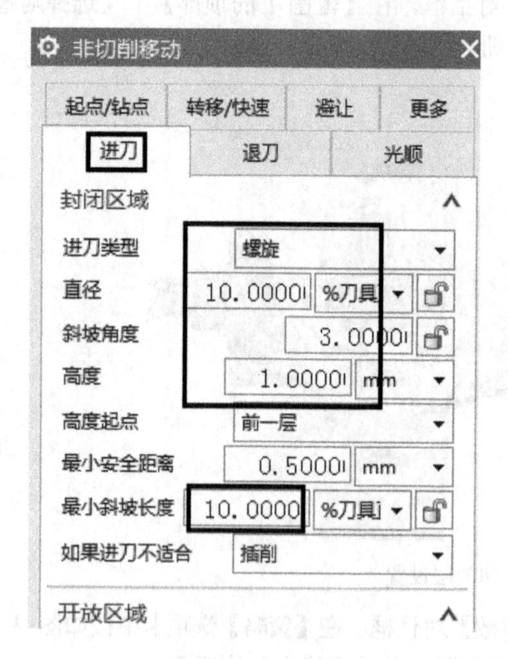

图 4-204 进刀设置

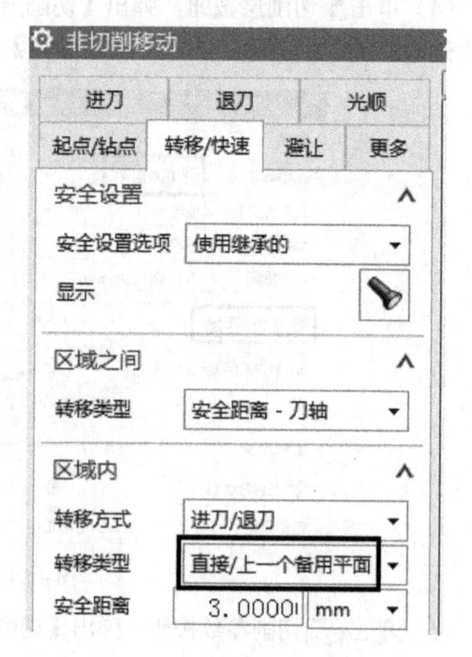

图 4-205 转移类型设置

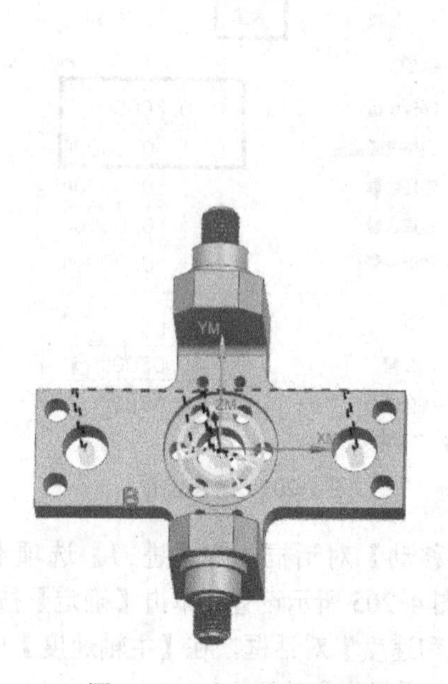

图 4-206 生成的刀具路径

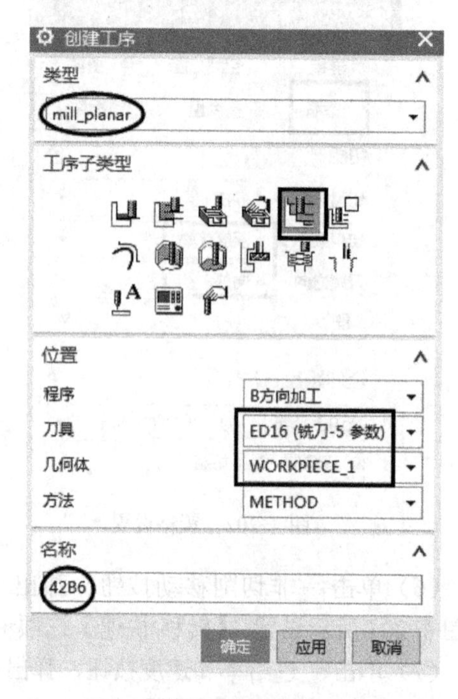

图 4-207 创建平面铣工序

（2）单击指定部件边界按钮，弹出【部件边界】对话框，在【选择方法】中选择曲线，在【选择曲线】中选择如图 4-208 所示的三个孔的边缘。

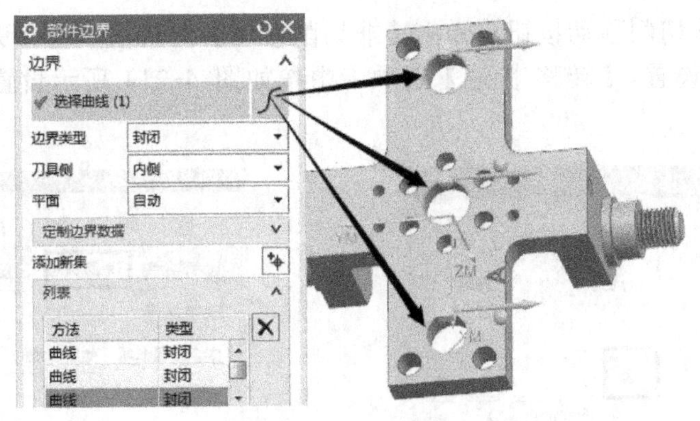

图 4-208 边界设置

（3）单击指定底面按钮，弹出【平面】对话框，在【选择平面对象】中选择支架的底面，如图 4-209 所示，单击【确定】按钮。

（4）在【刀轨设置】选项组中按如图 4-210 所示设置。

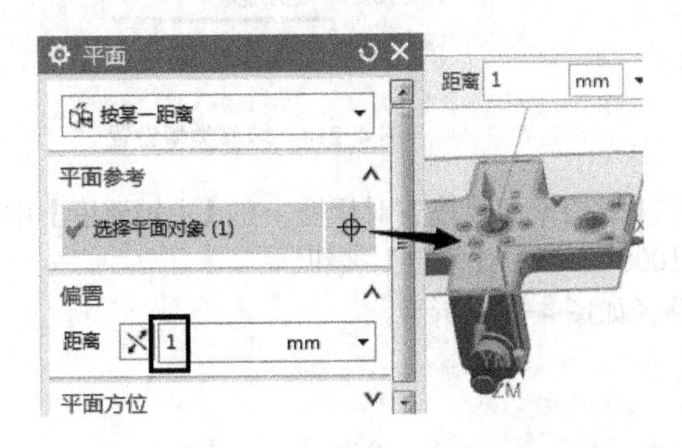

图 4-209 指定加工底面

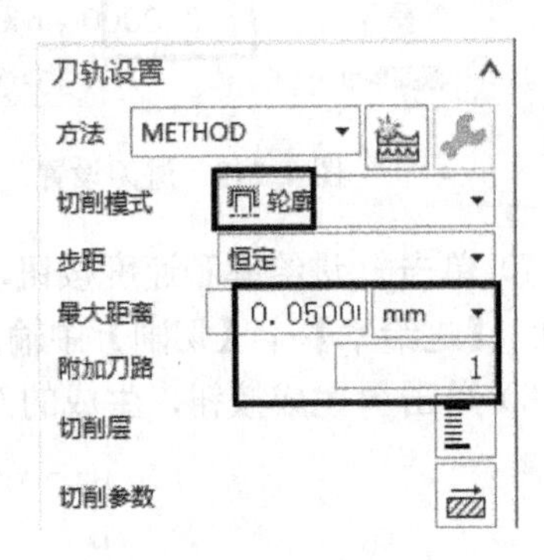

图 4-210 刀轨设置

（5）单击切削参数按钮，弹出【切削参数】对话框，在【策略】选项卡中按如图 4-211 所示设置，【余量】选项卡中按如图 4-212 所示设置，单击【确定】按钮。

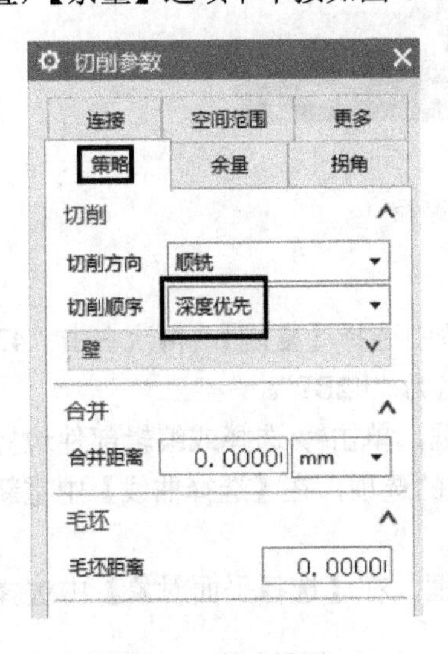

图 4-211 策略设置

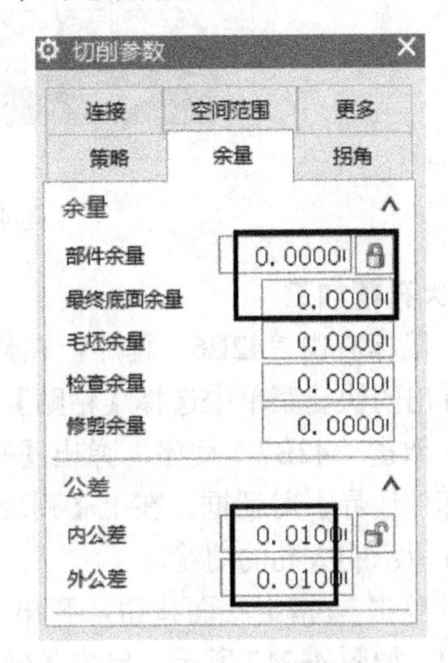

图 4-212 余量设置

（6）单击非切削移动按钮，弹出【非切削移动】对话框，在【进刀】选项卡中按如图 4-213 所示设置，【转移/快速】选项卡中按如图 4-214 所示设置，单击【确定】按钮。

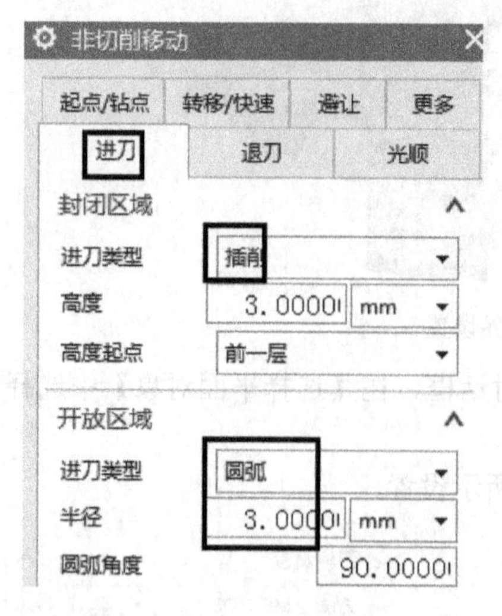

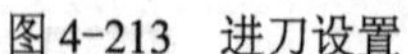
图 4-213　进刀设置

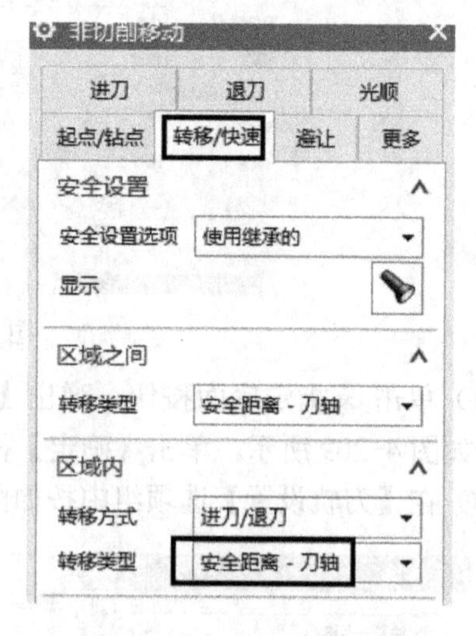

图 4-214　转移类型设置

（7）单击进给率和速度按钮，弹出【进给率和速度】对话框，在【主轴速度】中输入“4000”，【进给率】|【切削】中输入“1000”，单击【确定】按钮。

（8）单击生成按钮，生成的刀具路径如图 4-215 所示。

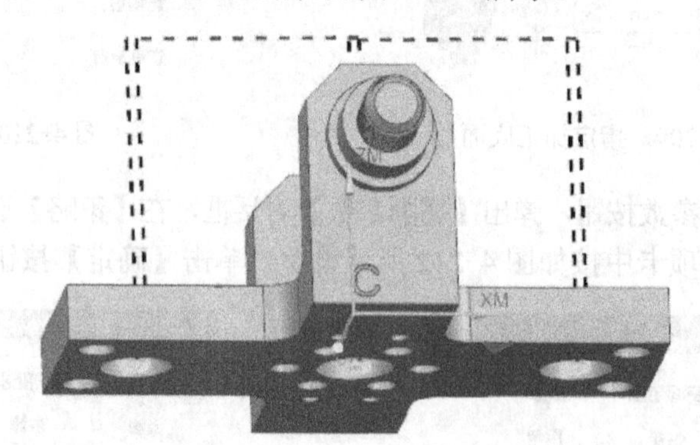

图 4-215　生成刀具路径

7．大孔精加工

（1）鼠标右击“42B6”程序，在弹出的快捷菜单中选择【复制】，再次右击“42B6”程序，在弹出的快捷菜单中选择【粘贴】，将名称重命名为“42B7”。

（2）双击“42B7”程序，弹出【平面铣】对话框，单击选择或编辑部件边界按钮，弹出【部件边界】对话框，在上【列表】中删除以前的选项，在【选择曲线】中重新选择如图 4-216 所示的大孔的边缘。

（3）单击指定底面按钮，弹出【平面】对话框，在【选择平面对象】中选择支架的大孔底面，如图 4-217 所示，单击【确定】按钮。

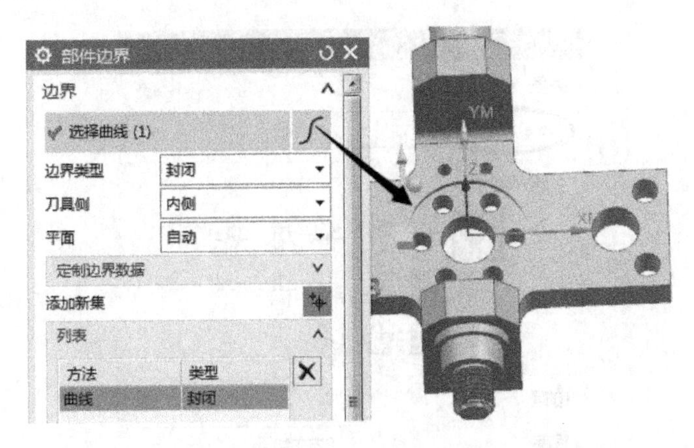

图 4-216　边界设置

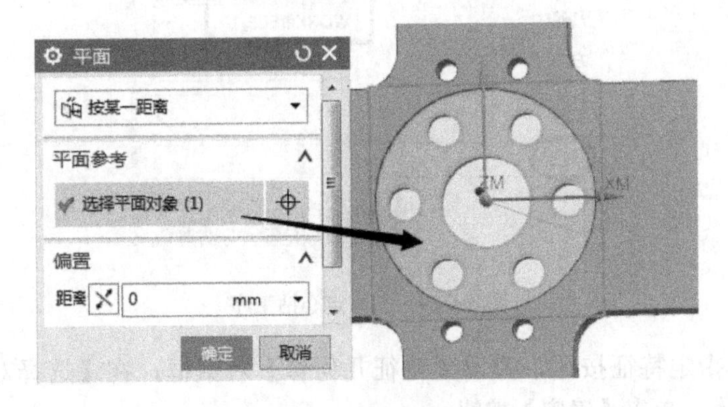

图 4-217　指定加工底面

（4）单击生成按钮，生成的刀具路径如图 4-218 所示。

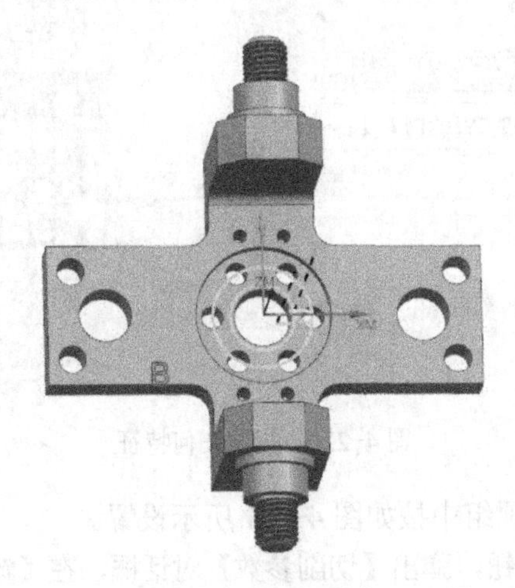

图 4-218　生成刀具路径

8．钻中心孔

（1）鼠标右击【B 方向加工】程序组，在弹出的快捷菜单中，单击【插入】|工序按钮，弹出【创建工序】对话框，按如图 4-219 所示，单击【确定】按钮。

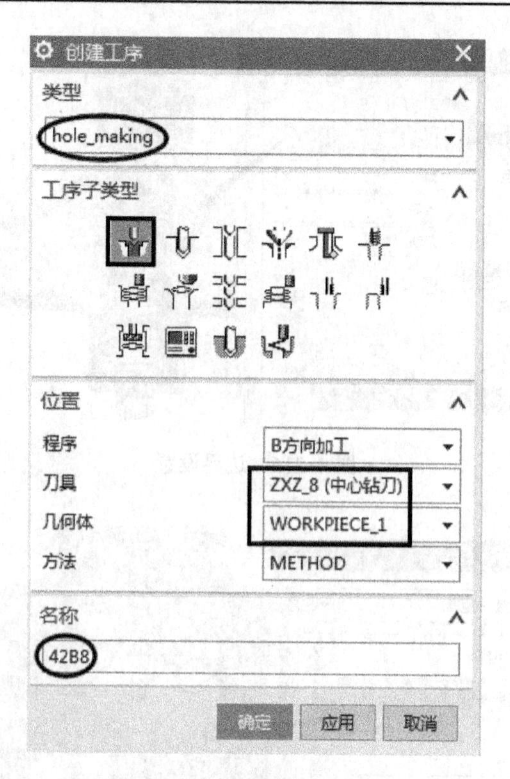

图 4-219 创建定心钻工序

（2）单击指定特征按钮，弹出【特征几何体】对话框，在【选择对象】中选择如图 4-220 所示的孔，单击【确定】按钮。

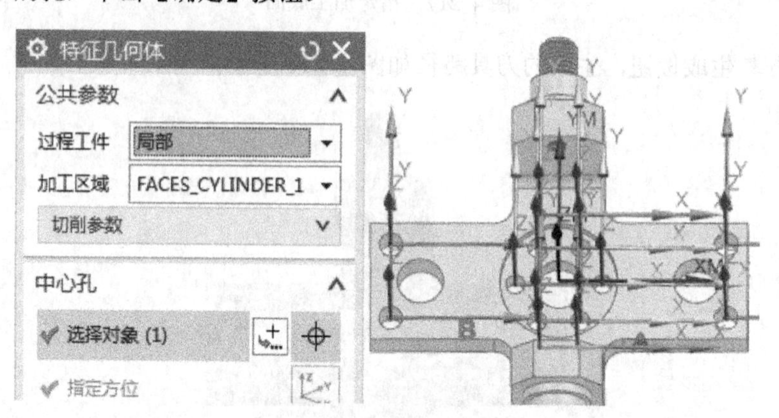

图 4-220 指定几何特征

（3）在【刀轨设置】选项组中按如图 4-221 所示设置。

（4）单击切削参数按钮，弹出【切削参数】对话框，在【策略】选项卡中按如图 4-222 所示设置，单击【确定】按钮。

（5）单击非切削移动按钮，弹出【非切削移动】对话框，在【转移/快速】选项卡中按如图 4-223 所示设置，单击【确定】按钮。

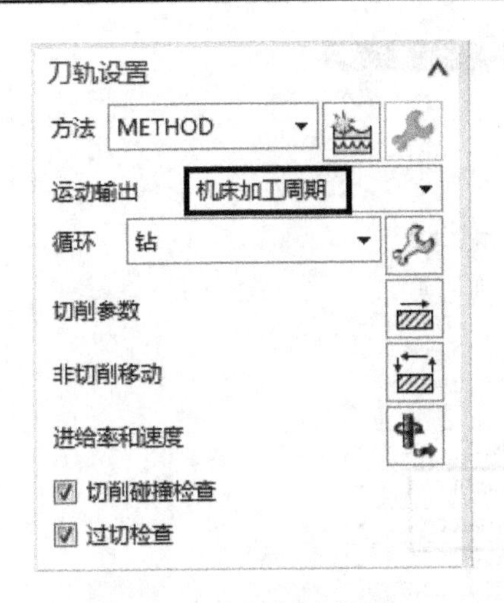

图 4-221 运动输出设置

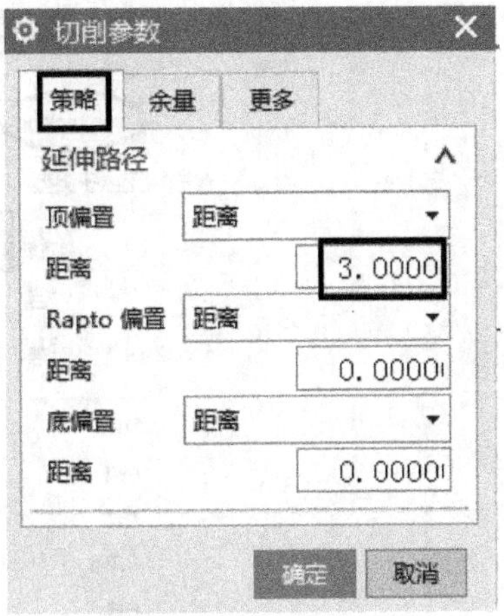

图 4-222 策略设置

（6）单击进给率和速度按钮，弹出【进给率和速度】对话框，在【主轴速度】中输入“1600”，【进给率】|【切削】中输入“100”，单击【确定】按钮。

（7）单击生成按钮，生成的刀具路径如图 4-224 所示。

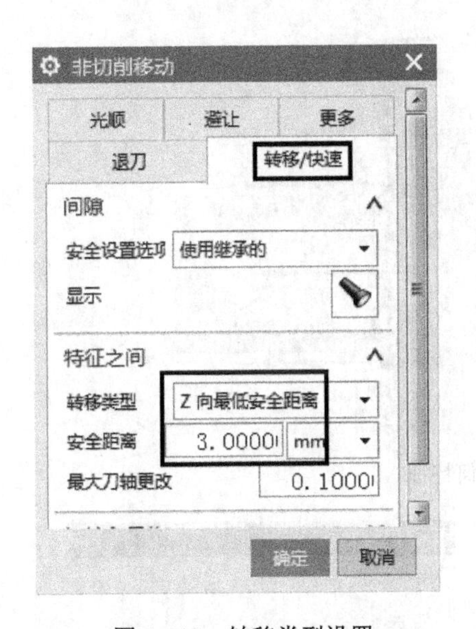

图 4-223 转移类型设置

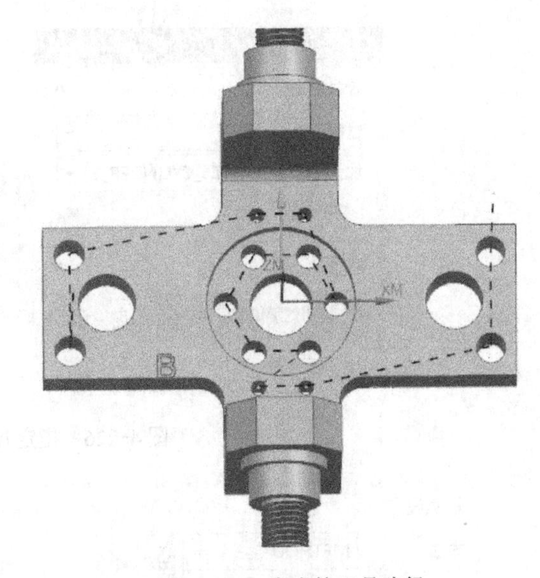

图 4-224 生成的刀具路径

9．钻ϕ6 孔

（1）鼠标右击【B 方向加工】程序组，在弹出的快捷菜单中，单击【插入】|工序按钮，弹出【创建工序】对话框，按如图 4-225 所示设置，单击【确定】按钮。

（2）单击指定特征按钮，弹出【特征几何体】对话框，在【选择对象】中选择如图 4-226 所示的孔，单击【确定】按钮。

（3）在【刀轨设置】|【循环】中选择如图 4-227 所示的【钻、深孔、断屑】，弹出【循环参数】对话框，在【步进】选项组中按如图 4-228 所示设置，单击【确定】按钮。

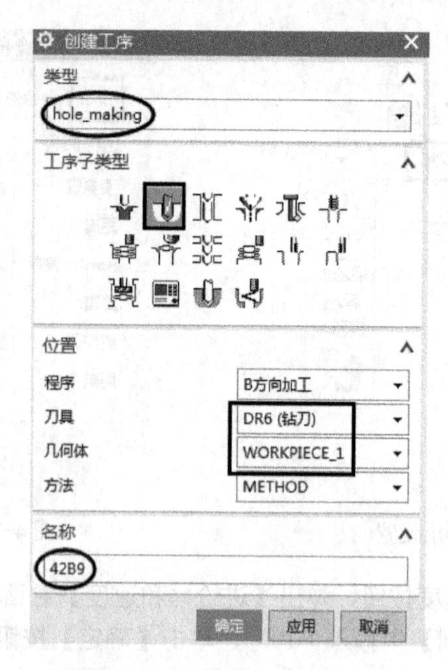

图 4-225　创建钻孔工序

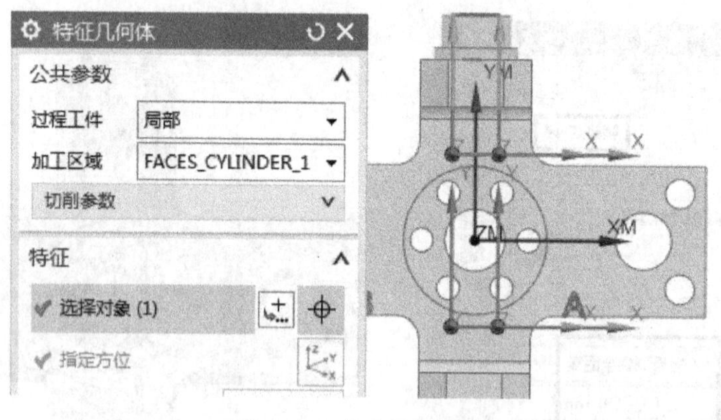

图 4-226　指定几何特征

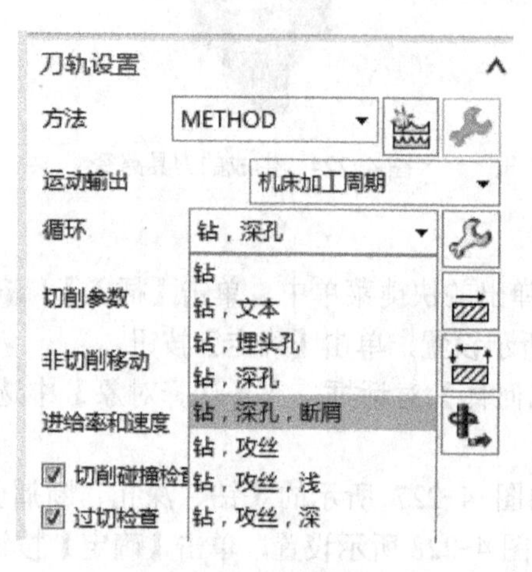

图 4-227　循环设置

图 4-228　步进设置

（4）单击切削参数按钮，弹出【切削参数】对话框，在【策略】选项卡中按如图4-229所示设置，单击【确定】按钮。

（5）单击非切削移动按钮，弹出【非切削移动】对话框，在【转移/快速】选项卡中按如图4-230所示设置，单击【确定】按钮。

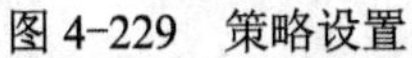
图4-229 策略设置

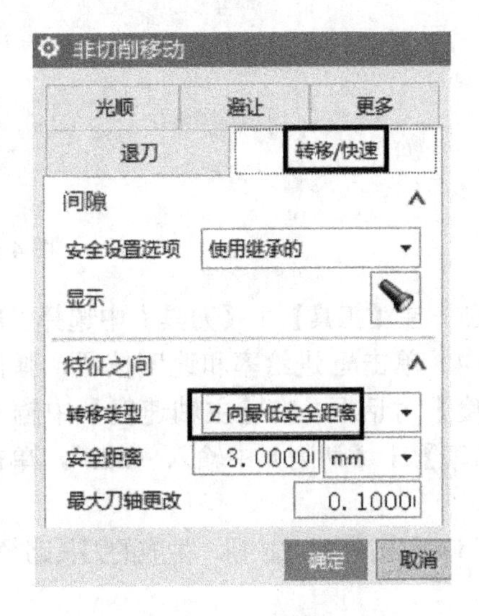

图4-230 转移类型设置

（6）单击进给率和速度按钮，弹出【进给率和速度】对话框，在【主轴速度】中输入“3000”，【进给率】|【切削】中输入“500”，单击【确定】按钮。

（7）单击生成按钮，生成的刀具路径如图4-231所示。

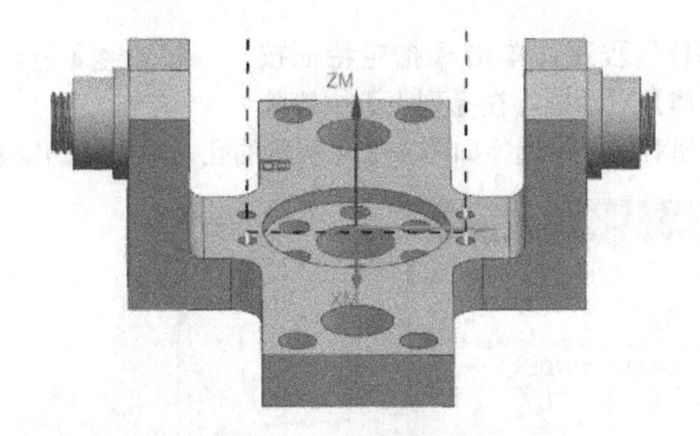

图4-231 生成的刀具路径

10. 钻ϕ10孔

（1）鼠标右击“42B9”程序，在弹出的快捷菜单中选择【复制】，再次右击“42B9”程序，在弹出的快捷菜单中选择【粘贴】，将名称重命名为“42B10”。

（2）双击“42B10”程序，弹出【钻孔】对话框，单击指定特征按钮，弹出【特征几何体】对话框，在【列表】中删除之前的选项，在【选择对象】中选择如图4-232所示的孔，单击【确定】按钮。

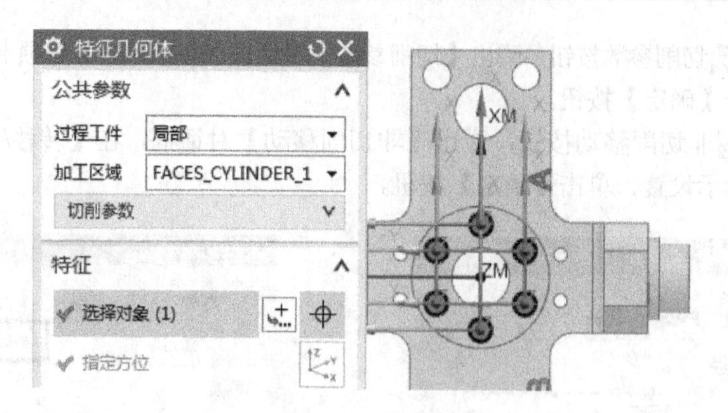

图 4-232　边界设置

（3）在【工具】|【刀具】中选择“DR10”。

（4）单击进给率和速度按钮，弹出【进给率和速度】对话框，在【主轴速度】中输入“2500”，【进给率】|【切削】中输入“500”，单击【确定】按钮。

（5）单击生成按钮，生成的刀具路径如图 4-233 所示。

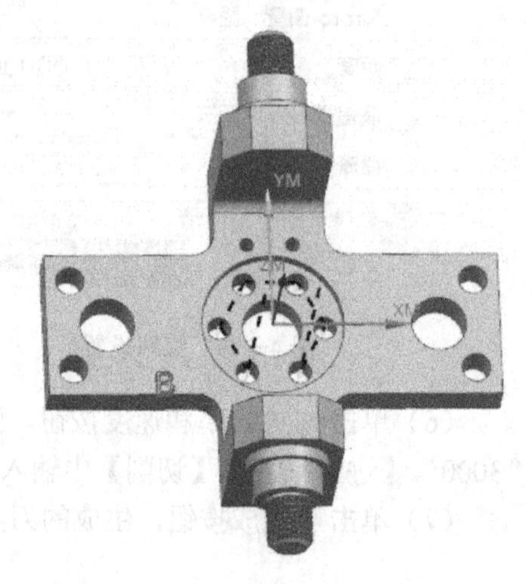

图 4-233　生成刀具路径

11．钻ϕ12.5 孔

（1）鼠标右击“42B10”程序，在弹出的快捷菜单中选择【复制】，再次右击“42B10”程序，在弹出的快捷菜单中选择【粘贴】，将名称重命名为“42B11”。

（2）双击“42B11”程序，单击指定特征按钮，弹出【特征几何体】对话框，在【列表】中删除之前的选项，在【选择对象】中选择如图 4-234 所示的孔，单击【确定】按钮。

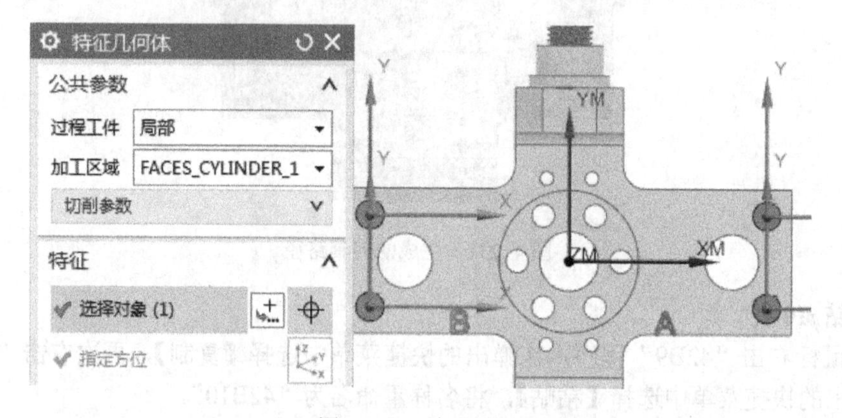

图 4-234　边界设置

（3）在【钻孔】对话框的【工具】|【刀具】中选择“DR12.5”。

（4）单击进给率和速度按钮，弹出【进给率和速度】对话框，在【主轴速度】中输入

"2000",【进给率】|【切削】中输入"400",单击【确定】按钮。

(5) 单击 (生成) 按钮,生成的刀具路径如图 4-235 所示。

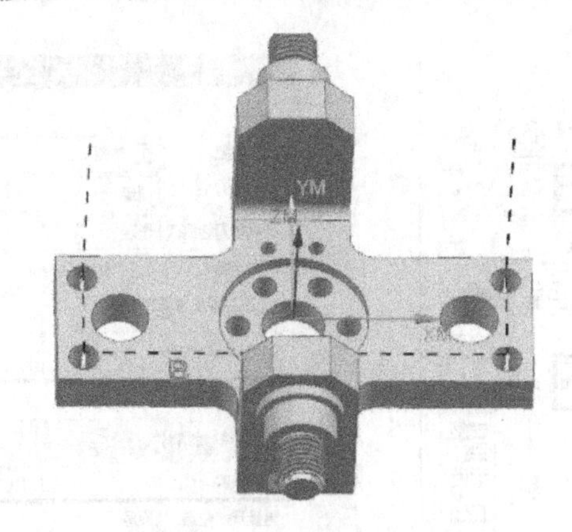

图 4-235　生成刀具路径

4.2.4　C 方向加工

1. C 方向粗加工

(1) 鼠标右击【C 方向加工】程序组,在弹出的快捷菜单中,单击【插入】| 工序按钮,弹出【创建工序】对话框,按如图 4-236 所示设置,单击【确定】按钮。

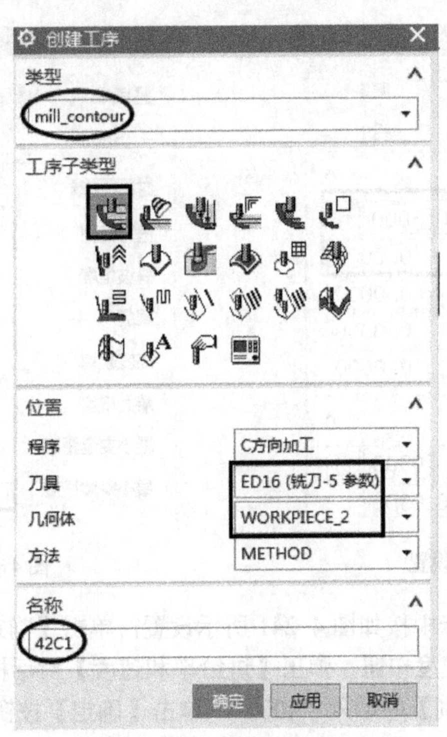

图 4-236　创建型腔铣工序

(2) 在【刀轨设置】选项组中按如图 4-237 所示设置。

（3）单击切削层按钮，弹出【切削层】对话框，按如图 4-238 所示设置，单击【确定】按钮。

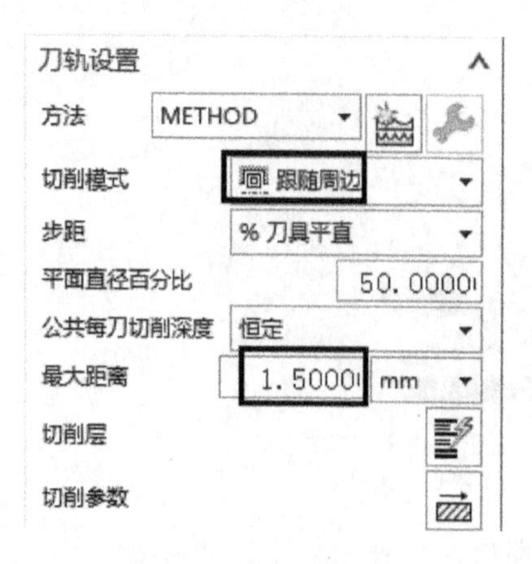

图 4-237　刀轨设置

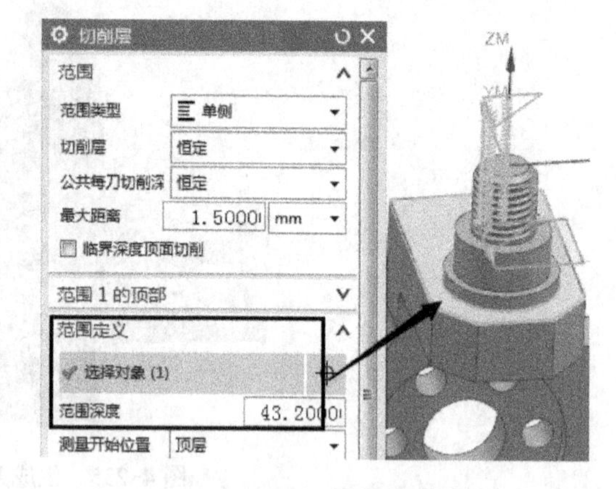

图 4-238　切削层设置

（4）单击切削参数按钮，弹出【切削参数】对话框，在【余量】选项卡中按如图 4-239 所示设置，单击【确定】按钮。

（5）单击非切削移动按钮，弹出【非切削移动】对话框，在【进刀】选项卡中按如图 4-240 所示设置。

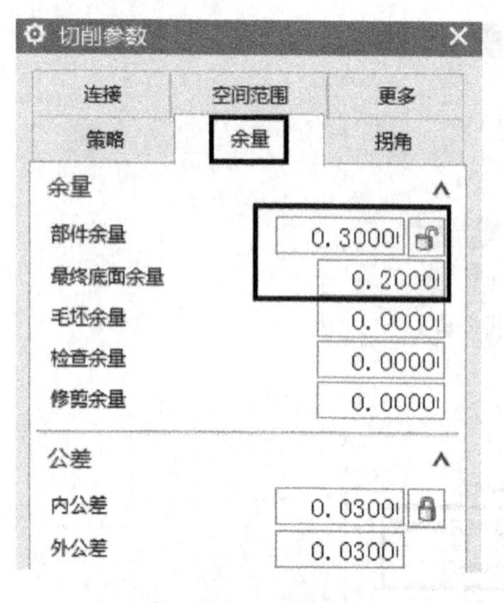

图 4-239　余量设置

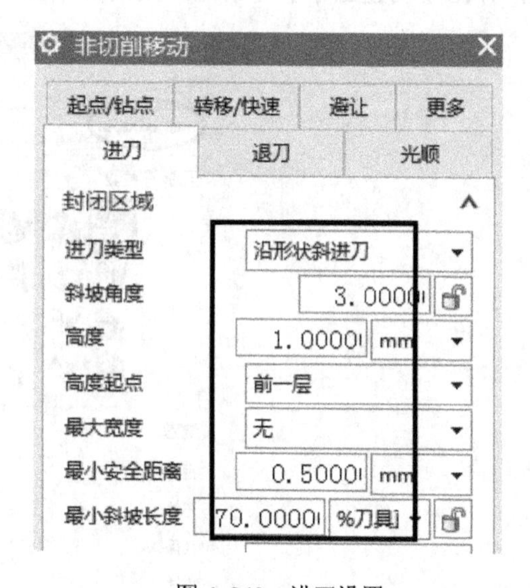

图 4-240　进刀设置

在【转移/快速】选项卡中按如图 4-241 所示设置，单击【确定】按钮。

（6）单击进给率和速度按钮，弹出【进给率和速度】对话框，在【主轴速度】中输入“4000”，【进给率】｜【切削】中输入“4000”，单击【确定】按钮。

（7）单击生成按钮，在弹出的【工序编辑】警告对话框中单击【确定】按钮，生成的刀具路径如图 4-242 所示。

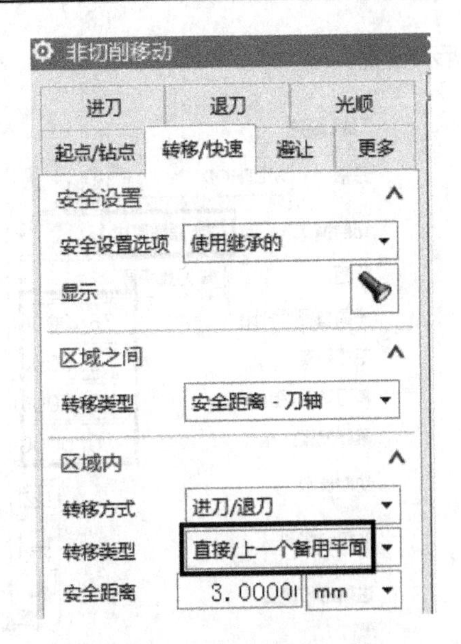

图 4-241 转移类型设置

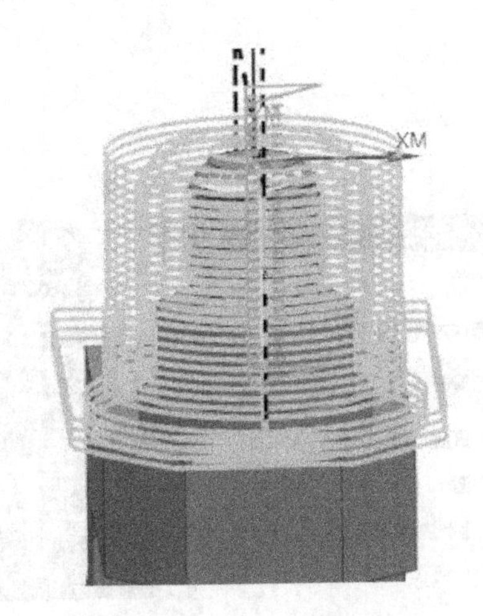

图 4-242 生成的刀具路径

2. 底面精加工

（1）鼠标右击【C 方向加工】程序组，在弹出的快捷菜单中，单击【插入】| 工序按钮，弹出【创建工序】对话框，按如图 4-243 所示设置，单击【确定】按钮。

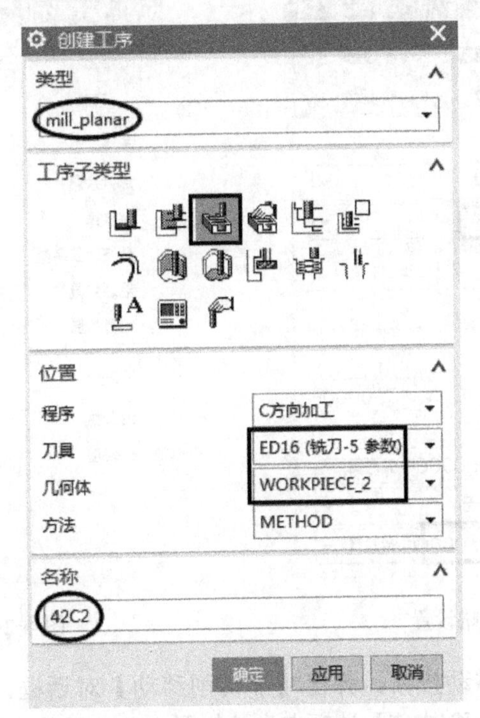

图 4-243 创建面铣工序

（2）单击指定面边界按钮，弹出【毛坯边界】对话框，在【选择方法】中选择面，在【选择面】中选择如图 4-244 所示的面，单击【确定】按钮。

（3）在【刀轨设置】选项组中按如图 4-245 所示设置。

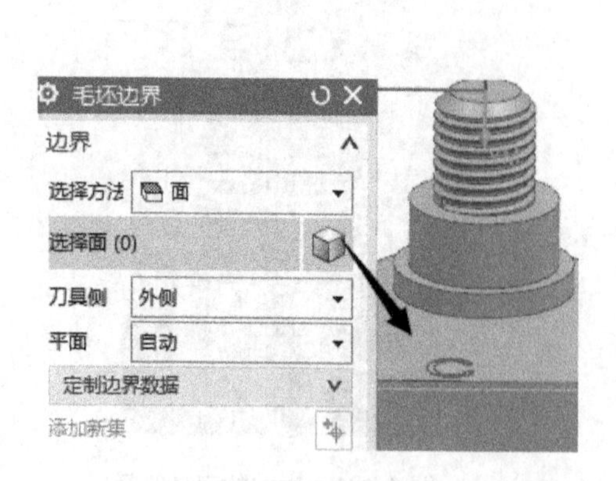

图 4-244 选择面

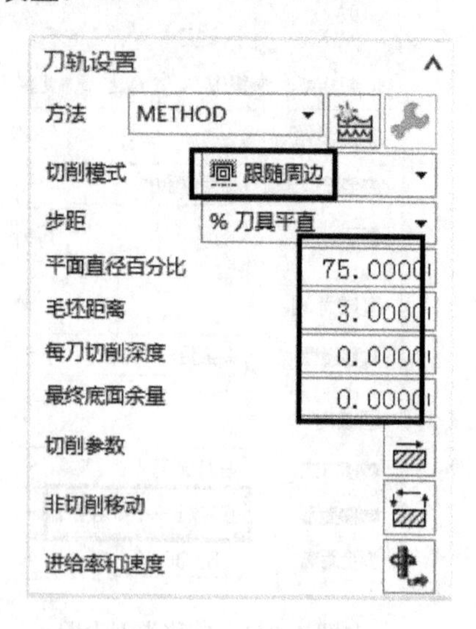

图 4-245 刀轨设置

（4）单击切削参数按钮，弹出【切削参数】对话框，在【策略】选项卡中按如图 4-246 所示设置，【余量】选项卡中按如图 4-247 所示设置，单击【确定】按钮。

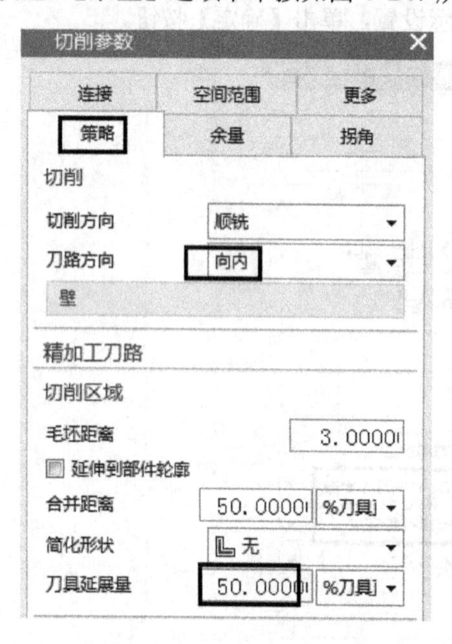

图 4-246 策略设置

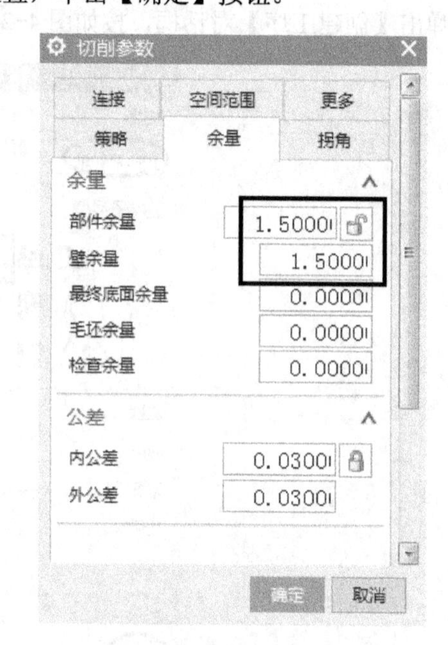

图 4-247 余量设置

（5）单击非切削移动按钮，弹出【非切削移动】对话框，在【进刀】选项卡中按如图 4-248 所示设置，【转移/快速】选项卡中按如图 4-249 所示，单击【确定】按钮。

（6）单击进给率和速度按钮，弹出【进给率和速度】对话框，在【主轴速度】中输入“4000”，【进给率】|【切削】中输入“1000”，单击【确定】按钮。

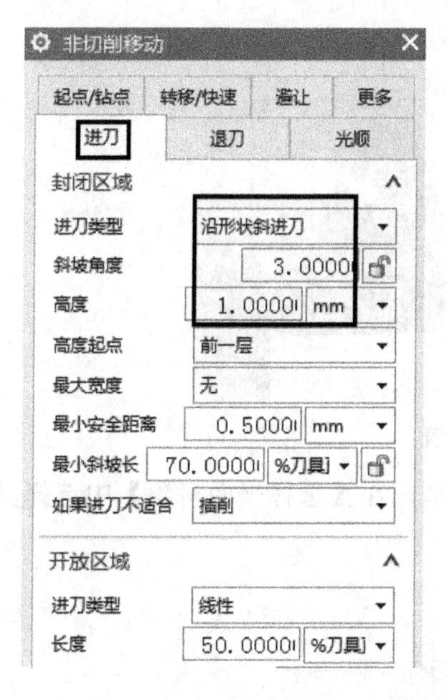

图 4-248 进刀设置

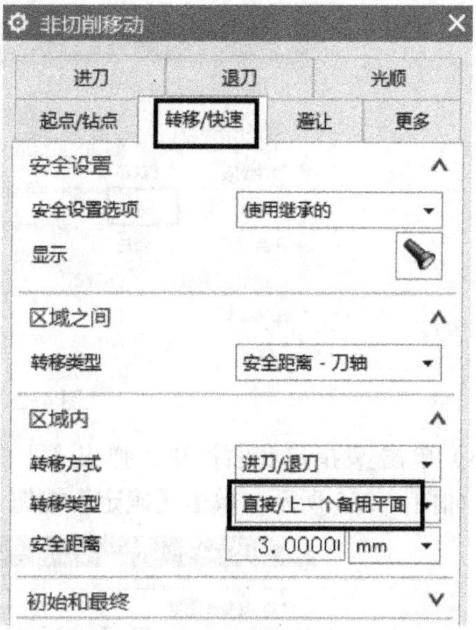

图 4-249 转移类型设置

（7）单击生成按钮，生成的刀具路径如图 4-250 所示。

3．大圆柱面精加工

（1）鼠标右击【C 方向加工】程序组，在弹出的快捷菜单中，单击【插入】|工序按钮，弹出【创建工序】对话框，按如图 4-251 所示设置，单击【确定】按钮。

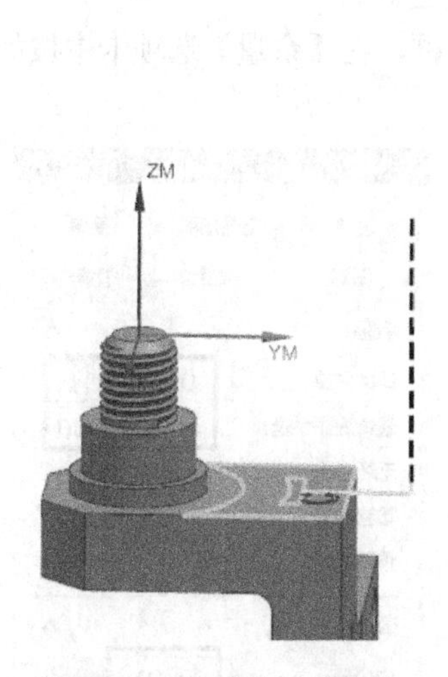

图 4-250 生成的刀具路径

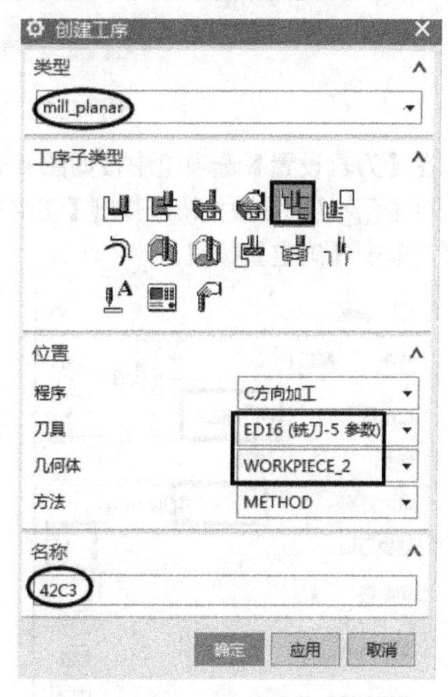

图 4-251 创建平面铣工序

（2）单击指定部件边界按钮，弹出【部件边界】对话框，在【选择方法】中选择曲线，在【选择曲线】中选择如图 4-252 所示的边缘，单击【确定】按钮。

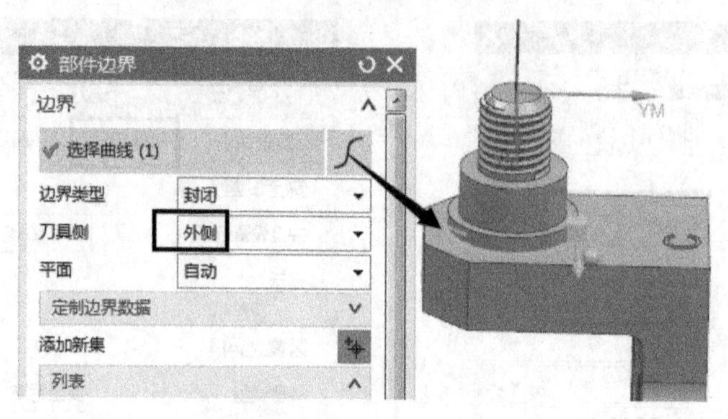

图 4-252　边界设置

（3）单击指定底面按钮，弹出【平面】对话框，在【选择平面对象】中选择支架的底面，如图 4-253 所示，单击【确定】按钮。

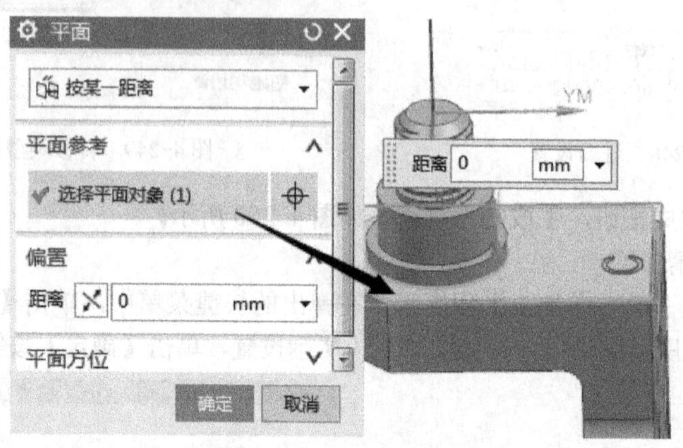

图 4-253　加工底平面设置

（4）在【刀轨设置】选项组中按如图 4-254 所示设置。

（5）单击切削参数按钮，弹出【切削参数】对话框，在【余量】选项卡中按如图 4-255 所示设置，单击【确定】按钮。

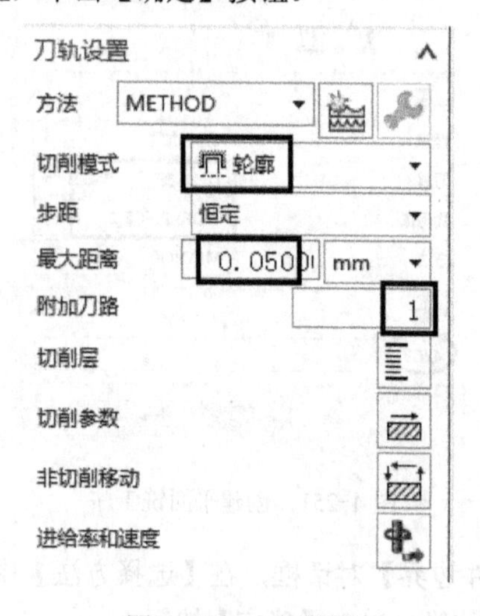

图 4-254　刀轨设置

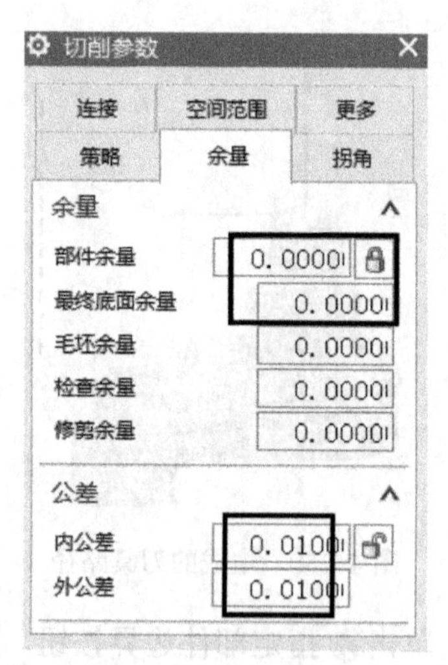

图 4-255　余量设置

（6）单击非切削移动按钮，弹出【非切削移动】对话框，在【进刀】选项卡中按如图 4-256 所示设置。

（7）单击进给率和速度按钮，弹出【进给率和速度】对话框，在【主轴速度】中输入“4000”，【进给率】|【切削】中输入“1000”，单击【确定】按钮。

（8）单击生成按钮，生成的刀具路径如图 4-257 所示。

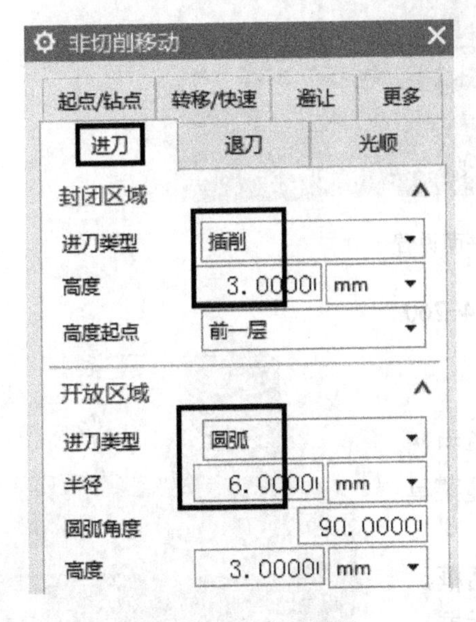

图 4-256　进刀设置

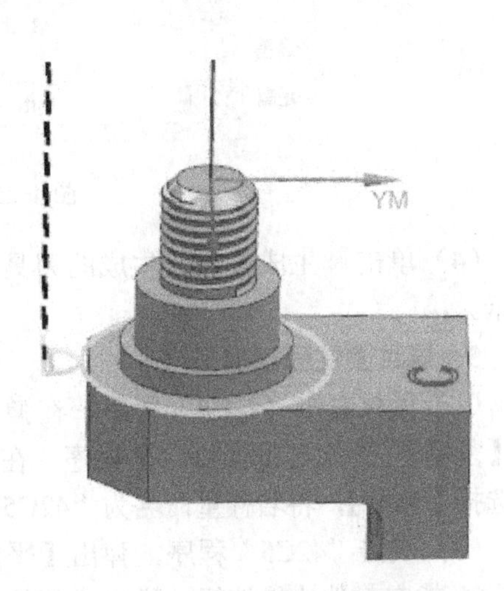

图 4-257　生成刀具路径

4．中间圆柱面精加工

（1）鼠标右击“42C3”程序，在弹出快捷菜单中选择【复制】，再次右击“42C3”程序，在弹出的快捷菜单中选择【粘贴】，将名称重命名为“42C4”。

（2）双击“42C4”程序，弹出【平面铣】对话框，单击指定部件边界按钮，弹出【部件边界】对话框，在上【列表】中删除之前的选项，在【选择方法】中选择曲线，在【选择曲线】中选择如图 4-258 所示的边缘，单击【确定】按钮。

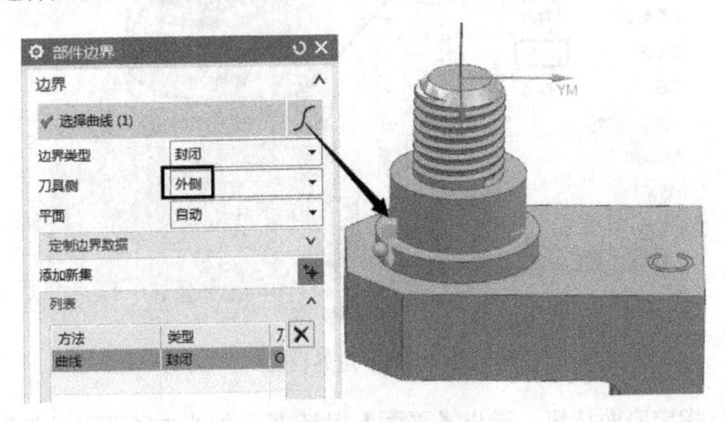

图 4-258　边界设置

（3）单击指定底面按钮，弹出【平面】对话框，在【选择平面对象】中选择大圆柱的顶面，如图 4-259 所示，单击【确定】按钮。

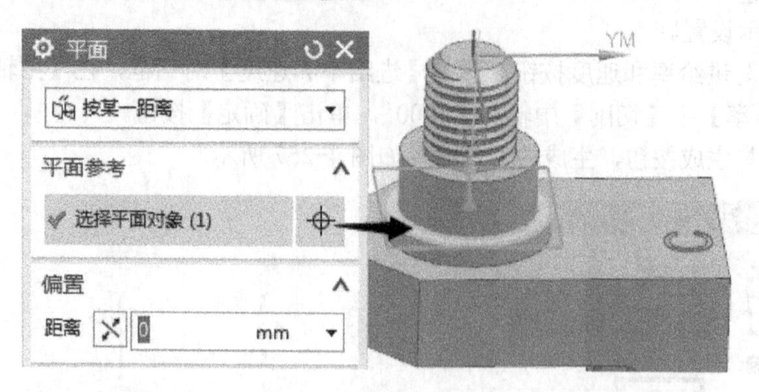

图 4-259　加工底平面设置

（4）单击生成按钮，生成的刀具路径如图 4-260 所示。

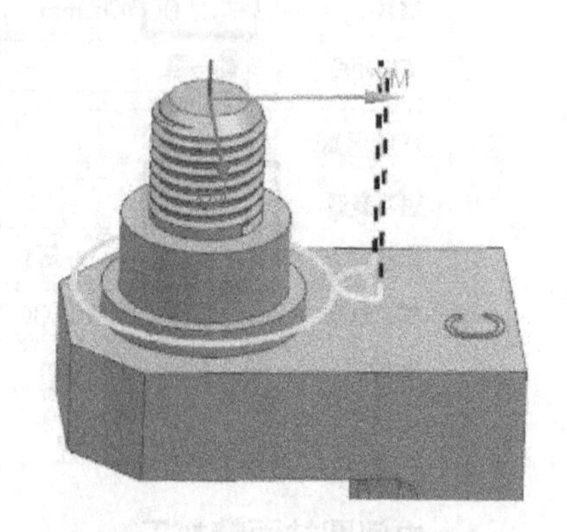

图 4-260　生成刀具路径

5. 螺纹圆柱面精加工

（1）鼠标右击“42C4”程序，在弹出快捷菜单中选择【复制】，再次右击“42C4”程序，在弹出的快捷菜单中选择【粘贴】，将名称重命名为“42C5”。

（2）双击“42C5”程序，弹出【平面铣】对话框，单击指定部件边界按钮，弹出【部件边界】对话框，在上【列表】中删除之前的选项，在【选择方法】中选择曲线，在【选择曲线】中选择如图 4-261 所示的边缘，单击【确定】按钮。

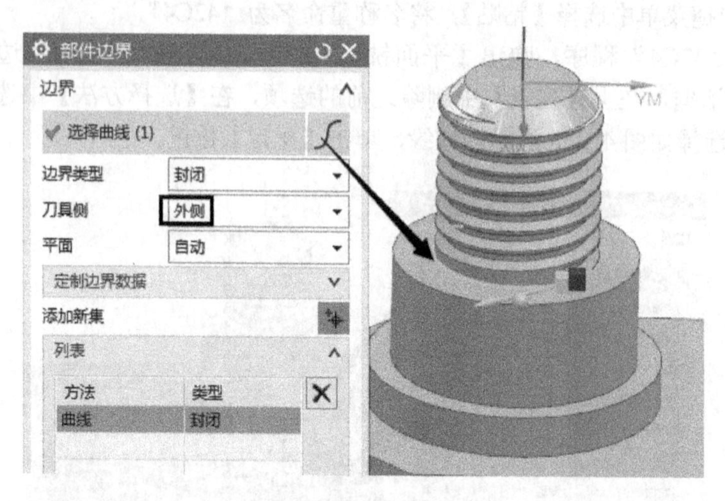

图 4-261　边界设置

（3）单击指定底面按钮，弹出【平面】对话框，在【选择平面对象】中选择中间圆柱的顶面，如图 4-262 所示，单击【确定】按钮。

（4）单击生成按钮，生成的刀具路径如图 4-263 所示

图 4-262　加工底平面设置

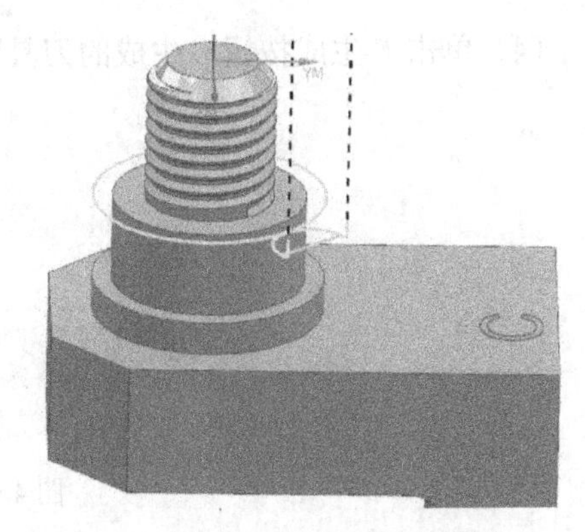

图 4-263　生成刀具路径

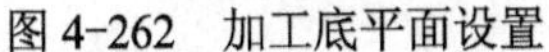

6．底面外形轮廓边精加工

（1）鼠标右击“42C5”程序，在弹出快捷菜单中选择【复制】，再次右击“42C5”程序，在弹出的快捷菜单中选择【粘贴】，将名称重命名为“42C6”。

（2）双击“42C6”程序，弹出【平面铣】对话框，单击指定部件边界按钮，弹出【部件边界】对话框，在上【列表】中删除之前的选项，在【选择方法】中选择曲线，在【选择曲线】中按如图 4-264 所示设置，单击【确定】按钮。

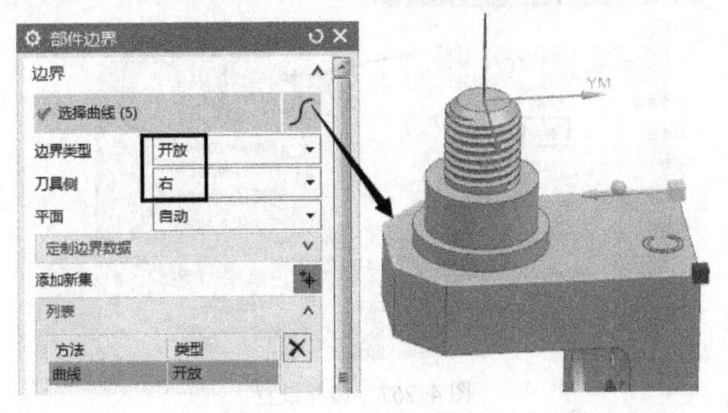

图 4-264　边界设置

（3）单击指定底面按钮，弹出【平面】对话框，在【选择平面对象】中选择如图 4-265 所示的底面，单击【确定】按钮。

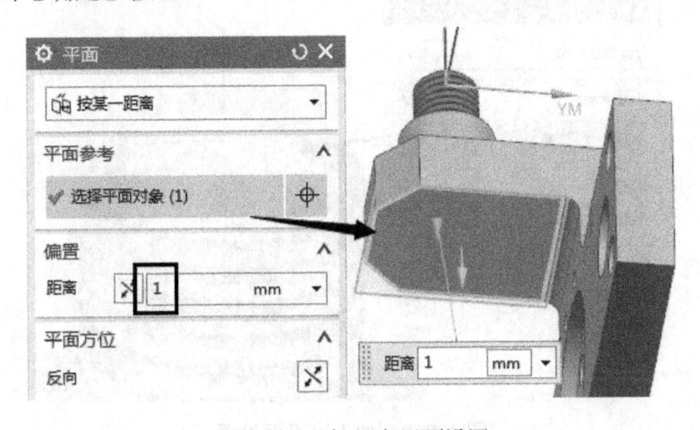

图 4-265　加工底平面设置

（4）单击生成按钮，生成的刀具路径如图 4-266 所示。

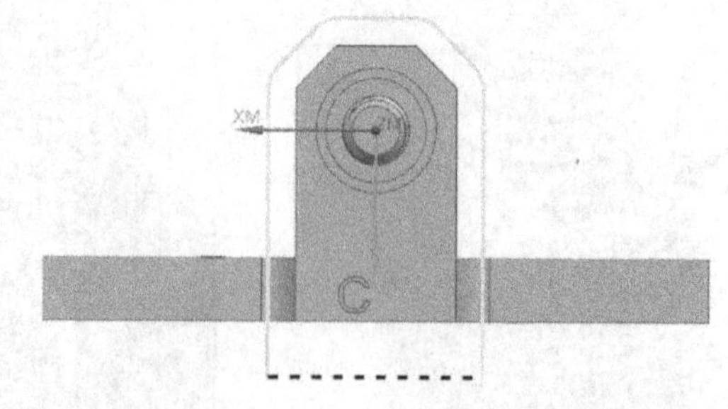

图 4-266　生成刀具路径

7．倒角加工

（1）鼠标右击“42C6”程序，在弹出快捷菜单中选择【复制】，再次右击“42C6”程序，在弹出的快捷菜单中选择【粘贴】，将名称重命名为“42C7”。

（2）双击“42C7”程序，弹出【平面铣】对话框，单击指定部件边界按钮，弹出【部件边界】对话框，在上【列表】中删除之前的选项，在【选择方法】中选择曲线，在【选择曲线】中选择如图 4-267 所示的边缘,单击【确定】按钮。

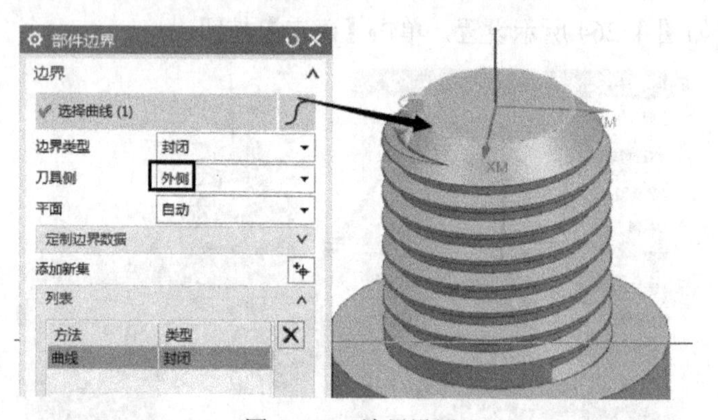

图 4-267　边界设置

（3）单击指定底面按钮，弹出【平面】对话框，在【选择平面对象】中选择如图 4-268 所示的顶面，单击【确定】按钮。

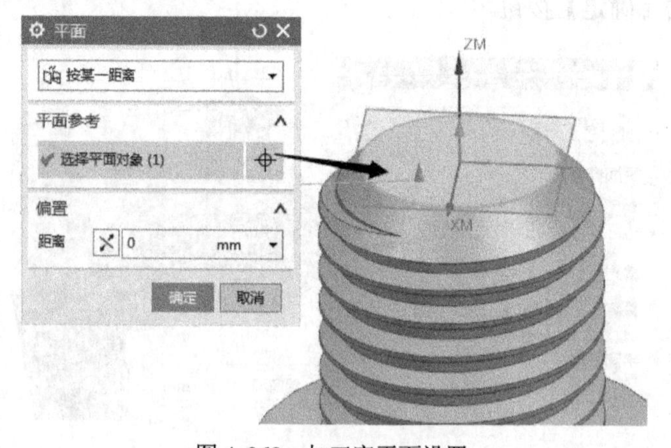

图 4-268　加工底平面设置

（4）在【工具】|【刀具】中选择“C_20”。

（5）在【刀轨设置】选项组中按如图4-269所示设置。

（6）单击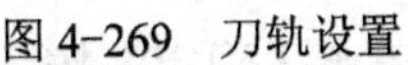切削参数按钮，弹出【切削参数】对话框，在【余量】选项卡中按如图4-270所示设置（刀具直径D/4＋倒角尺寸C/2），单击【确定】按钮。

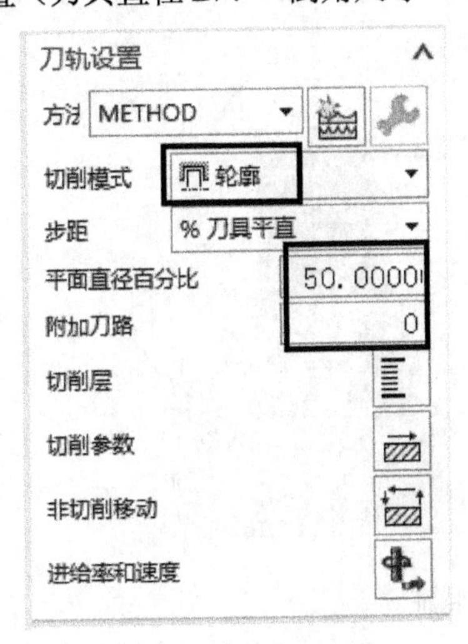

图4-269　刀轨设置

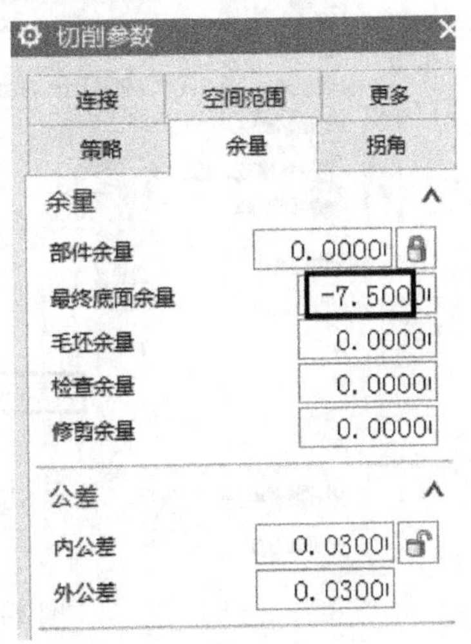

图4-270　余量设置

（7)）单击进给率和速度按钮，弹出【进给率和速度】对话框，在【主轴速度】中输入“4000”，【进给率】|【切削】中输入“1000”，单击【确定】按钮。

（8）单击生成按钮，生成的刀具路径如图4-271所示。

8．螺纹加工

（1）鼠标右击【C方向加工】程序组，在弹出的快捷菜单中，单击【插入】|工序按钮，弹出【创建工序】对话框，按如图4-272所示设置，单击【确定】按钮。

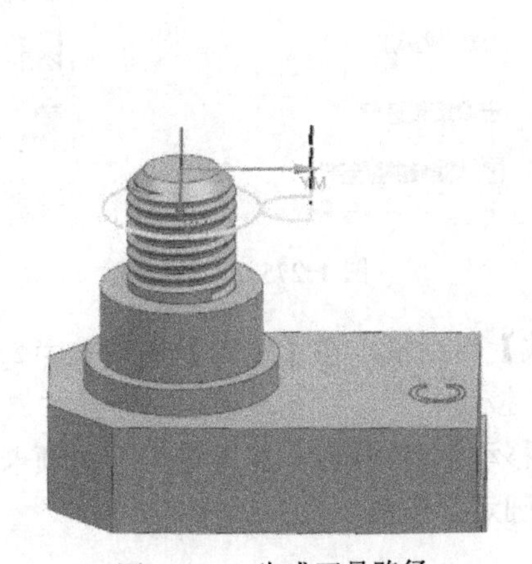

图4-271　生成刀具路径

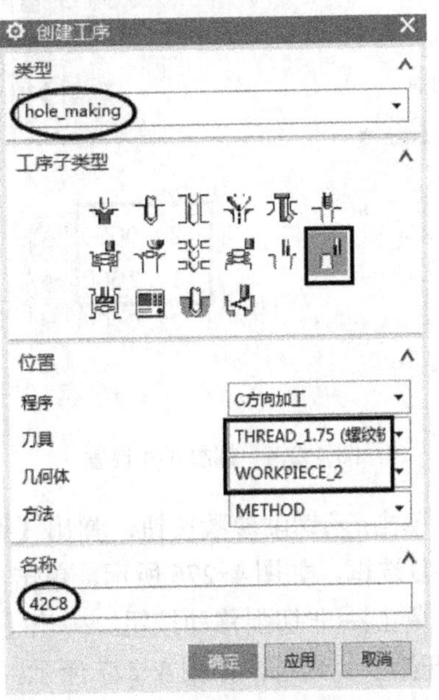

图4-272　创建凸台螺纹铣工序

（2）单击指定特征按钮，弹出【特征几何体】对话框，在【选择对象】中选择如图 4-273 所示的圆柱面，单击【确定】按钮。

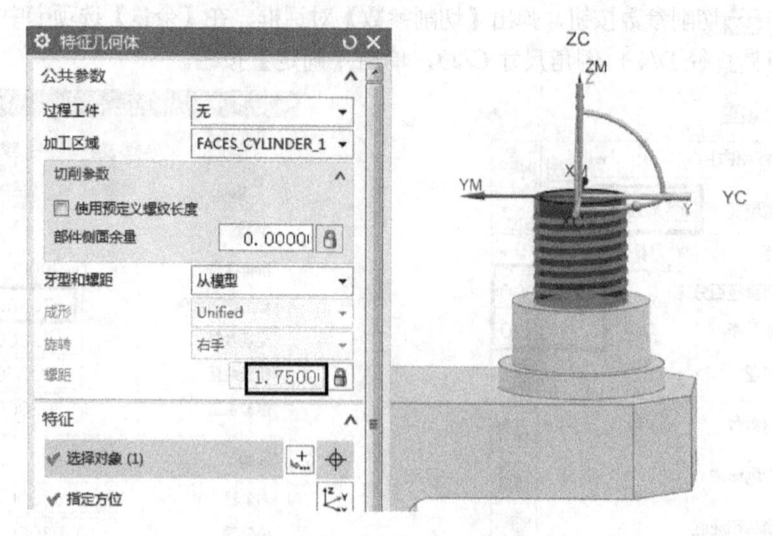

图 4-273　指定几何特征

（3）在【螺纹尺寸】选项组中按如图 4-274 所示设置，单击【确定】按钮。

（4）在【刀轨设置】选项组中按如图 4-275 所示设置。

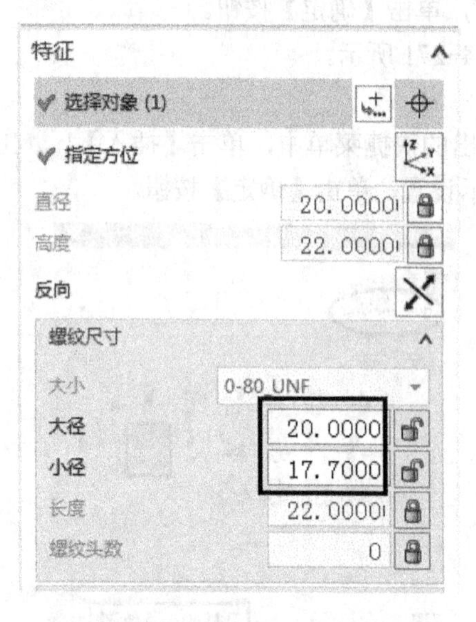

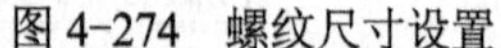

图 4-274　螺纹尺寸设置

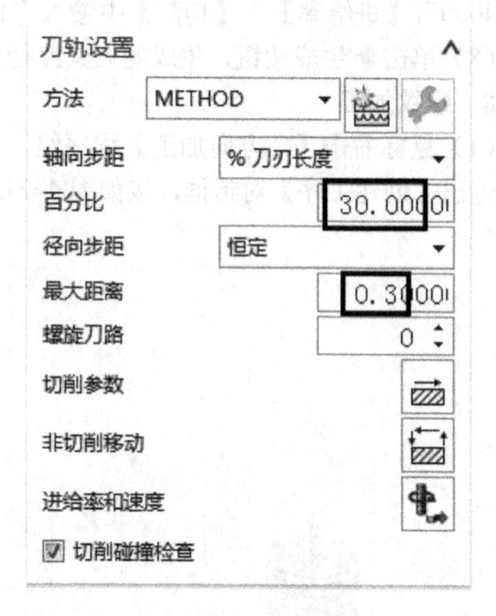

图 4-275　刀轨设置

（5）单击切削参数按钮，弹出【切削参数】对话框，在【策略】选项卡中勾选【连续切削】复选框，如图 4-276 所示，单击【确定】按钮。

（6）单击非切削移动按钮，弹出【非切削移动】对话框， 在【进刀】选项卡中勾选【从中心开始】复选框，如图 4-277 所示，单击【确定】按钮。

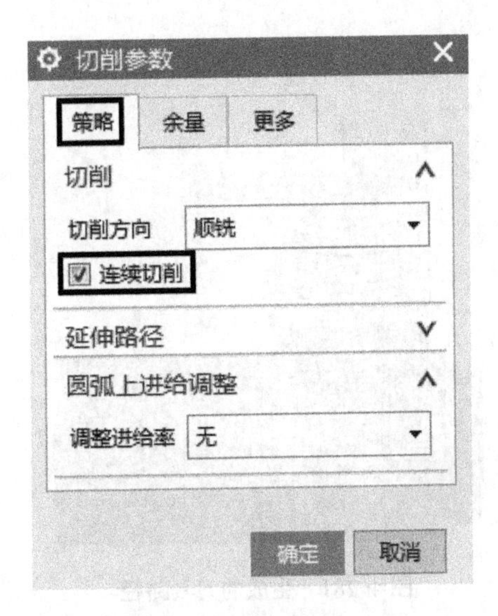

图4-276 策略设置

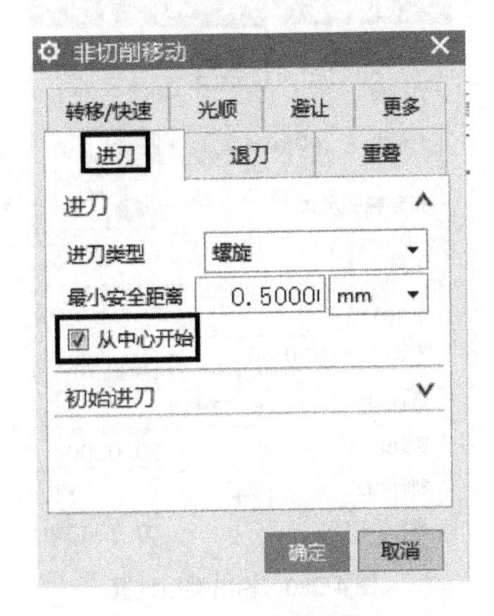

图4-277 进刀设置

在【转移/快速】选项卡中按如图4-278所示设置，单击【确定】按钮。

（7）单击进给率和速度按钮，弹出【进给率和速度】对话框，在【主轴速度】中输入“4500”，【进给率】|【切削】中输入“1200”，单击【确定】按钮。

（8）在【选项】选项组中单击定制对话框按钮，弹出【定制对话框】对话框，双击【运动输出类型】，如图4-279所示，单击【确定】按钮。

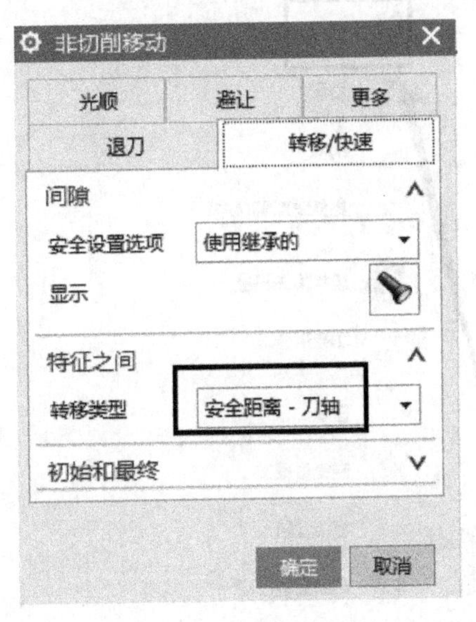

图4-278 转移类型设置

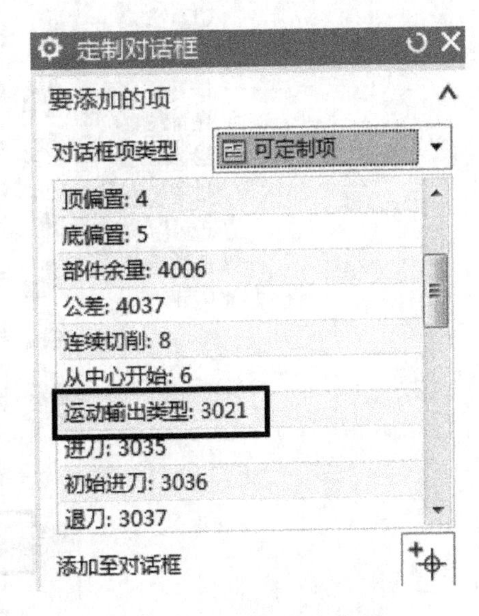

图4-279 添加输出类型

（9）在【运动输出类型】下拉列表中选择【直线】，如图4-280所示。

（10）单击生成按钮，生成的刀具路径如图4-281所示。

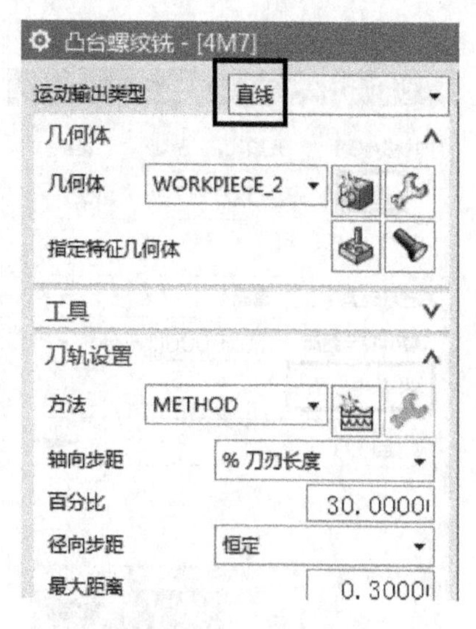

图 4-280 输出类型设置

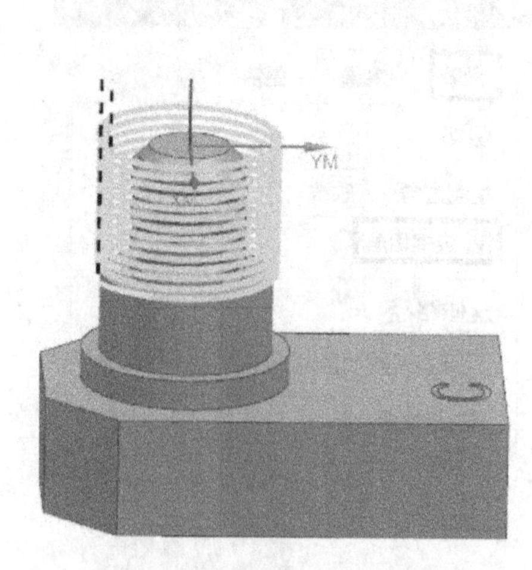

图 4-281 生成的刀具路径

4.2.5 D 方向加工

（1）选择 C 方向加工中的所有程序，单击鼠标右键，在弹出的快捷菜单中单击【对象】|【镜像】按钮，如图 4-282 所示。

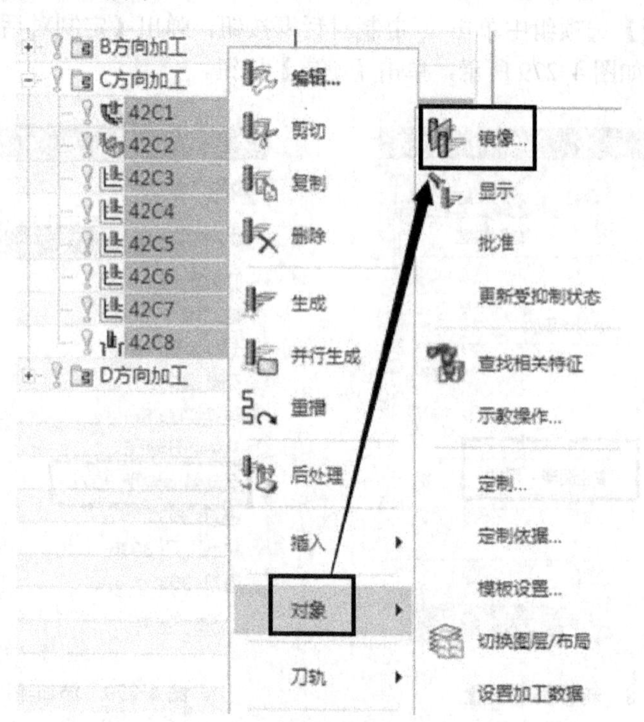

图 4-282 选择所有程序

（2）在【镜像】|【指定平面】下拉列表中选择二等分，选择两个内耳面，在【操作】中勾选【生成刀轨】复选框，如图 4-283 所示，单击【确定】按钮。

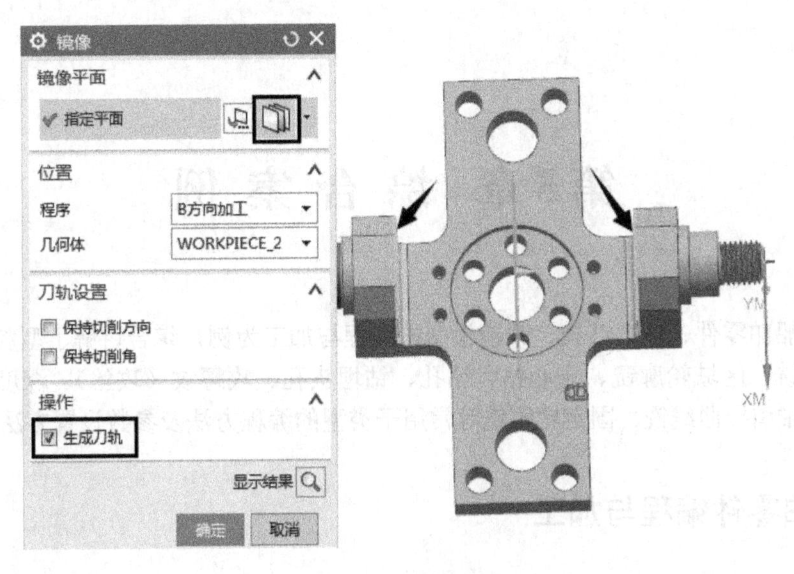

图 4-283 镜像设置

（3）选择刚镜像的所有程序，单击鼠标右键，在弹出的快捷菜单中选择【剪切】，再右击【D 方向加工】程序组，在弹出的快捷菜单中选择【内部粘贴】，并更改相应的名称。

4.2.6 仿真模拟加工

选中所有程序，单击鼠标右键，在弹出的快捷菜单中，单击【刀轨】|确认按钮，弹出【刀轨可视化】对话框，单击【3D 动态】按钮，单击▶播放按钮，仿真模拟加工如图 4-284 所示。

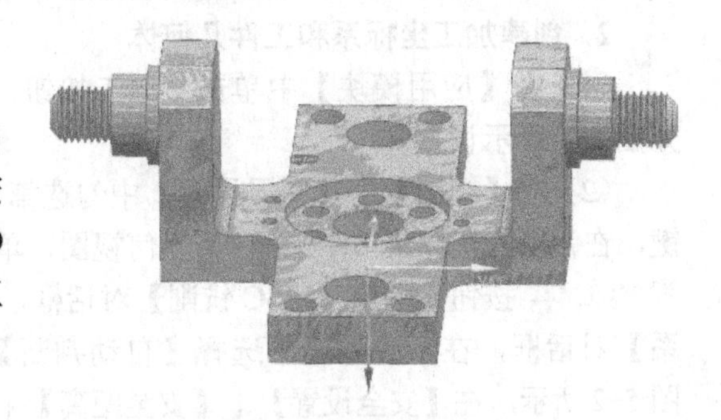

图 4-284 仿真加工图

4.3 课后练习

完成图 4-285 所示零件编程与加工。

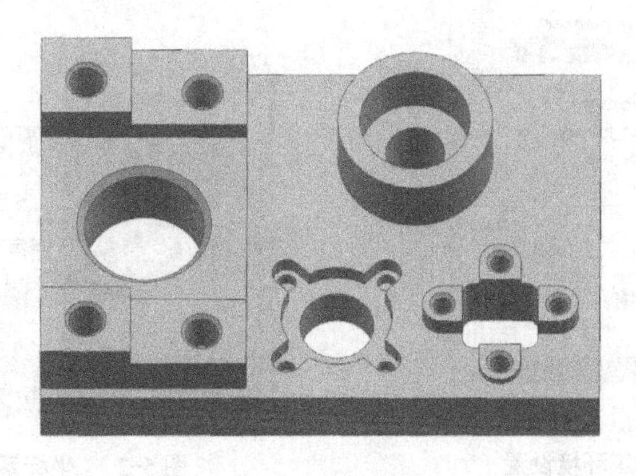

图 4-285 练习零件

第5章 综合案例

本章以船舶零件、风扇凸模、眼镜模型的编程与加工为例，综合讲解了型腔铣、面铣、平面铣、孔铣、区域轮廓铣、定心钻、钻孔、钻埋头孔、攻螺纹（攻丝）、深度轮廓铣、剩余铣、固定轴引导曲线铣、固定轮廓铣等常用子类型的编程方法及参数设置方法。

5.1 船舶零件编程与加工

船舶零件编程与加工 1

5.1.1 编程准备

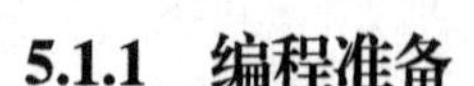

1．打开文件

启动 UG 软件，打开 5.1 船舶零件模型，零件材料为 40 铬钢。

船舶零件编程与加工 2

2．创建加工坐标系和工件几何体

（1）在【应用模块】中单击加工按钮，弹出【加工环境】对话框，按如图 5-1 所示设置。

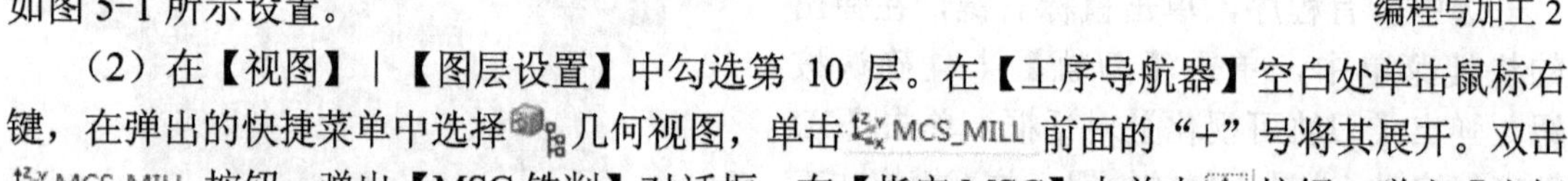

（2）在【视图】|【图层设置】中勾选第 10 层。在【工序导航器】空白处单击鼠标右键，在弹出的快捷菜单中选择几何视图，单击 MCS_MILL 前面的“+”号将其展开。双击 MCS_MILL 按钮，弹出【MSC 铣削】对话框，在【指定 MSC】中单击按钮，弹出【坐标系】对话框，在下拉列表中选择【自动判断】，在【选择对象】中选择毛坯的上表面，如图 5-2 所示，在【安全设置】|【安全距离】中输入“30”，其余默认，单击【确定】按钮。

图 5-1　加工环境设置

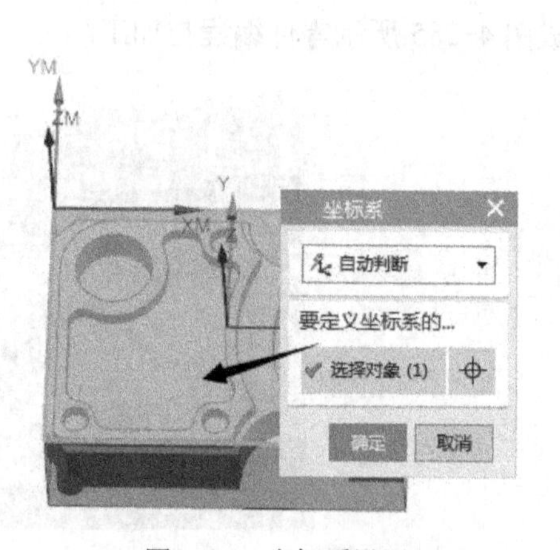

图 5-2　坐标系设置

（3）创建工件几何体。双击 WORKPIECE 按钮，弹出【工件】对话框，单击指定部件按钮，弹出【部件几何体】对话框，在【选择对象】中选择船舶零件模型，单击【确定】按钮；单击指定毛坯按钮，弹出【毛坯几何体】对话框，在下拉列表中选择几何体，在【选择对象】中选择如图 5-3a 所示的毛坯，单击【确定】按钮。

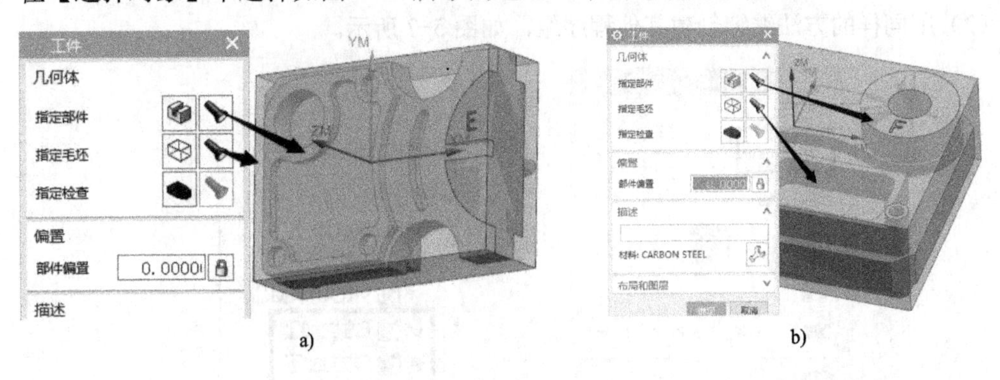

图 5-3　创建工件几何体

（4）重复第（2）、（3）步，创建另一个方向的坐标几何体和工件几何体，如图 5-36 所示。

3．创建刀具

（1）在【工序导航器】空白处单击鼠标右键，在弹出的快捷菜单中选择机床视图，在工具栏中单击创建刀具按钮，弹出【创建刀具】对话框，按如图 5-4 所示设置，单击【确定】按钮，弹出【铣刀-5 参数】对话框，在【尺寸】选项组中按如图 5-5 所示设置，单击【确定】按钮。

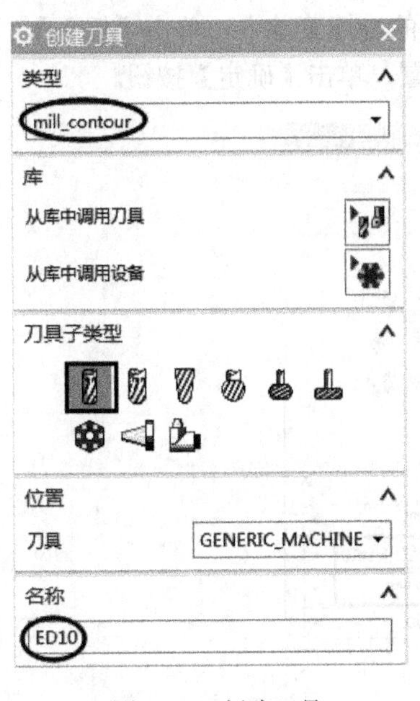

图 5-4　创建刀具

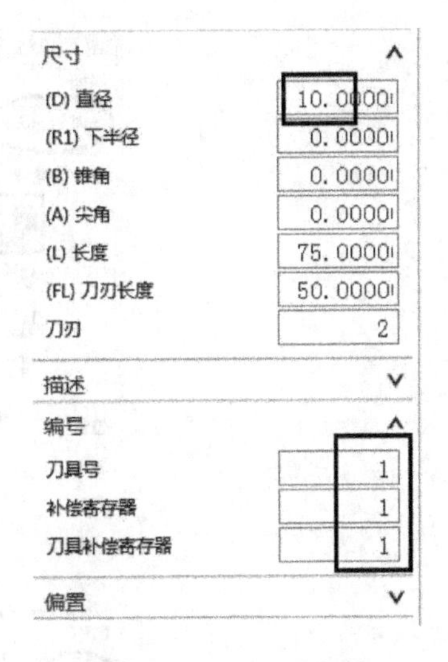

图 5-5　设置刀具参数

（2）用同样的方法，创建 ED8、ED5、R3 刀具，ZXZ_8 中心钻、C_20 倒角刀、M6 丝锥，在编号中输入对应的编号。

4．创建程序顺序视图

（1）在【工序导航器】空白处单击鼠标右键，在弹出的快捷菜单中，选择程序顺序视图，在工具条中单击创建程序按钮，弹出【创建程序】对话框，按如图 5-6 所示设置，两次单击【确定】按钮，完成程序组的创建。

（2）用同样的方法继续创建其他程序组，如图 5-7 所示。

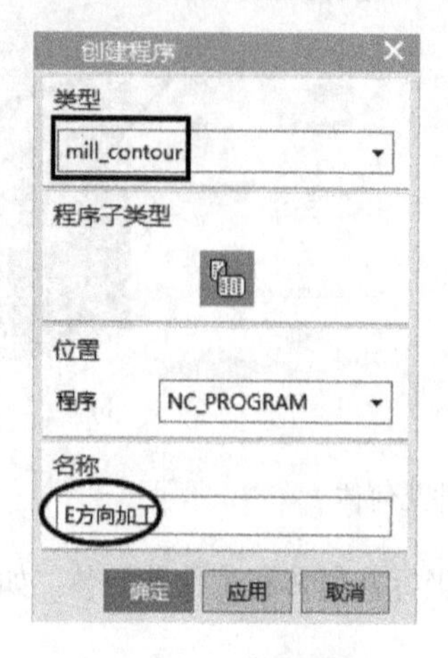

图 5-6　创建程序组

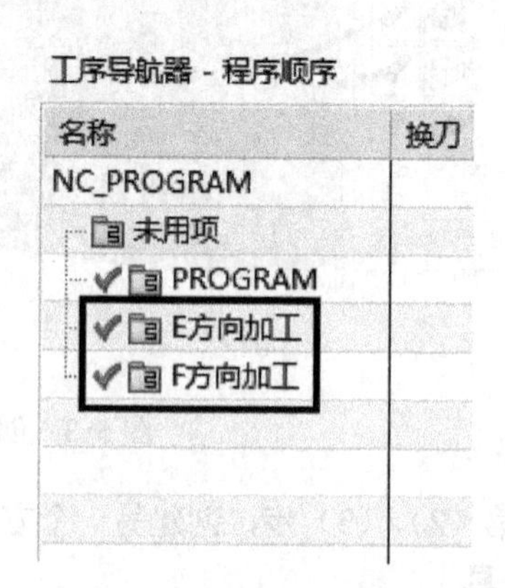

图 5-7　创建的所有程序组

5.1.2　E 方向加工

1．E 方向粗加工

（1）鼠标右击【E 方向加工】程序组，在弹出的快捷菜单中，单击【插入】|工序按钮，弹出【创建工序】对话框，按如图 5-8 所示设置，单击【确定】按钮。

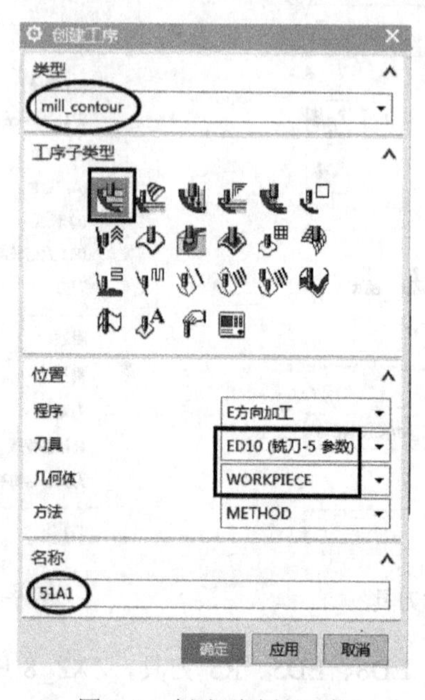

图 5-8　创建型腔铣工序

（2）在【刀轨设置】中按如图5-9所示设置。

（3）单击切削层按钮，弹出【切削层】对话框，按如图5-10所示设置，单击【确定】按钮。

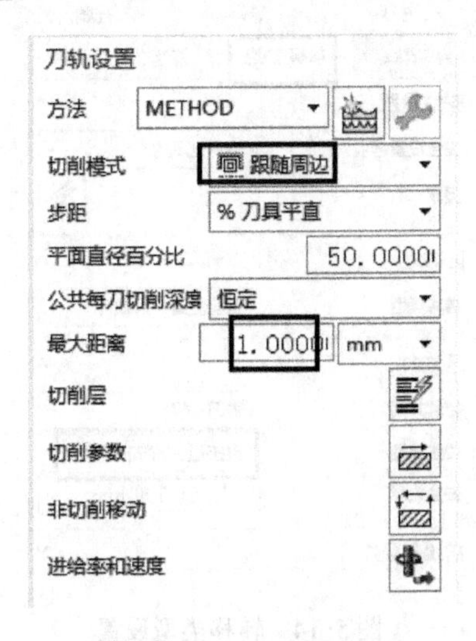

图5-9 刀轨设置

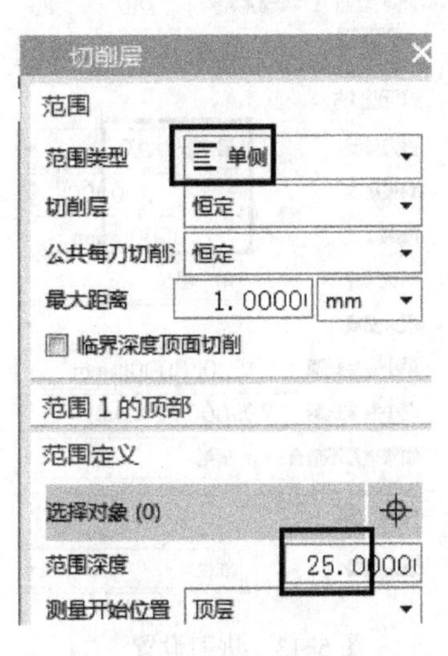

图5-10 切削层设置

（4）单击切削参数按钮，弹出【切削参数】对话框，在【策略】选项卡中按如图5-11所示设置，【余量】选项卡中按如图5-12所示设置，单击【确定】按钮。

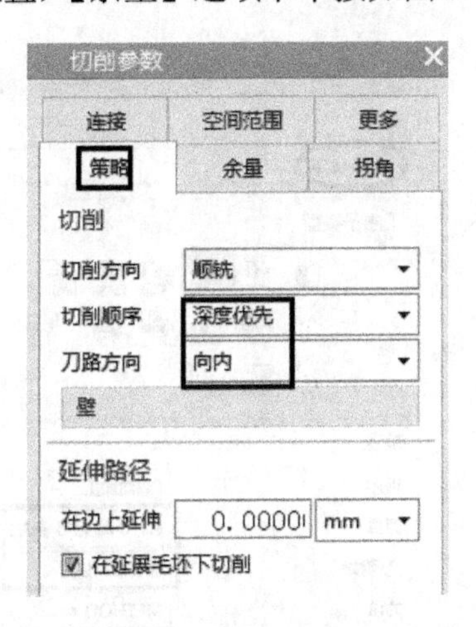

图5-11 策略设置

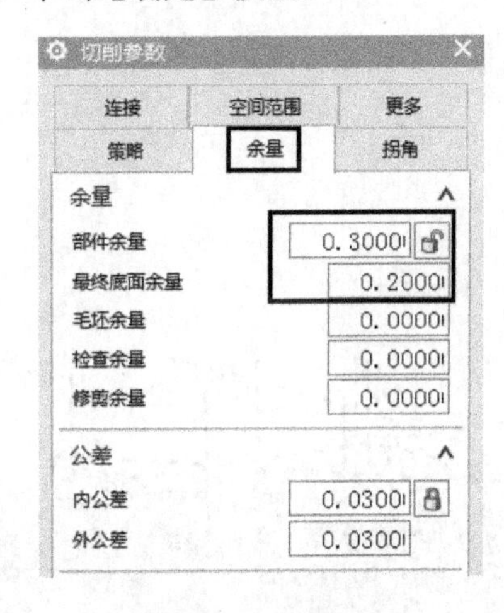

图5-12 余量设置

（5）单击非切削移动按钮，弹出【非切削移动】对话框，在【进刀】选项卡中按如图5-13所示设置，【转移/快速】选项卡中按如图5-14所示设置，单击【确定】按钮。

（6）单击进给率和速度按钮，弹出【进给率和速度】对话框，在【主轴速度】中输入“1500”，【进给率】|【切削】中输入“450”，单击【确定】按钮。

（7）单击生成按钮，生成的刀具路径如图5-15所示。

2. 底面精加工

（1）鼠标右击【E方向加工】程序组，在弹出的快捷菜单中，单击【插入】|工序按

钮，弹出【创建工序】对话框，按如图 5-16 所示设置，单击【确定】按钮。

图 5-13　进刀设置

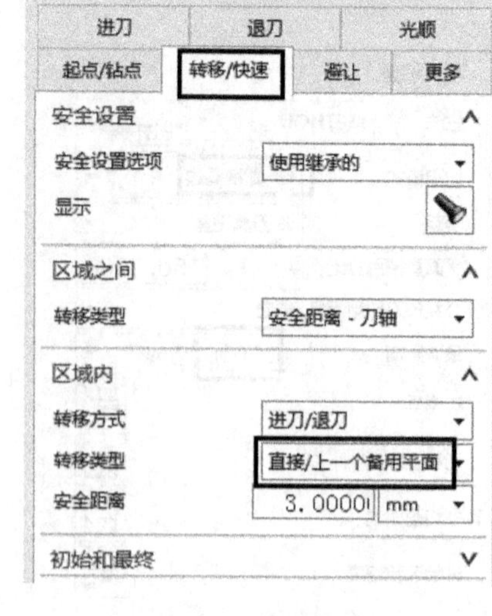

图 5-14　转移类型设置

（2）单击指定面边界按钮，弹出【毛坯边界】对话框，在【选择方法】中选择面，在【选择面】中选择添加新集按钮，选择如图 5-17 所示的面，单击【确定】按钮。

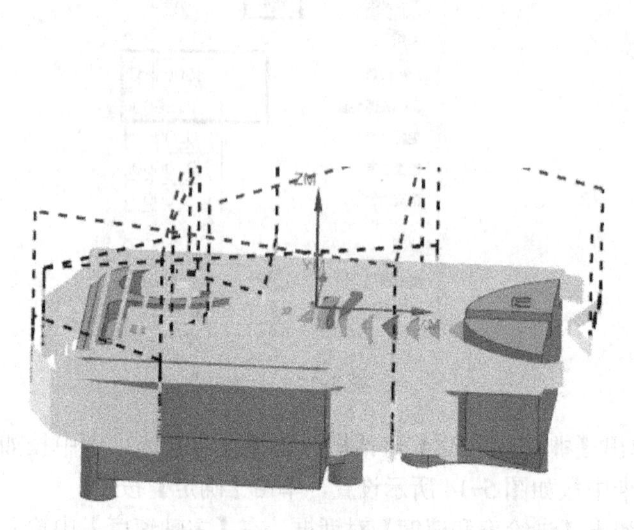

图 5-15　生成的刀具路径

图 5-16　创建面铣工序

（3）在【刀轨设置】选项组中按如图 5-18 所示设置。

（4）单击切削参数按钮，弹出【切削参数】对话框，在【策略】选项卡中按如图 5-19 所示设置，【余量】选项卡中按如图 5-20 所示设置，单击【确定】按钮。

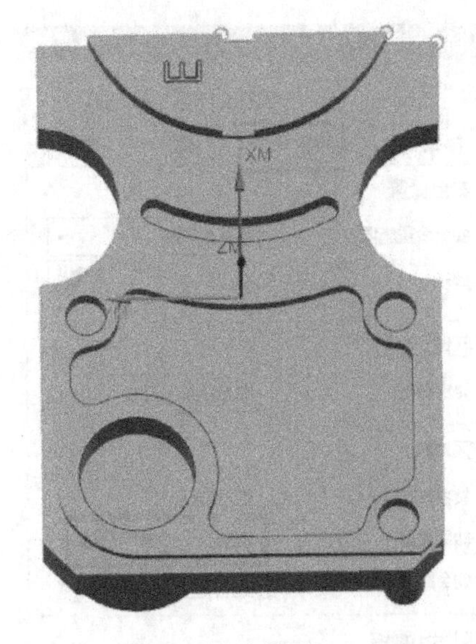

图 5-17　选择面

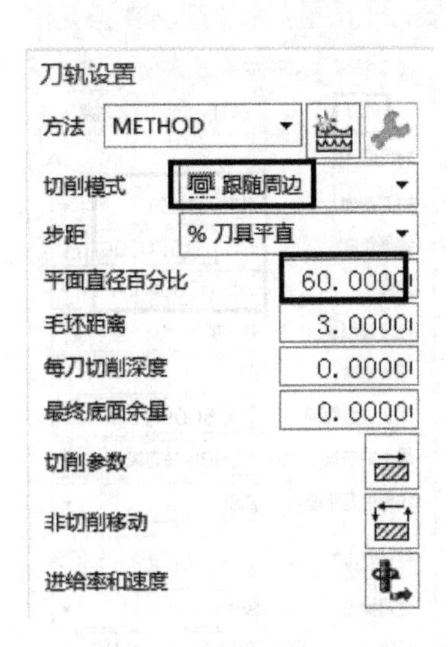

图 5-18　刀轨设置

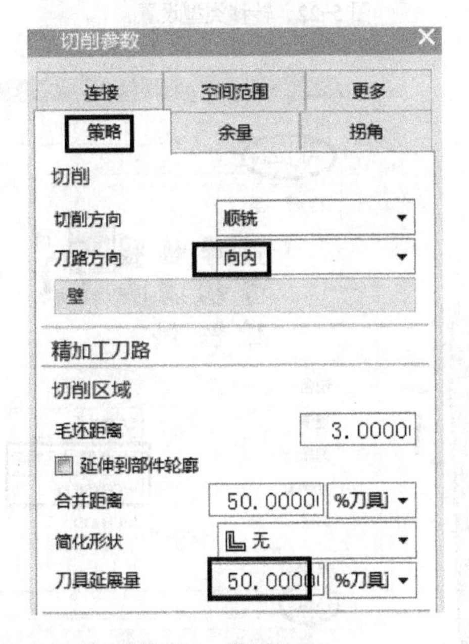

图 5-19　策略设置

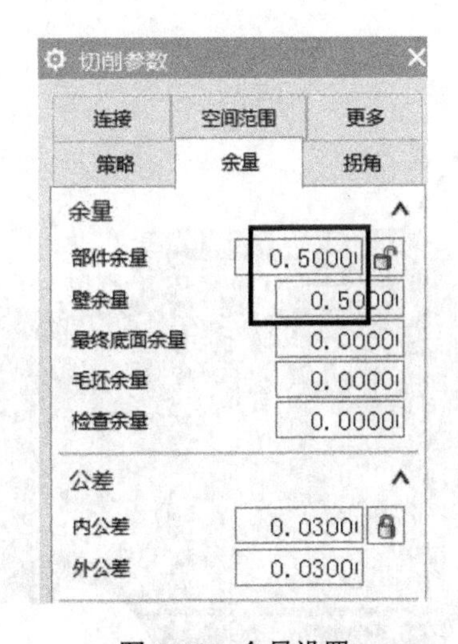

图 5-20　余量设置

（5）单击非切削移动按钮，弹出【非切削移动】对话框，在【进刀】选项卡中按如图 5-21 所示设置，【转移/快速】选项卡中按如图 5-22 所示设置，单击【确定】按钮。

（6）单击进给率和速度按钮，弹出【进给率和速度】对话框，在【主轴速度】中输入“1800”，【进给率】|【切削】中输入“400”，单击【确定】按钮。

（7）单击生成按钮，生成的刀具路径如图 5-23 所示。

3．底面腔体侧壁精加工

（1）鼠标右击【E 方向加工】程序组，在弹出的快捷菜单中，单击【插入】|工序按钮，弹出【创建工序】对话框，按如图 5-24 所示设置，单击【确定】按钮。

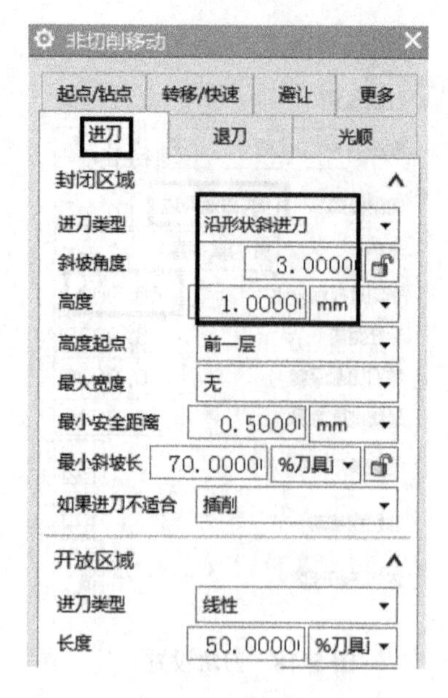

图 5-21 进刀设置

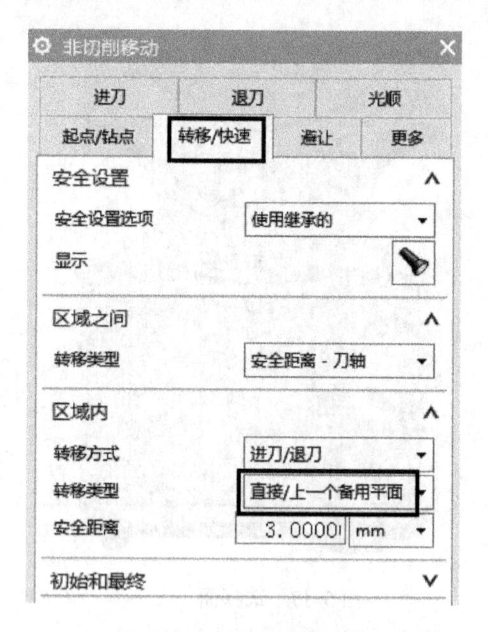

图 5-22 转移类型设置

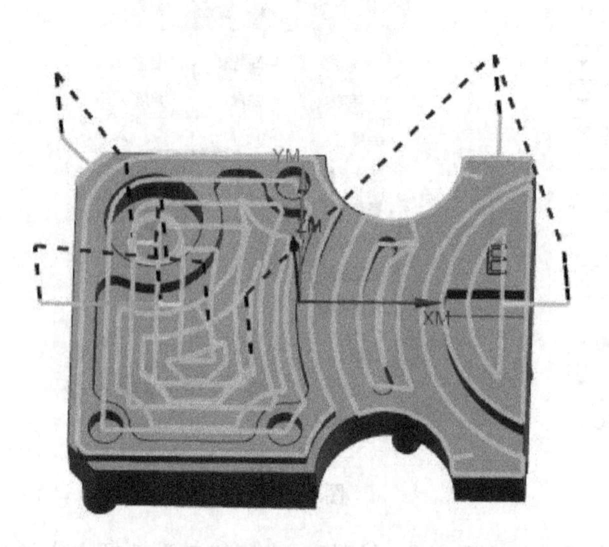

图 5-23 生成的刀具路径

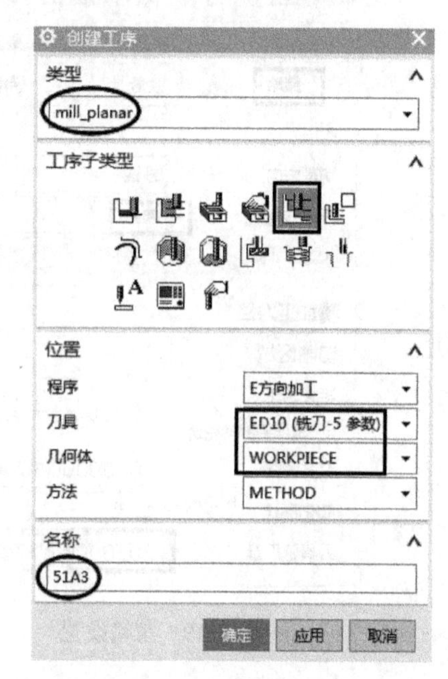

图 5-24 创建平面铣工序

（2）单击指定部件边界按钮，弹出【部件边界】对话框，在【选择方法】中选择曲线，在【选择曲线】中选择如图 5-25 所示的边缘。

单击添加新集按钮，在【选择曲线】中选择如图 5-26 所示的面边缘，单击【确定】按钮。

（3）单击指定毛坯边界按钮，弹出【毛坯边界】对话框，在【选择方法】中选择点，在【指定点】中选择如图 5-27 所示的边缘端点，单击【确定】按钮。

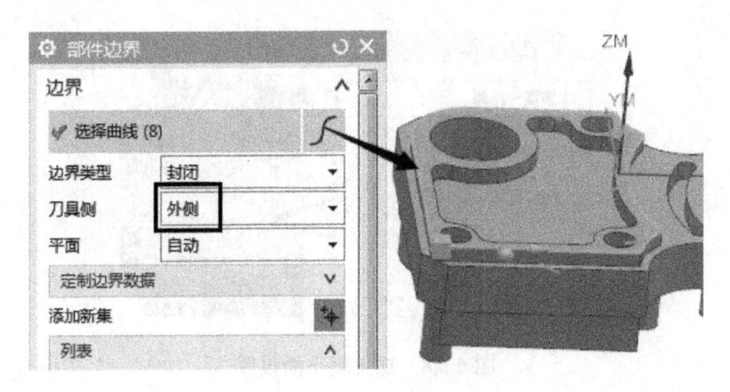

图 5-25　边界设置

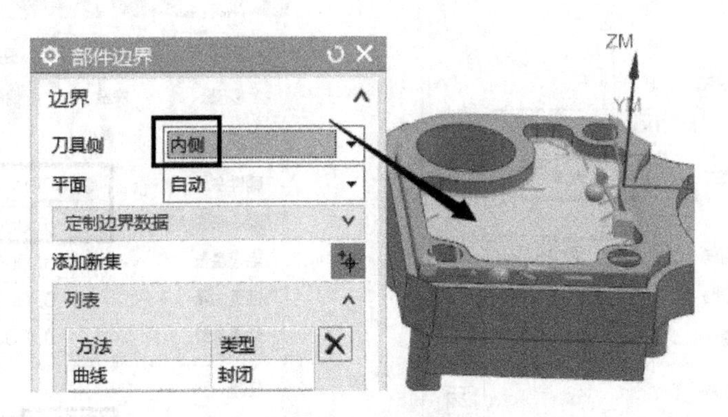

图 5-26　添加边界

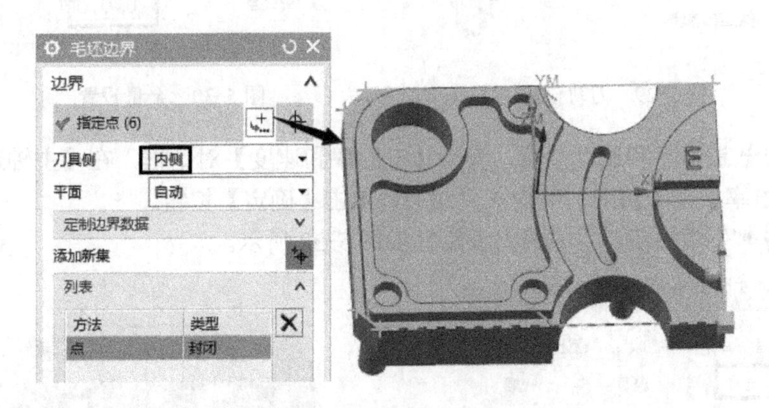

图 5-27　指定毛坯边界

（4）单击指定底面按钮，弹出【平面】对话框，在【选择平面对象】中选择如图 5-28 所示的底面，单击【确定】按钮。

（5）在【刀轨设置】选项组中按如图 5-29 所示设置。

（6）单击切削参数按钮，弹出【切削参数】对话框，在【余量】选项卡中按如图 5-30 所示设置，单击【确定】按钮。

（7）单击非切削移动按钮，弹出【非切削移动】对话框，在【进刀】选项卡中按如图 5-31 所示设置。

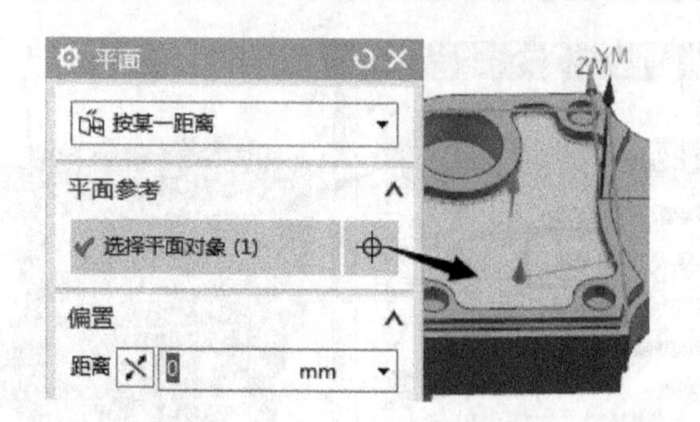

图 5-28　加工底平面设置

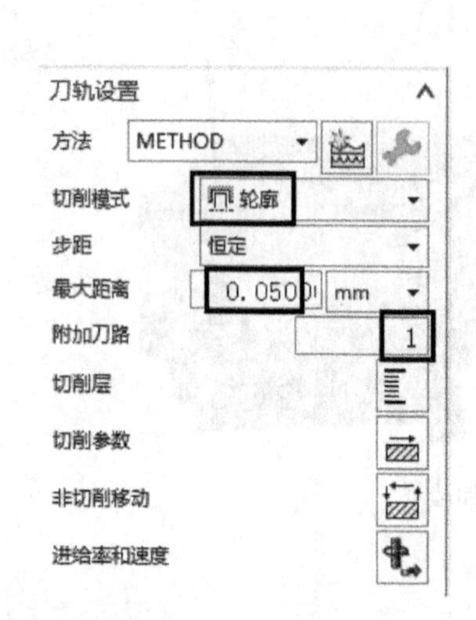

图 5-29　刀轨设置

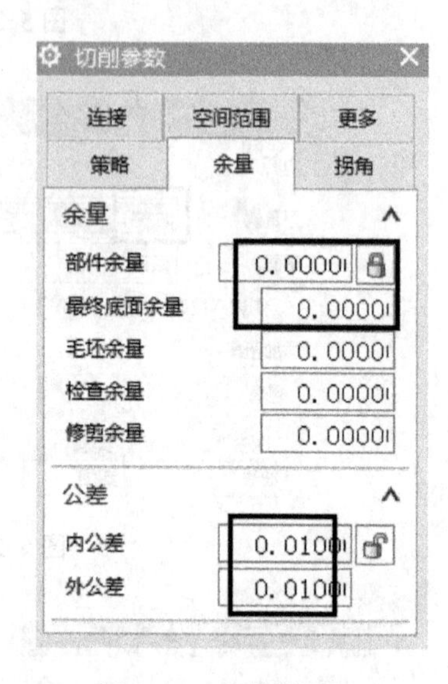

图 5-30　余量设置

（8）单击进给率和速度按钮，弹出【进给率和速度】对话框，在【主轴速度】中输入“1800”，【进给率】|【切削】中输入“400”，单击【确定】按钮。

（9）单击生成按钮，生成的刀具路径如图 5-32 所示。

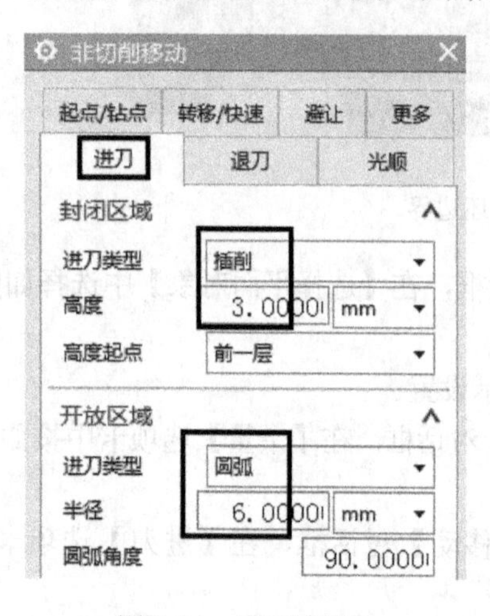

图 5-31　进刀设置

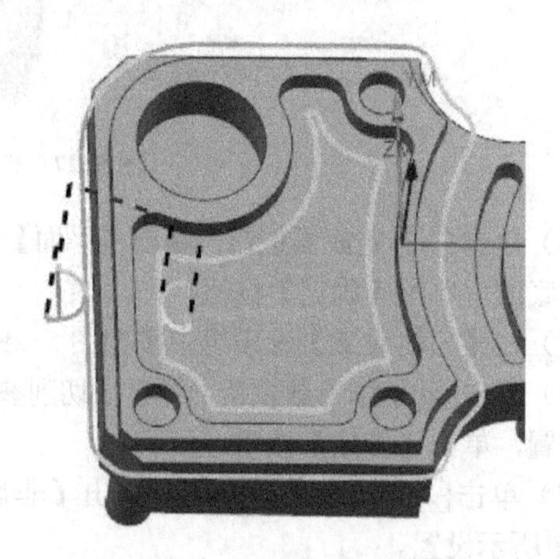

图 5-32　生成刀具路径

4．大圆孔侧壁精加工

（1）鼠标右击“51A3”程序，在弹出快捷菜单中选择【复制】，再次右击“51A3”程序，在弹出的快捷菜单中选择【粘贴】，将名称重命名为“51A4”。

（2）双击“51A4”程序，弹出【平面铣】对话框，单击指定部件边界按钮，弹出【部件边界】对话框，在【列表】中删除之前的选项，在【选择曲线】中选择如图5-33所示的孔边缘，单击【确定】按钮。

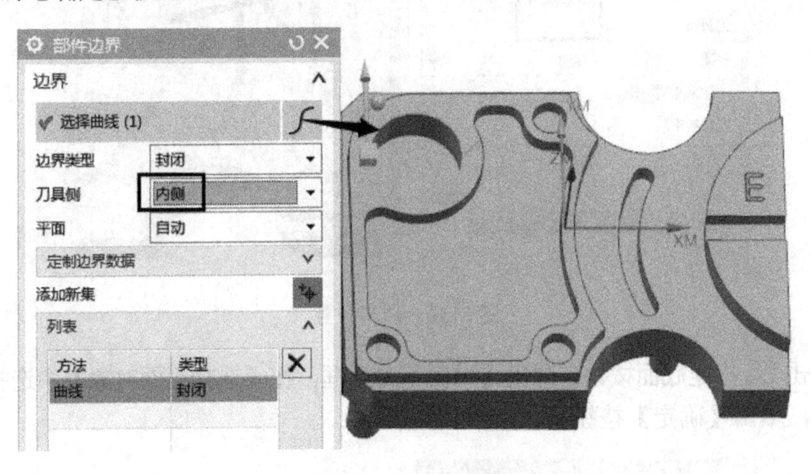

图5-33　边界设置

（3）单击指定毛坯边界按钮，弹出【毛坯边界】对话框，删除之前选择的毛坯边界。

（4）单击指定底面按钮，弹出【平面】对话框，在【选择平面对象】中选择如图5-34所示的底面，单击【确定】按钮。

（5）单击生成按钮，生成的刀具路径如图5-35所示。

图5-34　加工底平面设置

图5-35　生成刀具路径

5．月牙台侧壁精加工

（1）鼠标右击“51A4”程序，在弹出快捷菜单中选择【复制】，再次右击“51A4”程序，在弹出的快捷菜单中选择【粘贴】，将名称重命名为“51A5”。

（2）双击“51A5”程序，弹出【平面铣】对话框，单击指定部件边界按钮，弹出

【部件边界】对话框，在上【列表】中删除之前的选项，在【选择曲线】中选如图 5-36 所示的边缘，单击【确定】按钮。

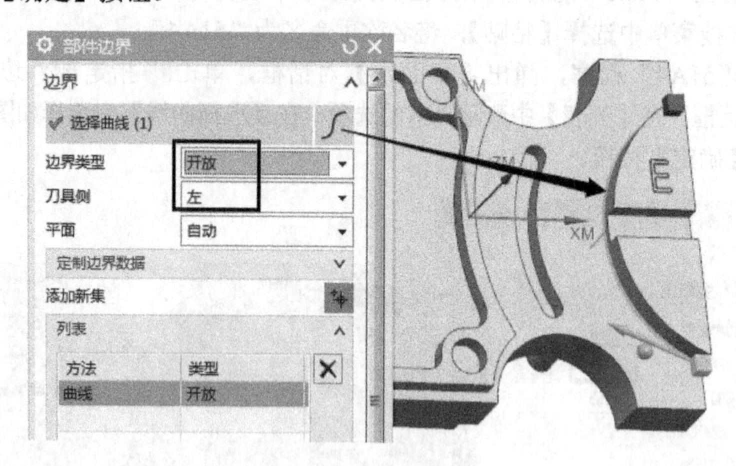

图 5-36　边界设置

（3）单击指定底面按钮，弹出【平面】对话框，在【选择平面对象】中选择如图 5-37 所示的底面，单击【确定】按钮。

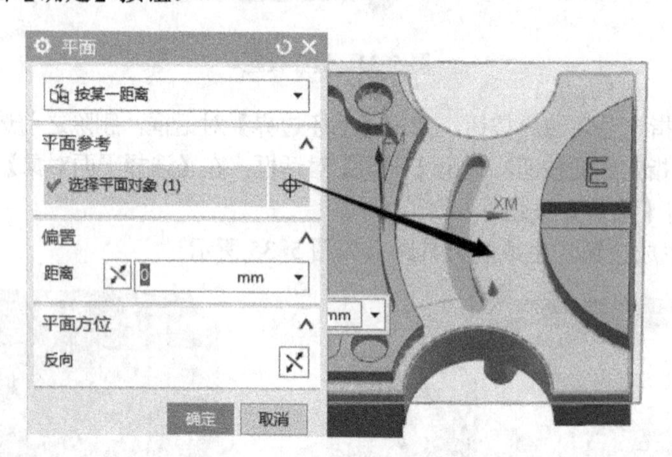

图 5-37　加工底平面设置

（4）单击非切削移动按钮，弹出【非切削移动】对话框，在【进刀】选项卡中按如图 5-38 所示设置。

（5）单击生成按钮，生成的刀具路径如图 5-39 所示。

6．外形轮廓精加工

（1）鼠标右击“51A5”程序，在弹出快捷菜单中选择【复制】，再次右击“51A5”程序，在弹出的快捷菜单中选择【粘贴】，将名称重命名为“51A6”。

（2）双击“51A6”程序，弹出【平面铣】对话框，单击指定部件边界按钮，弹出【部件边界】对话框，在上【列表】中删除之前的选项，在【选择曲线】中选择如图 5-40 所示的边，单击【确定】按钮。

（3）单击指定底面按钮，弹出【平面】对话框，在【选择平面对象】中选择如图 5-41

所示的底面，单击【确定】按钮。

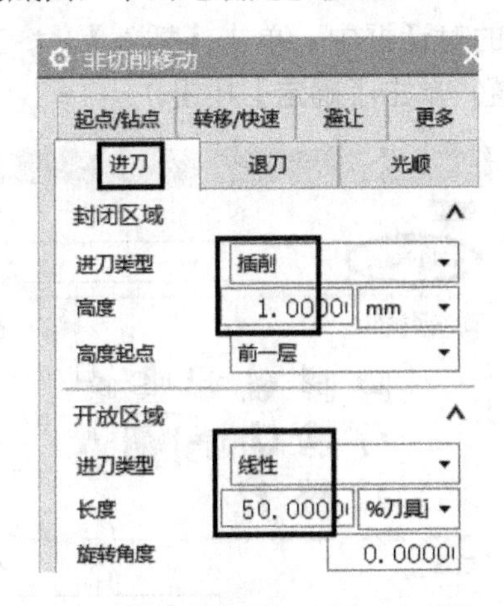

图 5-38　进刀设置

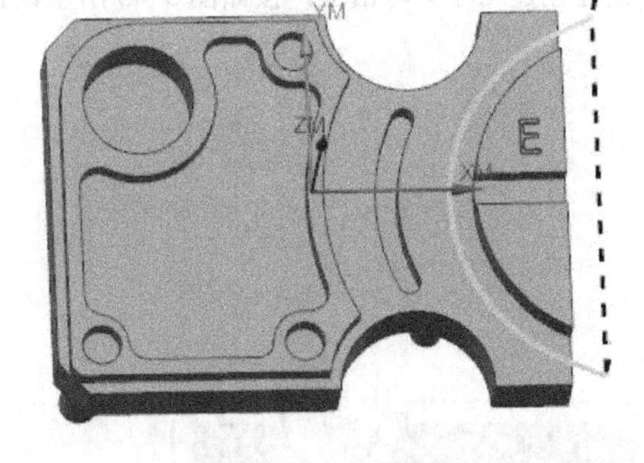

图 5-39　生成刀具路径

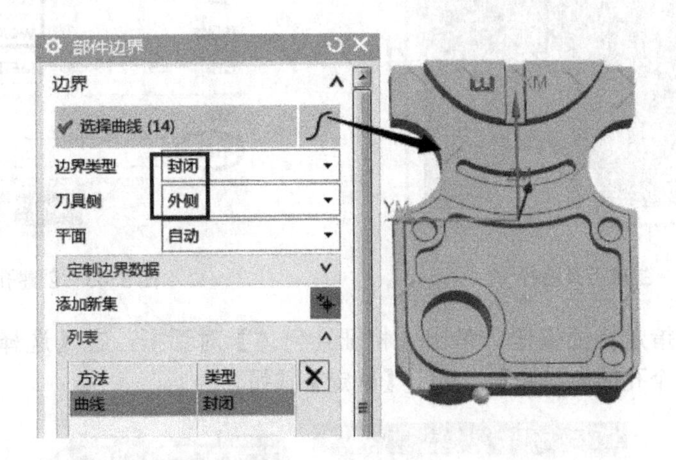

图 5-40　边界设置

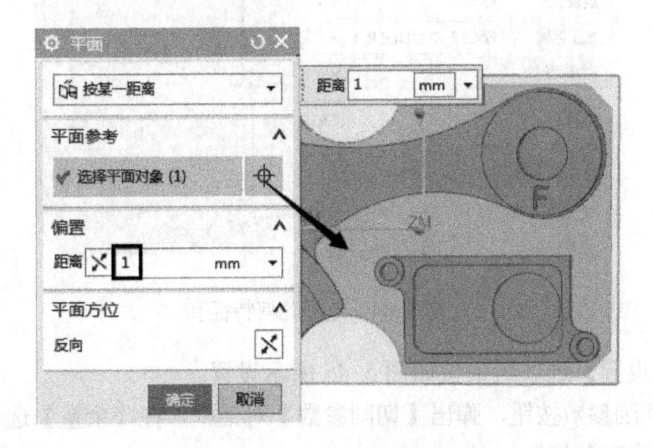

图 5-41　加工底平面设置

（4）单击生成按钮，生成的刀具路径如图 5-42 所示。

7. 三孔粗加工

（1）鼠标右击【E 方向加工】程序组，在弹出的对话框中，单击【插入】| 工序按钮，弹出【创建工序】对话框，按如图 5-43 所示设置，单击【确定】按钮。

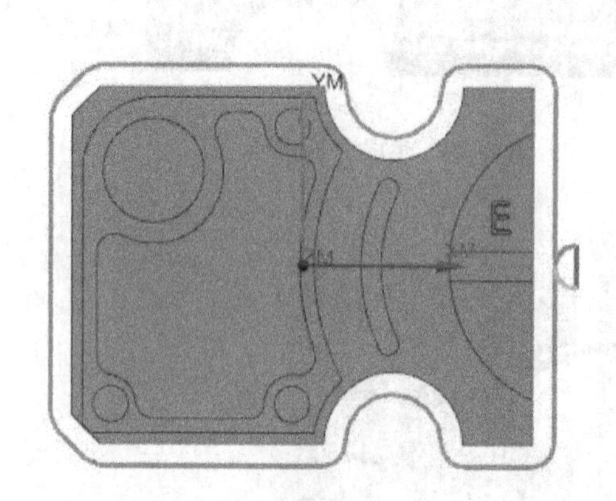

图 5-42　生成刀具路径

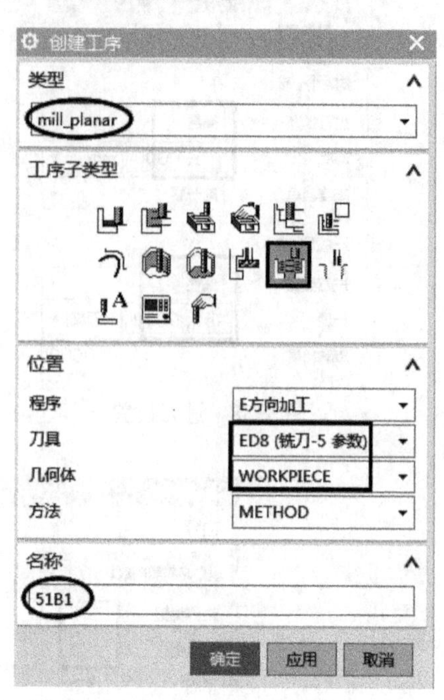

图 5-43　创建孔铣工序

（2）单击指定特征按钮，弹出【特征几何体】对话框，在【选择对象】中选择如图 5-44 所示的三个孔的内圆柱面，单击【确定】按钮。

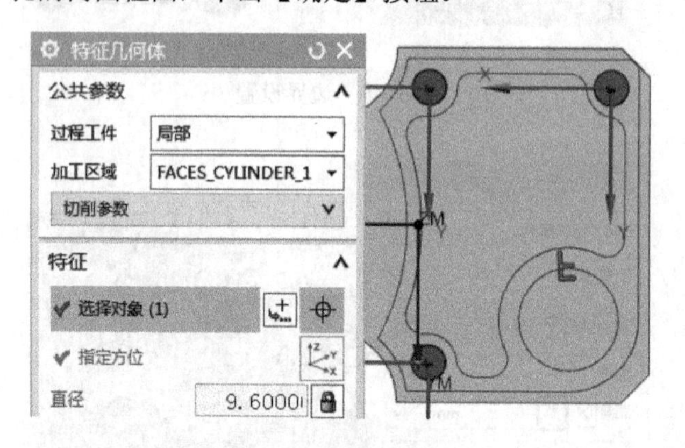

图 5-44　选择几何特征

（3）在【刀轨设置】选项组中按如图 5-45 所示设置。

（4）单击切削参数按钮，弹出【切削参数】对话框，在【余量】选项卡中按如图 5-46 所示设置，单击【确定】按钮。

（5）单击非切削移动按钮，弹出【非切削移动】对话框，在【进刀】选项卡中按如图 5-47 所示设置，【转移/快速】选项卡中按如图 5-48 所示设置，单击【确定】按钮。

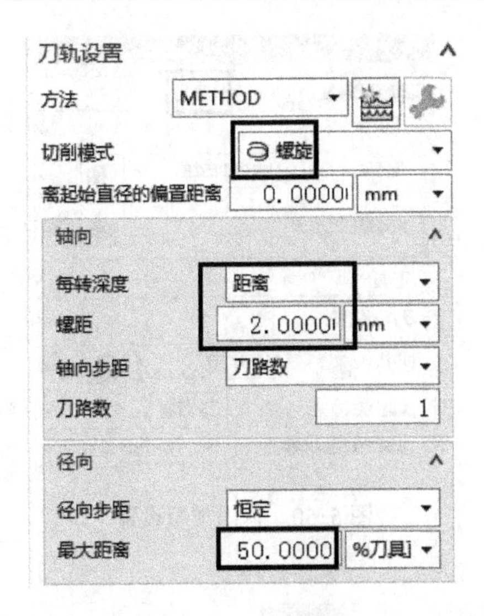

图5-45 刀轨设置

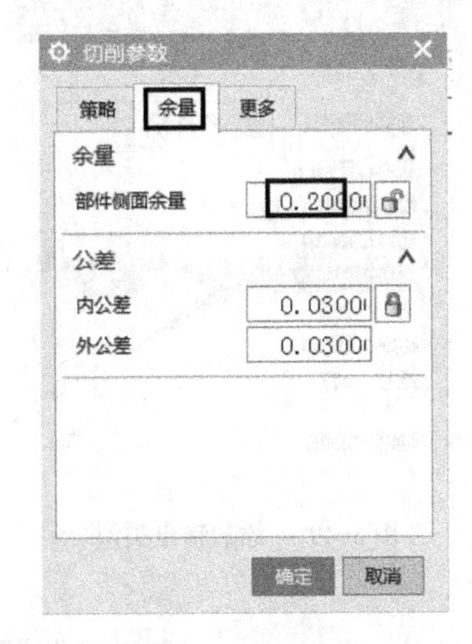

图5-46 余量设置

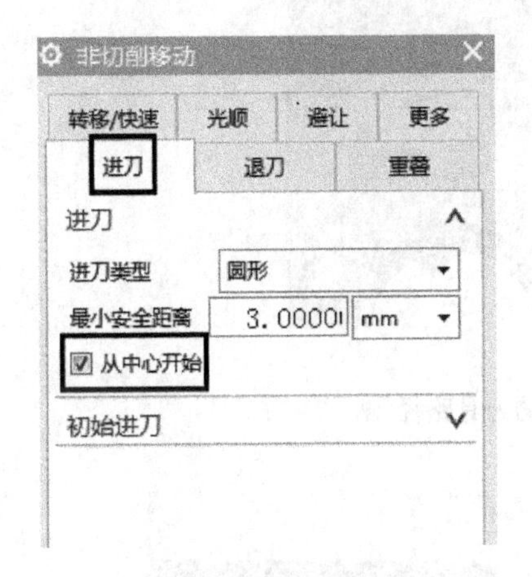

图5-47 进刀设置

图5-48 转移类型设置

（6）单击进给率和速度按钮，弹出【进给率和速度】对话框，在【主轴速度】中输入“1500”,【进给率】|【切削】中输入“450”，单击【确定】按钮。

（7）在【选项】选项组中单击定制对话框按钮，弹出【定制对话框】界面，双击【运动输出类型】，如图5-49所示，单击【确定】按钮。

（8）在【运动输出类型】下拉列表中选择【直线】，如图5-50所示。

（9）单击生成按钮，生成的刀具路径如图5-51所示。

8．三孔侧壁精加工

（1）鼠标右击“51A6”程序，在弹出快捷菜单中选择【复制】，鼠标右击“51B1”程序，在弹出的快捷菜单中选择【粘贴】，将名称重命名为“51B2”。

（2）双击“51B2”程序，弹出【平面铣】对话框，单击指定部件边界按钮，弹出【部件边界】对话框，在上【列表】中删除之前的选项，在【选择曲线】中选择如图5-52所示孔边缘，单击【确定】按钮。

图 5-49　添加输出类型

图 5-50　输出类型设置

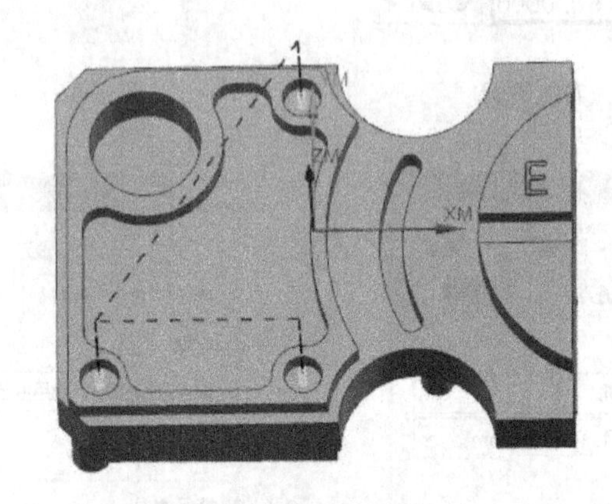

图 5-51　生成的刀具路径

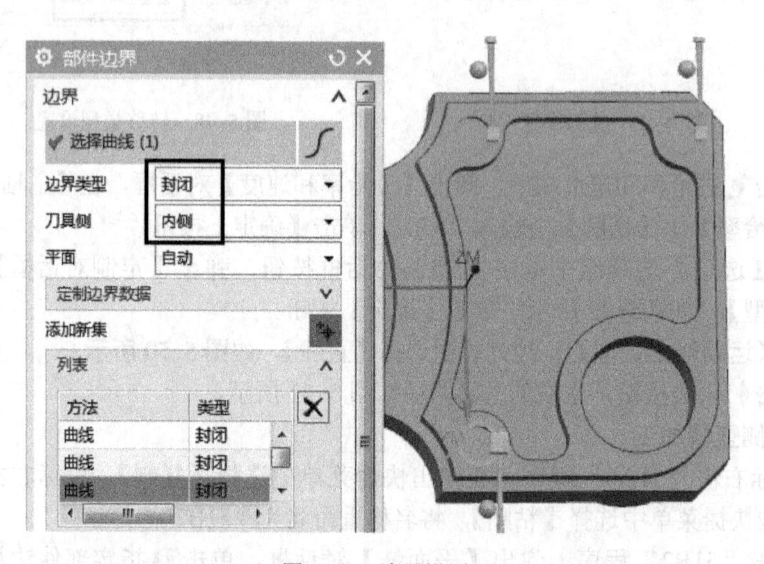

图 5-52　边界设置

（3）单击指定底面按钮，弹出【平面】对话框，在【选择平面对象】中选择如图 5-53 所示的底面，单击【确定】按钮。

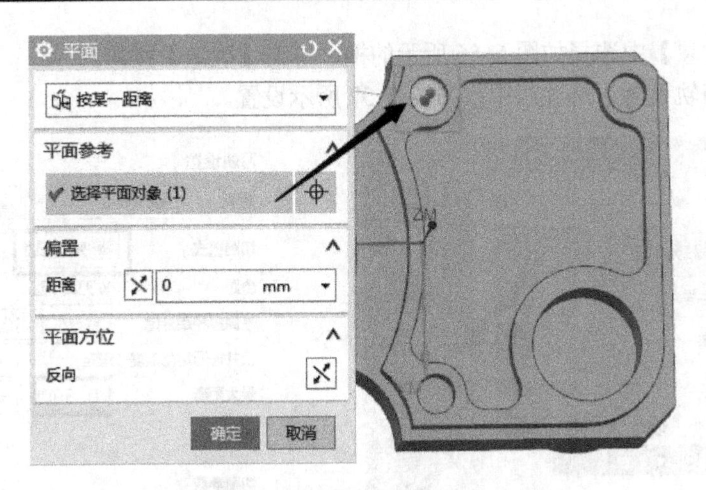

图 5-53　加工底平面设置

（4）在【工具】|【刀具】中选择“ED8”。

（5）单击进给率和速度按钮，弹出【进给率和速度】对话框，在【主轴速度】中输入“2000”,【进给率】|【切削】中输入“400”，单击【确定】按钮。

（6）单击生成按钮，生成的刀具路径如图 5-54 所示。

9．月牙台槽加工

（1）鼠标右击【E 方向加工】程序组，在弹出的快捷菜单中，单击【插入】|工序按钮，弹出【创建工序】对话框，按如图 5-55 所示设置，单击【确定】按钮。

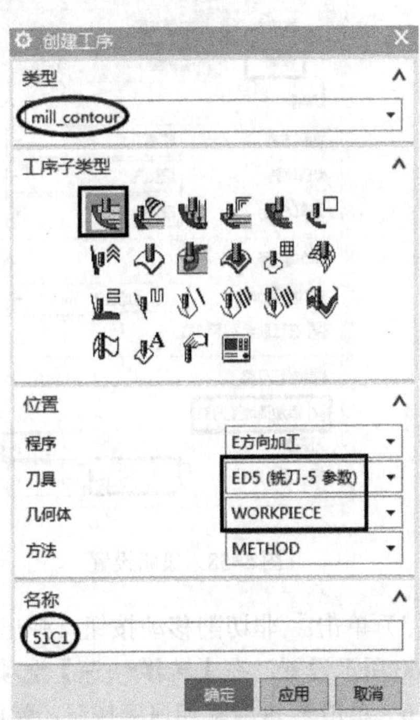

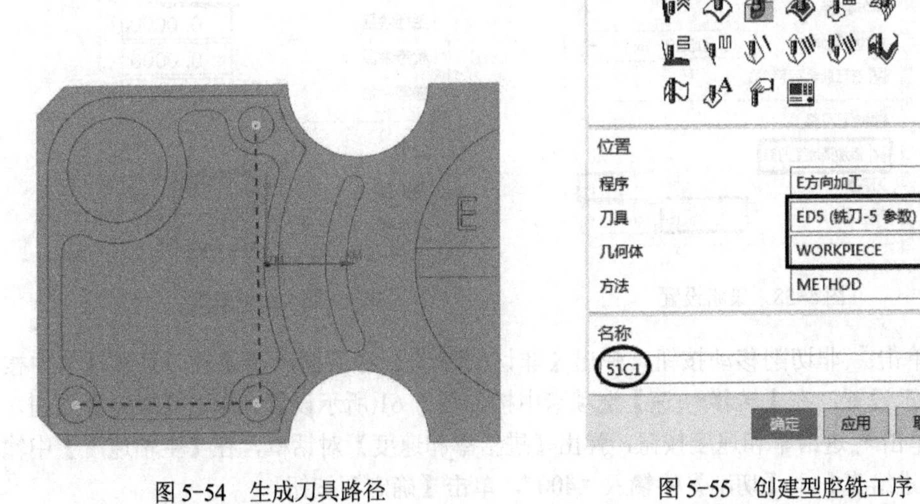

图 5-54　生成刀具路径　　　图 5-55　创建型腔铣工序

（2）单击指定切削区域按钮，弹出【切削区域】对话框，在【选择方法】中选择面，在【选择对象】中选择如图 5-56 所示的槽，单击【确定】按钮。

（3）在【刀轨设置】选项组中按如图 5-57 所示设置。

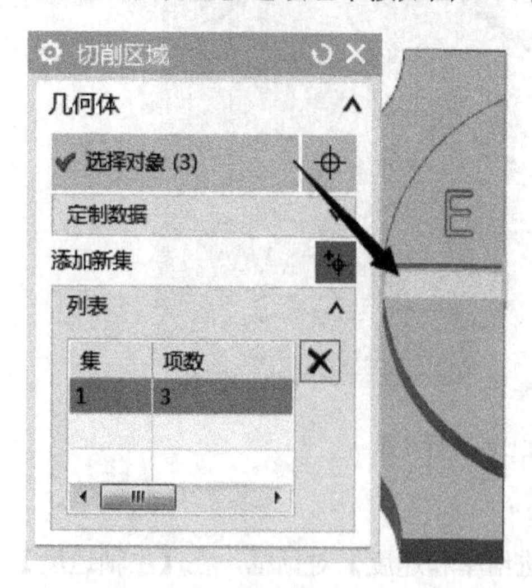

图 5-56　指定切削区域

图 5-57　刀轨设置

（4）单击切削参数按钮，弹出【切削参数】对话框，在【策略】选项卡中按如图 5-58 所示设置，【余量】选项卡中按如图 5-59 所示设置，单击【确定】按钮。

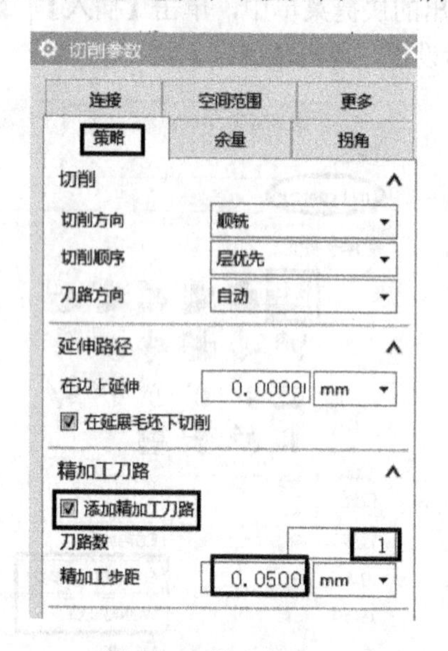

图 5-58　策略设置

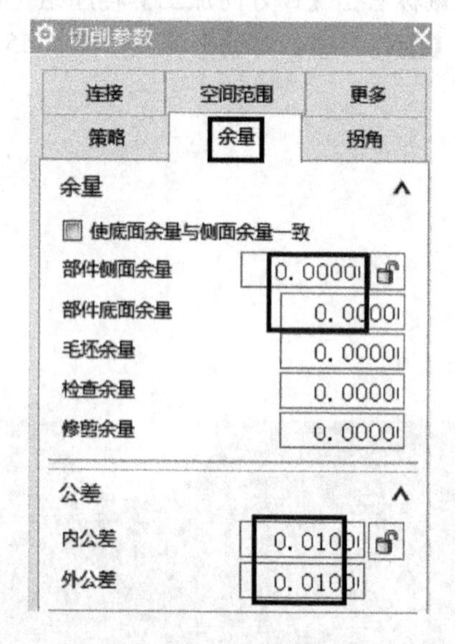

图 5-59　余量设置

（5）单击非切削移动按钮，弹出【非切削移动】对话框，在【进刀】选项卡中按如图 5-60 所示设置，在【转移/快速】选项卡中按如图 5-61 所示设置，单击【确定】按钮。

（6）单击进给率和速度按钮，弹出【进给率和速度】对话框，在【主轴速度】中输入“2500”，【进给率】|【切削】中输入“400”，单击【确定】按钮。

（7）单击生成按钮，生成的刀具路径如图 5-62 所示。

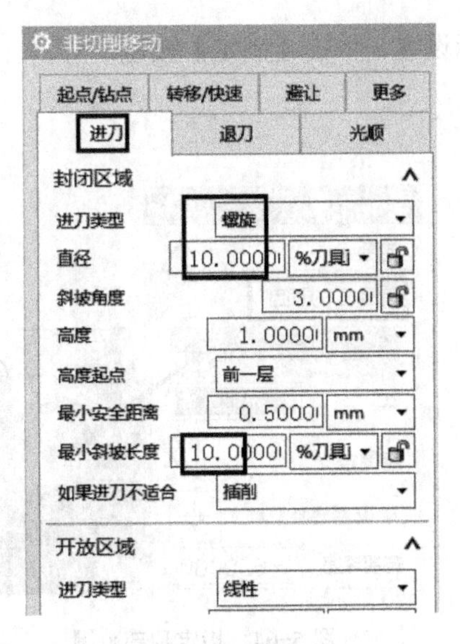

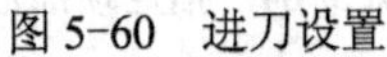
图 5-60 进刀设置

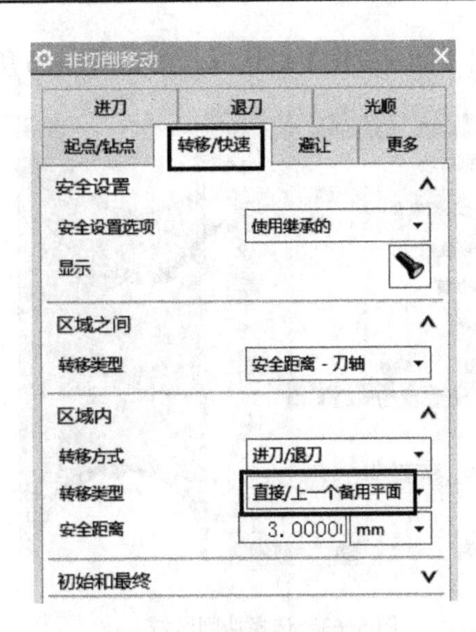

图 5-61 转移类型设置

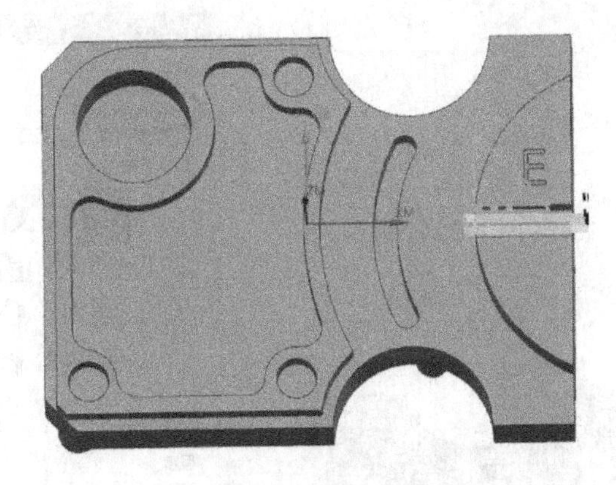

图 5-62 生成的刀具路径

10. 腰形槽粗加工

（1）鼠标右击“51C1”程序，在弹出的快捷菜单中选择【复制】，再次右击“51C1”程序，在弹出的快捷菜单中选择【粘贴】，将名称重命名为“51C2”。

（2）双击“51C2”程序，弹出【型腔铣】对话框，单击指定切削区域按钮，弹出【切削区域】对话框，在【列表】中删除之前的选项，在【选择对象】中选择如图 5-63 所示的腰形槽，单击【确定】按钮。

（3）单击切削层按钮，弹出【切削层】对话框，在【范围 1 的顶部】|【选择对象】中选择如图 5-64 所示的底面，单击【确定】按钮。

（4）单击生成按钮，生成的刀具路径如图 5-65 所示。

5.1.3 F 方向加工

1. F 方向粗加工

（1）鼠标右击【F 方向加工】程序组，在弹出的快捷菜单中，单击【插入】|工序按

钮，弹出【创建工序】对话框，按如图 5-66 所示设置，单击【确定】按钮。

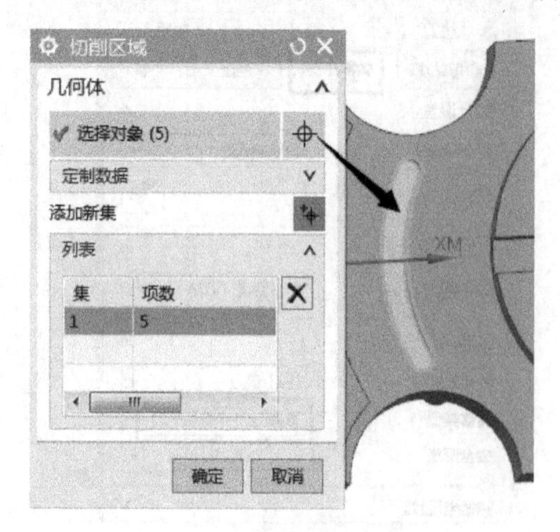

图 5-63　选择切削区域

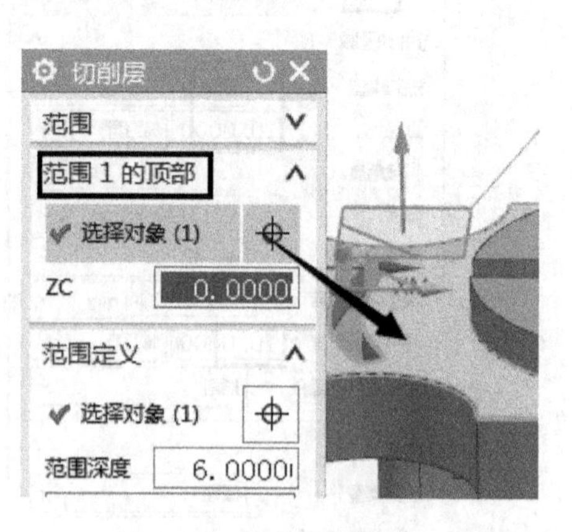

图 5-64　指定顶部范围

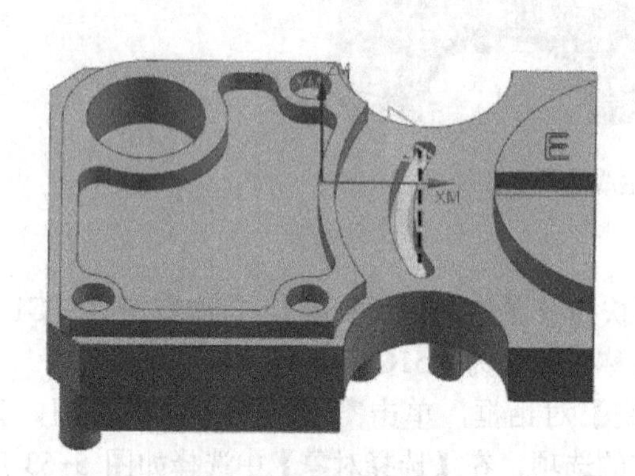

图 5-65　生成的刀具路径

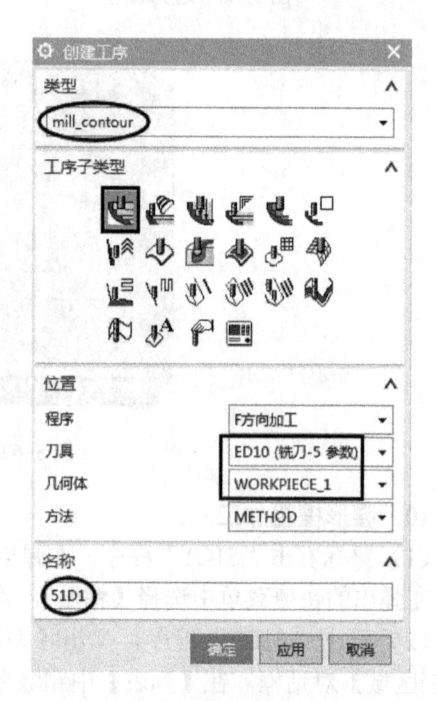

图 5-66　创建型腔铣工序

（2）在【刀轨设置】选项组中按如图 5-67 所示设置。

（3）单击切削层按钮，弹出【切削层】对话框，在【范围类型】下拉列表中选择【单侧】，在【范围定义】中选择如图 5-68 所示的底面，单击【确定】按钮。

（4）单击切削参数按钮，弹出【切削参数】对话框，在【策略】选项卡中按如图 5-69 所示设置，【余量】选项卡中按如图 5-70 所示设置，单击【确定】按钮。

（5）单击非切削移动按钮，弹出【非切削移动】对话框，在【进刀】选项卡按如图 5-71 所示设置，【转移/快速】选项卡中按如图 5-72 所示设置，单击【确定】按钮。

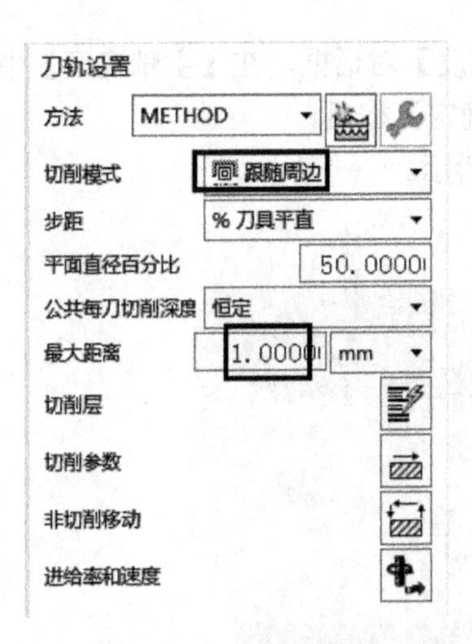

图 5-67　刀轨设置

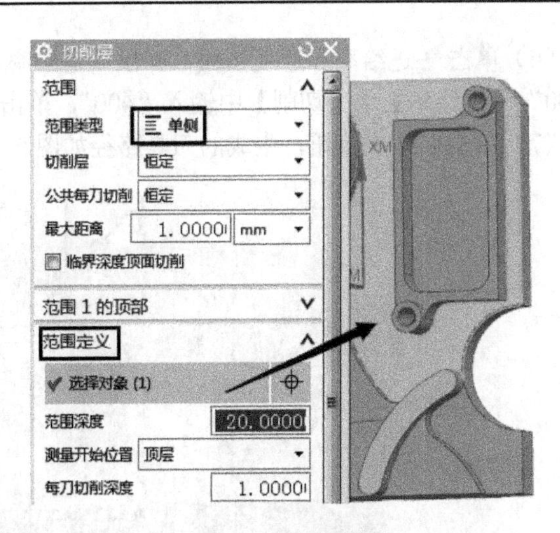

图 5-68　切削层设置

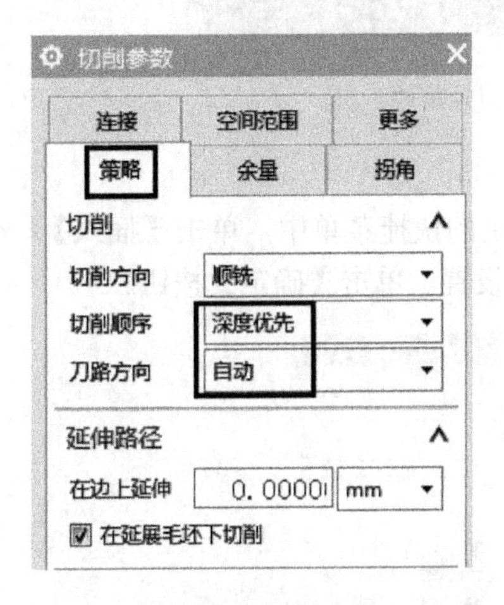

图 5-69　策略设置

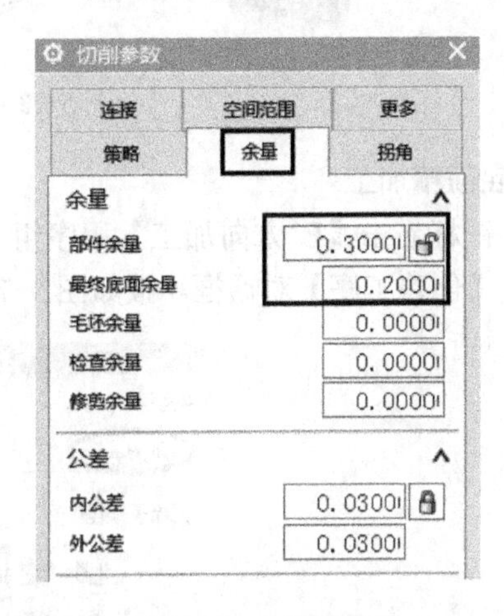

图 5-70　余量设置

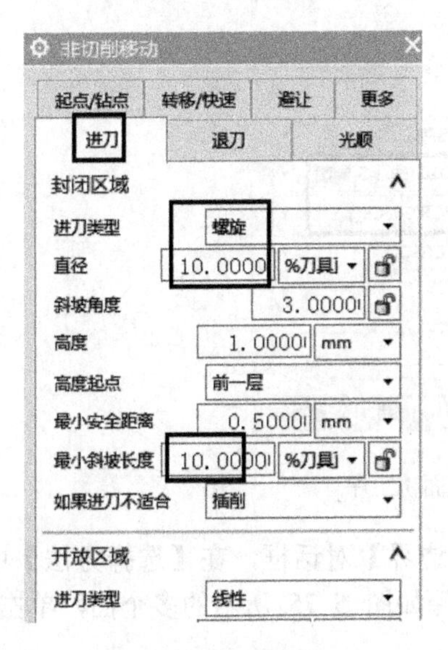

图 5-71　进刀设置

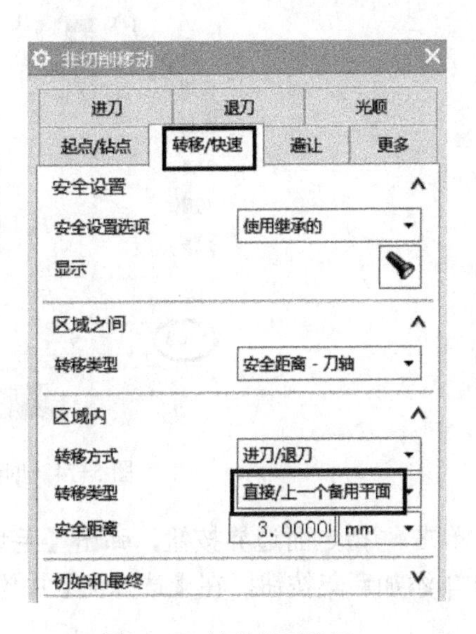

图 5-72　转移类型设置

（6）单击进给率和速度按钮，弹出【进给率和速度】对话框，在【主轴速度】中输入“1500”，【进给率】|【切削】中输入“400”，单击【确定】按钮。

（7）单击生成按钮，生成的刀具路径如图 5-73 所示。

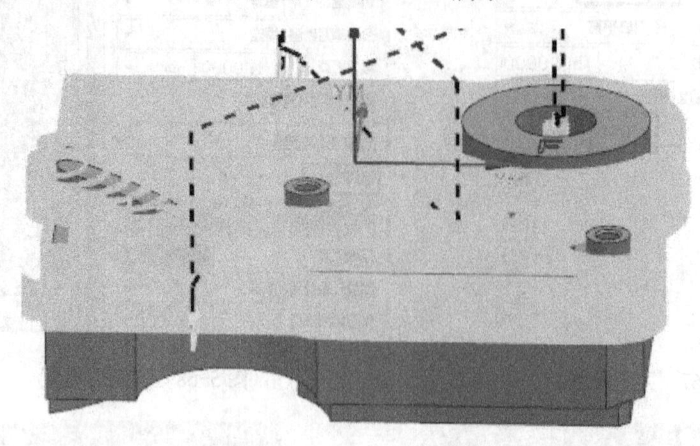

图 5-73　生成的刀具路径

2．底面精加工

（1）鼠标右击【F 方向加工】程序组，在弹出的快捷菜单中，单击【插入】|工序按钮，弹出【创建工序】对话框，按如图 5-74 所示设置，单击【确定】按钮。

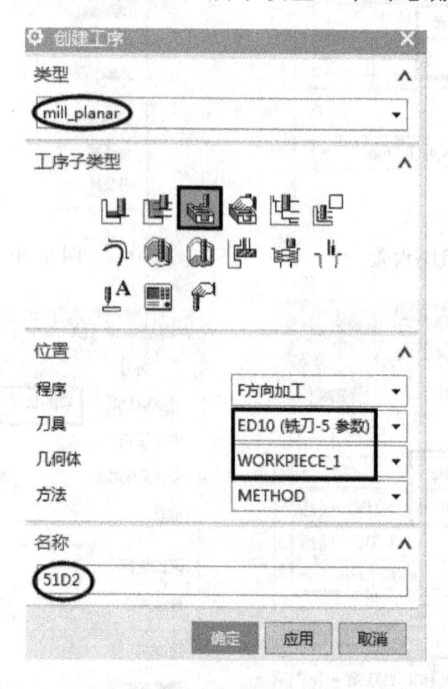

图 5-74　创建面铣工序

（2）单击指定面边界按钮，弹出【毛坯边界】对话框，在【选择方法】中选择面，单击添加新集按钮，在【选择面】中选择如图 5-75 所示的多个面，单击【确定】按钮。

（3）在【刀轨设置】选项组中按如图5-76所示设置。

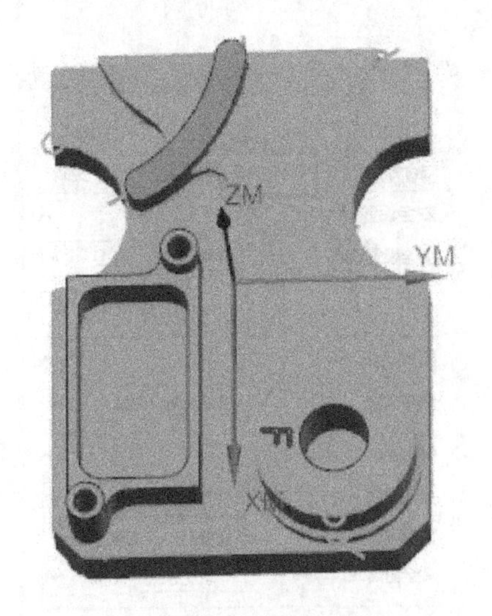

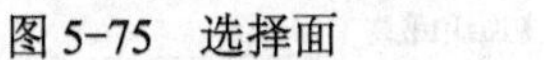
图5-75 选择面

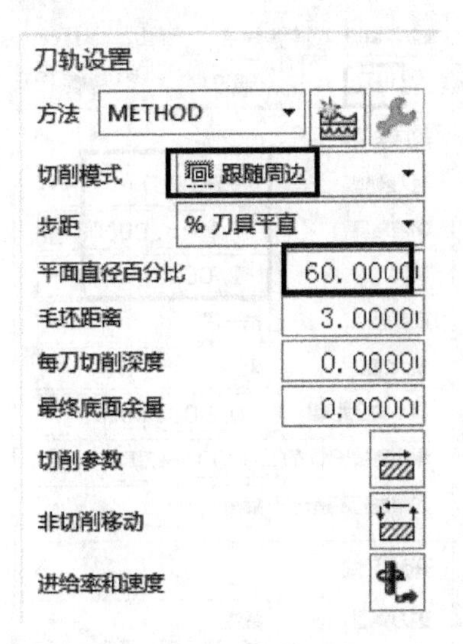

图5-76 刀轨设置

（4）单击切削参数按钮，弹出【切削参数】对话框，在【策略】选项卡中按如图5-77所示设置，【余量】选项卡中按如图5-78所示设置，单击【确定】按钮。

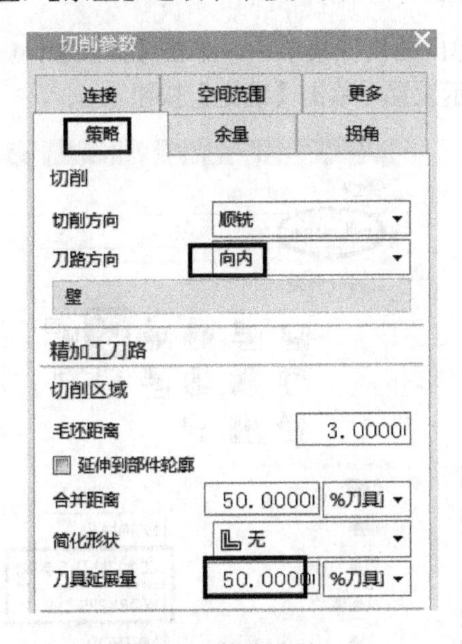

图5-77 策略设置

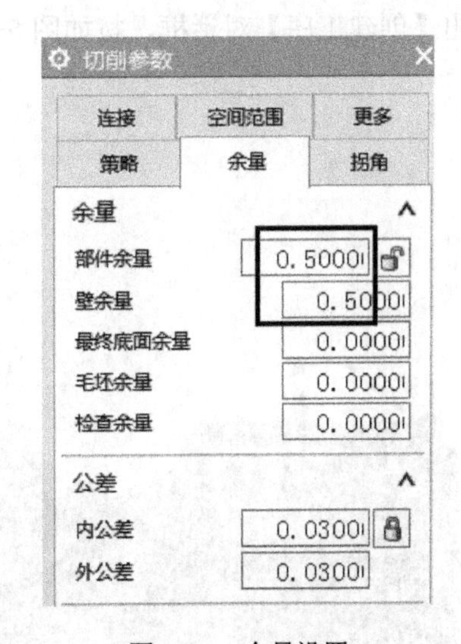

图5-78 余量设置

（5）单击非切削移动按钮，弹出【非切削移动】对话框，在【进刀】选项卡中按如图5-79所示设置，【转移/快速】选项卡中按如图5-80所示设置，单击【确定】按钮。

（6）单击进给率和速度按钮，弹出【进给率和速度】对话框，在【主轴速度】中输入“1800”，【进给率】|【切削】中输入“450”，单击【确定】按钮。

（7）单击生成按钮，生成的刀具路径如图5-81所示。

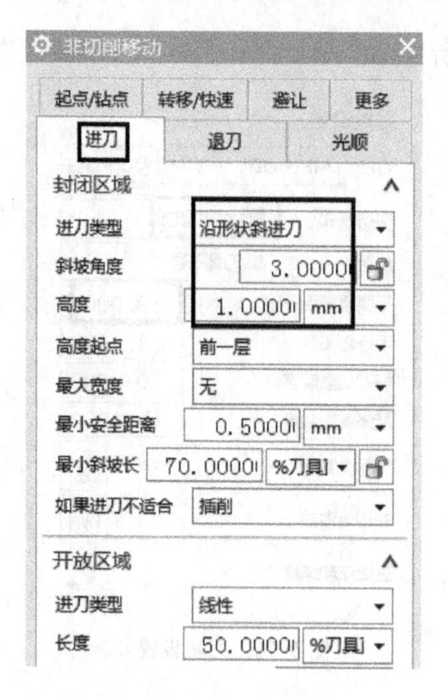

图 5-79 进刀设置

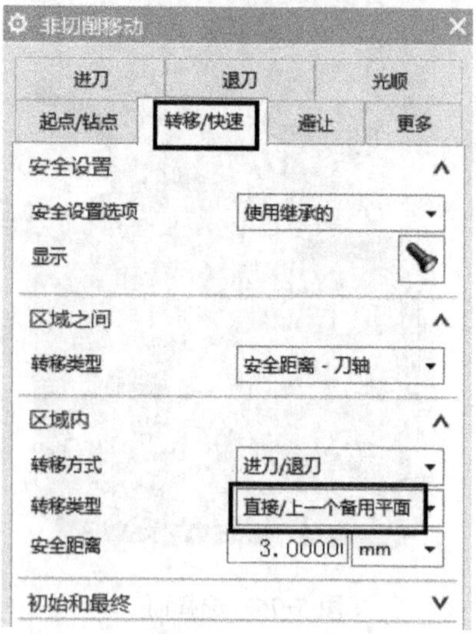

图 5-80 转移类型设置

3. 最底面侧壁精加工

（1）鼠标右击【F 方向加工】程序组，在弹出的快捷菜单中，单击【插入】| 工序按钮，弹出【创建工序】对话框，按如图 5-82 所示设置，单击【确定】按钮。

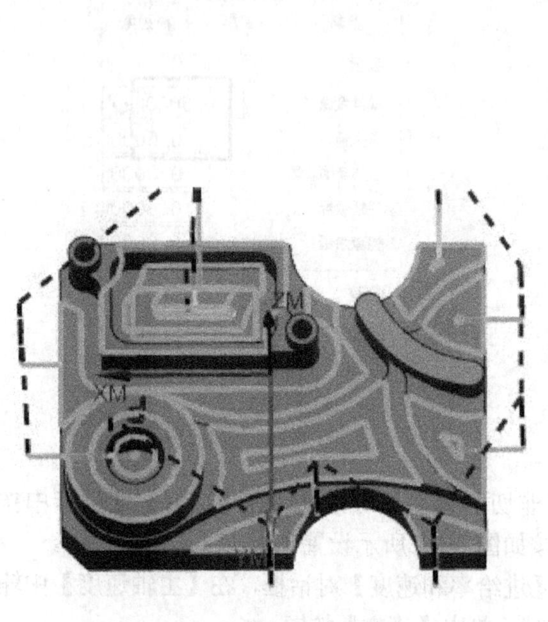

图 5-81 生成的刀具路径

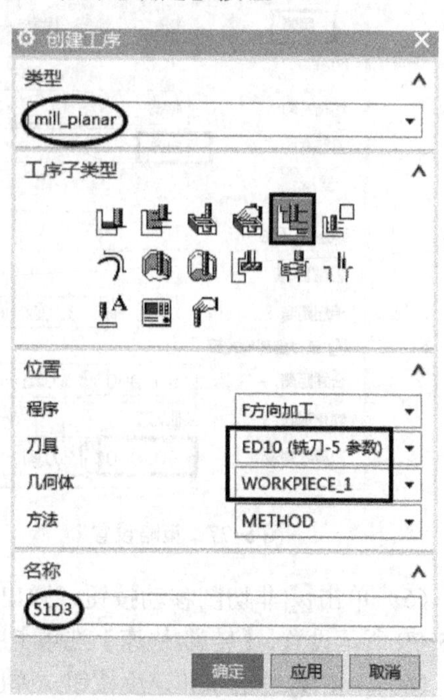

图 5-82 创建平面铣工序

（2）单击指定部件边界按钮，弹出【部件边界】对话框，单击添加新集按钮，在

【选择曲线】中选择如图 5-83 所示的边缘。

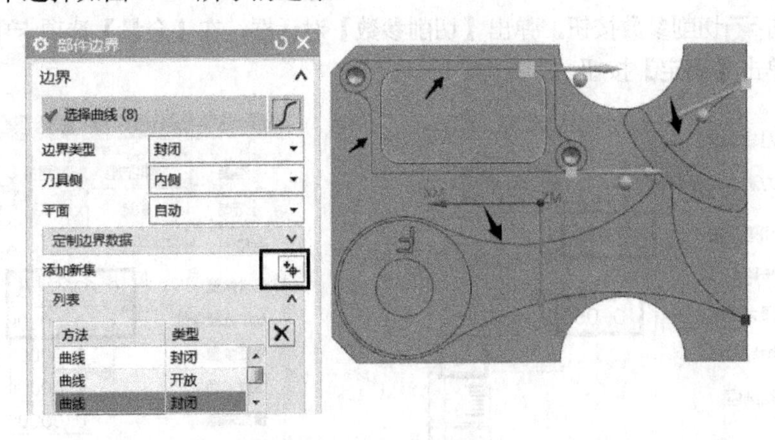

图 5-83　边界设置

（3）单击指定毛坯边界按钮，弹出【毛坯边界】对话框，在【选择方法】中选择点，在【选择点】中选择如图 5-84 所示的边缘的端点，单击【确定】按钮。

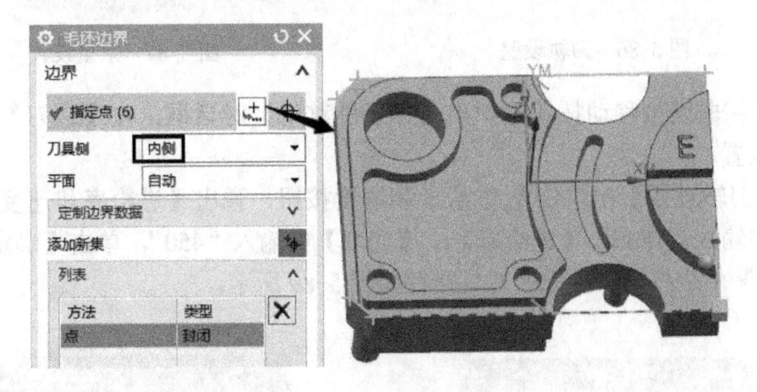

图 5-84　指定毛坯边界

（4）单击指定底面按钮，弹出【平面】对话框，在【选择平面对象】中选择如图 5-85 所示的底面，单击【确定】按钮。

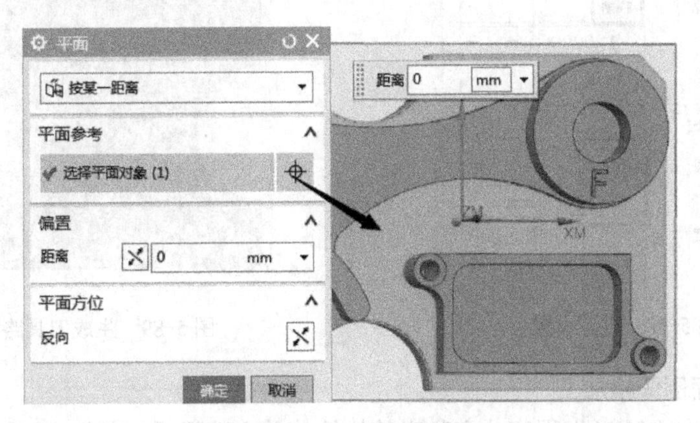

图 5-85　加工底平面设置

（5）在【刀轨设置】选项组中按如图 5-86 所示设置。

（6）单击切削参数按钮，弹出【切削参数】对话框，在【余量】选项卡中按如图 5-87 所示设置，单击【确定】按钮。

刀轨设置
方法
METHOD
切削模式
轮廓
步距
恒定
最大距离
0.0500
mm
附加刀路
1
切削层
切削参数
非切削移动
进给率和速度

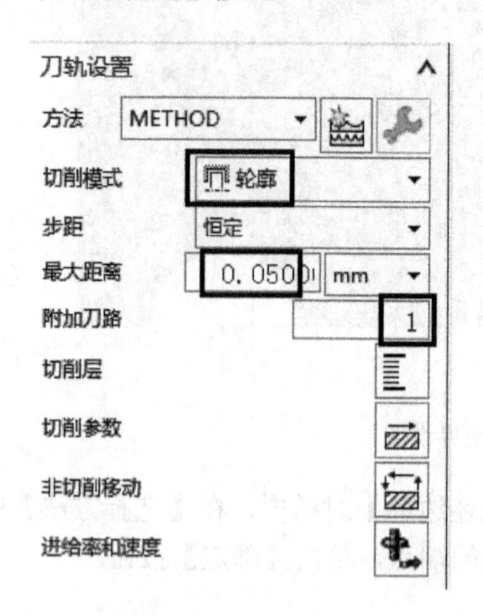

图 5-86　刀轨设置

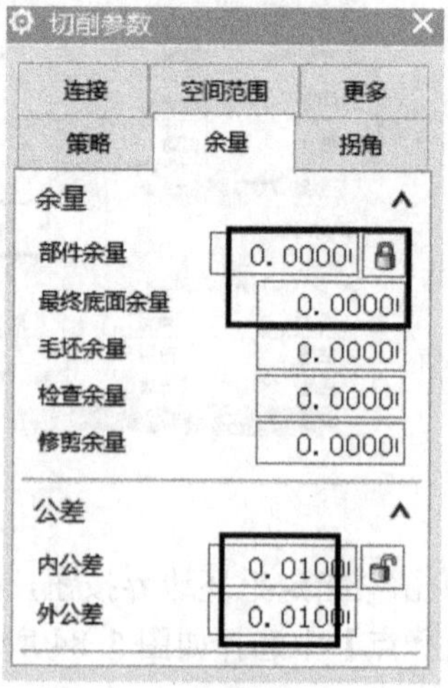

切削参数
连接
空间范围
更多
策略
余量
拐角
余量
部件余量
0.0000
最终底面余量
0.0000
毛坯余量
0.0000
检查余量
0.0000
修剪余量
0.0000
公差
内公差
0.0100
外公差
0.0100

图 5-87　余量设置

（7）单击非切削移动按钮，弹出【非切削移动】对话框，在【进刀】选项卡中按如图 5-88 所示设置。

（8）在【刀轨设置】中单击进给率和速度按钮，弹出【进给率和速度】对话框，在【主轴速度】中输入“1800”，【进给率】|【切削】中输入“450”，单击【确定】按钮。

（9）单击生成按钮，生成的刀具路径如图 5-89 所示。

非切削移动
起点/钻点
转移/快速
避让
更多
进刀
退刀
光顺
封闭区域
进刀类型
插削
高度
1.0000
mm
高度起点
前一层
开放区域
进刀类型
圆弧
半径
3.0000
mm
圆弧角度
90.0000
高度
3.0000
mm

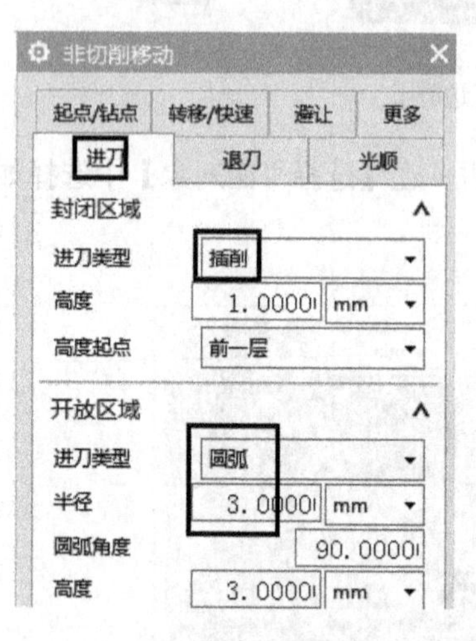

图 5-88　进刀设置

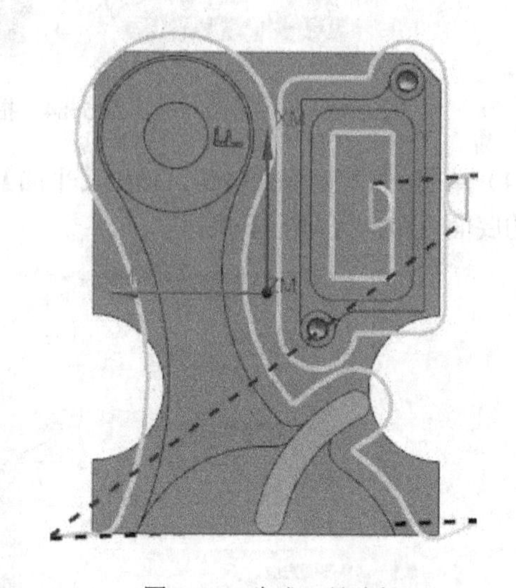

图 5-89　生成刀具路径

4．中间底面侧壁精加工

（1）鼠标右击“51D3”程序，在弹出的快捷菜单中选择【复制】，再次右击“51D3”程序，在弹出的快捷菜单中选择【粘贴】，将名称重命名为“51D4”。

（2）双击“51D4”程序，弹出【平面铣】对话框，单击指定部件边界按钮，弹出【部件边界】对话框，在上【列表】中删除上次选择的所有边界，单击添加新集按钮，在【选择曲线】中选择如图 5-90 所示的边缘。

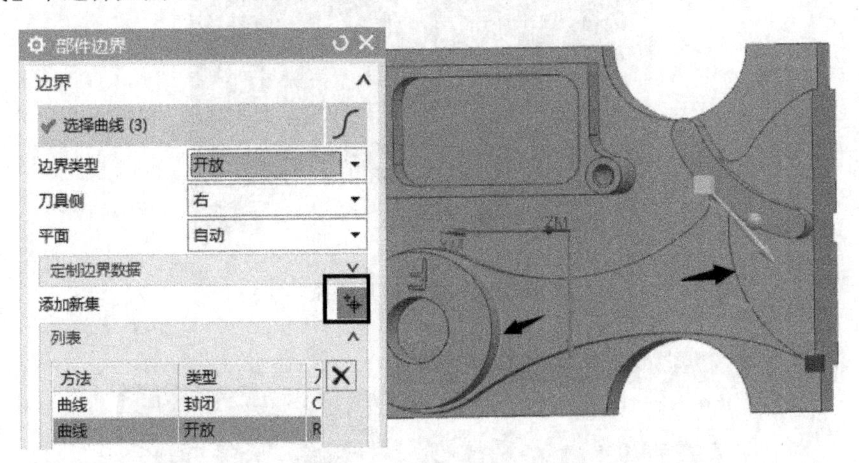

图 5-90 边界设置

（3）单击指定毛坯边界按钮，弹出【毛坯边界】对话框，在上【列表】中删除上次选择的边界，单击【确定】按钮。

（4）单击指定底面按钮，弹出【平面】对话框，在【选择平面对象】中选择如图 5-91 所示的底面，单击【确定】按钮。

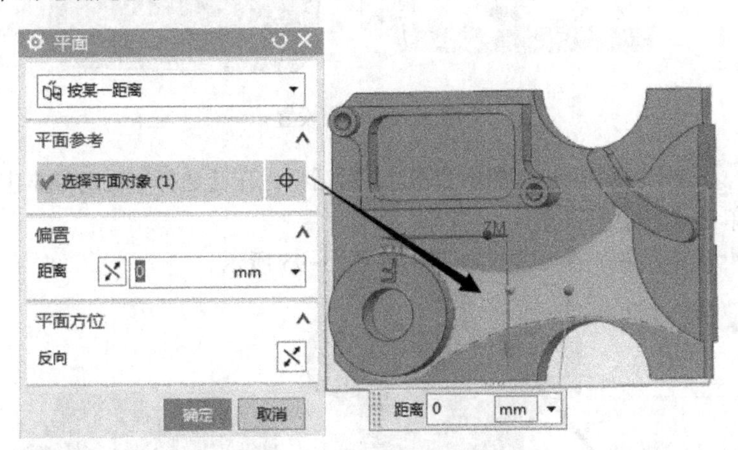

图 5-91 加工底平面设置

（5）单击生成按钮，生成的刀具路径如图 5-92 所示。

5. 半月台顶面凸台侧壁精加工

（1）鼠标右击“51D4”程序，在弹出的快捷菜单中选择【复制】，再次右击“51D4”程序，在弹出的快捷菜单中选择【粘贴】，将名称重命名为“51D5”。

（2）双击“51D5”程序，弹出【平面铣】对话框，单击指定部件边界按钮，弹出【部件边界】对话框，在上【列表】删除上次选择的边界，在【选择曲线】中选择如图 5-93 所示的边缘。

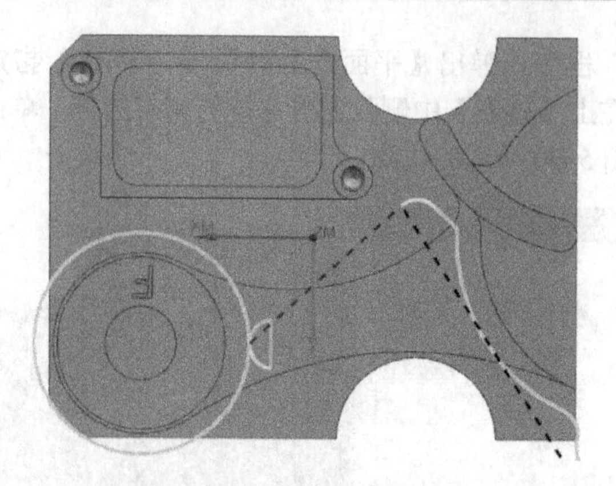

图 5-92 生成刀具路径

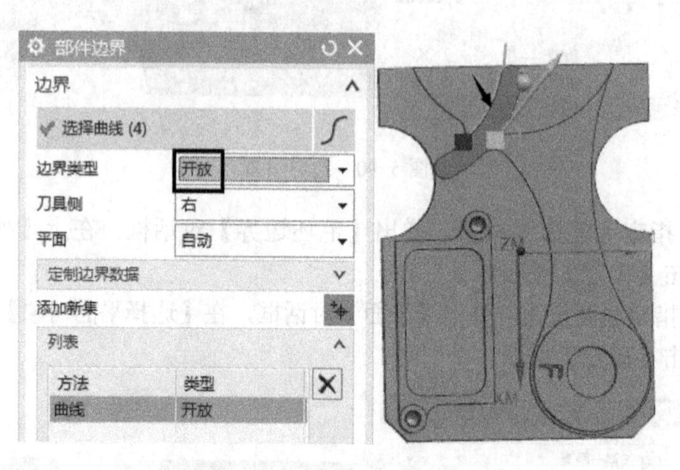

图 5-93 边界设置

（3）单击指定底面按钮，弹出【平面】对话框，在【选择平面对象】中选择如图 5-94 所示的底面，单击【确定】按钮。

（4）单击生成按钮，生成的刀具路径如图 5-95 所示。

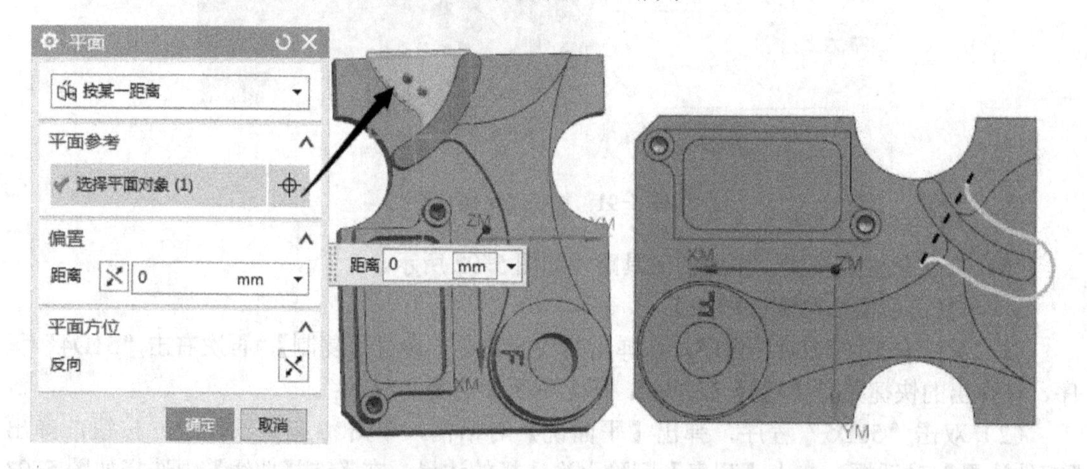

图 5-94 加工底平面设置

图 5-95 生成的刀具路径

6．圆孔侧壁精加工

（1）鼠标右击“51D5”程序，在弹出的快捷菜单中选择【复制】，再次右击“51D5”程序，在弹出的快捷菜单中选择【粘贴】，将名称重命名为“51D6”。

（2）双击“51D6”程序，弹出【平面铣】对话框，单击指定部件边界按钮，弹出【部件边界】对话框，在上【列表】中删除上次选择的边界，在【选择曲线】中选择如图 5-96 所示的边缘，单击【确定】按钮。

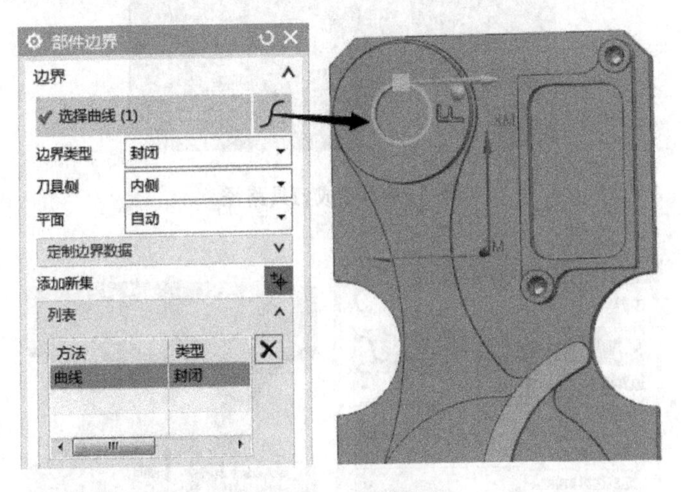

图 5-96　边界设置

（3）单击指定底面按钮，弹出【平面】对话框，在【选择平面对象】中选择如图 5-97 所示的孔底面，单击【确定】按钮。

图 5-97　加工底平面设置

（4）单击生成按钮，生成的刀具路径如图 5-98 所示。

7．两小圆柱侧壁精加工

（1）鼠标右击“51D6”程序，在弹出的快捷菜单中选择【复制】，再次右击“51D6”程序，在弹出的快捷菜单中选择【粘贴】，将名称重命名为“51D7”。

（2）双击“51D7”程序，弹出【平面铣】对话框，单击指定部件边界按钮，弹出【部件边界】对话框，在上【列表】中删除上次选择的边界，在【选择曲线】中选择如图 5-99

所示的边缘。

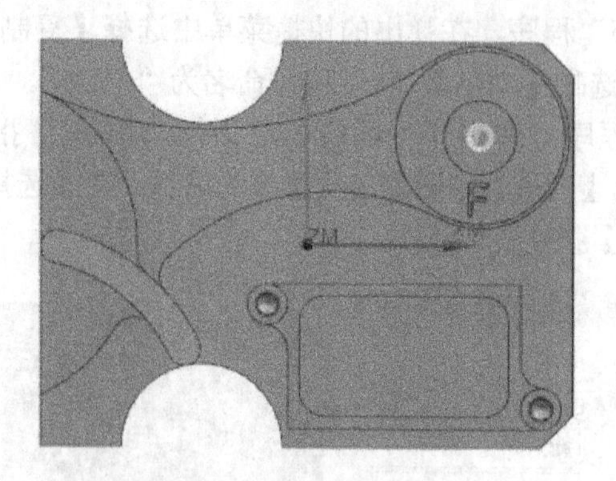

图 5-98　生成刀具路径

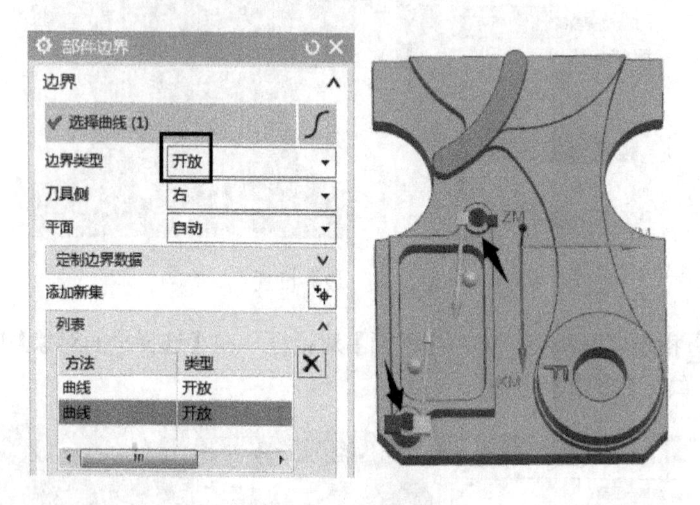

图 5-99　边界设置

（3）单击指定底面按钮，弹出【平面】对话框，在【选择平面对象】中选择如图 5-100 所示的孔底面，单击【确定】按钮。

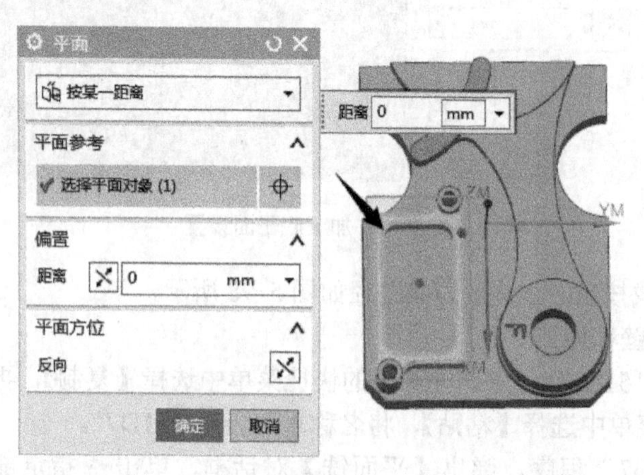

图 5-100　加工底平面设置

（4）单击生成按钮，生成的刀具路径如图 5-101 所示。

8．斜面半精加工

（1）鼠标右击【F 方向加工】程序组，在弹出的快捷菜单中，单击【插入】|工序按钮，弹出【创建工序】对话框，按如图 5-102 所示设置，单击【确定】按钮。

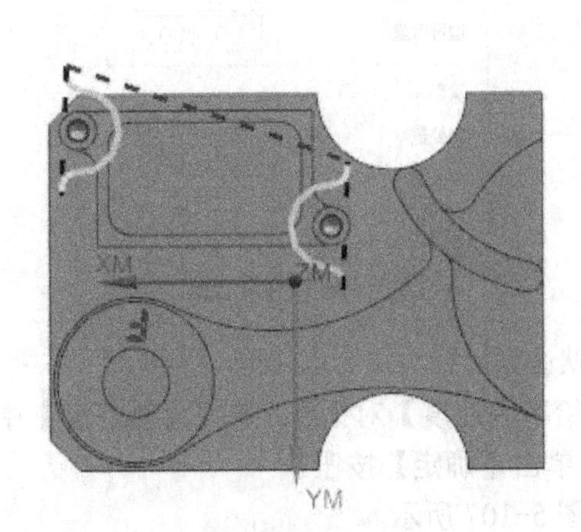

图 5-101 生成刀具路径

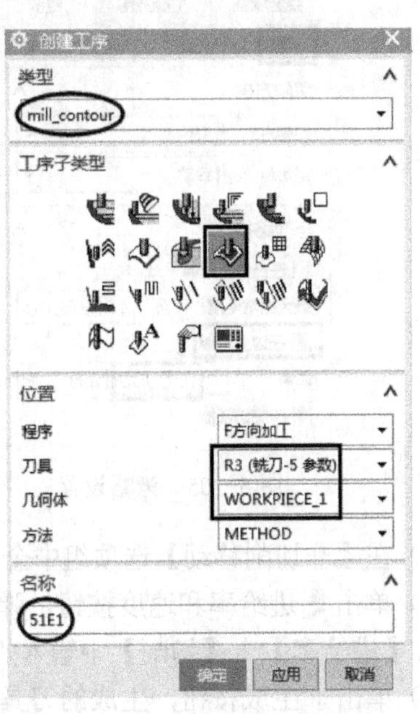

图 5-102 创建区域轮廓铣工序

（2）单击指定切削区域按钮，弹出【切削区域】对话框，在【选择方法】中选择面，在【选择对象】中选择如图 5-103 所示的曲面，单击【确定】按钮。

（3）单击编辑按钮，弹出【区域铣削驱动方法】对话框，在【驱动设置】选项组中按如图 5-104 所示设置，单击【确定】按钮。

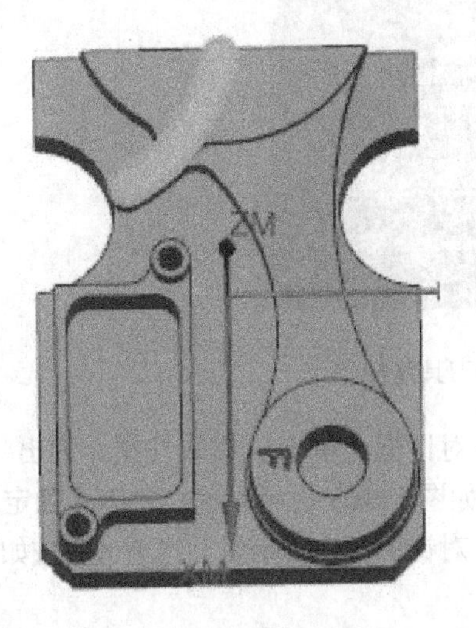

图 5-103 指定切削区域

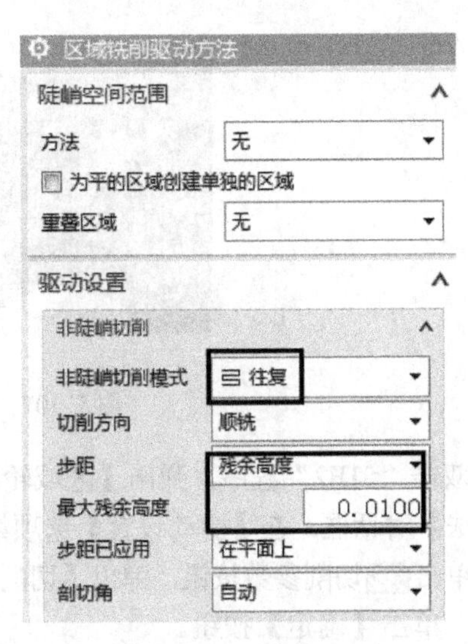

图 5-104 驱动设置

（4）单击切削参数按钮，弹出【切削参数】对话框，在【策略】选项卡中按如图 5-105 所示设置，【余量】选项卡中按如图 5-106 所示设置，单击【确定】按钮。

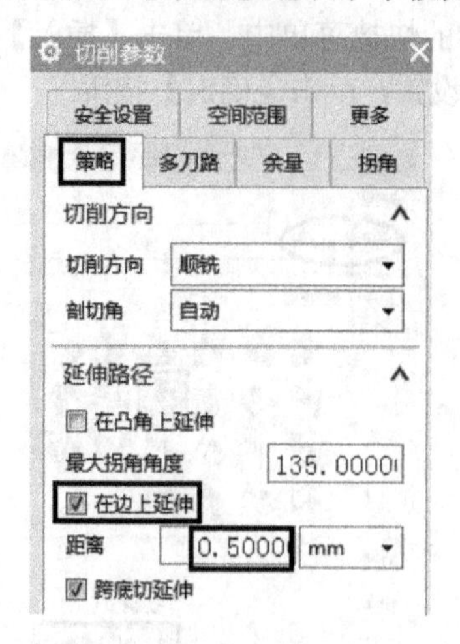

图 5-105　策略设置

图 5-106　余量设置

（5）在【非切削移动】选项组中全部采用默认。

（6）单击进给率和速度按钮，弹出【进给率和速度】对话框，在【主轴速度】中输入“2500”，【进给率】|【切削】中输入“400”，单击【确定】按钮。

（7）单击生成按钮，生成的刀具路径如图 5-107 所示。

9．斜面精加工

（1）鼠标右击“51E1”程序，在弹出的快捷菜单中选择【复制】，再次右击“51E1”程序，在弹出的快捷菜单中选择【粘贴】，将名称重命名为“51E2”。

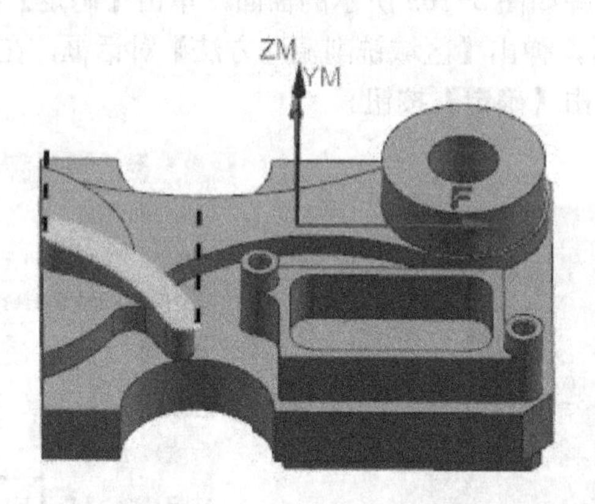

图 5-107　生成的刀具路径

（2）双击“51E2”程序，弹出【区域轮廓铣】对话框，单击编辑按钮，弹出【区域铣削驱动方法】对话框，在【驱动设置】选项组中按如图 5-108 所示设置，单击【确定】按钮。

（3）单击切削参数按钮，弹出【切削参数】对话框，在【余量】选项卡中按如图 5-109 所示设置，单击【确定】按钮。

（4）单击生成按钮，生成的刀具路径如图 5-110 所示。

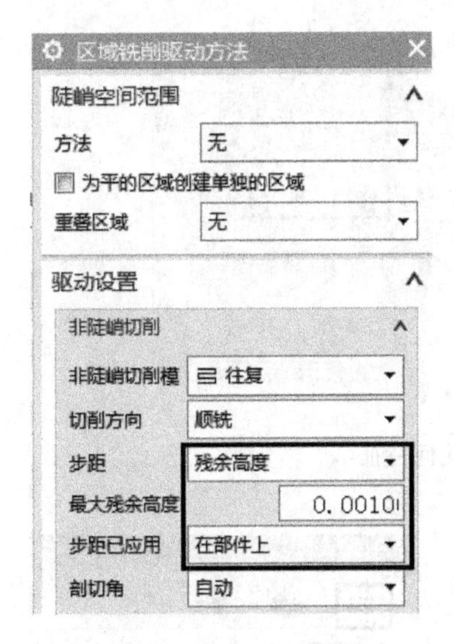

图 5-108　驱动设置

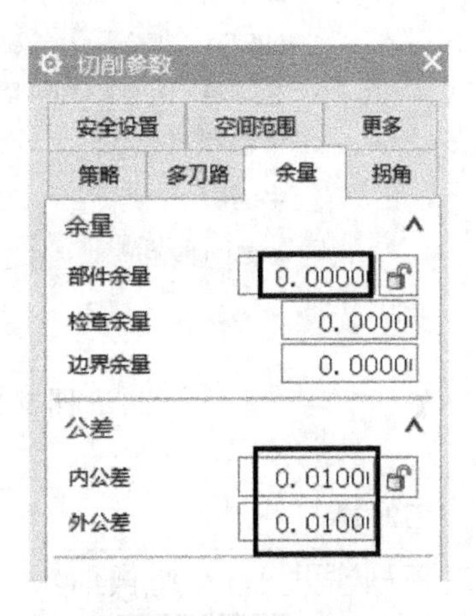

图 5-109　余量设置

10．钻中心孔

（1）鼠标右击【F 方向加工】程序组，在弹出的快捷菜单中，单击【插入】|工序按钮，弹出【创建工序】对话框，按如图 5-111 所示设置，单击【确定】按钮。

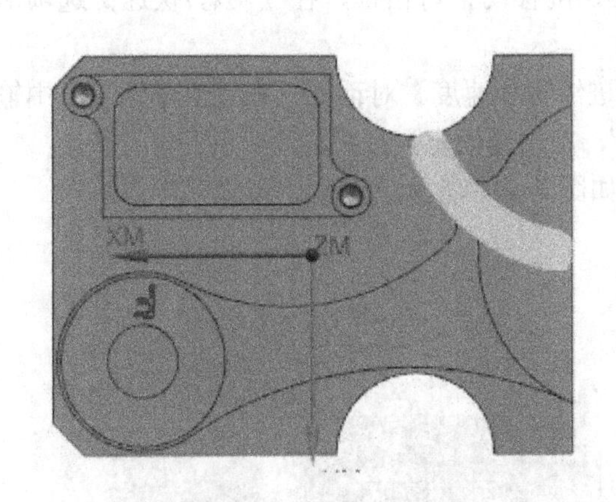

图 5-110　生成的刀具路径

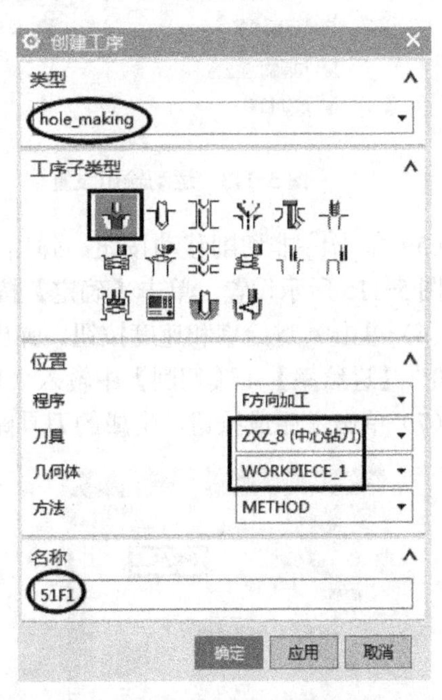

图 5-111　创建定心钻工序

（2）单击指定特征按钮，弹出【特征几何体】对话框，在【选择对象】中选择如图 5-112 所示的孔，单击【确定】按钮。

（3）在【刀轨设置】|【运动输出】中按如图 5-113 所示设置。

（4）单击切削参数按钮，弹出【切削参数】对话框，在【策略】选项卡中按如图 5-114 所示设置，单击【确定】按钮。

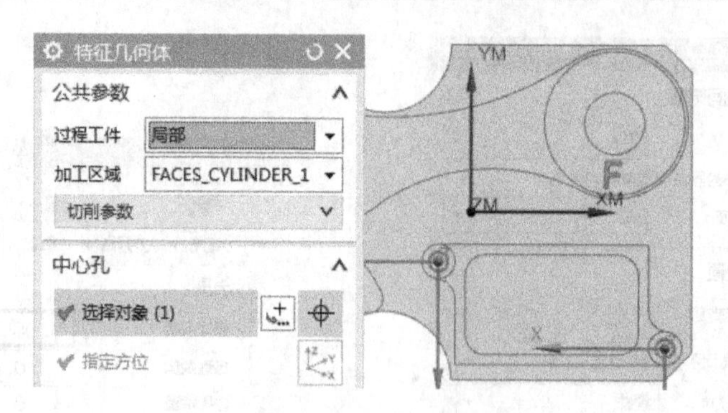

图 5-112　指定几何特征

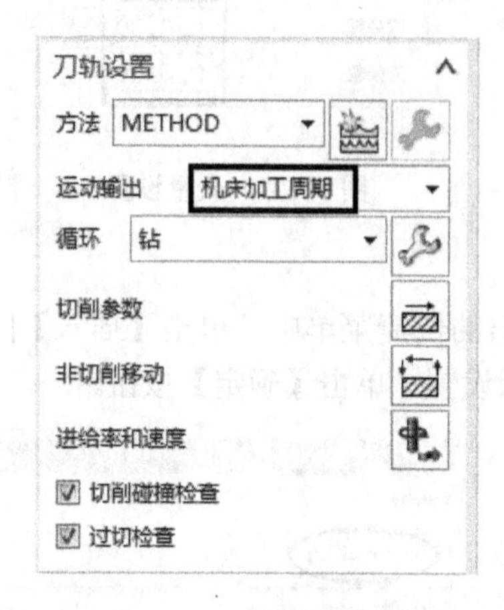

图 5-113　运动输出设置

图 5-114　策略设置

（5）单击非切削移动按钮，弹出【非切削移动】对话框，在【转移/快速】选项卡中按如图 5-115 所示设置，单击【确定】按钮。

（6）单击进给率和速度按钮，弹出【进给率和速度】对话框，在【主轴速度】中输入“1500”，【进给率】|【切削】中输入“100”，单击【确定】按钮。

（7）单击生成按钮，生成的刀具路径如图 5-116 所示。

图 5-115　转移类型设置

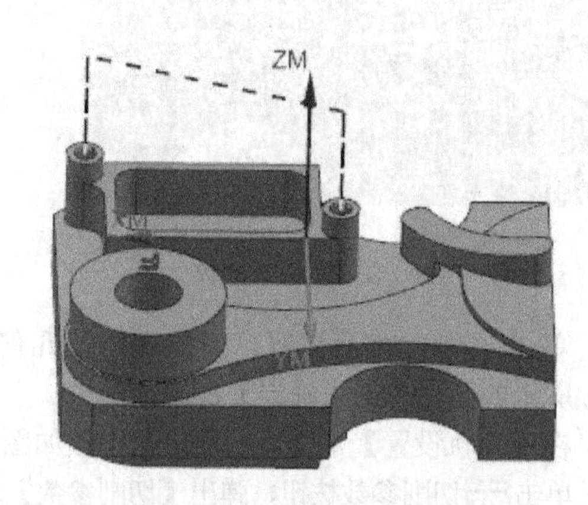

图 5-116　生成的刀具路径

11．钻ϕ5孔

（1）鼠标右击【F方向加工】程序组，在弹出的快捷菜单中，单击【插入】|工序按钮，弹出【创建工序】对话框，按如图5-117所示设置，单击【确定】按钮。

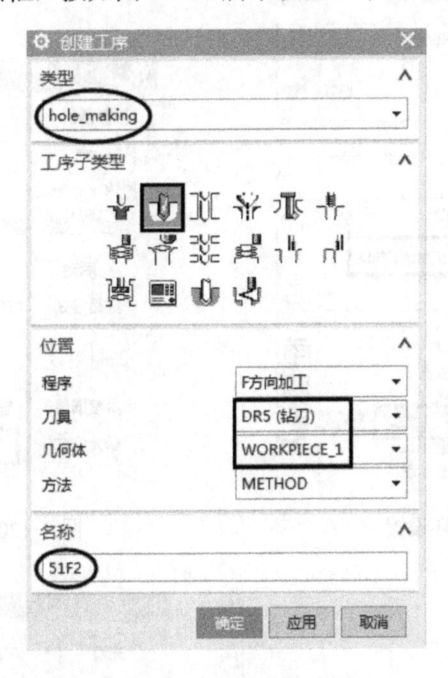

图5-117 创建钻孔工序

（2）单击指定特征按钮，弹出【特征几何体】对话框，在【选择对象】中选择如图5-118所示的孔，单击【确定】按钮。

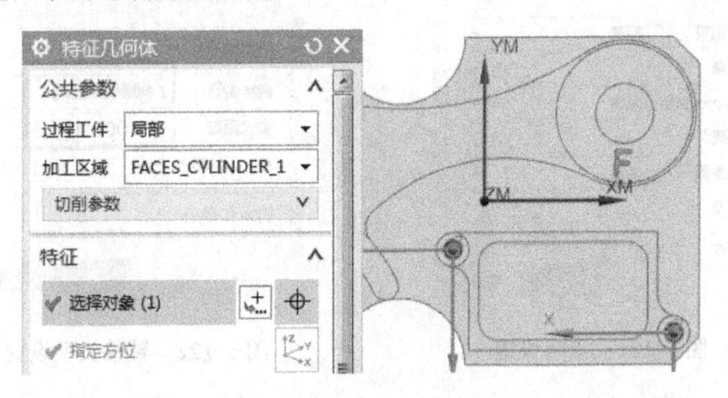

图5-118 指定几何特征

（3）在【刀轨设置】|【循环】中按如图5-119所示选择【钻、深孔、断屑】，弹出【循环参数】对话框，在【步进】|【最大距离】中按如图5-120所示设置，单击【确定】按钮。

（4）单击切削参数按钮，弹出【切削参数】对话框，在【策略】选项卡中按如图5-121所示设置，单击【确定】按钮。

（5）单击非切削移动按钮，弹出【非切削移动】对话框，在【转移/快速】选项卡中按如图 5-122 所示设置，单击【确定】按钮。

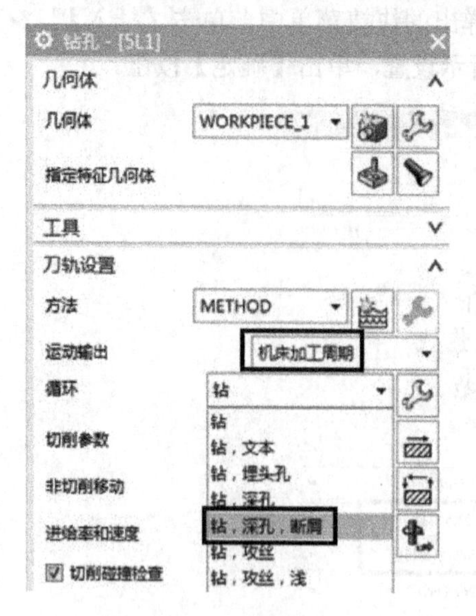

图 5-119　循环设置

图 5-120　步进设置

图 5-121　策略设置

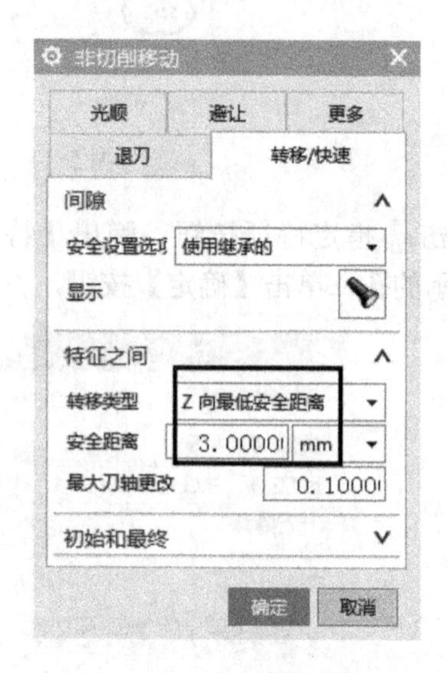

图 5-122　转移类型设置

（6）单击进给率和速度按钮，弹出【进给率和速度】对话框，在【主轴速度】中输入“1800”，【进给率】|【切削】中输入“70”，单击【确定】按钮。

（7）单击生成按钮，生成的刀具路径如图 5-123 所示。

12．两螺纹孔倒角

（1）鼠标右击【F 方向加工】程序组，在弹出的快捷菜单中，单击【插入】|工序按钮，弹出【创建工序】对话框，按如图 5-124 所示设置，单击【确定】按钮。

（2）单击指定特征按钮，弹出【特征几何体】对话框，在【选择对象】中选择如图 5-125 所示的孔，单击【确定】按钮。

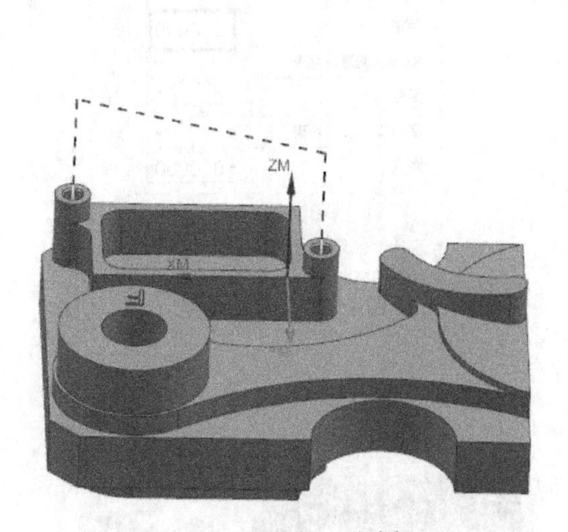

图5-123 生成的刀具路径

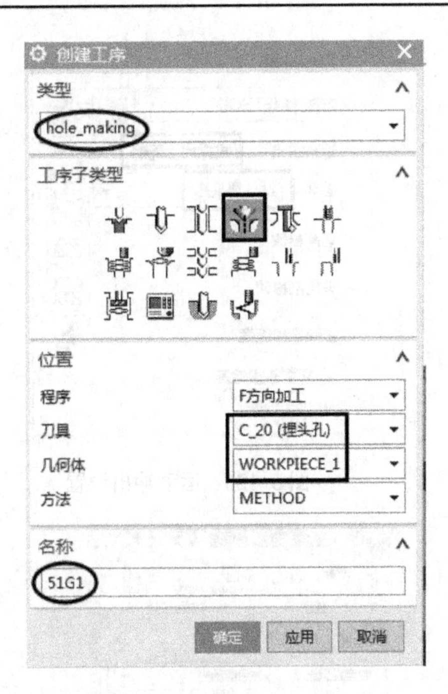

图5-124 创建钻埋头孔工序

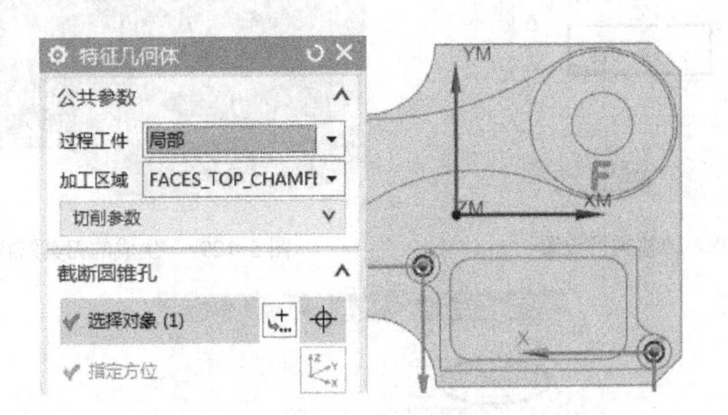

图5-125 指定几何特征

（3）在【刀轨设置】|【运动输出】中按如图5-126所示设置。

（4）单击切削参数按钮，弹出【切削参数】对话框，在【策略】选项卡中按如图5-127所示设置，单击【确定】按钮。

（5）单击非切削移动按钮，弹出【非切削移动】对话框，在【转移/快速】选项卡中按如图5-128所示设置，单击【确定】按钮。

（6）单击进给率和速度按钮，弹出【进给率和速度】对话框，在【主轴速度】中输入“1000”，【进给率】|【切削】中输入“400”，单击【确定】按钮。

（7）单击生成按钮，生成的刀具路径如图5-129所示。

13．两孔攻丝

（1）鼠标右击【F方向加工】程序组，在弹出的快捷菜单中，单击【插入】|工序按钮，弹出【创建工序】对话框，按如图5-130所示设置，单击【确定】按钮。

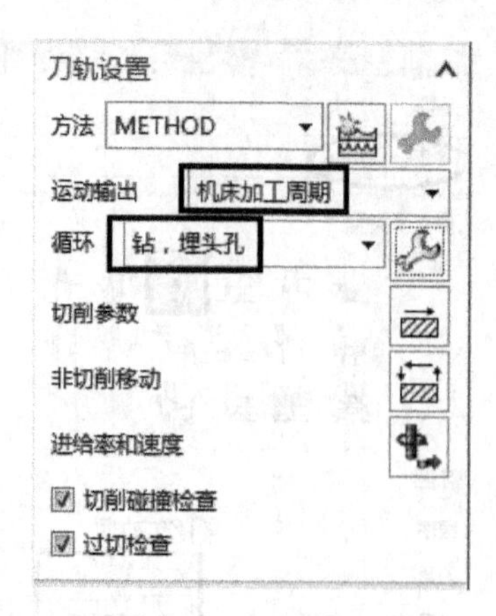

图 5-126　运动输出设置

图 5-127　策略设置

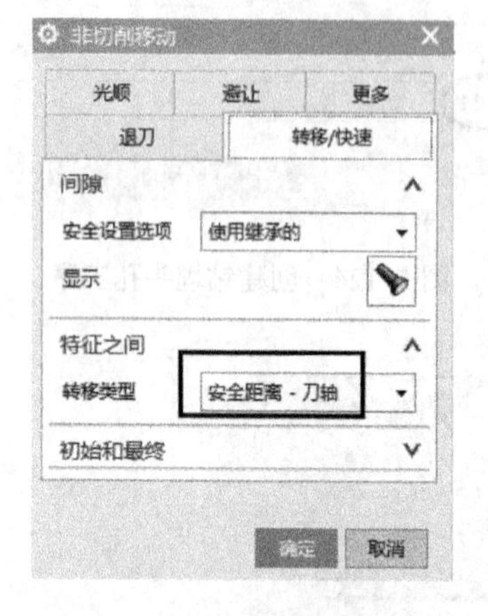

图 5-128　转移类型设置

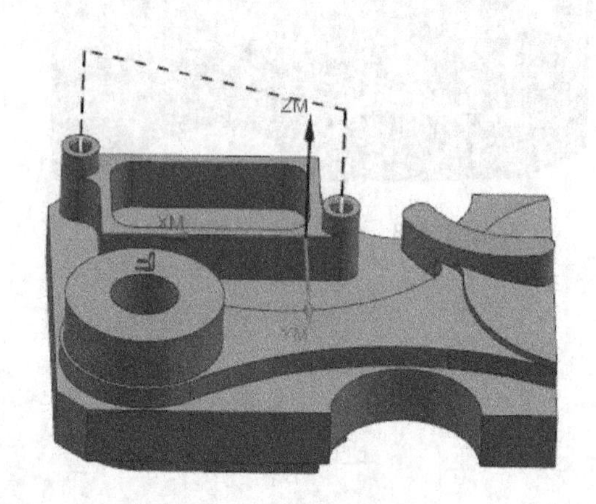

图 5-129　生成的刀具路径

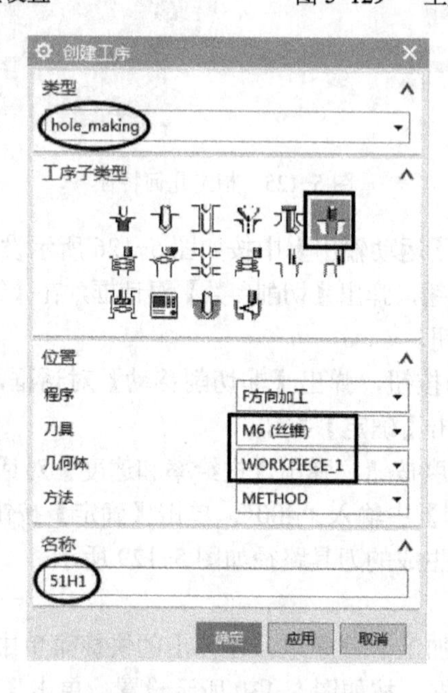

图 5-130　创建攻丝工序

（2）单击指定特征按钮，弹出【特征几何体】对话框，在【选择对象】中选择如图 5-131 所示的孔，单击【确定】按钮。

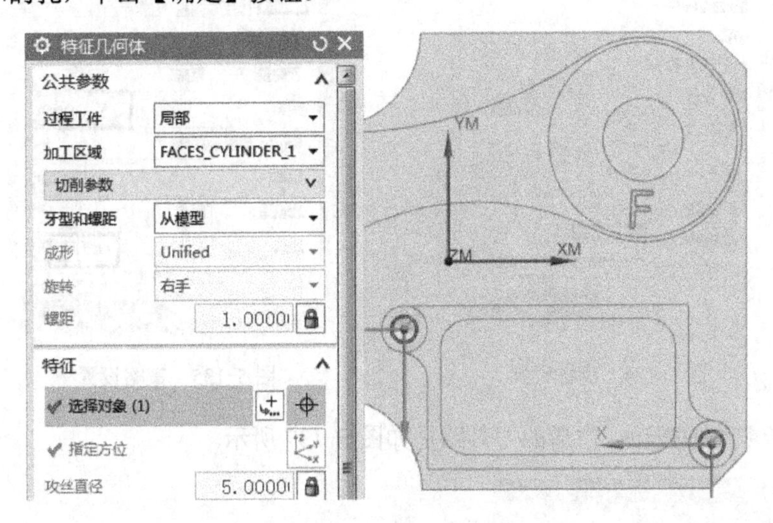

图 5-131　指定几何特征

（3）在【螺纹尺寸】选项组中按如图 5-132 所示设置，单击【确定】按钮。

（4）在【刀轨设置】|【循环】中按如图 5-133 所示设置。

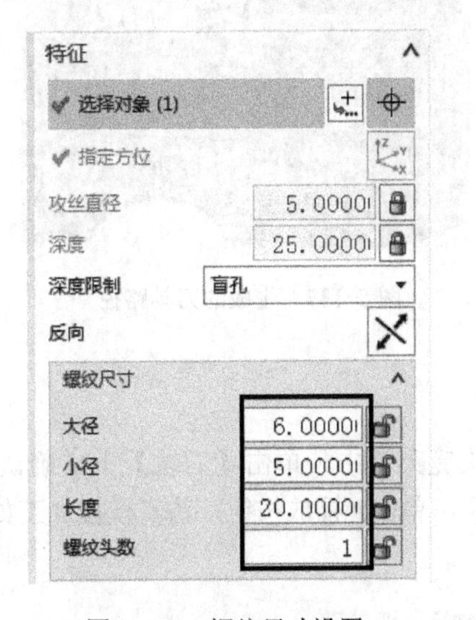

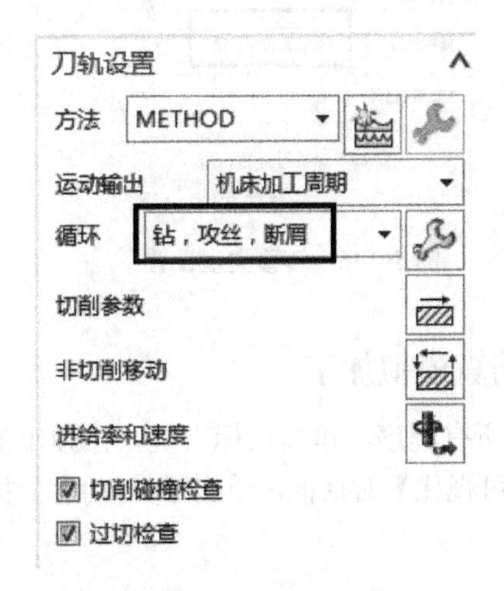

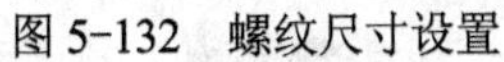

图 5-132　螺纹尺寸设置　　　　图 5-133　循环设置

（5）在弹出的【循环参数】对话框中按如图 5-134 所示设置。

（6）单击切削参数按钮，弹出【切削参数】对话框，在【策略】选项卡中按如图 5-135 所示设置，单击【确定】按钮。

（7）单击非切削移动按钮，弹出【非切削移动】对话框，在【转移/快速】选项卡中按如图 5-136 所示设置，单击【确定】按钮。

（8）单击进给率和速度按钮，弹出【进给率和速度】对话框，在【主轴速度】中输入“300”，【进给率】|【切削】中输入“300”，单击【确定】按钮。

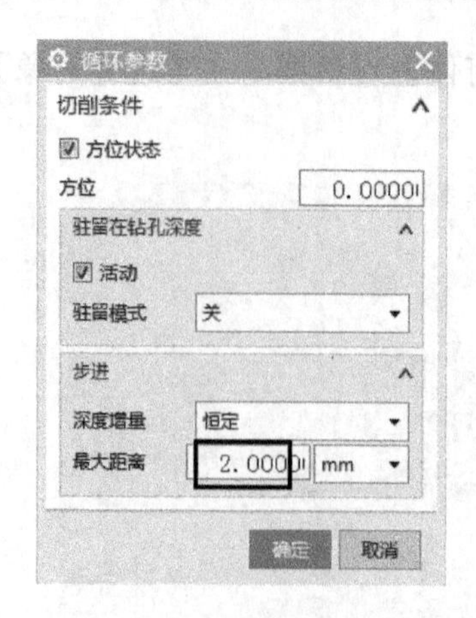

图 5-134 步进设置

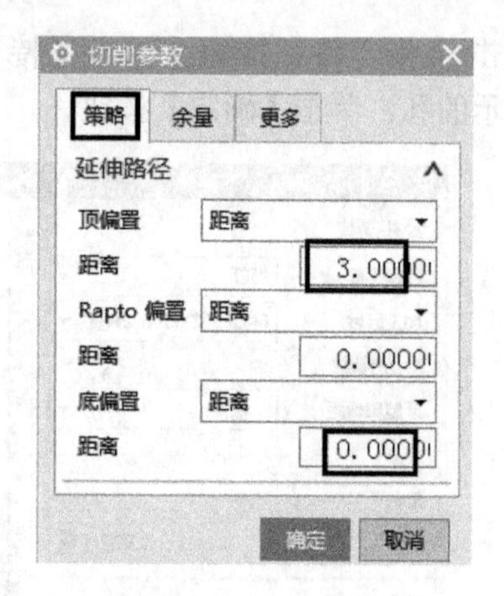

图 5-135 策略设置

（9）单击生成按钮，生成的刀具路径如图 5-137 所示。

图 5-136 转移类型设置

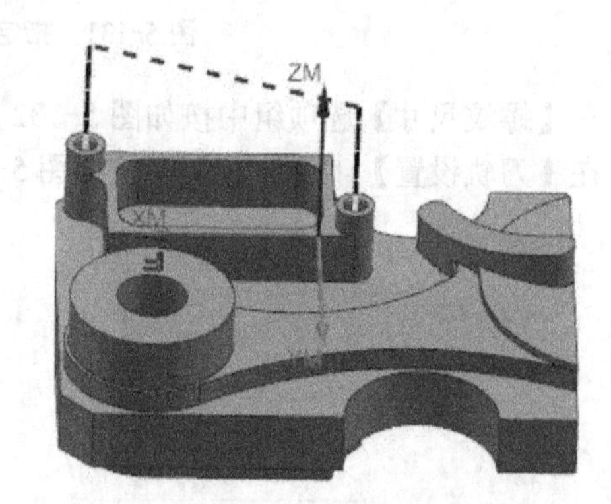

图 5-137 生成的刀具路径

5.1.4 仿真模拟加工

选中所有程序，单击鼠标右键，在弹出的快捷菜单中，单击【刀轨】|确认按钮，弹出【刀轨可视化】对话框，单击【3D 动态】按钮，单击播放按钮，仿真模拟加工如图 5-138 所示。

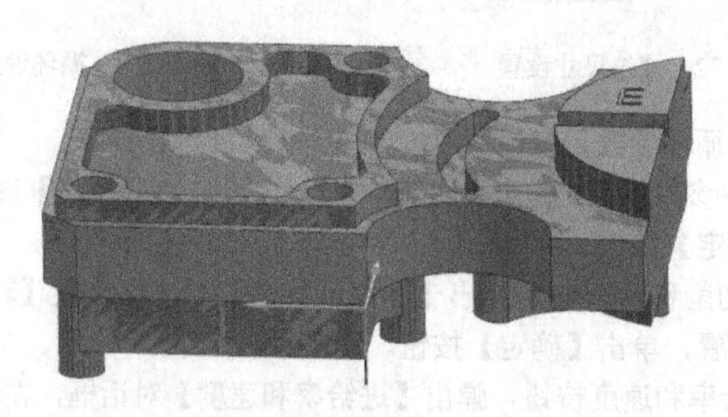

图 5-138 仿真加工图

5.2 风扇凸模编程与加工

风扇凸模编程与加工

5.2.1 编程准备

1．打开文件

启动 UG 软件，打开 5.2 风扇模型，零件材料为 45 钢。

2．创建加工坐标系和工件几何体

（1）在【应用模块】中单击加工按钮，弹出【加工环境】对话框，按如图 5-139 所示设置。

（2）在【视图】|【图层设置】中勾选第 5 层。在【工序导航器】空白处单击鼠标右键，在弹出的快捷菜单中选择几何视图，单击 MCS_MILL 前面的“+”号将其展开。双击 MCS_MILL 按钮，弹出【MSC 铣削】对话框，在【机床坐标系】|【指定 MSC】中单击按钮，在【坐标系】下拉列表中选择【自动判断】，在【选择对象】中选择毛坯的上表面，如图 5-140 所示，单击【确定】按钮。在【安全设置】|【安全距离】中输入“30”，其余默认，单击【确定】按钮。

图 5-139 加工环境设置

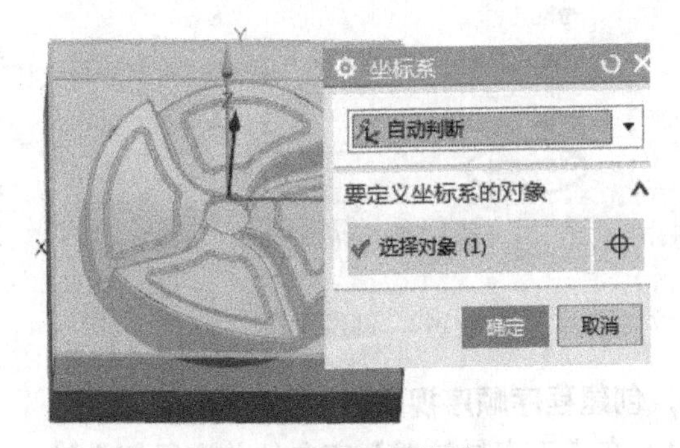

图 5-140 坐标系设置

（3）创建工件几何体。双击 WORKPIECE 按钮，弹出【工件】对话框，单击指定部件按钮，弹出【部件几何体】对话框，在【选择对象】中选择风扇模型，单击【确定】按钮；单击指定毛坯按钮，弹出【毛坯几何体】对话框，在【选择对象】中选择刚显示的毛坯，如图 5-141 所示，单击【确定】按钮，在图层中隐藏毛坯。

3．创建刀具

（1）在【工序导航器】空白处单击鼠标右键，在弹出的快捷菜单中选择机床视图，在工具栏中单击创建刀具按钮，弹出【创建刀具】对话框，按如图 5-142 所示设置，单击【确定】按钮，弹出【铣刀-5 参数】对话框，在【尺寸】选项组中按如图 5-143 所示设置，单击【确定】按钮。

（2）用同样的方法，创建 ED4、R3、R2、ED12 刀具，在编号中输入对应的编号。

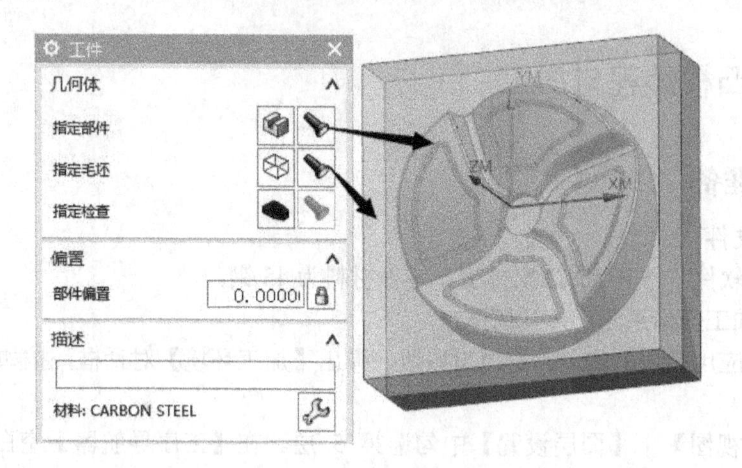

图 5-141　创建工件几何体

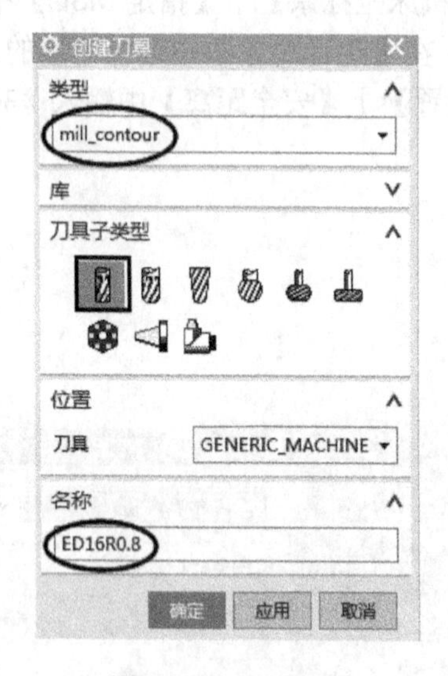

图 5-142　创建刀具

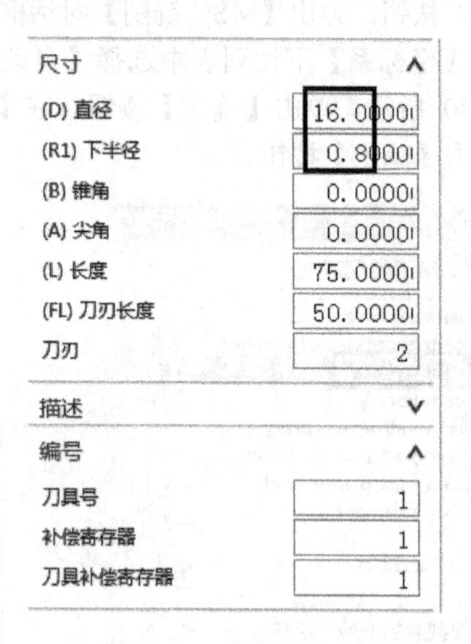

图 5-143　设置刀具参数

4．创建程序顺序视图

（1）在【工序导航器】空白处单击鼠标右键，在弹出的快捷菜单中，选择程序顺序视图，在工具条中单击创建程序按钮，弹出【创建程序】对话框，按如图 5-144 所示设置，两次单击【确定】按钮，完成程序组的创建。

（2）用同样的方法继续创建其他程序组，如图 5-145 所示。

5.2.2　凸模粗加工

（1）鼠标右击【凸模粗加工】程序组，在弹出的快捷菜单中，单击【插入】|工序按钮，弹出【创建工序】对话框，按如图 5-146 所示设置，单击【确定】按钮。

（2）在【刀轨设置】选项组中按如图 5-147 所示设置。

（3）单击切削参数按钮，弹出【切削参数】对话框，在【策略】选项卡中按如图 5-148 所示设置。在【余量】选项卡中按如图 5-149 所示设置，单击【确定】按钮。

图 5-144　创建程序组

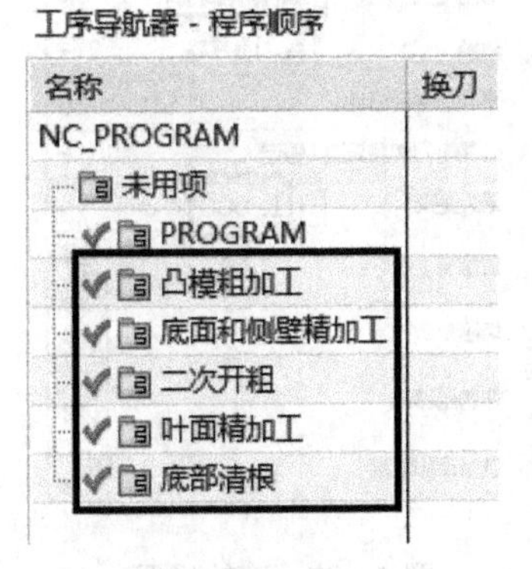

图 5-145　创建的所有程序组

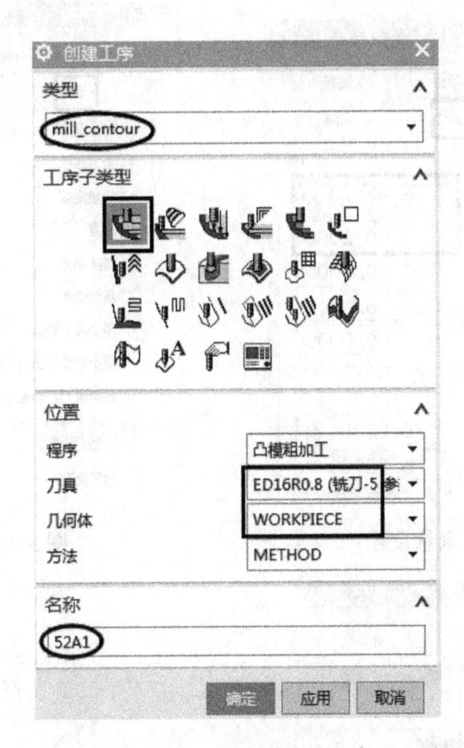

图 5-146　创建型腔铣工序

（4）单击非切削移动按钮，弹出【非切削移动】对话框，在【进刀】选项卡中按如图 5-150 所示设置。

在【转移/快速】选项卡中按如图 5-151 所示设置，单击【确定】按钮。

（5）单击进给率和速度按钮，弹出【进给率和速度】对话框，在【主轴速度】中输入“1200”，【进给率】｜【切削】中输入“1200”，单击【确定】按钮。

（6）单击生成按钮，生成的刀具路径如图 5-152 所示。

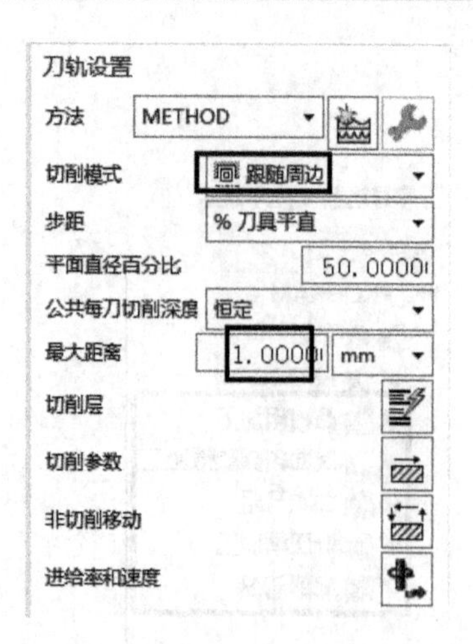

图 5-147　刀轨设置

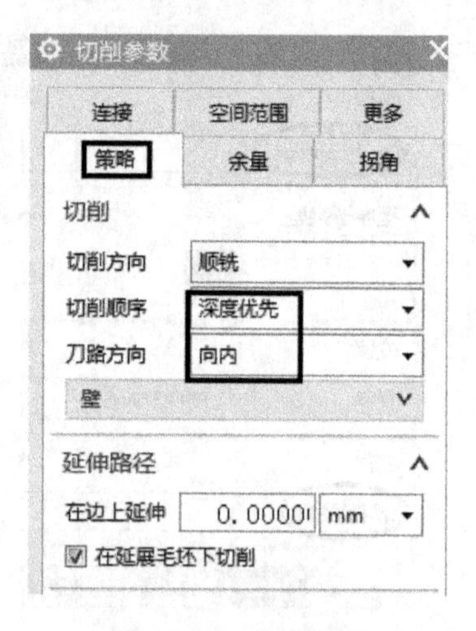

图 5-148　策略设置

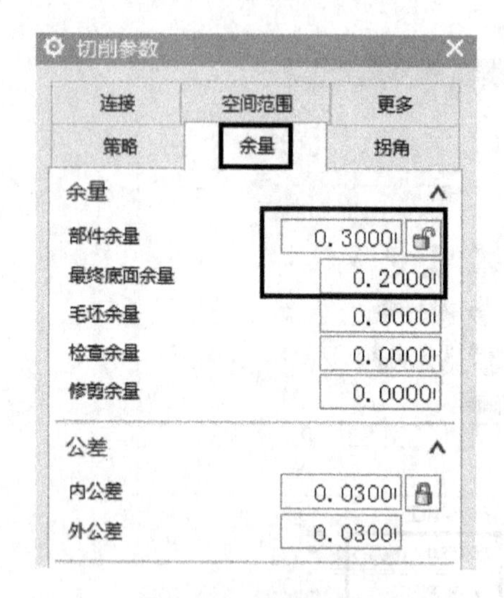

图 5-149　余量设置

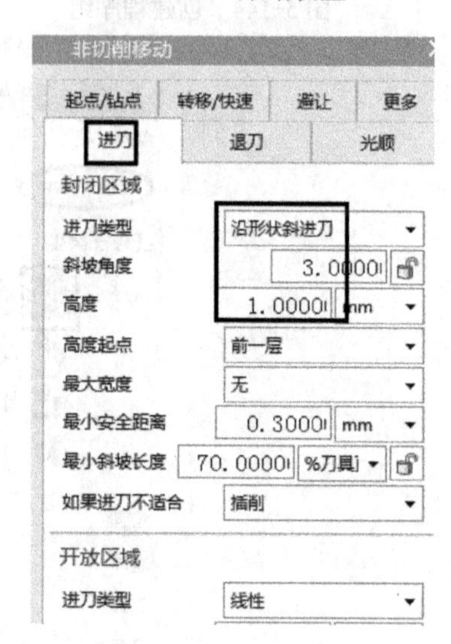

图 5-150　进刀设置

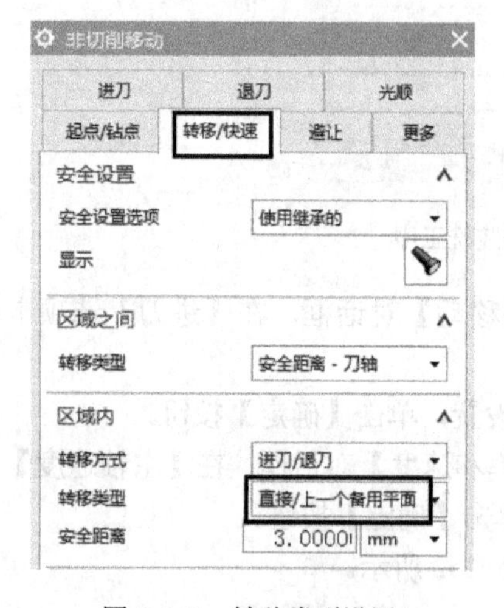

图 5-151　转移类型设置

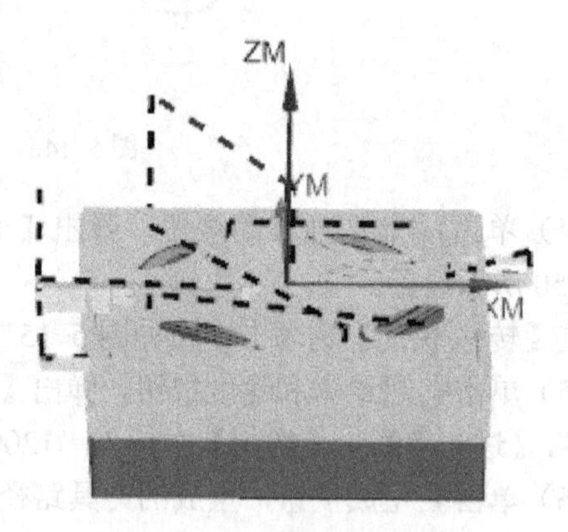

图 5-152　生成的刀具路径

5.2.3 底面和侧壁精加工

1. 底面精加工

（1）鼠标右击【底面和侧壁精加工】程序组，在弹出的快捷菜单中，单击【插入】| 工序按钮，弹出【创建工序】对话框，按如图 5-153 所示设置，单击【确定】按钮。

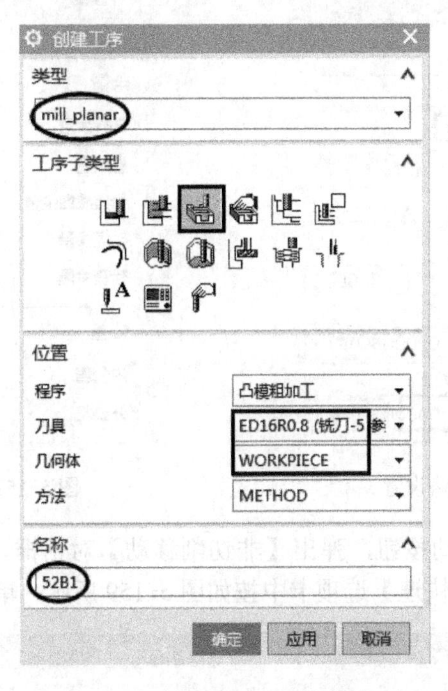

图 5-153 创建面铣工序

（2）单击指定面边界按钮，弹出【毛坯边界】对话框，在【选择方法】中选择面，在【选择面】中选择如图 5-154 所示的面，单击【确定】按钮。

（3）在【刀轨设置】选项组中按如图 5-155 所示设置。

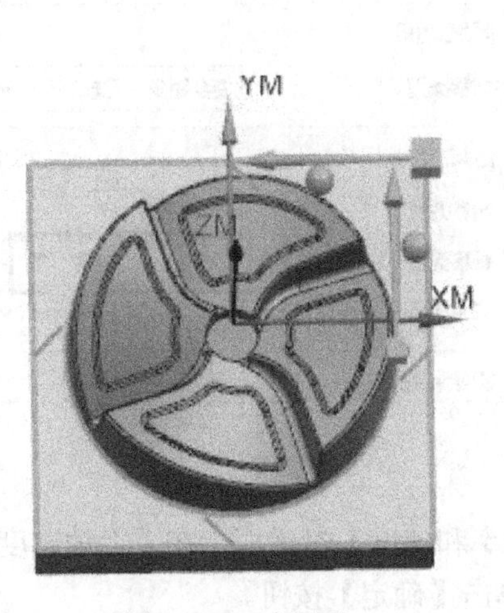

图 5-154 选择面

图 5-155 刀轨设置

（4）单击切削参数按钮，弹出【切削参数】对话框，在【策略】选项卡中按如图 5-156 所示设置，【余量】选项卡中按如图 5-157 所示设置，单击【确定】按钮。

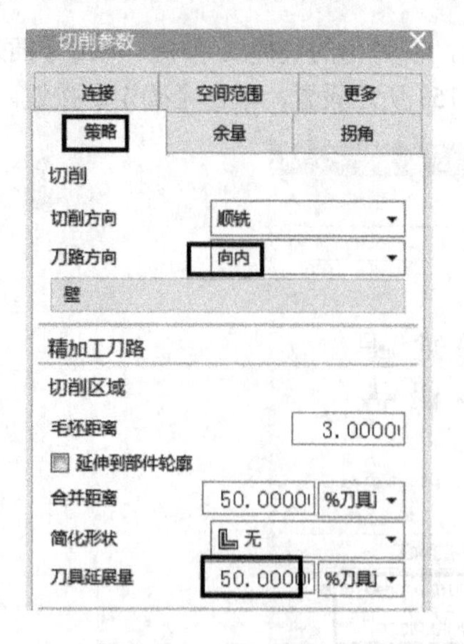

图 5-156　策略设置

图 5-157　余量设置

（5）单击非切削移动按钮，弹出【非切削移动】对话框，在【进刀】选项卡中按如图 5-158 所示设置，【转移/快速】选项卡中按如图 5-159 所示，单击【确定】按钮。

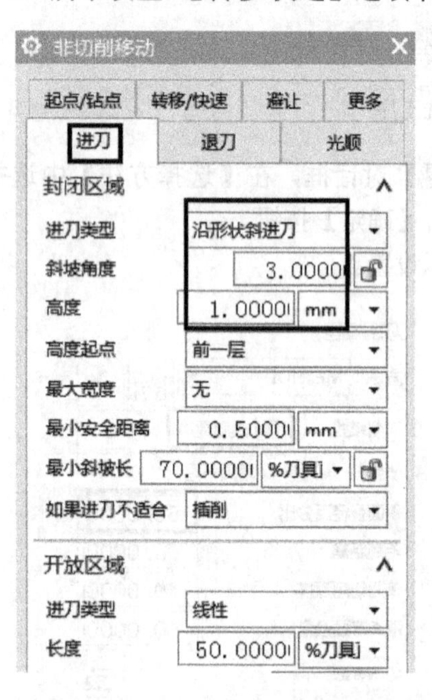

图 5-158　进刀设置

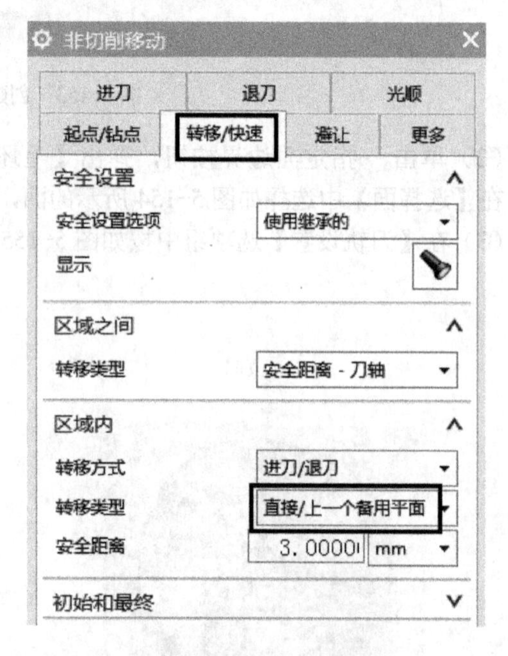

图 5-159　进刀设置

（6）单击进给率和速度按钮，弹出【进给率和速度】对话框，在【主轴速度】中输入“1500”，【进给率】|【切削】中输入“600”，单击【确定】按钮。

（7）单击生成按钮，生成的刀具路径如图 5-160 所示。

2. 侧壁精加工

（1）在【视图】|【图层设置】中将图层10勾选。

（2）鼠标右击【底面和侧壁精加工】程序组，在弹出的快捷菜单中，单击【插入】| 工序按钮，弹出【创建工序】对话框，按如图5-161所示设置，单击【确定】按钮。

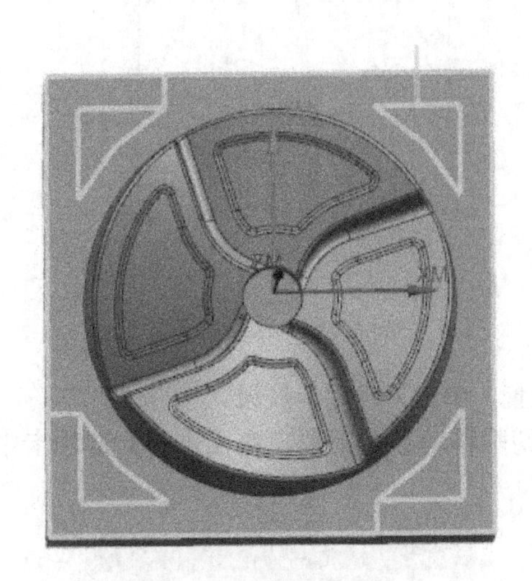

图5-160 生成的刀具路径

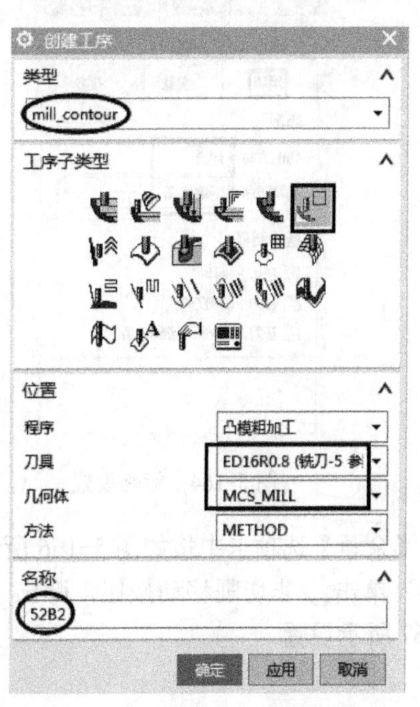

图5-161 创建深度轮廓铣工序

（3）单击按钮，弹出【部件几何体】对话框，在【选择对象】中选择刚显示的片体，如图5-162所示。

（4）在【刀轨设置】选项组中按如图5-163所示，其余默认。

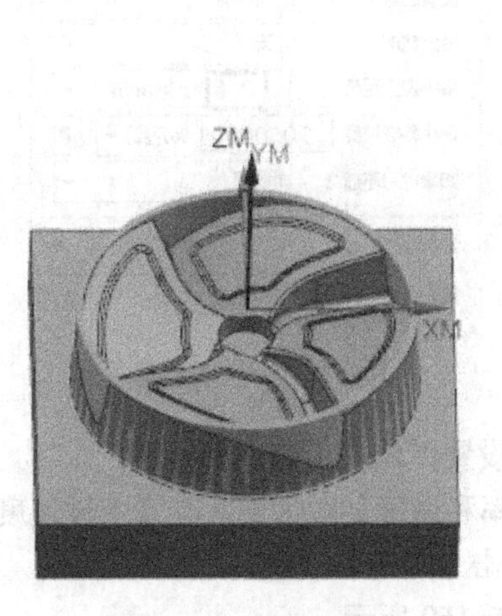

图5-162 部件设置

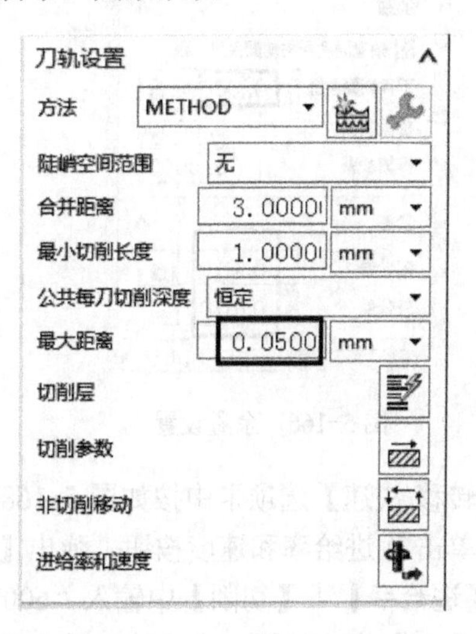

图5-163 刀轨设置

（5）单击切削参数按钮，弹出【切削参数】对话框，在【策略】选项卡中按如图 5-164 所示设置，在【连接】选项卡中按如图 5-165 所示设置。

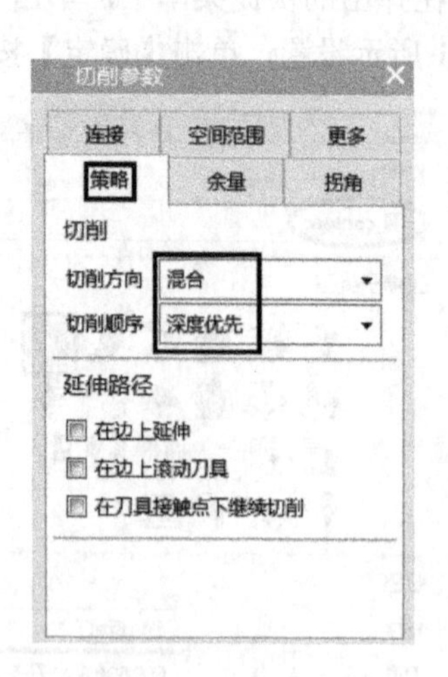

图 5-164　策略设置

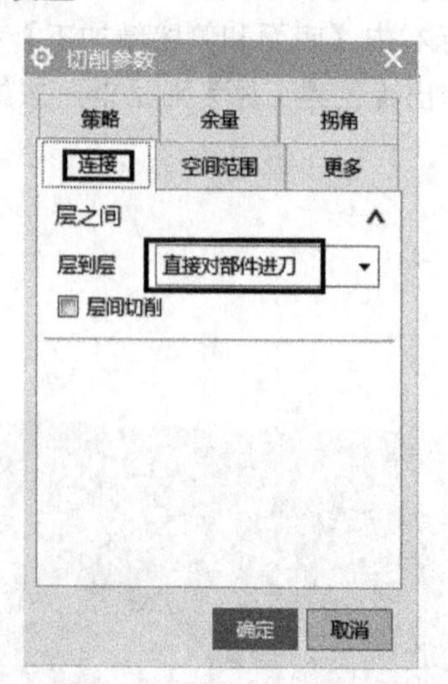

图 5-165　连接设置

在【余量】选项卡中按如图 5-166 所示设置，单击【确定】按钮。

（6）单击非切削移动按钮，弹出【非切削移动】对话框，在【进刀】选项卡中按如图 5-167 所示设置。

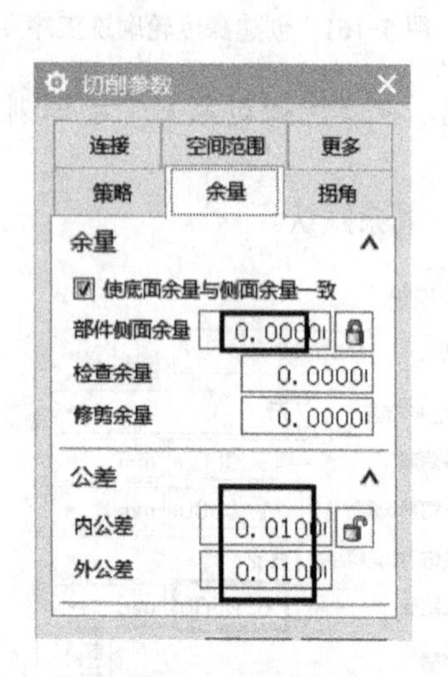

图 5-166　余量设置

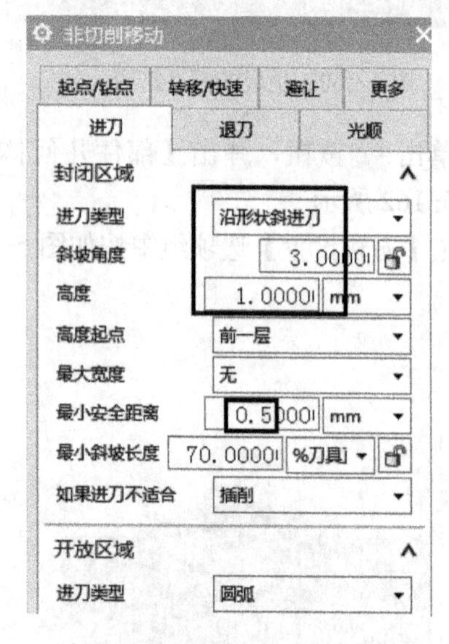

图 5-167　进刀设置

在【转移/快速】选项卡中按如图 5-168 所示设置，单击【确定】按钮。

（7）单击进给率和速度按钮，弹出【进给率和速度】对话框，在【主轴速度】中输入“1500”，【进给率】｜【切削】中输入“600”，单击【确定】按钮。

（8）单击生成按钮，生成的刀具路径如图 5-169 所示。

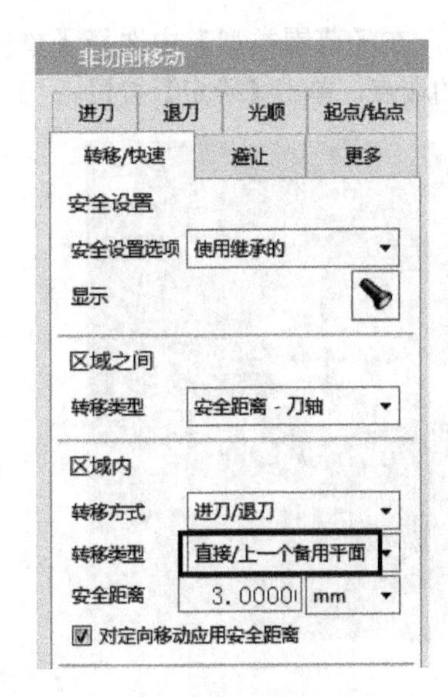

图 5-168　转移类型设置

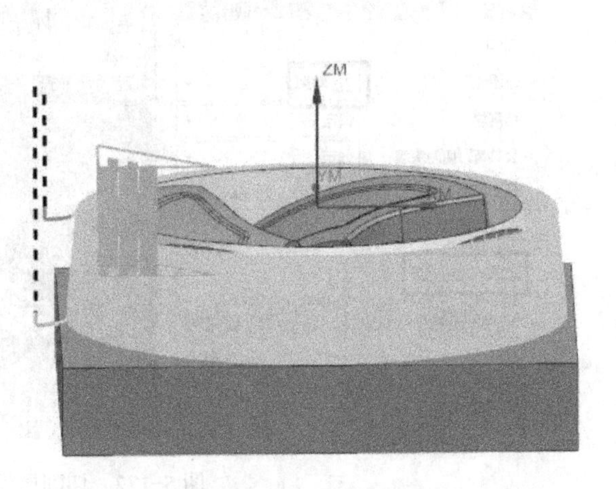

图 5-169　生成的刀具路径

5.2.4　二次粗加工

1．孔粗加工

（1）在【视图】|【图层设置】中将图层 10 隐藏。

（2）鼠标右击“52A1”程序，在弹出的对话框中选择【复制】，鼠标右击【二次开粗】程序组，在弹出的快捷菜单中选择【内部粘贴】，将名称重命名为“52C1”。

（3）双击“52C1”程序，弹出【型腔铣】对话框，单击指定切削区域按钮，在【选择方法】中选择面，在【选择对象】中选择如图 5-170 所示的区域。

（4）在【工具】|【刀具】中选择“ED12”。

（5）在【刀轨设置】中按如图 5-171 所示设置。

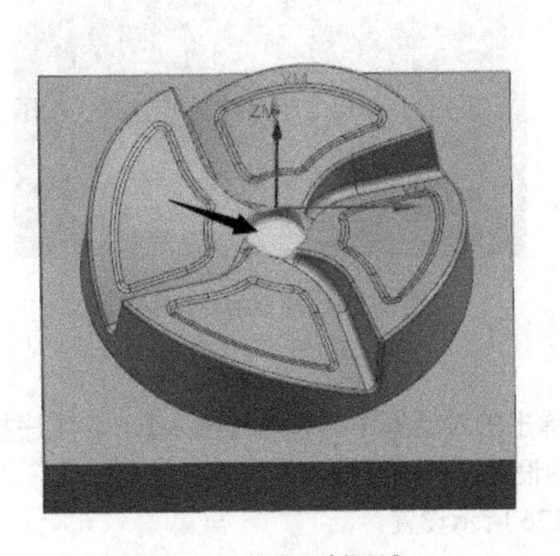

图 5-170　指定切削区域

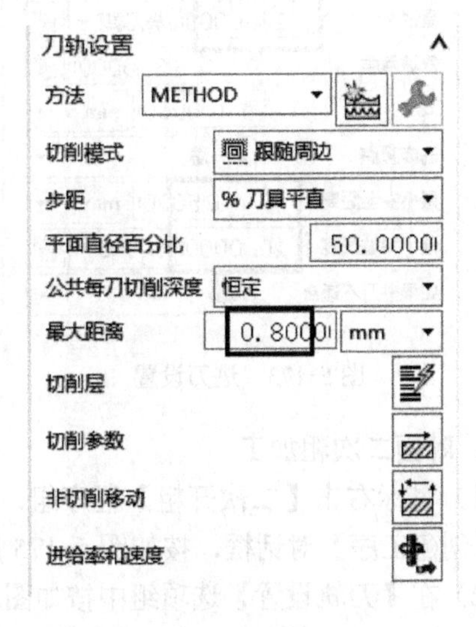

图 5-171　刀轨设置

（6）单击切削层按钮，弹出【切削层】对话框，在【范围类型】中选择【单侧】，【范围 1 的顶部】|【选择对象】中选择如图 5-172 所示的端点，单击【确定】按钮。

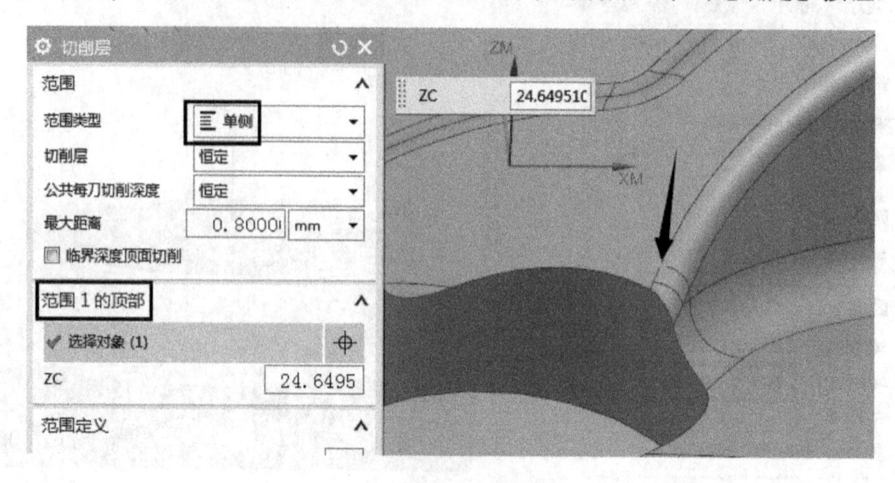

图 5-172　切削层设置

（7）单击非切削移动按钮，弹出【非切削移动】对话框，在【进刀】选项卡中按如图 5-173 所示设置。

（8）单击进给率和速度按钮，弹出【进给率和速度】对话框，在【主轴速度】中输入“1500”,【进给率】|【切削】中输入“1200”，单击【确定】按钮。

（9）单击生成按钮，生成的刀具路径如图 5-174 所示。

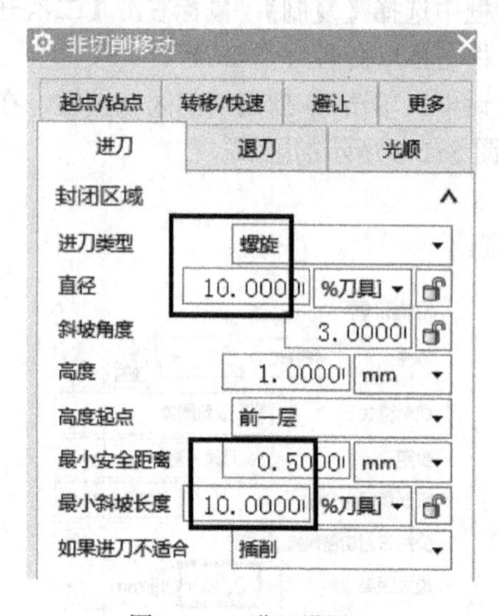

图 5-173　进刀设置

图 5-174　生成的刀具路径

2. 叶面二次粗加工

（1）鼠标右击【二次开粗】程序组，在弹出的对话框中，单击【插入】|工序按钮，弹出【创建工序】对话框，按如图 5-175 所示设置，单击【确定】按钮。

（2）在【刀轨设置】选项组中按如图 5-176 所示设置。

（3）单击切削参数按钮，弹出【切削参数】对话框，在【策略】选项卡中按如图 5-177 所示设置。

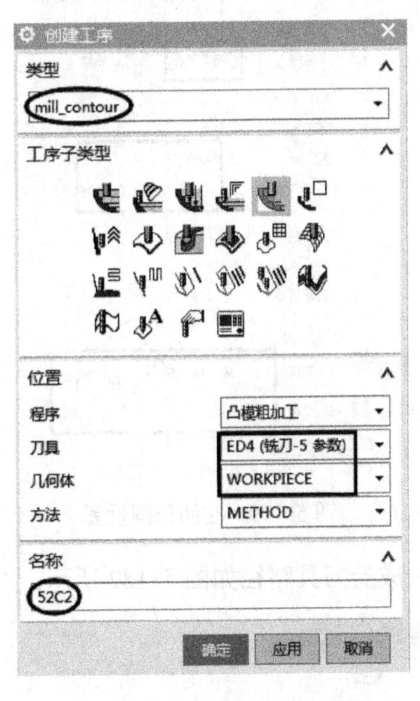

图 5-175 创建剩余铣工序

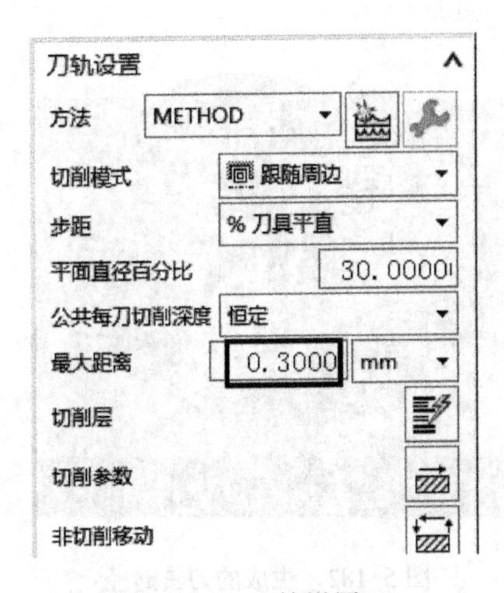

图 5-176 刀轨设置

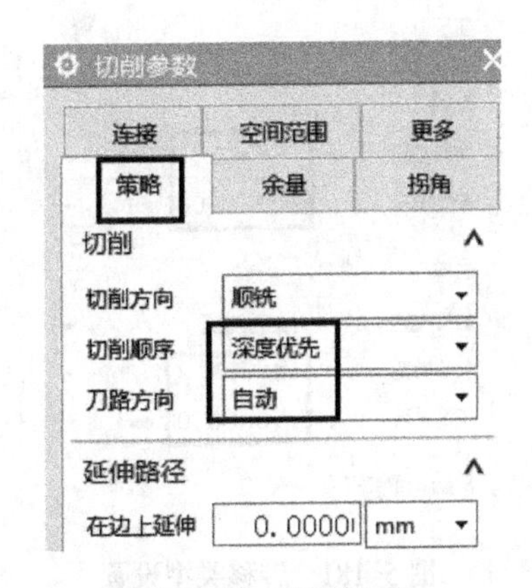

图 5-177 策略设置

在【余量】选项卡中按如图 5-178 所示设置，在【空间范围】选项卡中按如图 5-179 所示设置单击【确定】按钮。

（4）单击非切削移动按钮，弹出【非切削移动】对话框，在【进刀】选项卡中按如图 5-180 所示设置，在【转移/快速】选项卡中按如图 5-181 所示设置，单击【确定】按钮。

（5）单击进给率和速度按钮，弹出【进给率和速度】对话框，在【主轴速度】中输入

“2400”，【进给率】|【切削】中输入“600”，单击【确定】按钮。

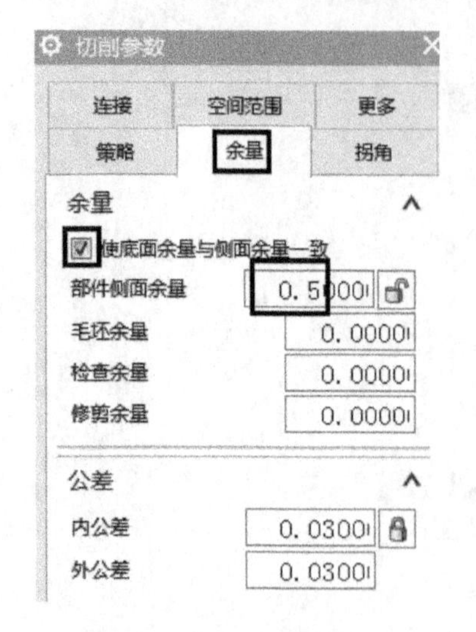

图 5-178　余量设置

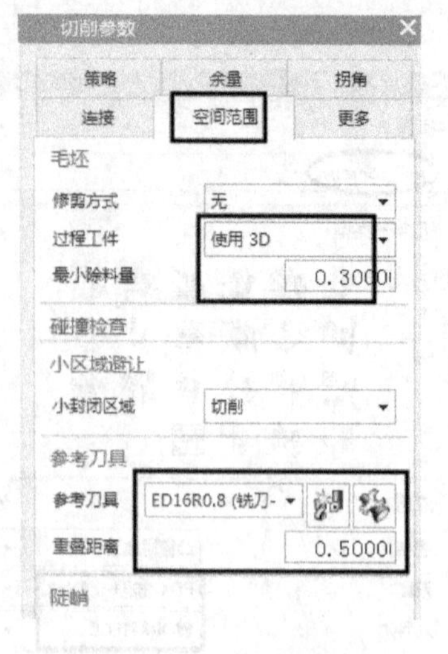

图 5-179　空间范围设置

图 5-180　进刀设置

（6）单击生成按钮，生成的刀具路径如图 5-182 所示。

图 5-181　转移类型设置

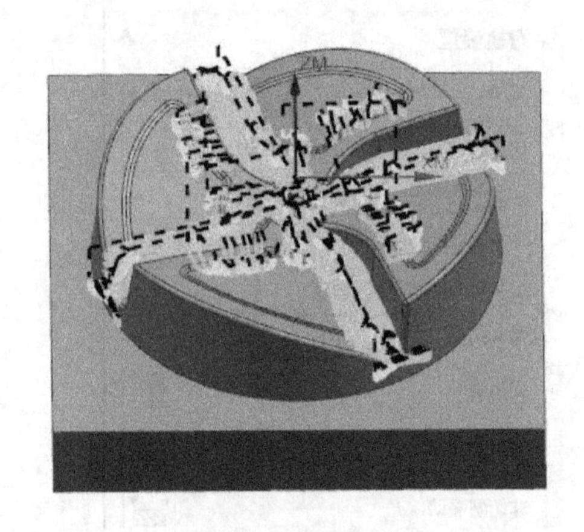

图 5-182　生成的刀具路径

5.2.5　叶面精加工

1．叶面半精加工

（1）鼠标右击【叶面精加工】程序组，在弹出的快捷菜单中，单击【插入】|工序按钮，弹出【创建工序】对话框，按如图 5-183 所示设置，单击【确定】按钮。

（2）单击指定切削区域按钮，弹出【切削区域】对话框，在【选择方法】中选择面，在【选择对象】中选择如图 5-184 所示的叶面部分，单击【确定】按钮。

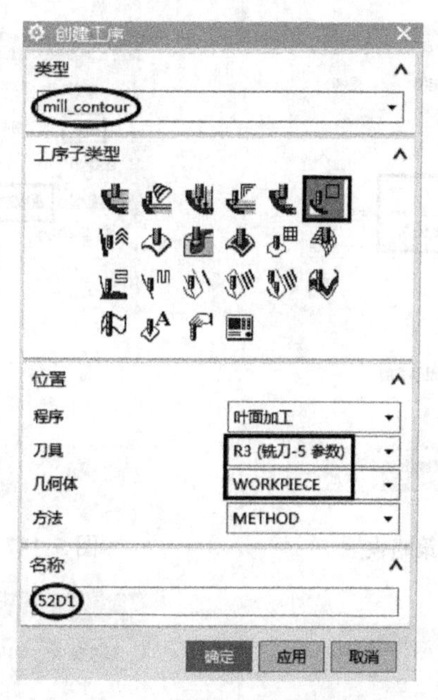

图 5-183 创建深度轮廓铣工序

（3）在【刀轨设置】选项组中按如图 5-185 所示设置。

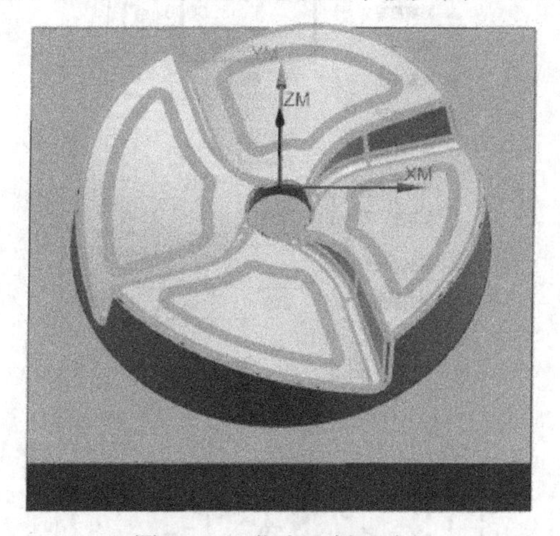

图 5-184 指定切削区域

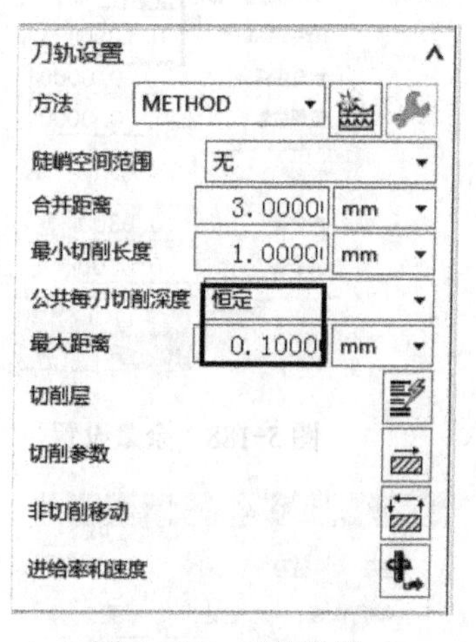

图 5-185 刀轨设置

（4）单击切削参数按钮，弹出【切削参数】对话框，在【策略】选项卡中按如图 5-186 所示设置，【连接】选项卡中按如图 5-187 所示设置。

在【余量】选项卡中按如图 5-188 所示设置，单击【确定】按钮。

（5）单击非切削移动按钮，弹出【非切削移动】对话框，在【进刀】选项卡中按如图 5-189 所示设置。

在【转移/快速】选项卡中按如图 5-190 所示设置，单击【确定】按钮。

（6）单击进给率和速度按钮，弹出【进给率和速度】对话框，在【主轴速度】中输入“2500”，【进给率】|【切削】中输入“500”，单击【确定】按钮。

（7）单击生成按钮，生成的刀具路径如图 5-191 所示。

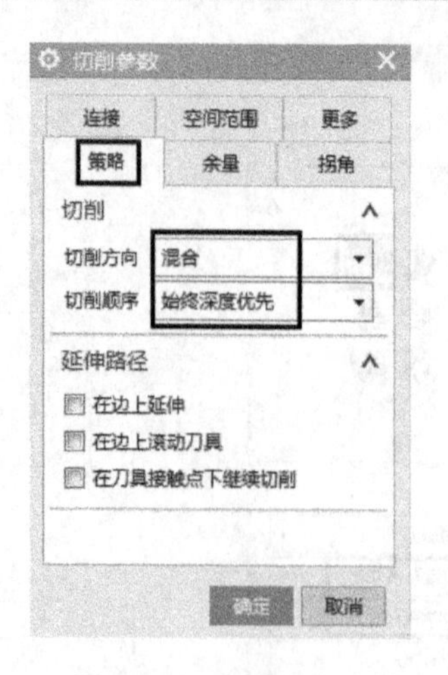

图 5-186　策略设置

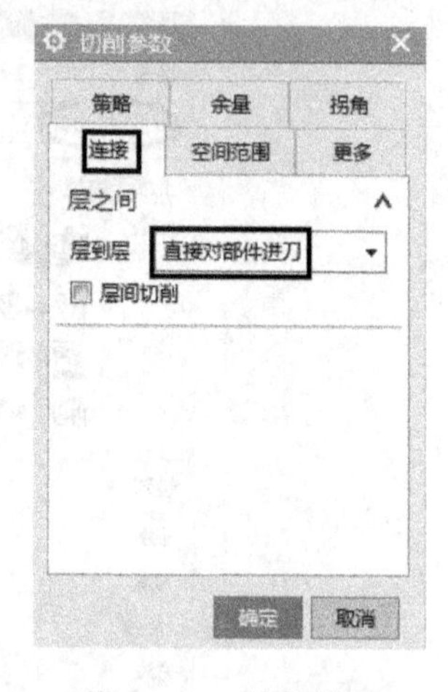

图 5-187　连接设置

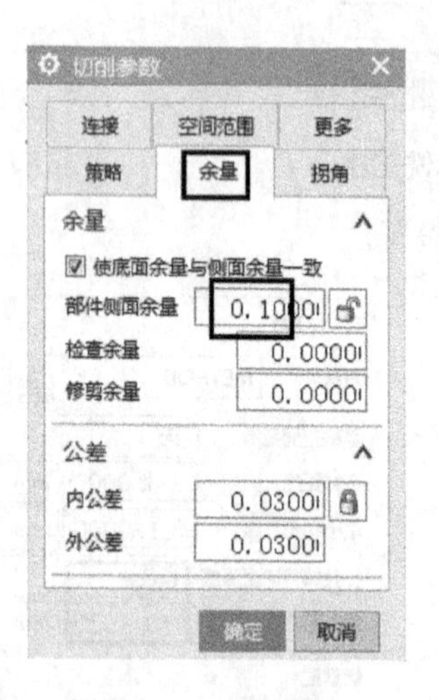

图 5-188　余量设置

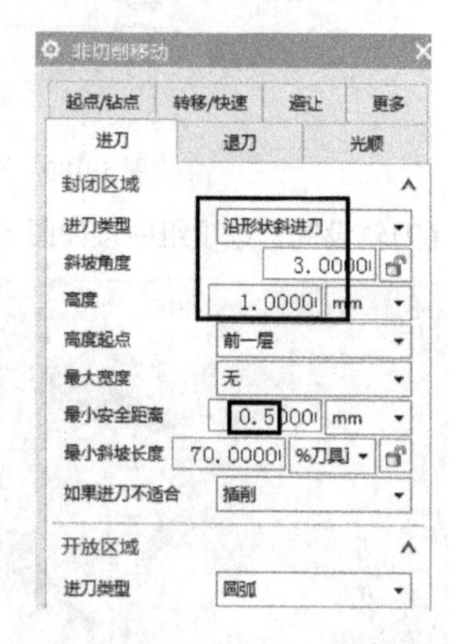

图 5-189　进刀设置

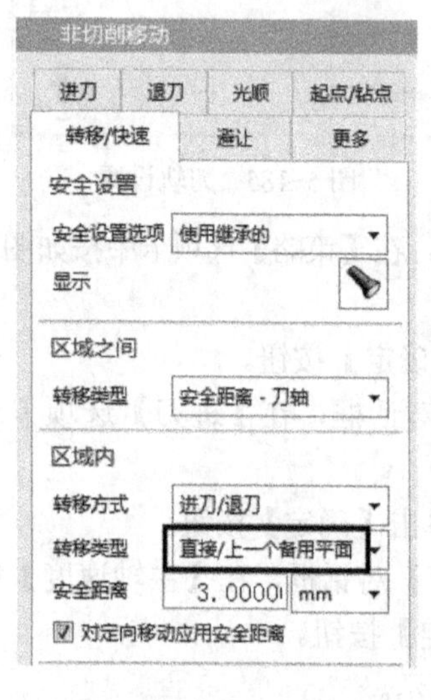

图 5-190　转移类型设置

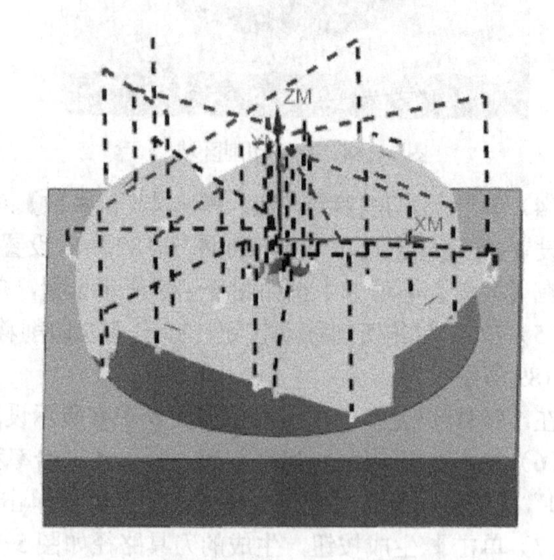

图 5-191　生成的刀具路径

2．叶面精加工

（1）鼠标右击【叶面精加工】程序组，在弹出的快捷菜单中，单击【插入】| 工序按钮，弹出【创建工序】对话框，如图 5-192 所示设置，单击【确定】按钮。

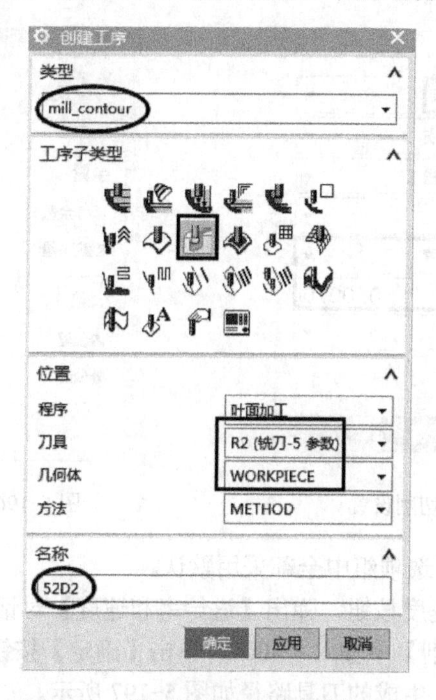

图 5-192　创建固定轴引导曲线铣工序

（2）单击 指定切削区域按钮，弹出【切削区域】对话框，在【选择方法】中选择 面，在【选择对象】中选择如图 5-193 所示的叶面部分，单击【确定】按钮。

（3）单击 编辑按钮，弹出【引导曲线驱动方法】对话框，在【引导曲线】|【选择曲线】中利用 添加新集按钮，选择如图 5-194 所示的两条边缘，单击【确定】按钮。

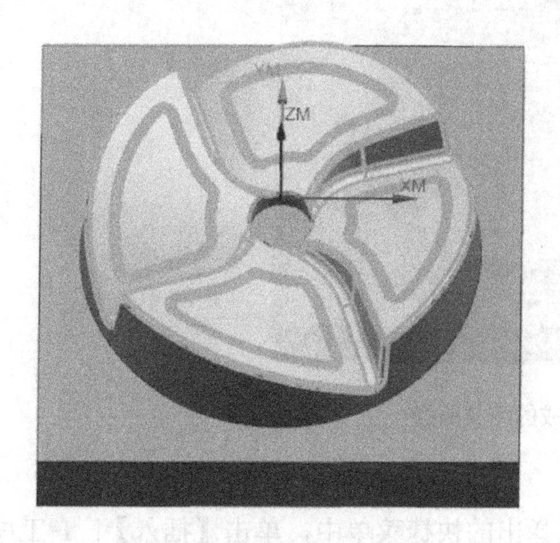

图 5-193　指定切削区域

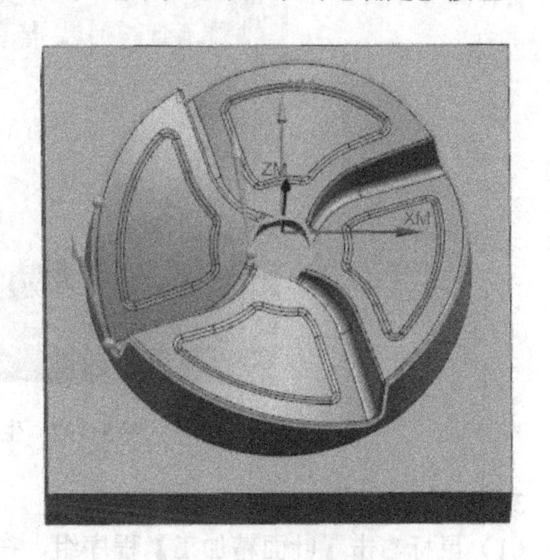

图 5-194　引导线设置

（4）在【切削】选项组中按如图 5-195 所示设置，单击【确定】按钮。

（5）单击切削参数按钮，弹出【切削参数】对话框，在【余量】选项卡中按如图 5-196 所示设置，单击【确定】按钮。

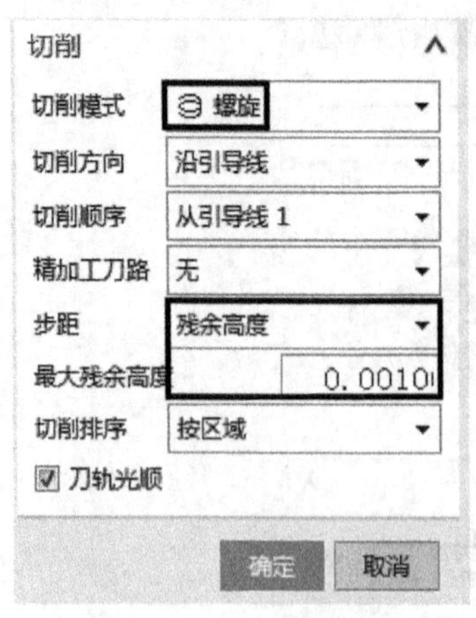

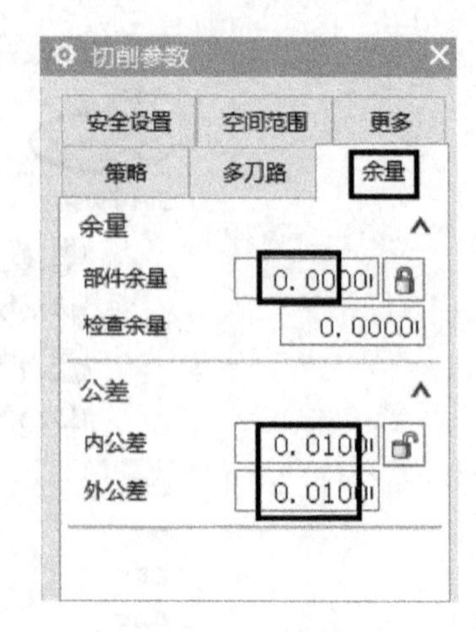

图 5-195　切削设置　　　　图 5-196　余量设置

（6）在【非切削移动】选项组中全部采用默认。

（7）单击进给率和速度按钮，弹出【进给率和速度】对话框，在【主轴速度】中输入“3000”，【进给率】|【切削】中输入“400”，单击【确定】按钮。

（8）单击生成按钮，生成的刀具路径如图 5-197 所示。

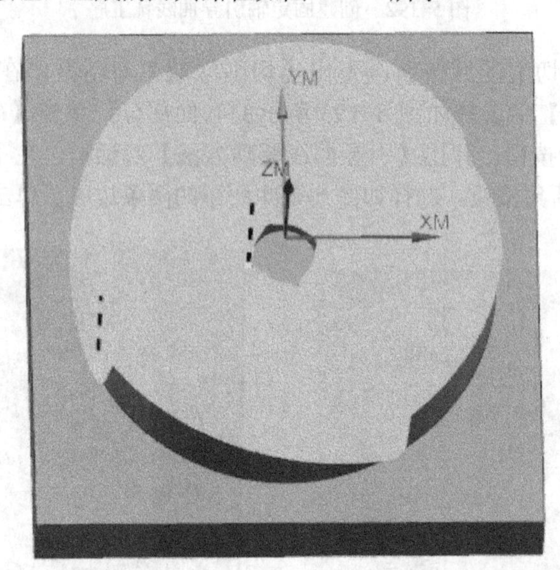

图 5-197　生成的刀具路径

3．孔精加工

（1）鼠标右击【叶面精加工】程序组，在弹出的快捷菜单中，单击【插入】| 工序按钮，弹出【创建工序】对话框，按如图 5-198 所示设置，单击【确定】按钮。

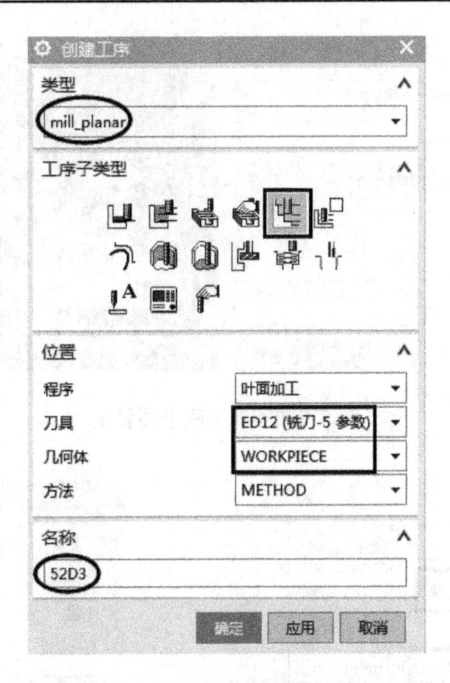

图 5-198　创建平面铣工序

（2）单击指定部件边界按钮，弹出【部件边界】对话框，在【选择方法】中选择曲线，在【选择曲线】中选择如图 5-199 所示圆孔的底边缘。

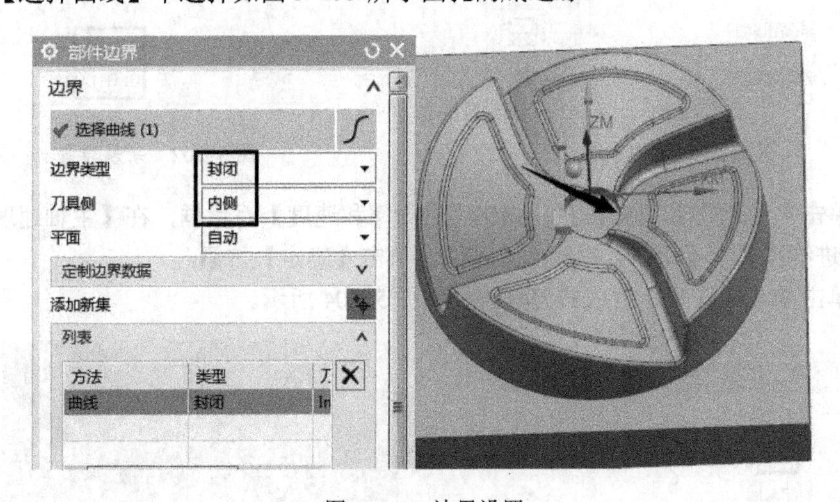

图 5-199　边界设置

（3）单击指定底面按钮，弹出【平面】对话框，在【选择平面对象】中选择如图 5-200 所示的底面，单击【确定】按钮。

（4）在【刀轨设置】选项组中按如图 5-201 所示设置。

（5）单击切削参数按钮，弹出【切削参数】对话框，在【余量】选项卡中按如图 5-202 所示设置，单击【确定】按钮。

（6）单击非切削移动按钮，弹出【非切削移动】对话框，在【进刀】选项卡中按如图 5-203 所示设置。

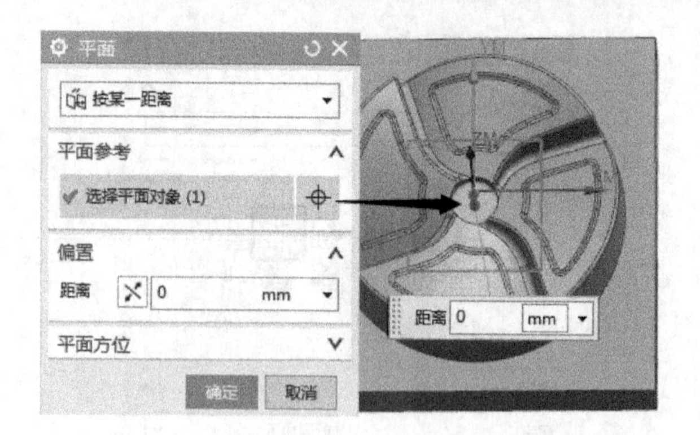

图 5-200　加工底平面设置

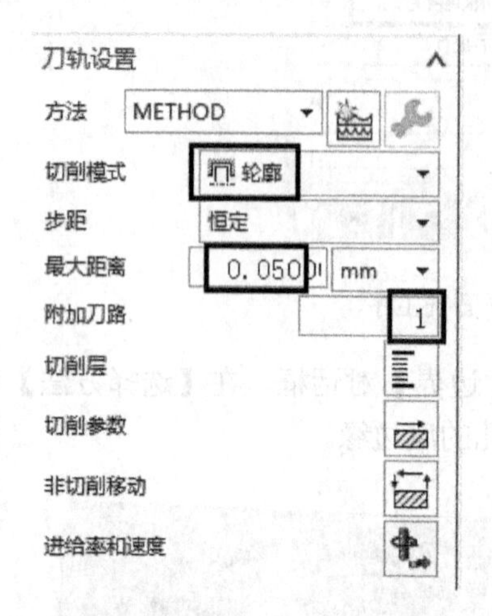

图 5-201　刀轨设置

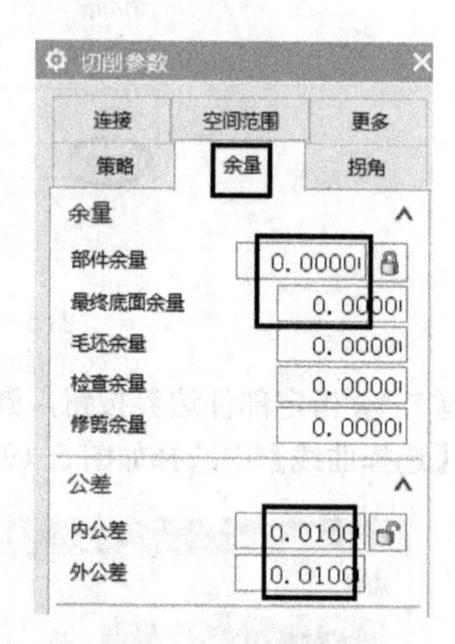

图 5-202　余量设置

（7）单击进给率和速度按钮，弹出【进给率和速度】对话框，在【主轴速度】中输入“1800”，【进给率】|【切削】中输入“700”，单击【确定】按钮。

（8）单击生成按钮，生成的刀具路径如图 5-204 所示。

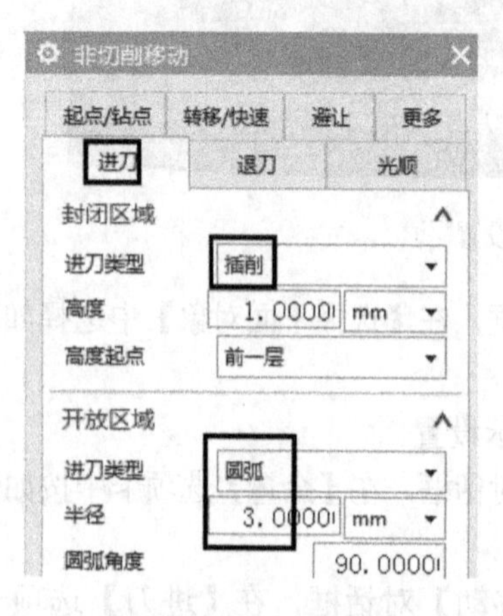

图 5-203　进刀设置

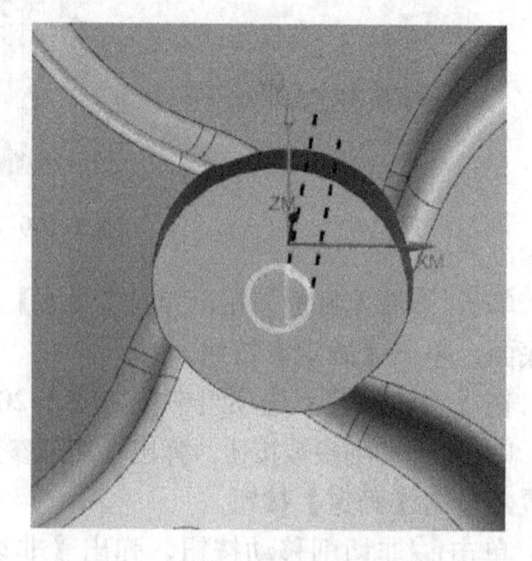

图 5-204　生成刀具路径

5.2.6　底部清根

（1）鼠标右击【底部清根】程序组，在弹出的快捷菜单中，单击【插入】|工序按钮，弹出【创建工序】对话框，按如图5-205所示设置，单击【确定】按钮。

图5-205　创建深度轮廓铣工序

（2）单击指定切削区域按钮，弹出【切削区域】对话框，在【选择方法】中选择面，在【选择对象】中选择如图5-206所示的面，单击【确定】按钮。

（3）在【刀轨设置】选项组中按如图5-207所示设置。

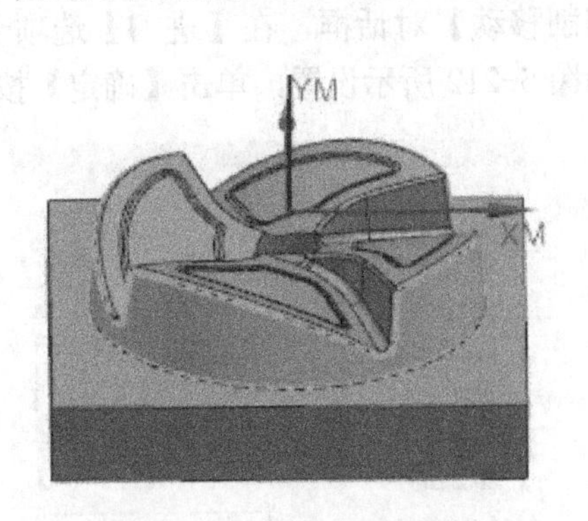

图5-206　切削区域设置

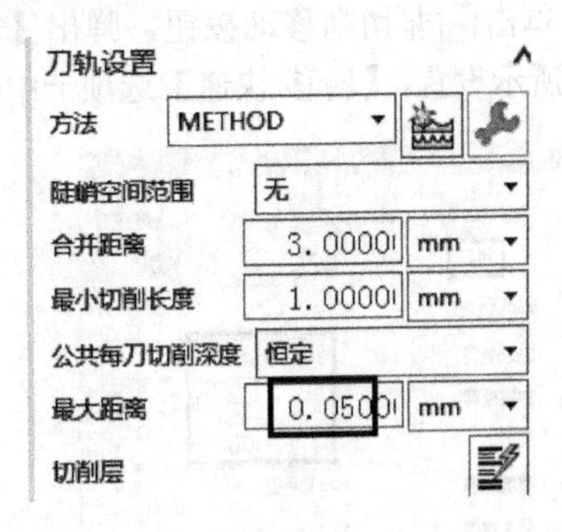

图5-207　刀轨设置

（4）单击切削层按钮，弹出【切削层】对话框，按如图5-208所示设置。

（5）单击切削参数按钮，弹出【切削参数】对话框，在【策略】选项卡按如图5-209所示设置，在【连接】|【层到层】中选择【直接对部件进刀】，在【余量】选项卡中按如图5-210所示设置，单击【确定】按钮。

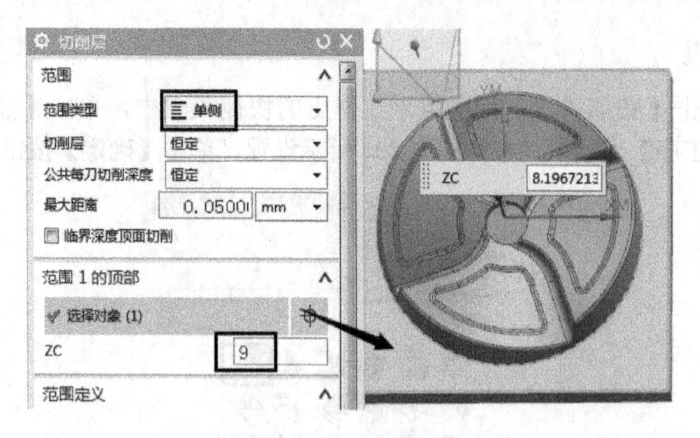

图 5-208　切削层设置

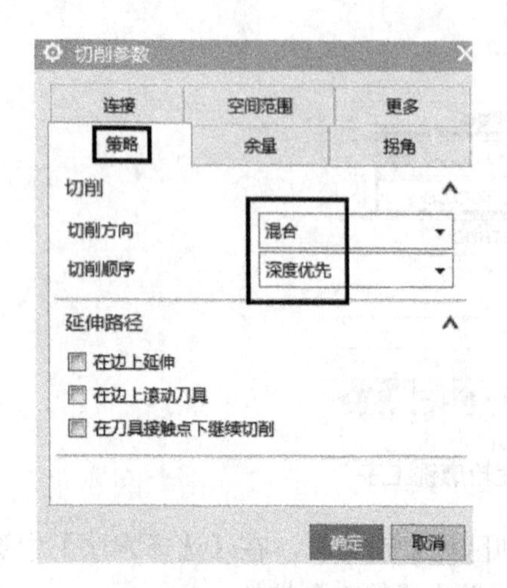

图 5-209　策略设置

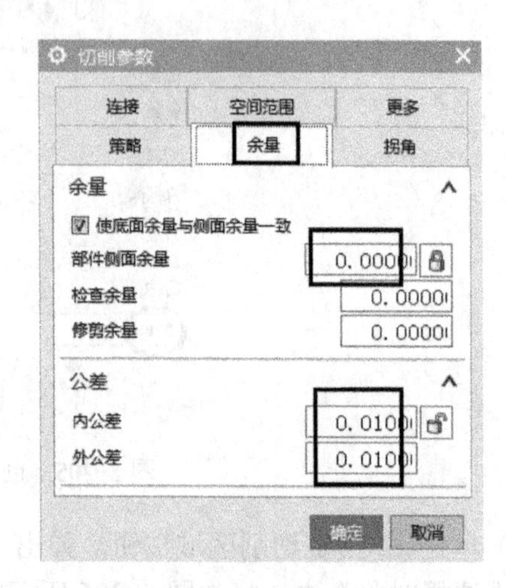

图 5-210　余量设置

（6）单击非切削移动按钮，弹出【非切削移动】对话框，在【进刀】选项卡中按如图 5-211 所示设置，【转移/快速】选项卡中按如图 5-212 所示设置，单击【确定】按钮。

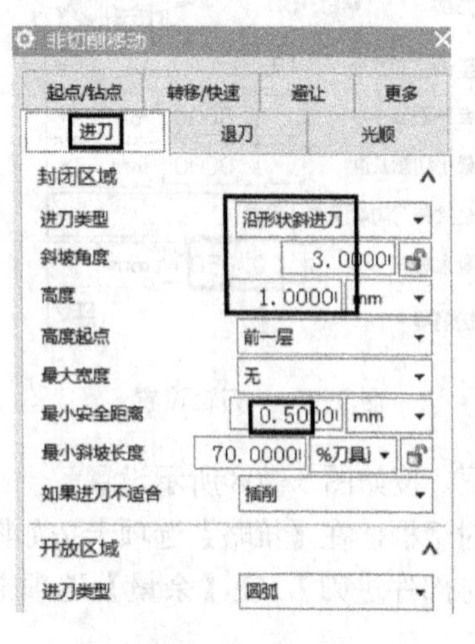

图 5-211　进刀设置

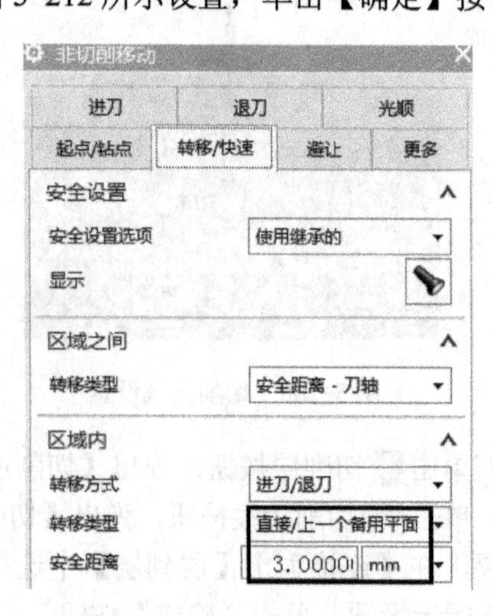

图 5-212　转移类型设置

（7）单击进给率和速度按钮，弹出【进给率和速度】对话框，在【主轴速度】中输入“1800”,【进给率】｜【切削】中输入“700”，单击【确定】按钮。

（8）单击生成按钮，生成的刀具路径如图 5-213 所示。

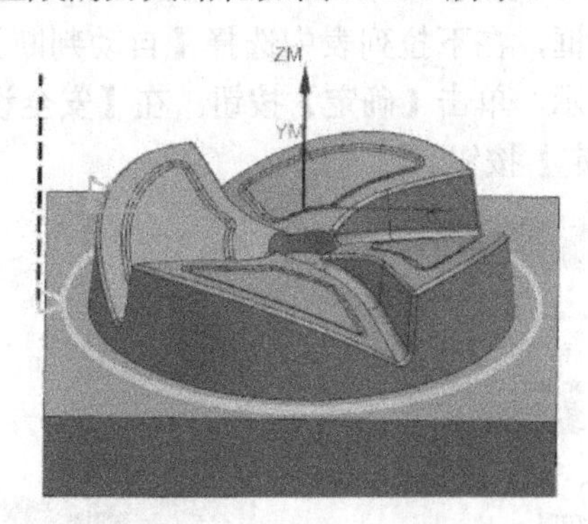

图 5-213　生成的刀具路径

5.2.7　仿真模拟加工

选中所有程序，单击鼠标右键，在弹出的快捷菜单中，单击【刀轨】｜确认按钮，弹出【刀轨可视化】对话框，单击【3D 动态】按钮，单击播放按钮，仿真模拟加工如图 5-214 所示。

图 5-214　仿真加工图

5.3　眼镜模型编程与加工

眼镜模型编程与加工

5.3.1　编程准备

1．打开文件

启动 UG 软件，打开 5.3 眼镜模型，零件材料为 45 钢。

2．创建加工坐标系和工件几何体

（1）在【应用模块】中单击加工按钮，弹出【加工环境】对话框，按如图 5-215 所示设置。

（2）在【视图】|【图层】中勾选第 10 层。在【工序导航器】空白处单击鼠标右键，在弹出的快捷菜单中选择几何视图，单击 MCS_MILL 前面的“+”号将其展开。双击 MCS_MILL 按钮，弹出【MSC 铣削】对话框，在【机床坐标系】|【指定 MSC】中单击按钮，弹出【坐标系】对话框，在下拉列表中选择【自动判断】，在【选择对象】中选择毛坯的上表面，如图 5-216 所示，单击【确定】按钮。在【安全设置】|【安全距离】中输入“30”，其余默认，单击【确定】按钮。

图 5-215　加工环境设置

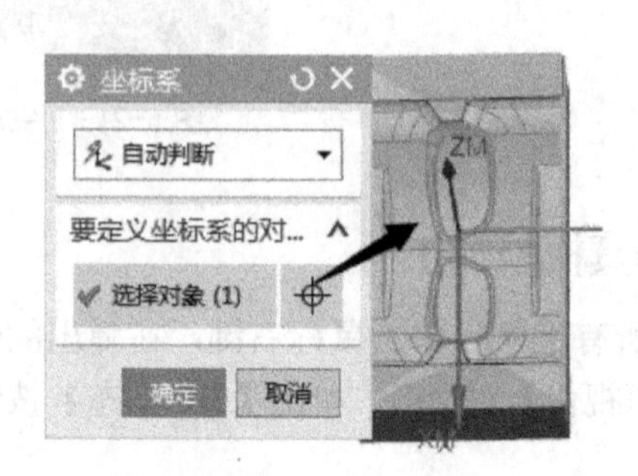

图 5-216　坐标系设置

（3）创建工件几何体。双击 WORKPIECE 按钮，弹出【工件】对话框，单击指定部件按钮，弹出【部件几何体】对话框，在【选择对象】中选择眼镜模型，单击【确定】按钮；单击指定毛坯按钮，弹出【毛坯几何体】对话框，在【选择对象】中选择如图 5-217 所示的毛坯，单击【确定】按钮，在图层中隐藏毛坯。

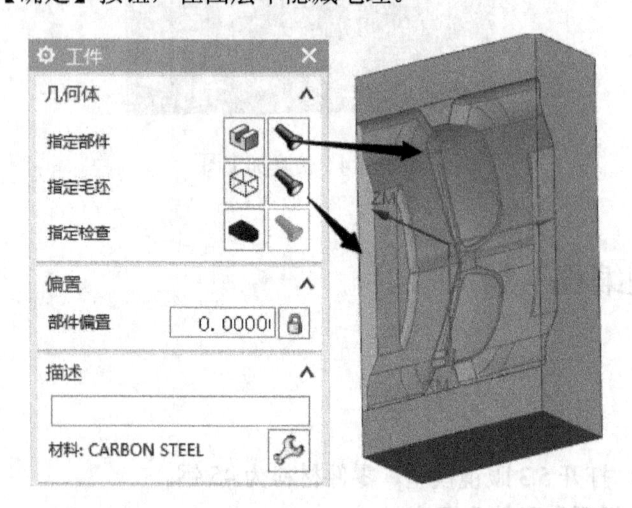

图 5-217　创建工件几何体

3. 创建刀具

（1）在【工序导航器】空白处单击鼠标右键，在弹出的快捷菜单中选择机床视图，在工具栏中单击创建刀具按钮，弹出【创建刀具】对话框，按如图5-218所示设置，单击【确定】按钮，弹出【铣刀-5 参数】对话框，在【尺寸】选项组中按如图5-219所示设置，单击【确定】按钮。

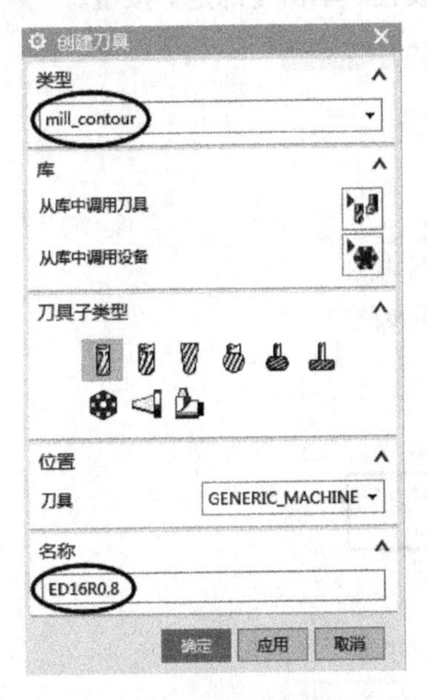

图5-218 创建刀具

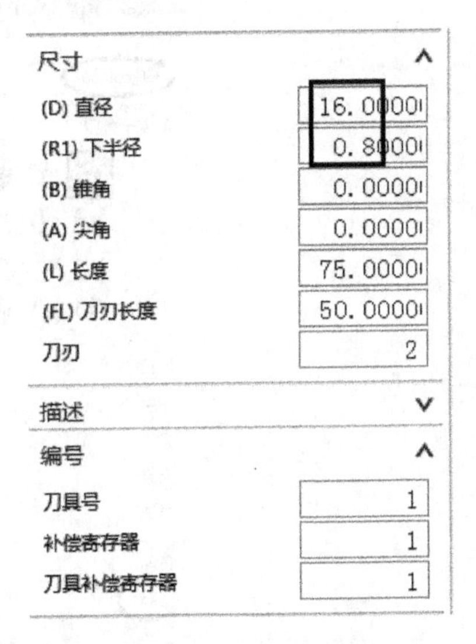

图5-219 设置刀具参数

（2）用同样的方法，创建ED10R1、ED4、R3、ED2、R1、R0.5刀具，在编号中输入对应的编号。

4．创建程序顺序视图

（1）在【工序导航器】空白处单击鼠标右键，在弹出的快捷菜单中，选择程序顺序视图，在工具条中单击创建程序按钮，弹出【创建程序】对话框，按如图5-220所示设置，两次单击【确定】按钮，完成程序组的创建。

（2）用同样的方法继续创建其他程序组，如图5-221所示。

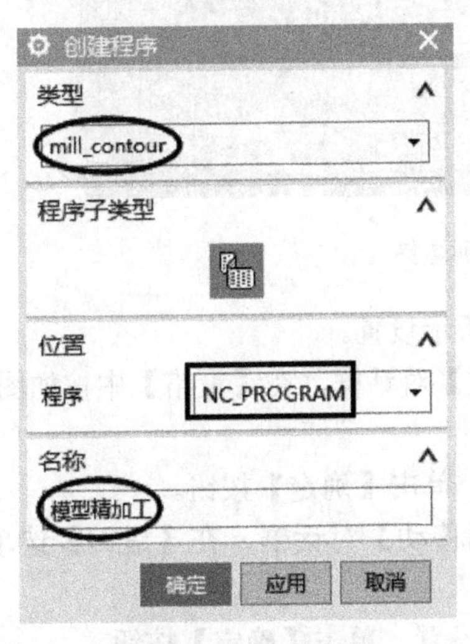

图5-220 创建程序组

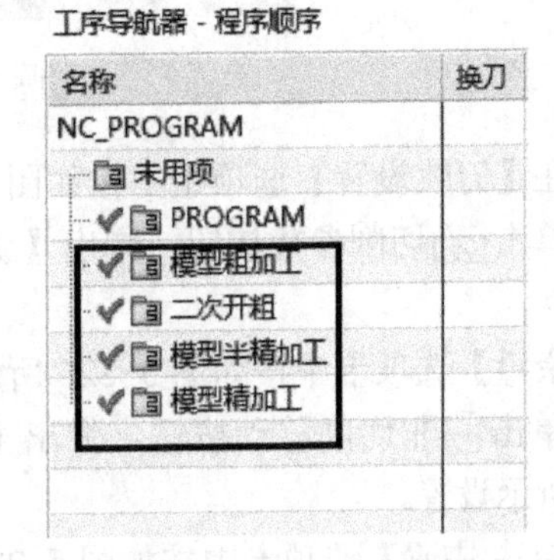

图5-221 创建的所有程序组

5.3.2 模型粗加工

（1）鼠标右击【模型粗加工】程序组，在弹出的快捷菜单中，单击【插入】| 工序按钮，弹出【创建工序】对话框，按如图 5-222 所示设置，单击【确定】按钮。

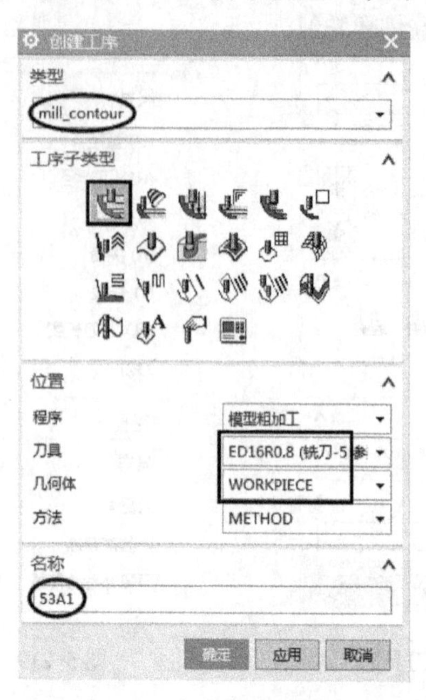

图 5-222 创建型腔铣工序

（2）单击指定修剪边界按钮，弹出【修剪边界】对话框，在【选择方法】中选择点，在【指定点】中选择如图 5-223 所示的四个顶点，单击【确定】按钮。

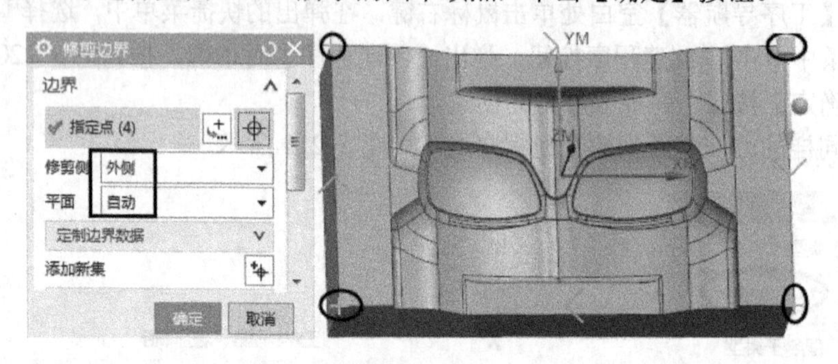

图 5-223 修剪边界

（3）在【刀轨设置】选项组中按如图 5-224 所示设置。

（4）单击切削参数按钮，弹出【切削参数】对话框，在【策略】中按如图 5-225 所示设置。

在【余量】选项卡中按如图 5-226 所示设置，单击【确定】按钮。

（5）单击非切削移动按钮，弹出【非切削移动】对话框，在【进刀】选项卡中按如图 5-227 所示设置。

在【转移/快速】选项卡中按如图 5-228 所示设置，单击【确定】按钮。

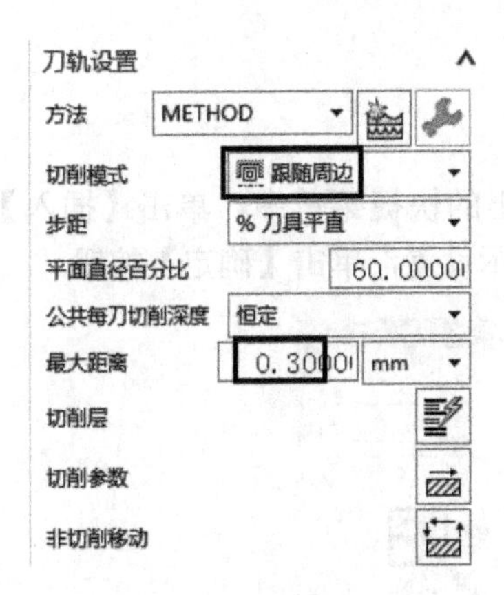

图 5-224 刀轨设置

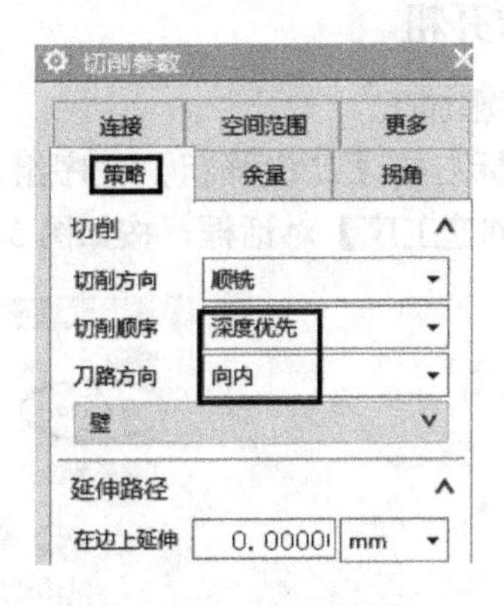

图 5-225 策略设置

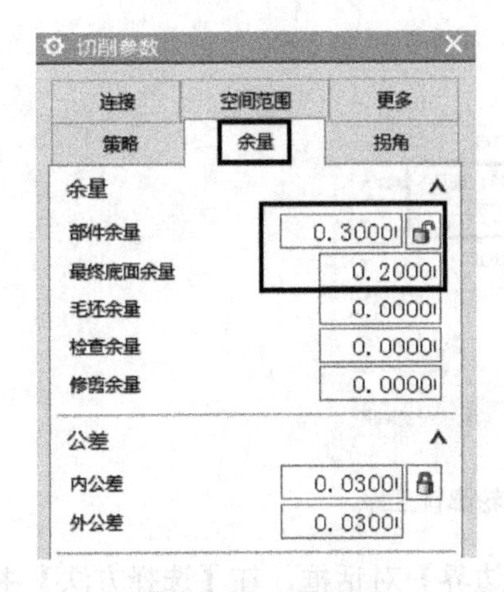

图 5-226 余量设置

图 5-227 进刀设置

（6）单击进给率和速度按钮，弹出【进给率和速度】对话框，在【主轴速度】中输入“1200”，【进给率】|【切削】中输入“1200”，单击【确定】按钮。

（7）单击生成按钮，生成的刀具路径如图 5-229 所示。

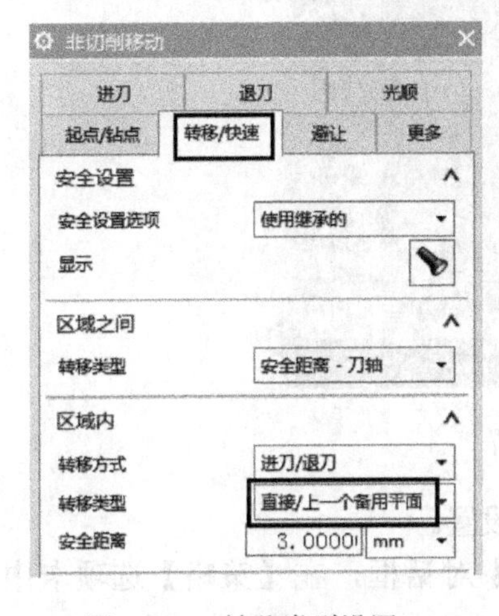

图 5-228 转移类型设置

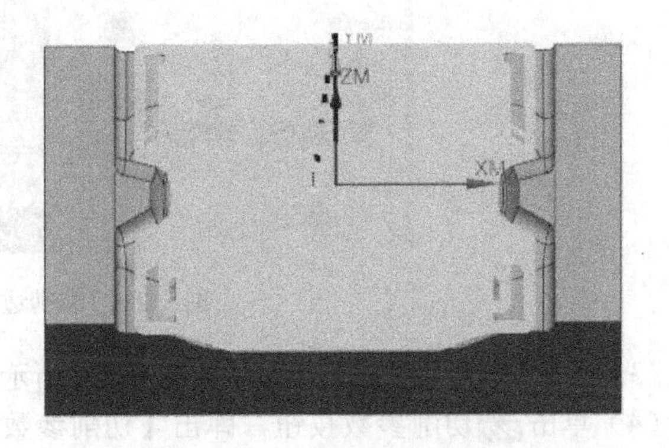

图 5-229 生成的刀具路径

5.3.3 二次开粗

1. 角落粗加工

（1）鼠标右击【二次开粗】程序组，在弹出的快捷菜单中，单击【插入】| 工序按钮，弹出【创建工序】对话框，按如图 5-230 所示设置，单击【确定】按钮。

图 5-230 创建深度轮廓铣工序

（2）单击指定修剪边界按钮，弹出【修剪边界】对话框，在【选择方法】中选择点，在【指定点】中选择如图 5-231 所示的四个顶点，单击【确定】按钮。

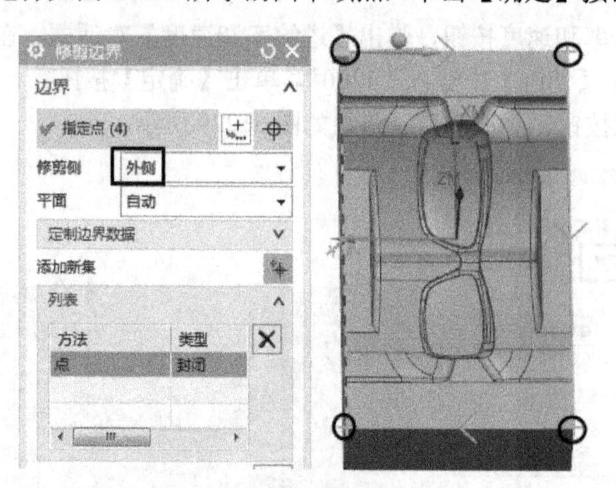

图 5-231 修剪边界

（3）在【刀轨设置】选项组中按如图 5-232 所示设置。

（4）单击切削参数按钮，弹出【切削参数】对话框，在【策略】选项卡中按如图 5-233 所示设置。

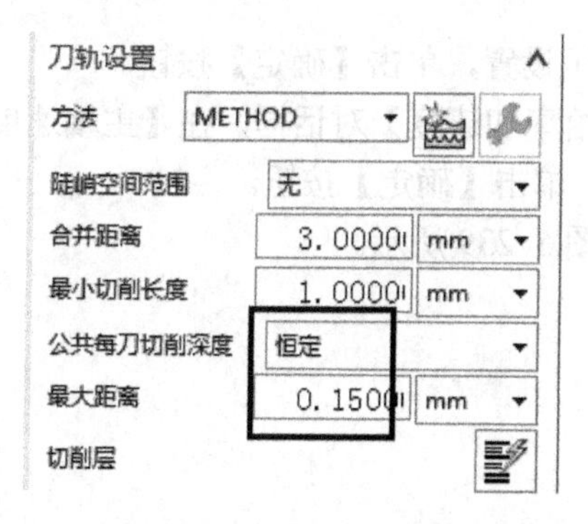

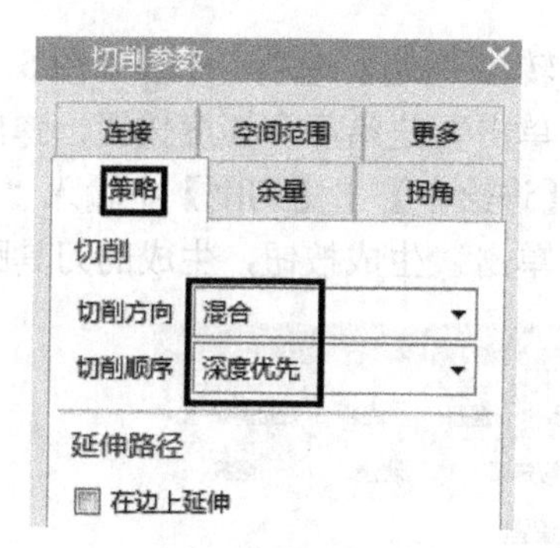

图 5-232　刀轨设置　　　　图 5-233　策略设置

在【连接】|【层到层】中选择【直接对部件进刀】，如图 5-234 所示，【余量】选项卡中按如图 5-235 所示设置，单击【确定】按钮。

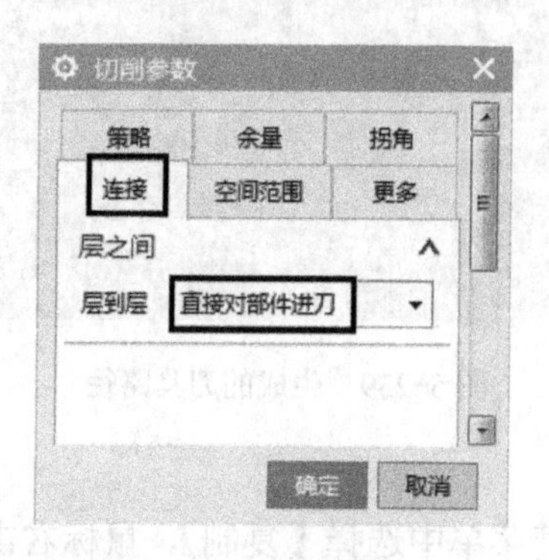

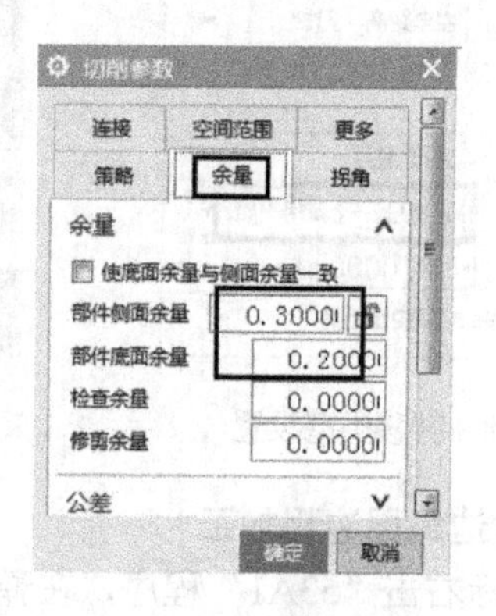

图 5-234　连接设置　　　　图 5-235　余量设置

在【空间范围】选项卡中按如图 5-236 所示设置。

（5）单击非切削移动按钮，弹出【非切削移动】对话框，在【进刀】选项卡中按如图 5-237 所示设置。

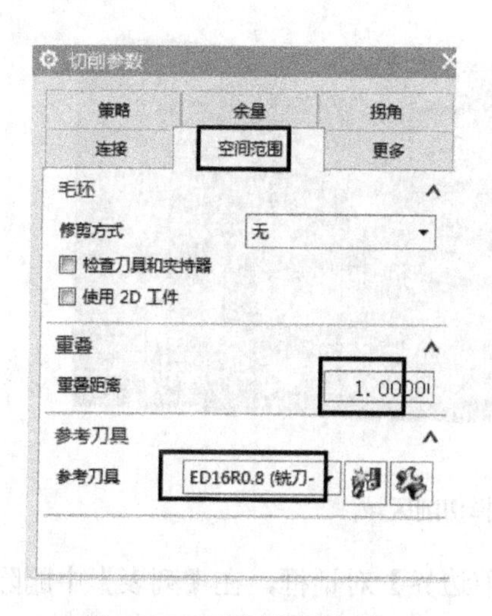

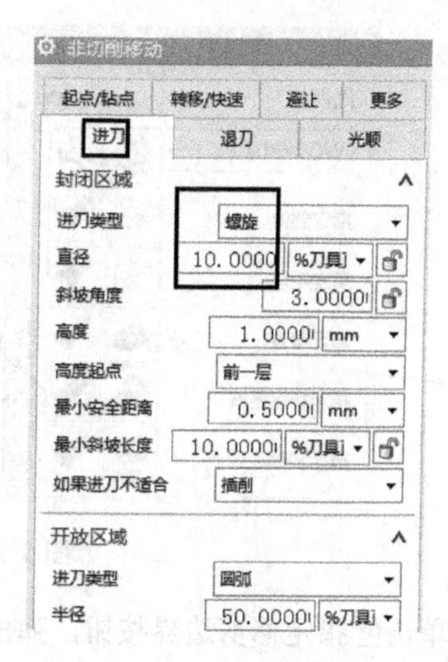

图 5-236　空间范围设置　　　　图 5-237　进刀设置

在【转移/快速】选项卡中按如图 5-238 所示设置，单击【确定】按钮。

（6）单击进给率和速度按钮，弹出【进给率和速度】对话框，在【主轴速度】中输入“1600”，【进给率】｜【切削】中输入“1000”，单击【确定】按钮。

（7）单击生成按钮，生成的刀具路径如图 5-239 所示。

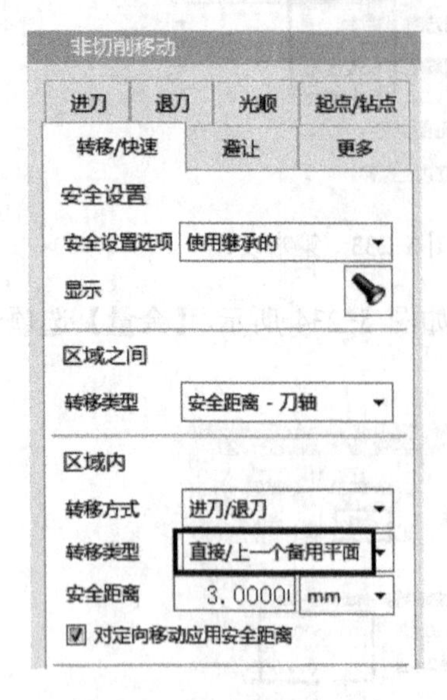

图 5-238　转移类型设置

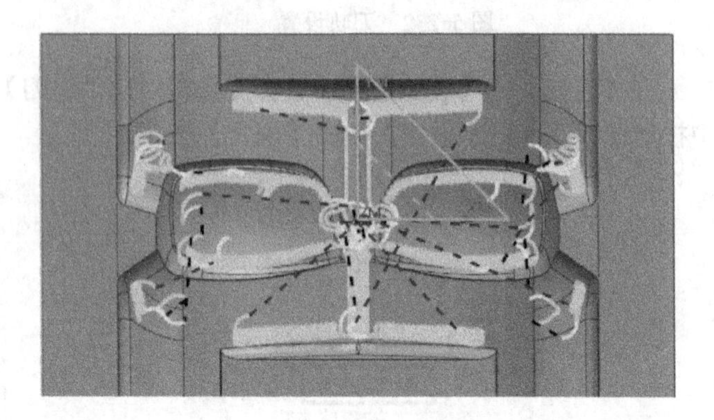

图 5-239　生成的刀具路径

2．镜片边缘周边粗加工

（1）鼠标右击“53A1”程序，在弹出的快捷菜单中选择【复制】，鼠标右击“53B1”程序，在弹出的快捷菜单中选择【粘贴】，将名称重命名为“53C1”。

（2）双击“53C1”程序，弹出【型腔铣】对话框，单击指定切削区域按钮，弹出【切削区域】对话框，在【选择方法】中选择面，在【选择对象】中选择如图 5-240 所示的区域，单击【确定】按钮。

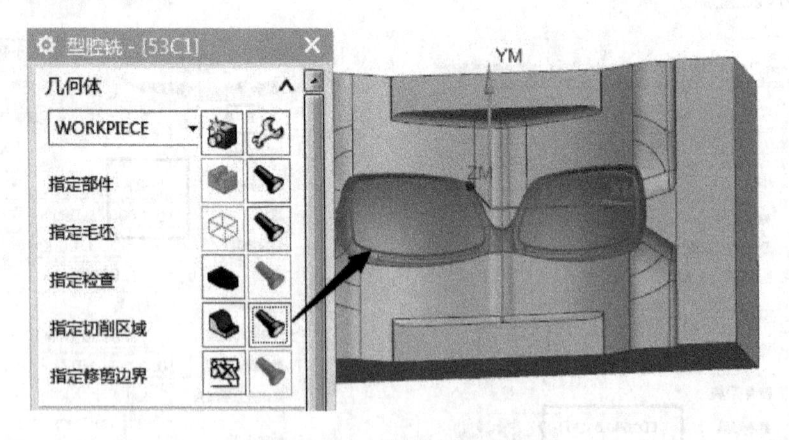

图 5-240　选择切削区域

（3）单击指定修剪边界按钮，弹出【修剪边界】对话框，在【列表】中删除以前的修剪边界，单击【确定】按钮。

（4）在【工具】|【刀具】中选择“ED4”。

（5）在【刀轨设置】选项组中按如图 5-241 所示设置。

（6）单击切削参数按钮，弹出【切削参数】对话框，在【策略】选项卡中按如图 5-242 所示设置。

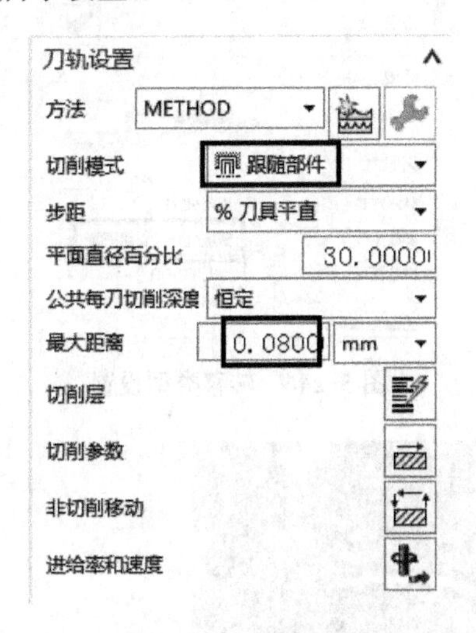

图 5-241 刀轨设置

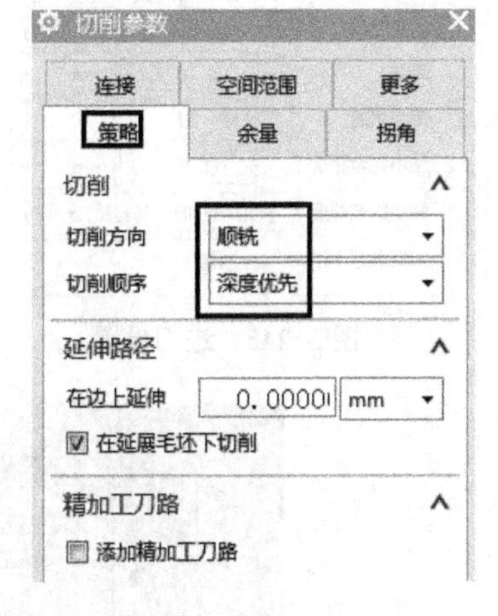

图 5-242 策略设置

在【余量】选项卡中按如图 5-243 所示设置，【空间范围】选项卡中按如图 5-244 所示设置，单击【确定】按钮。

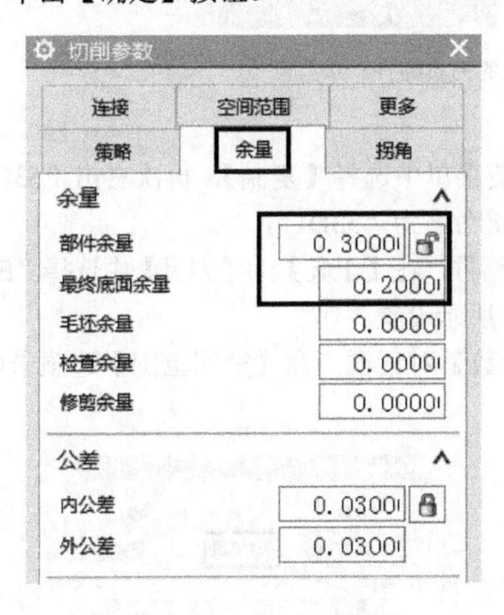

图 5-243 余量设置

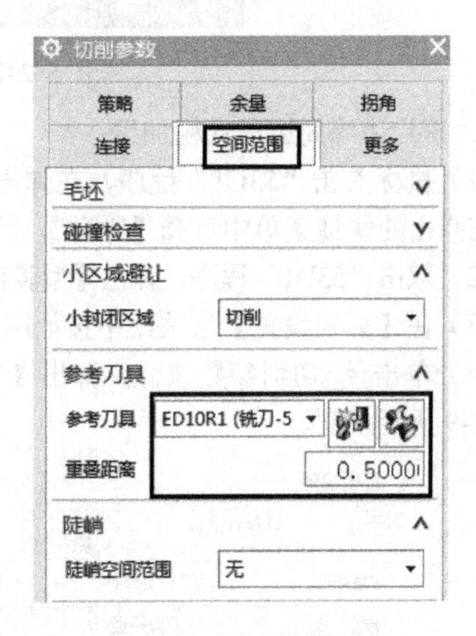

图 5-244 空间范围设置

（7）单击非切削移动按钮，弹出【非切削移动】对话框，在【进刀】选项卡中按如图 5-245 所示设置，【转移/快速】选项卡中按如图 5-246 所示设置，单击【确定】按钮。

（8）单击进给率和速度按钮，弹出【进给率和速度】对话框，在【主轴速度】中输入“2500”，【进给率】|【切削】中输入“600”，单击【确定】按钮。

（9）单击生成按钮，生成的刀具路径如图 5-247 所示。

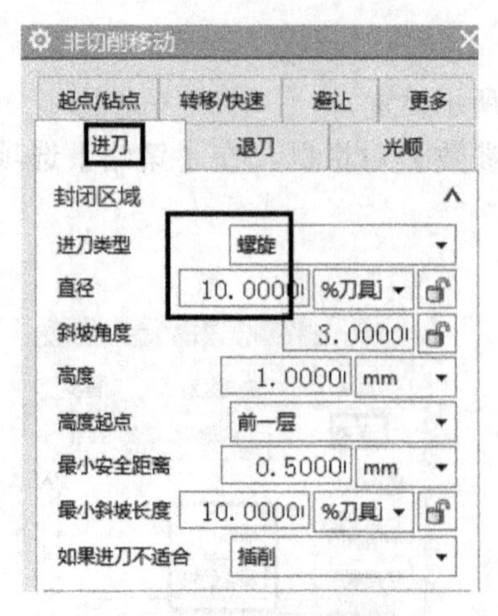

图 5-245　进刀设置

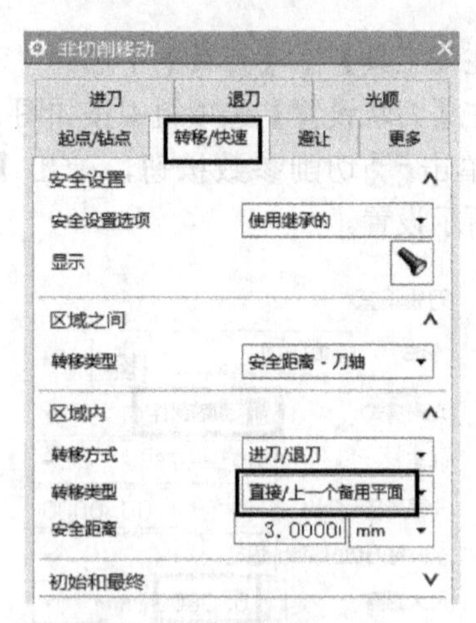

图 5-246　转移类型设置

图 5-247　生成的刀具路径

3．镜片边缘周边再次粗加工

（1）鼠标右击“53C1”程序，在弹出的快捷菜单中选择【复制】，再次右击“53C1”程序，在弹出的快捷菜单中选择【粘贴】，将名称重命名为“53D1”。

（2）双击“53D1”程序，弹出【型腔铣】对话框，在【工具】｜【刀具】中选择“ED2”。

（3）在【刀轨设置】选项组中按如图 5-248 所示设置。

（4）单击切削参数按钮，弹出【切削参数】对话框，在【空间范围】选项卡中按如图 5-249 所示设置。

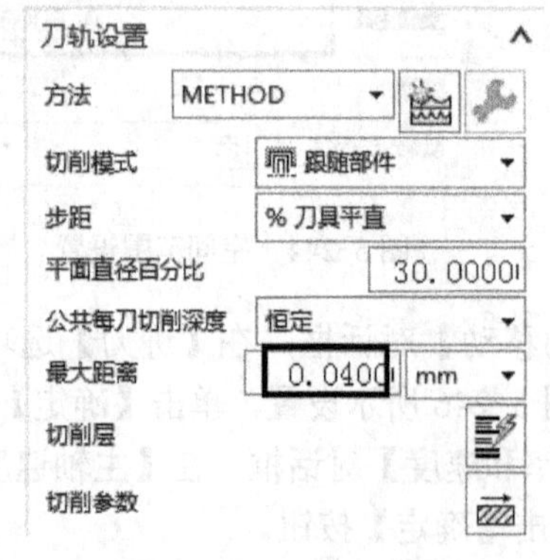

图 5-248　刀轨设置

图 5-249　空间范围设置

（5）单击进给率和速度按钮，弹出【进给率和速度】对话框，在【主轴速度】中输入“4000”，【进给率】|【切削】中输入“300”，单击【确定】按钮。

（6）单击生成按钮，生成的刀具路径如图5-250所示。

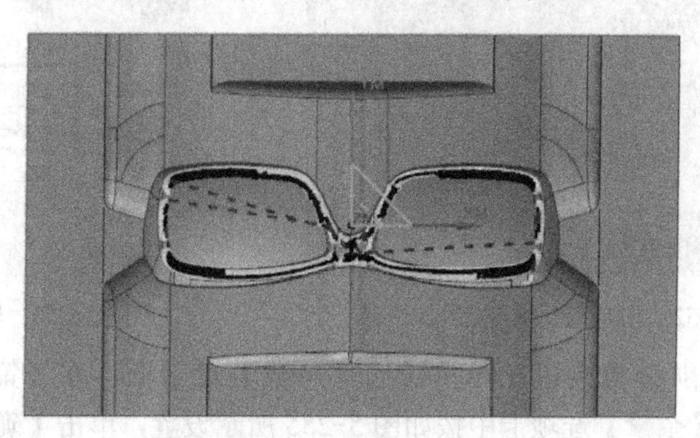

图5-250 生成的刀具路径

5.3.4 半精加工

（1）鼠标右击【半精加工】程序组，在弹出的快捷菜单中，单击【插入】|工序按钮，弹出【创建工序】对话框，按如图5-251所示设置，单击【确定】按钮。

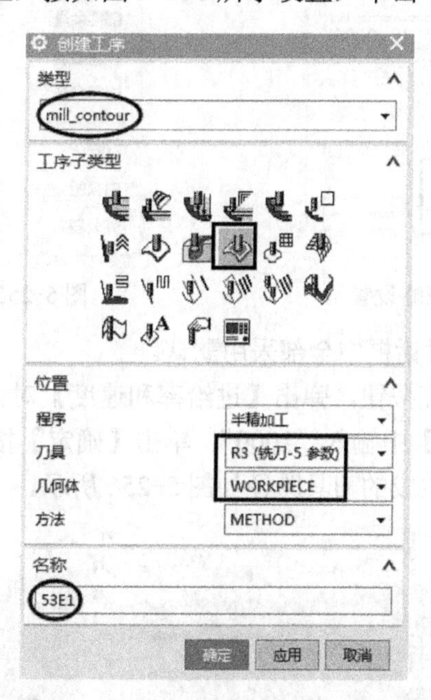

图5-251 创建区域轮廓铣工序

（2）单击指定切削区域按钮，弹出【切削区域】对话框，在【选择方法】中选择面，在【选择对象】中选择如图5-252所示的曲面，单击【确定】按钮。

（3）单击编辑按钮，弹出【驱域铣削驱动方法】对话框，在【驱动设置】选项组中按如图5-253所示设置，单击【确定】按钮。

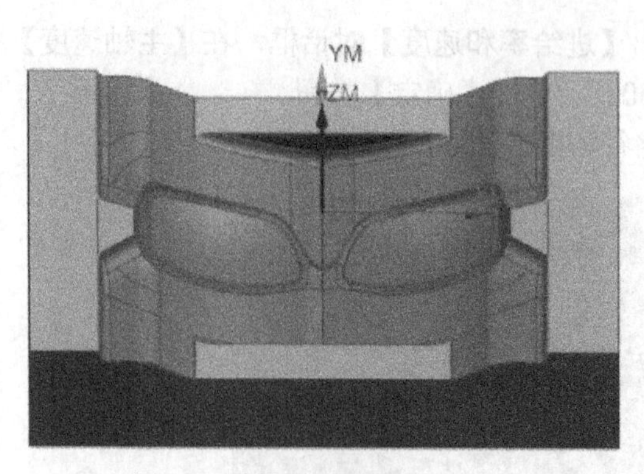

图 5-252　指定切削区域

图 5-253　驱动设置

（4）单击切削参数按钮，弹出【切削参数】对话框，在【策略】选项卡中按如图 5-254 所示设置，【余量】选项卡中按如图 5-255 所示设置，单击【确定】按钮。

图 5-254　策略设置

图 5-255　余量设置

（5）在【非切削移动】对话框中全部采用默认。

（6）单击进给率和速度按钮，弹出【进给率和速度】对话框，在【主轴速度】中输入“2500”，【进给率】|【切削】中输入“1000”，单击【确定】按钮。

（7）单击生成按钮，生成的刀具路径如图 5-256 所示。

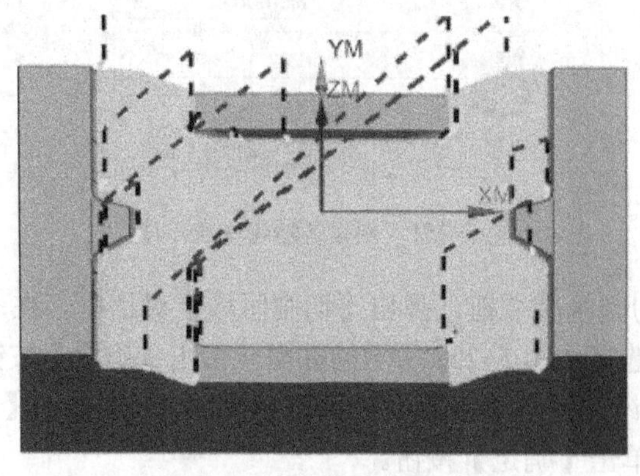

图 5-256　生成的刀具路径

5.3.5　精加工

1．底面精加工

（1）鼠标右击【精加工】程序组，在弹出的快捷菜单中，单击【插入】|工序按钮，弹出【创建工序】对话框，按如图 5-257 所示设置，单击【确定】按钮。

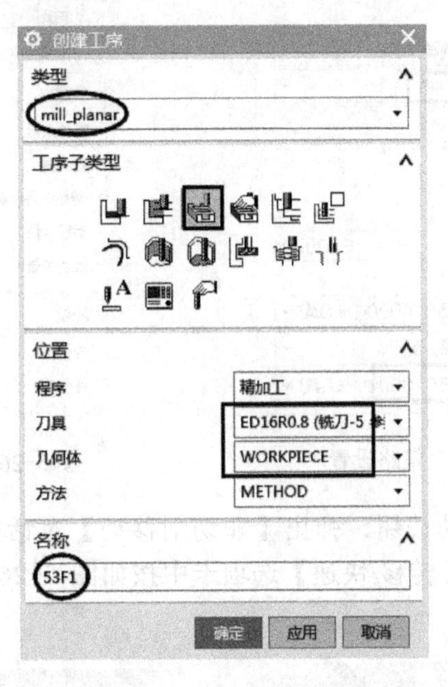

图 5-257　创建面铣工序

（2）单击指定面边界按钮，弹出【毛坯边界】对话框，在【选择方法】中选择面，在【选择面】中运用添加新集按钮选择如图 5-258 所示的四个面，单击【确定】按钮。

（3）在【刀轨设置】选项组中按如图 5-259 所示设置。

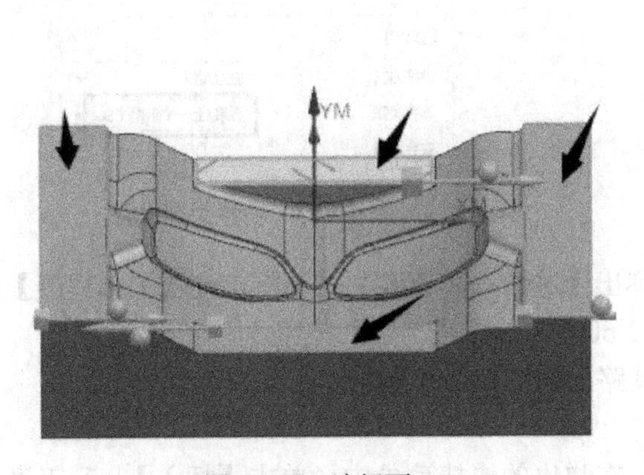

图 5-258　选择面

图 5-259　刀轨设置

（4）单击切削参数按钮，弹出【切削参数】对话框，在【策略】选项卡中按如

图 5-260 所示设置，【余量】选项卡中按如图 5-261 所示设置，单击【确定】按钮。

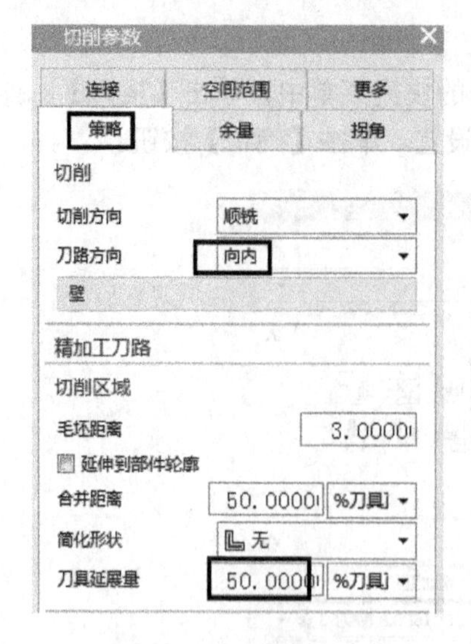

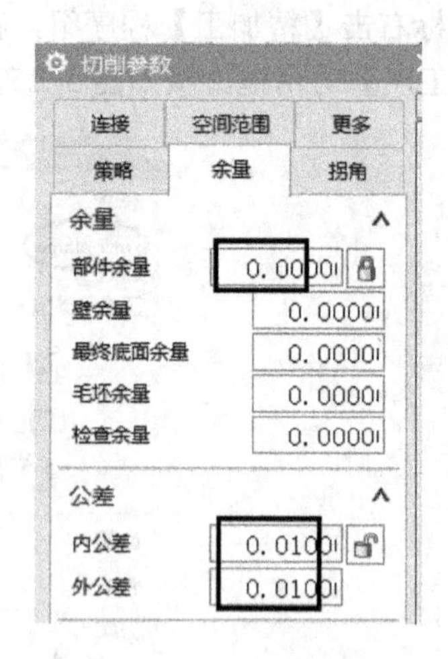

图 5-260　策略设置

图 5-261　余量设置

（5）单击非切削移动按钮，弹出【非切削移动】对话框，在【进刀】选项卡中按如图 5-262 所示设置，在【转移/快速】选项卡中按如图 5-263 所示设置，单击【确定】按钮。

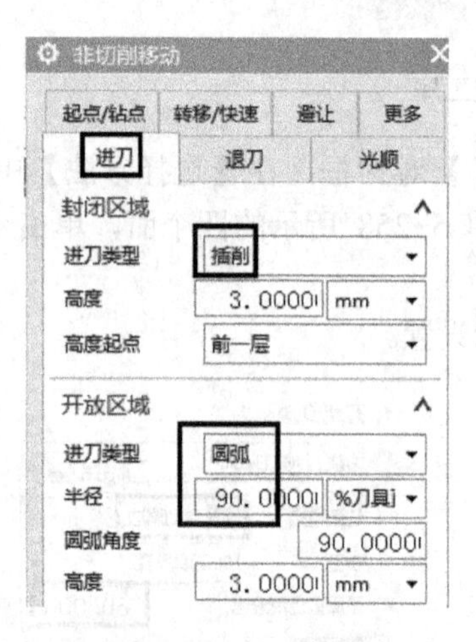

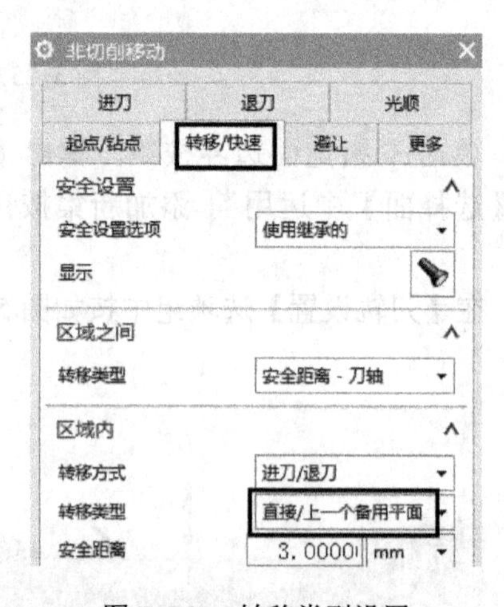

图 5-262　进刀设置

图 5-263　转移类型设置

（6）单击进给率和速度按钮，弹出【进给率和速度】对话框，在【主轴速度】中输入“1500”，【进给率】|【切削】中输入“600”，单击【确定】按钮。

（7）单击生成按钮，生成的刀具路径如图 5-264 所示。

2．边缘精加工

（1）鼠标右击【精加工】程序组，在弹出的快捷菜单中，单击【插入】|工序按钮，弹出【创建工序】对话框，按如图 5-265 所示设置，单击【确定】按钮。

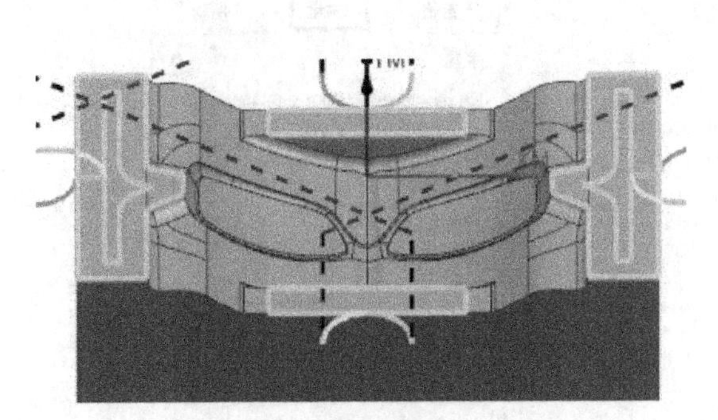
图 5-264　生成的刀具路径

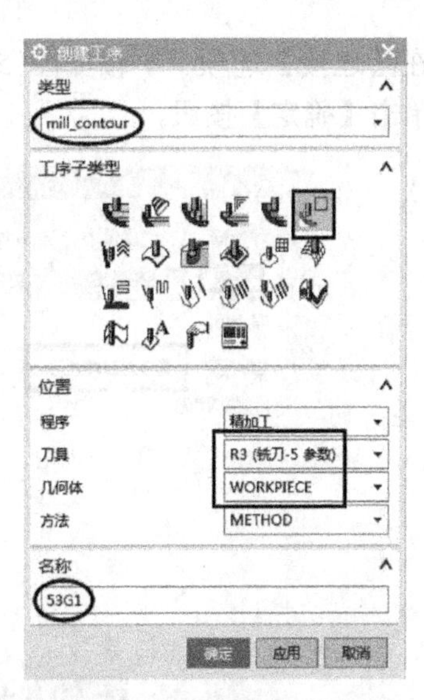

图 5-265　创建深度轮廓铣工序

（2）单击指定切削区域按钮，弹出【切削区域】对话框，在【选择方法】中选择面，在【选择对象】中选择如图 5-266 所示的曲面，单击【确定】按钮。

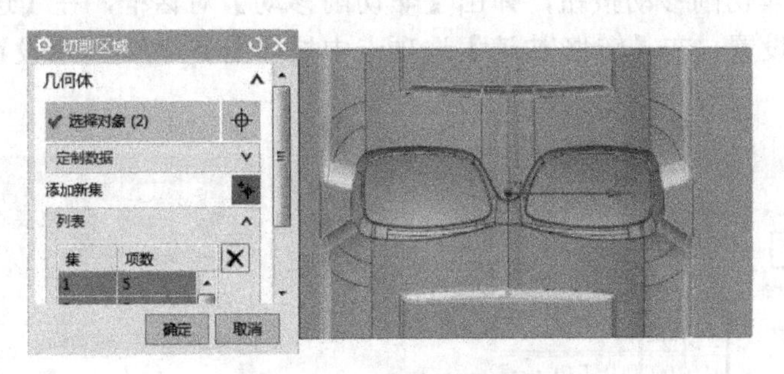

图 5-266　指定切削区域

（3）在【刀轨设置】选项组中按如图 5-267 所示设置。

（4）单击切削参数按钮，弹出【切削参数】对话框，在【策略】选项卡中按如图 5-268 所示设置。

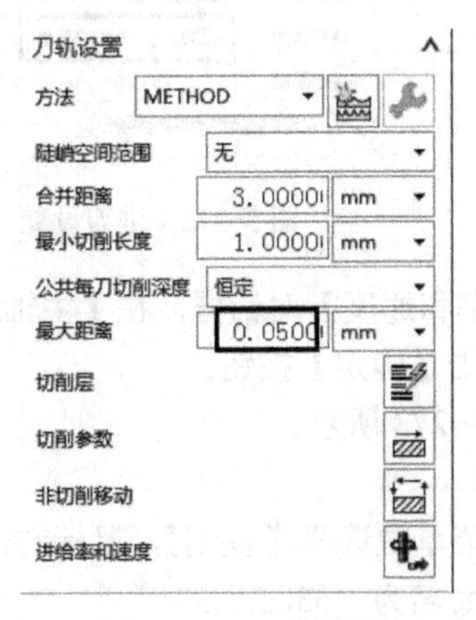

图 5-267　刀轨设置

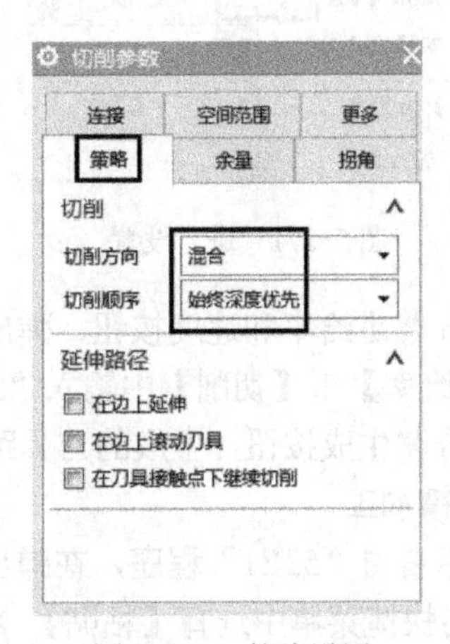

图 5-268　策略设置

在【连接】选项卡中按如图 5-269 所示设置，【余量】选项卡中按如图 5-270 所示设置，单击【确定】按钮。

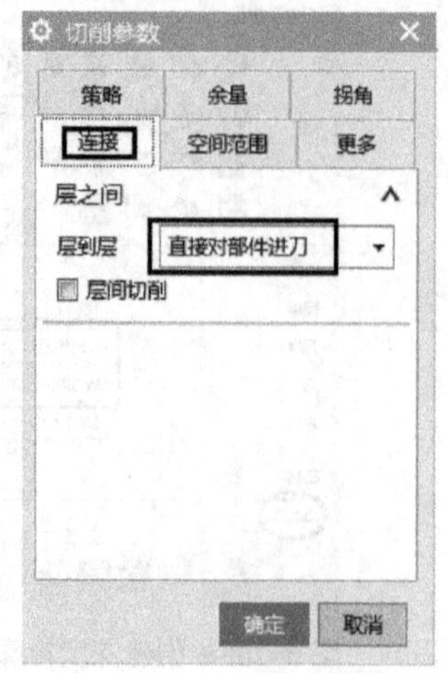

图 5-269　连接设置

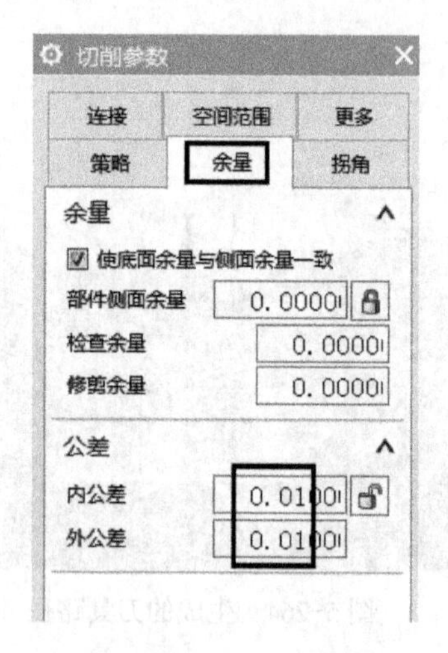

图 5-270　余量设置

（5）单击非切削移动按钮，弹出【非切削移动】对话框，在【进刀】选项卡中按如图 5-271 所示设置，在【转移/快速】选项卡中按如图 5-272 所示设置，单击【确定】按钮。

图 5-271　进刀设置

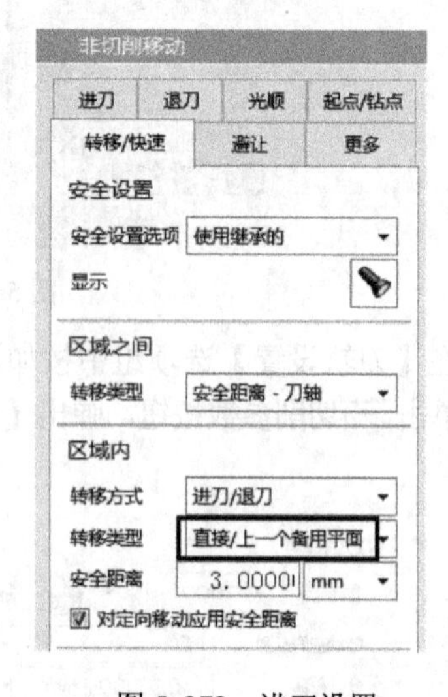

图 5-272　进刀设置

（6）单击进给率和速度按钮，弹出【进给率和速度】对话框，在【主轴速度】中输入“2500”，【进给率】|【切削】中输入“500”，单击【确定】按钮。

（7）单击生成按钮，生成的刀具路径如图 5-273 所示。

3．镜面精加工

（1）鼠标右击“53E1”程序，在弹出的快捷菜单中选择【复制】，鼠标右击“53G1”程序，在弹出的快捷菜单中选择【粘贴】，将名称重命名为“53G2”。

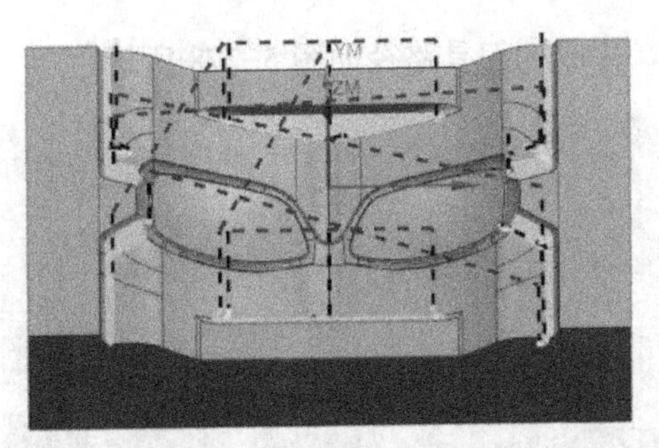

图 5-273　生成的刀具路径

（2）双击“53G2”程序，弹出【固定轮廓铣】对话框，单击指定切削区域按钮，弹出【切削区域】对话框，在【列表】中删除之前选择的面，在【选择对象】中选择如图 5-274 所示的曲面，单击【确定】按钮。

（3）单击编辑按钮，弹出【区域铣削驱动方法】对话框，在【驱动设置】选项组中按如图 5-275 所示设置，单击【确定】按钮。

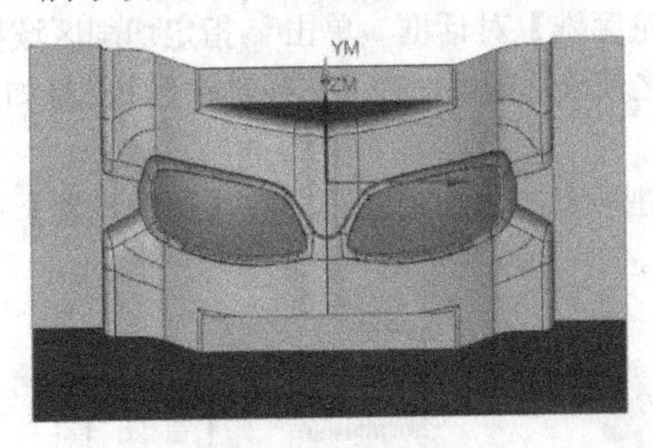

图 5-274　指定切削区域

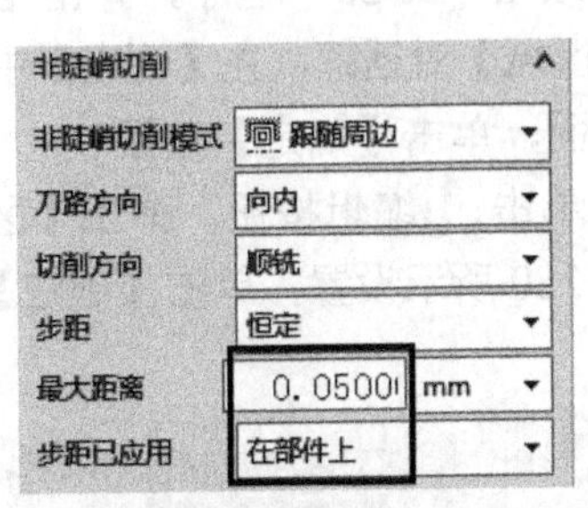

图 5-275　驱动设置

（4）单击切削参数按钮，弹出【切削参数】对话框，在【策略】选项卡中按如图 5-276 所示设置，【余量】选项卡中按如图 5-277 所示设置，单击【确定】按钮。

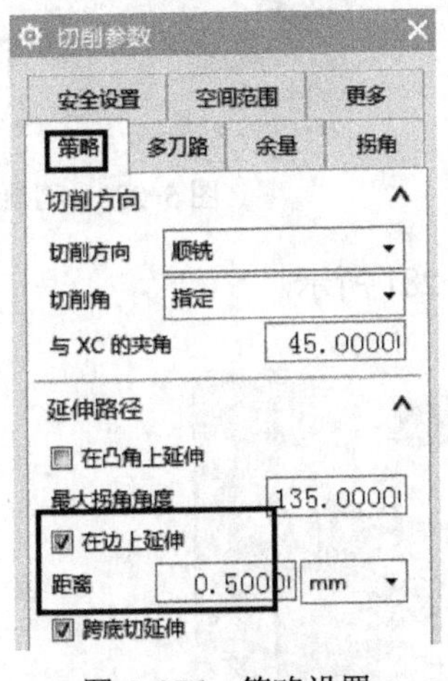

图 5-276　策略设置

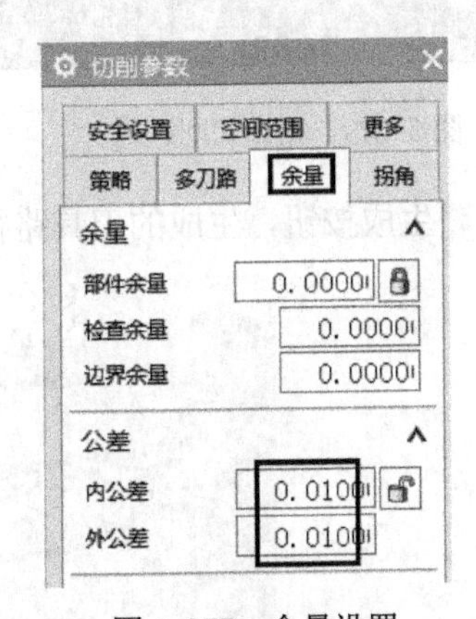

图 5-277　余量设置

（5）单击进给率和速度按钮，弹出【进给率和速度】对话框，在【主轴速度】中输入“2500”，【进给率】|【切削】中输入“500”，单击【确定】按钮。

（6）单击生成按钮，生成的刀具路径如图 5-278 所示。

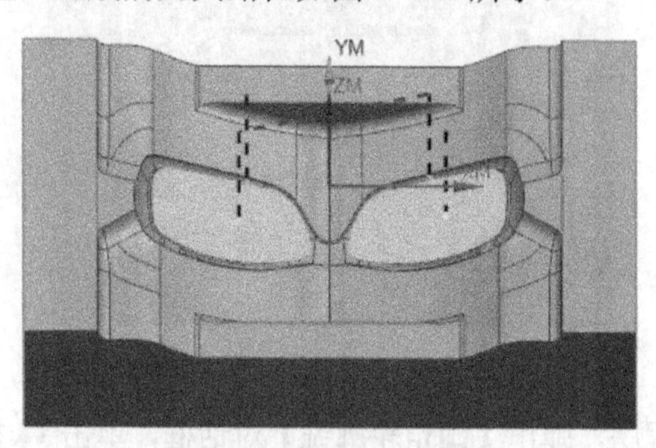

图 5-278　生成的刀具路径

4．两侧曲面精加工

（1）鼠标右击“53G2”程序，在弹出的快捷菜单中选择【复制】，再次右击“53G2”程序，在弹出的快捷菜单中选择【粘贴】，将名称重命名为“53G3”。

（2）双击“53G3”程序，弹出【固定轮廓铣】对话框，单击指定切削区域按钮，弹出【切削区域】对话框，在【列表】中删除之前选择的面，在【选择对象】中选择如图 5-279 所示的曲面，单击【确定】按钮。

（3）单击编辑按钮，弹出【区域铣削驱动方法】对话框，在【驱动设置】选项组中按如图 5-280 所示设置，单击【确定】按钮。

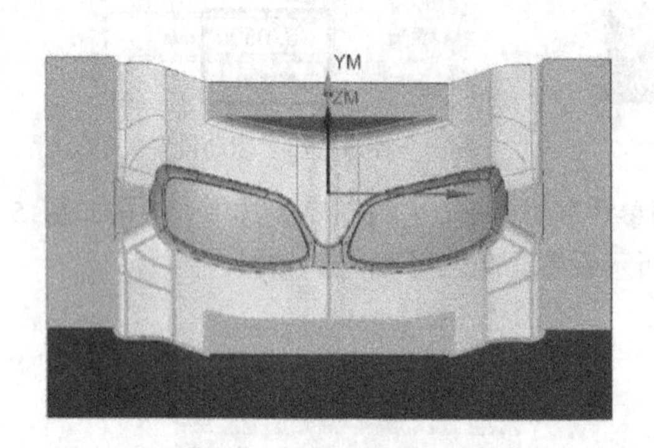

图 5-279　指定切削区域

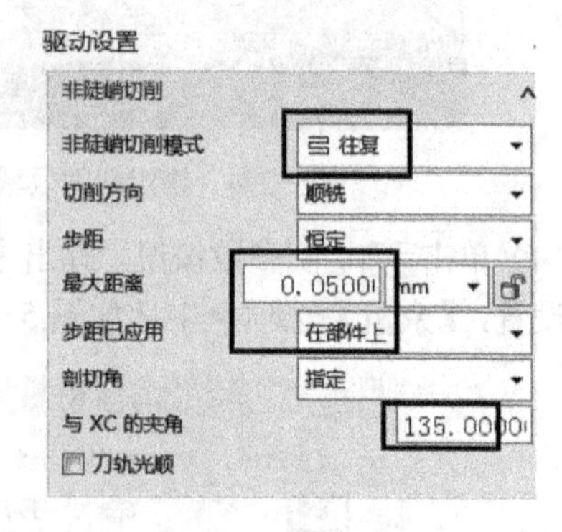

图 5-280　刀轨设置

（4）单击生成按钮，生成的刀具路径如图 5-281 所示。

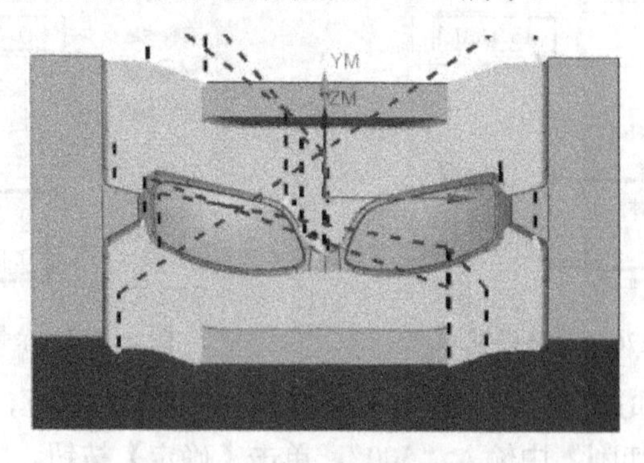

图 5-281　生成的刀具路径

5．镜片边缘凹槽精加工

（1）鼠标右击“53G2”程序，在弹出的快捷菜单中选择【复制】，鼠标右击“53G3”程序，在弹出的快捷菜单中选择【粘贴】，将名称重命名为“53H1”。

（2）双击“53H1”程序，弹出【固定轮廓铣】对话框，单击指定切削区域按钮，弹出【切削区域】对话框，在【列表】中删除之前选择的选项，在【选择对象】中选择如图5-282所示的曲面，单击【确定】按钮。

（3）在【工具】|【刀具】中选择“R1”。

（4）单击进给率和速度按钮，弹出【进给率和速度】对话框，在【主轴速度】中输入“4000”，【进给率】|【切削】中输入“300”，单击【确定】按钮。

（5）单击生成按钮，生成的刀具路径如图5-283所示。

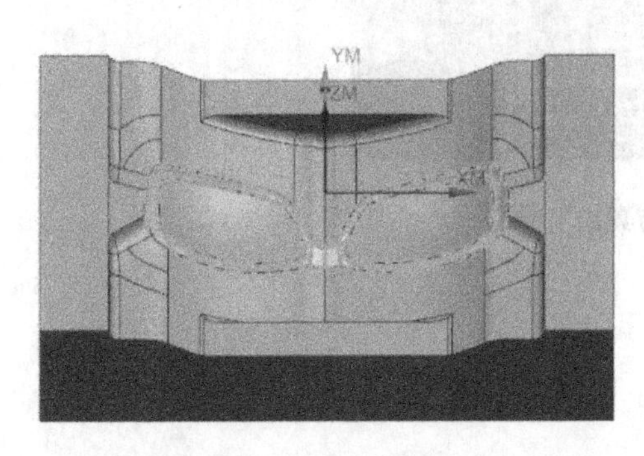

图5-282 指定切削区域

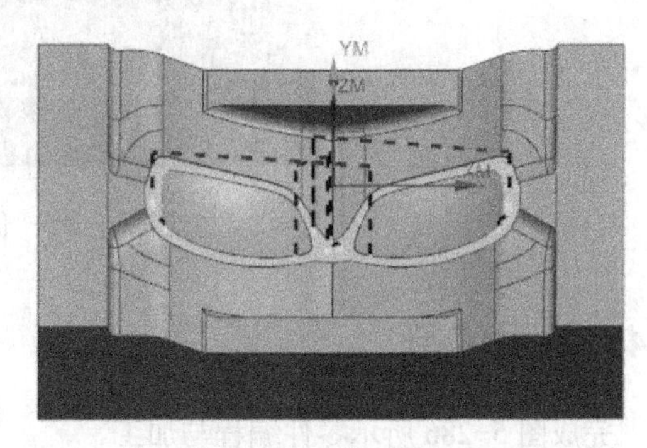

图5-283 生成的刀具路径

6．清理残余余量

（1）鼠标右击“53H1”程序，在弹出的快捷菜单中选择【复制】，再次右击“53H1”程序，在弹出的快捷菜单中选择【粘贴】，将名称重命名为“53K1”。

（2）双击”53K1”程序，弹出【固定轮廓铣】对话框，在【工具】|【刀具】中选择“R0.5”。

（3）单击进给率和速度按钮，弹出【进给率和速度】对话框，在【主轴速度】中输入“6000”，【进给率】|【切削】中输入“300”，单击【确定】按钮。

（4）单击生成按钮，生成的刀具路径如图5-284所示。

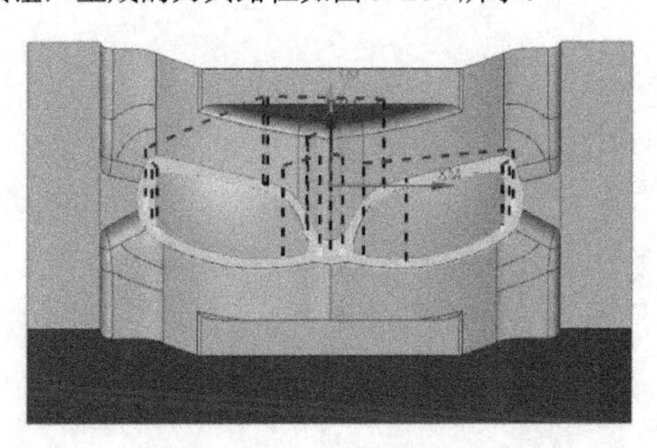

图5-284 生成的刀具路径

5.3.6 仿真模拟加工

选中所有程序，单击鼠标右键，在弹出的快捷菜单中，单击【刀轨】|确认按钮，弹出【刀轨可视化】对话框，单击【3D 动态】按钮，单击播放按钮，仿真模拟加工如图 5-285 所示。

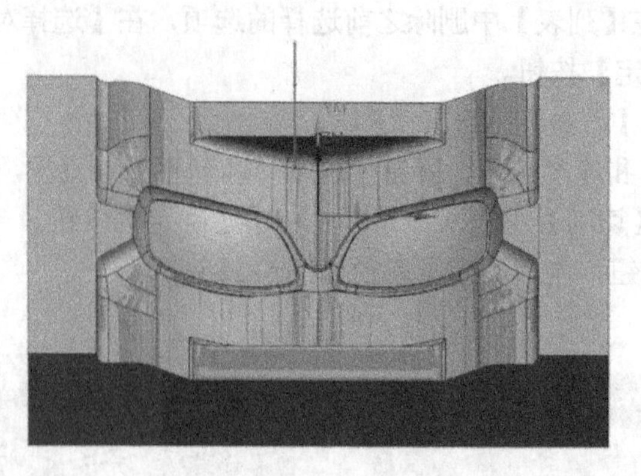

图 5-285 仿真加工图

5.4 课后练习

完成图 5-286 所示零件编程与加工。

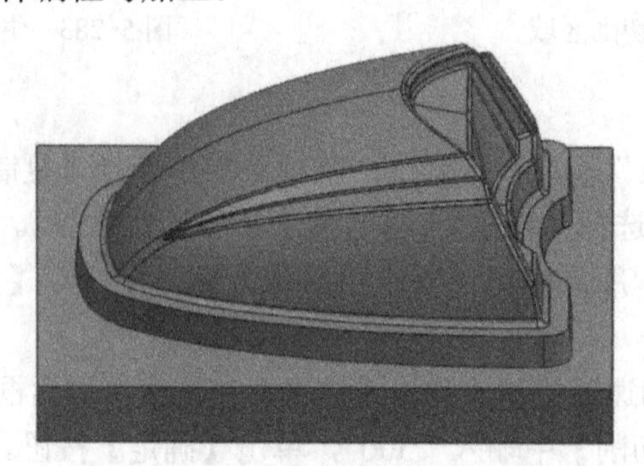

图 5-286 练习零件

第 6 章　构建三轴机床后处理器

不同的编程软件和不同的操作系统，有不同的后处理器，但无论是用那种软件编程，最终都要将刀具轨迹源文件转换成能被机床识别的 NC 代码，否则机床不做任何移动，这种将刀具轨迹源文件转换成 NC 代码的“特殊设置”，我们称之为后处理器。

6.1　了解机床的基本参数

不同类型机床的基本参数各不相同，在构建后处器时，要考虑机床在加工过程中刀具、工件、机床等运行安全因素，一定要清楚本机床 X、Y、Z 等线性轴的行程，机床的最高转速等基本参数。

本书以宝鸡机床厂生产的 MVC850B 数控铣床为例进行讲解，MVC850B 数控铣床如图 6-1 所示，其各轴线性行程分别为 X800、Y500、Z550，操作系统为 GSR 983Ma-H。

图 6-1　MVC850B 数控铣床

6.2　了解机床的程序格式

不同类型的机床和不同的操作系统，程序格式各不相同，主要表现在程序的开头和结尾部分。通过对 MVC850B 机床的了解和调试，其程序格式如图 6-2 所示。

```
%
N0002 G17 G90 G54
N0004 G40 G49 G80
N0006 (Tool_Name = ED30R5)
N0008 (DIA. = 30.00 R = 5.00 Length = 75.00
N0010 G00 X0.0 Y78. S3000 M03
N0012 G43 G00 Z10. H00
N0014 G00 Z3.326
N0016 G01 X0.0 Y78. Z.326 F2500. M08
N0018 G01 X0.0 Y62. Z.326
......................................
N5226 G03 X-1.606 Y14.978 I-3.785 J10.86
N5228 G01 X-1.606 Y21.193 Z-26.015
N5230 G01 X-1.606 Y21.193 Z-23.015
N5232 G00 Z10.
N5234 M05 M09
N5236 M30
%
```

图 6-2　MVC850B 数控铣床程序格式

6.3　构建后处理器

构建三轴数控铣床后处理

6.3.1　设置机床基本参数

（1）在 Windows 界面中，单击【开始】|【所有程序】|【Siemens NX12.0】|【加工】|后处理构造器按钮，进入后处理构造器界面，如图 6-3 所示。

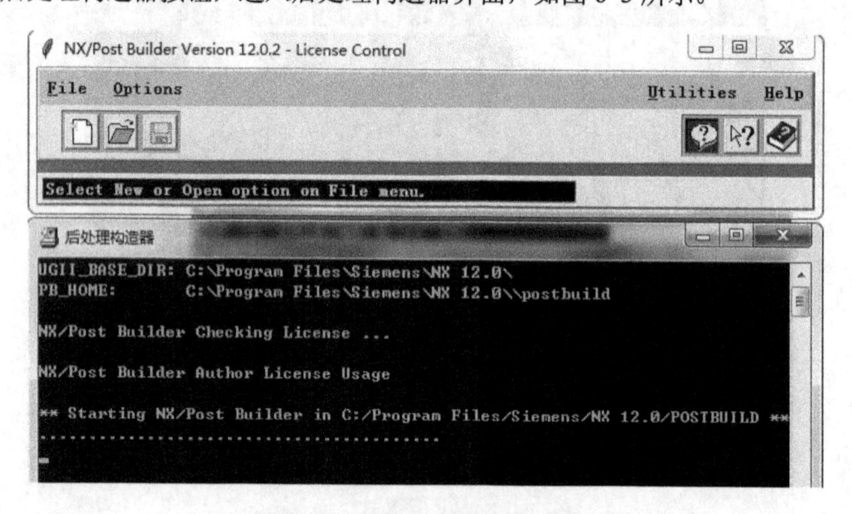

图 6-3　构建后处理器初始界面

（2）在【Options】|【Language】中选择【中文（简体）】。

（3）单击新建按钮，弹出【新建后处理器】对话框，在【后处理名称】中输入“MVC850B”，勾选【主后处理】单选按钮，在【后处理输出单位】中选择【毫米】，单击【机床】下面选择【三轴】，在【控制器】下选择【一般】，如图 6-4 所示，单击【确定】按钮。

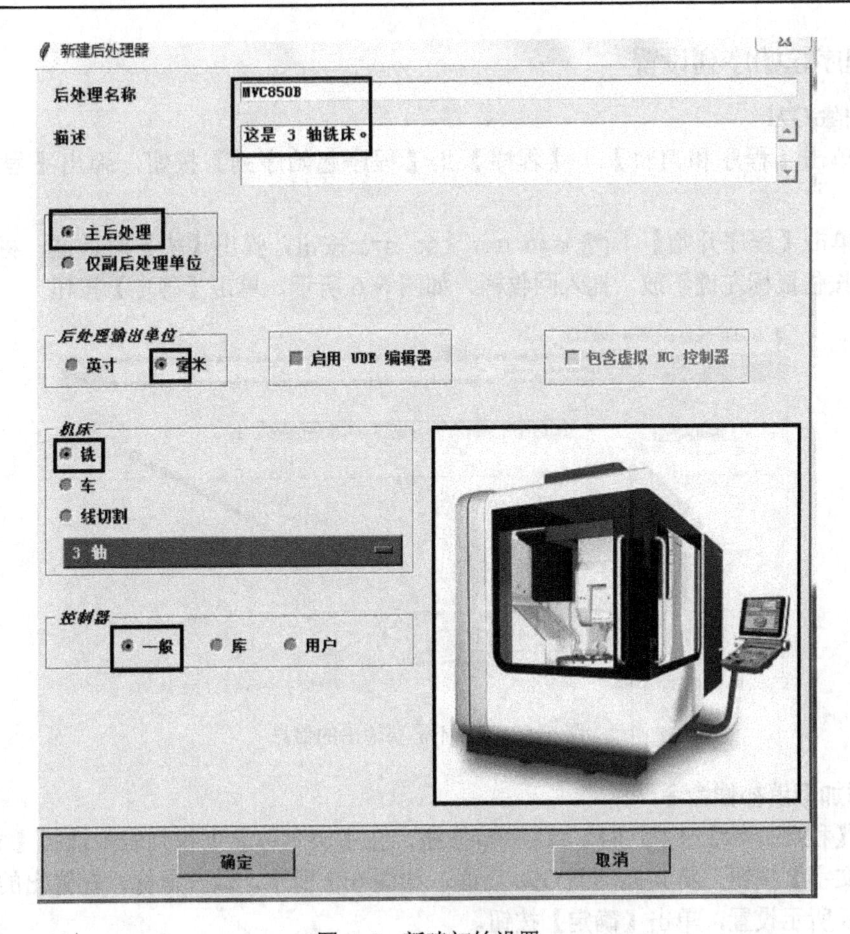

图 6-4　新建初始设置

（4）单击【3 轴铣】|【一般参数】按钮，在【输出圆形记录】中选择【是】，【线性轴行程限制】中 X、Y、Z 中依次输入“800、500、550”，如图 6-5 所示。

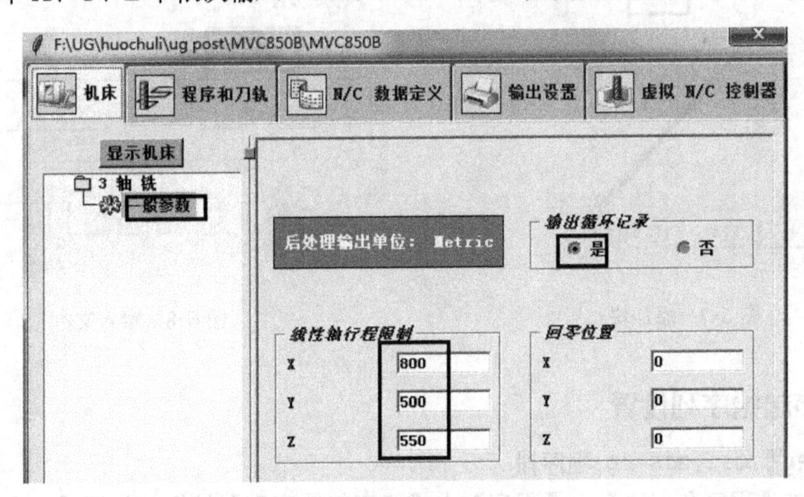

图 6-5　线性轴行程设置

（4）单击保存按钮，保存前面的设置。

6.3.2 程序起始序列设置

1．删除 G71

（1）单击【程序和刀轨】｜【程序】｜【程序起始序列】按钮，弹出【程序开始】对话框。

（2）单击【程序开始】｜ G40 G17 G90 G71 按钮，弹出【块】对话框，将鼠标选中“G71”并按住鼠标左键不放，拖入回收桶，如图 6-6 所示，单击【确定】按钮。

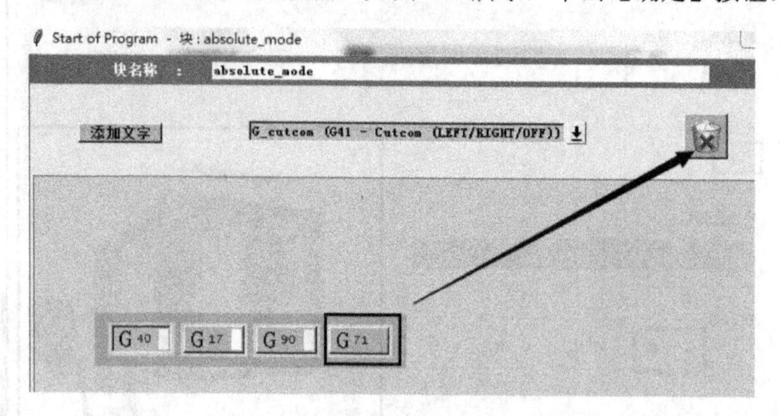

图 6-6　删除不需要输出的信息

2．添加取消补偿命令

单击【程序开始】｜ G40 G17 G90 按钮，在【块名称】下拉列表中选择【文本】，按住【添加文字】按钮，将其拖动到 G90 后面，如图 6-7 所示。放开鼠标，在弹出的文本框中按如图 6-8 所示设置，单击【确定】按钮。

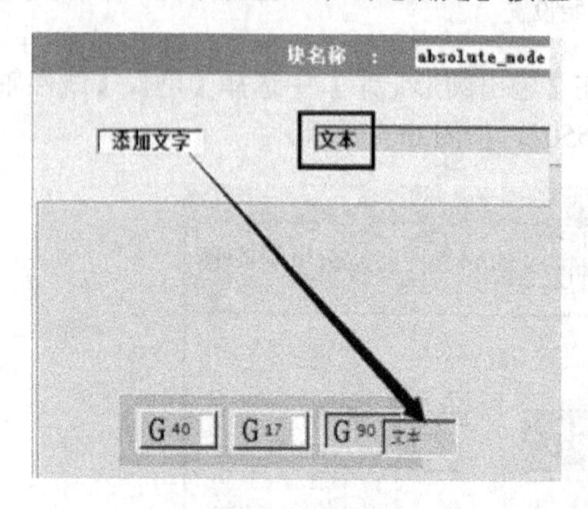

图 6-7　添加块

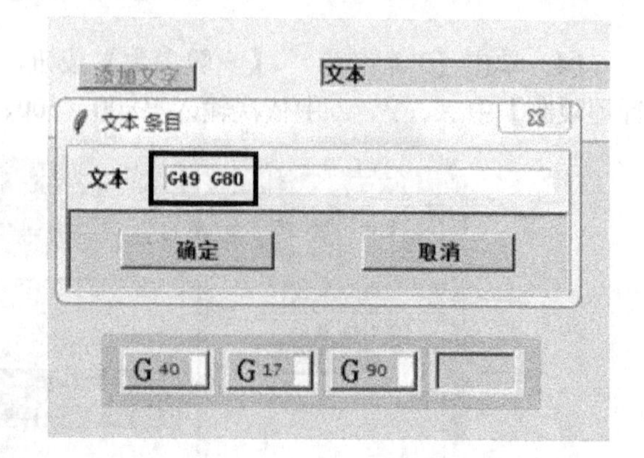

图 6-8　输入文本

6.3.3 工序起始序列设置

1．删除 G91 G28 Z0.程序段

（1）单击【程序和刀轨】｜【程序】｜【工序起始序列】按钮，显示【工序起始序列】对话框。

（2）选中 G91 G28 Z0.图标，按住鼠标不放，将其拖入回收桶，如图 6-9 所示。

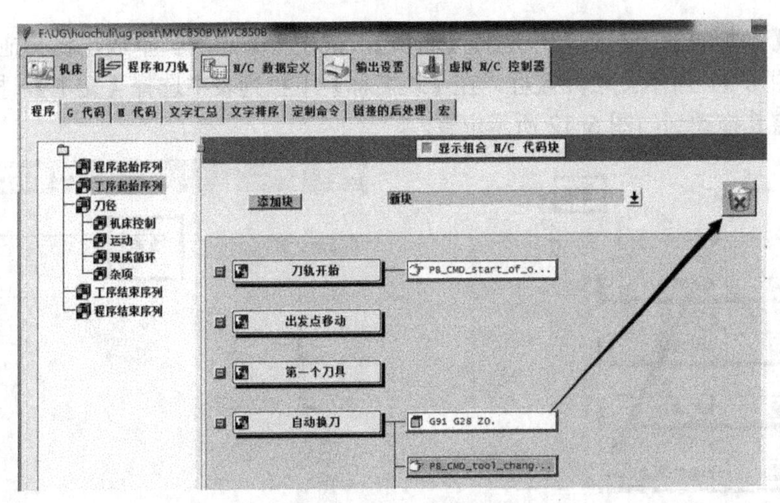

图 6-9　删除回零操作

（3）用同样的方法删除 T M06 和 T 指令。

2．添加刀具信息和编程时间

在【添加块】下拉列表中选择【定制命令】，按住【添加块】不放，拖动到**第一个刀具**的右边，松开鼠标，弹出【定制命令】对话框，在对话框中输入以下内容：

```
global mom_tool_name
global mom_tool_diameter
global mom_tool_corner1_radius
global mom_tool_flute_length
global mom_date
MOM_output_literal "(Tool =$mom_tool_name)"
MOM_output_literal [format "(===DIA=%.2f   CR=%.2f   FL=%.2f=====)" $mom_tool_diameter
$mom_tool_corner1_radius $mom_tool_flute_length]
MOM_output_literal "(Date:$mom_date)"
```

如图 6-10 所示，单击【确定】按钮。

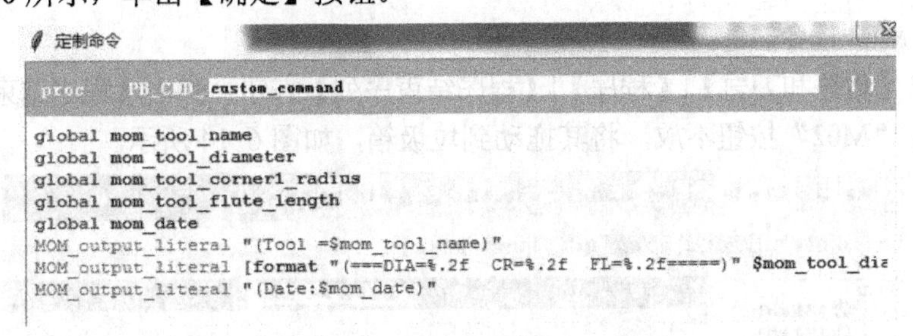

图 6-10　输入刀具和时间信息

6.3.4　工序结束序列设置

1．添加主轴停止和切削液关闭指令

（1）单击【程序和刀轨】|【程序】|【工序结束序列】按钮，显示【工序结束序列】对话框。

（2）在【添加块】下拉列表中选择【新块】，按住【添加块】不放，将其拖动到**刀轨结束**的右边，如图 6-11 所示。松开鼠标，在【块名称】下拉列表中选择【文本】，按住【添加文字】方框，将其拖动到如图 6-12 所示位置。

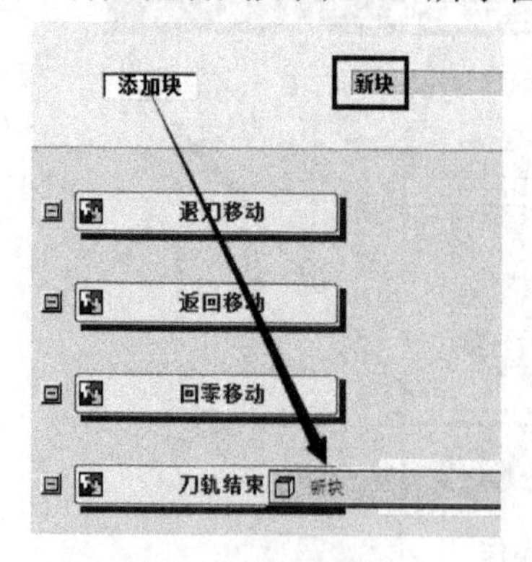

图 6-11　添加新块

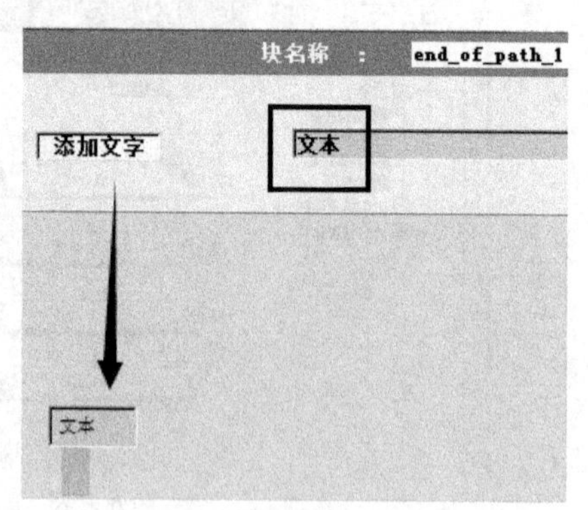

图 6-12　拖动文本框

（3）松开鼠标，弹出【文本条目】对话框，在【文本】中输入“M05 M09”，如图 6-13 所示，单击【确定】按钮。再次单击【确定】按钮，完成刀轨结束设置。

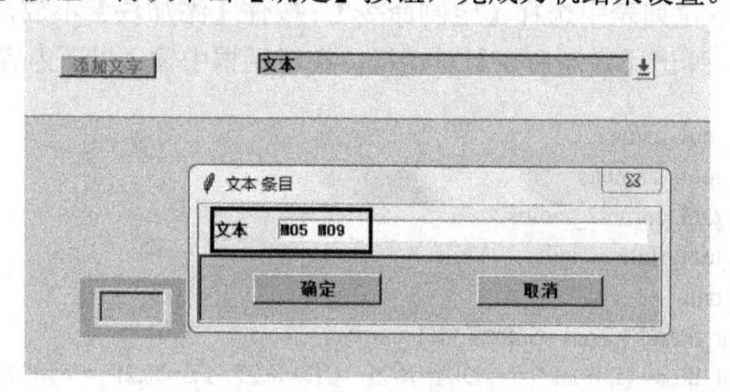

图 6-13　输入文本

6.3.5　程序结束序列设置

1．删除 M02 指令

（1）单击【程序和刀轨】|【程序】|【程序结束序列】按钮，弹出【程序结束】对话框。

（2）按住“M02”按钮不放，将其拖动到垃圾箱，如图 6-14 所示。

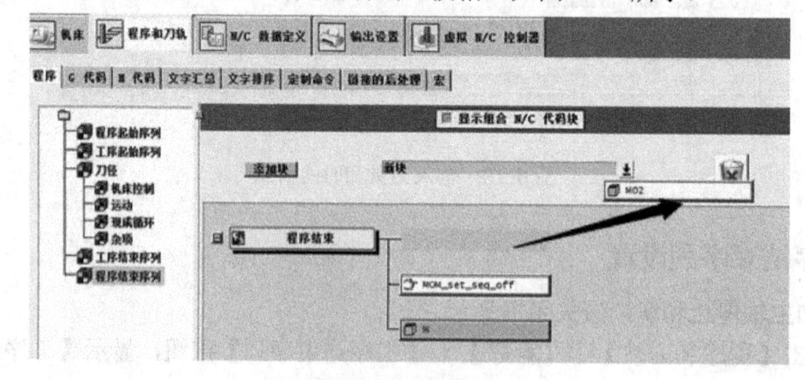

图 6-14　删除指令

2．添加 M30 指令

（1）在【添加块】下拉列表中选择【新块】。

（2）按住【添加块】按钮，将其拖动到如图 6-15 所示位置。

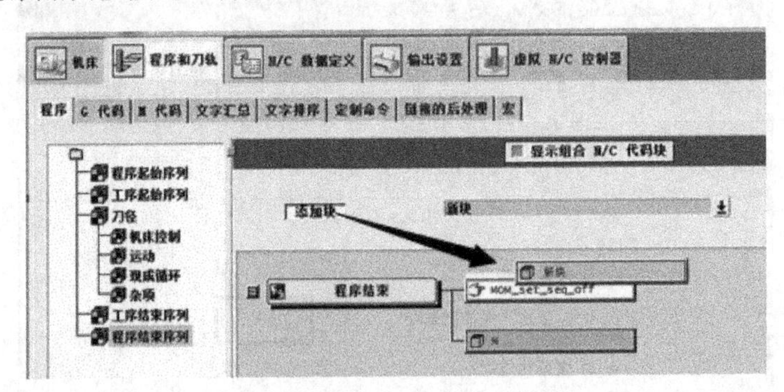

图 6-15　添加块

（3）松开鼠标，弹出【文本条目】对话框，在【文本】中输入“M30”，如图 6-16 所示，单击【确定】按钮。再次单击【确定】按钮，完成程序结束设置。

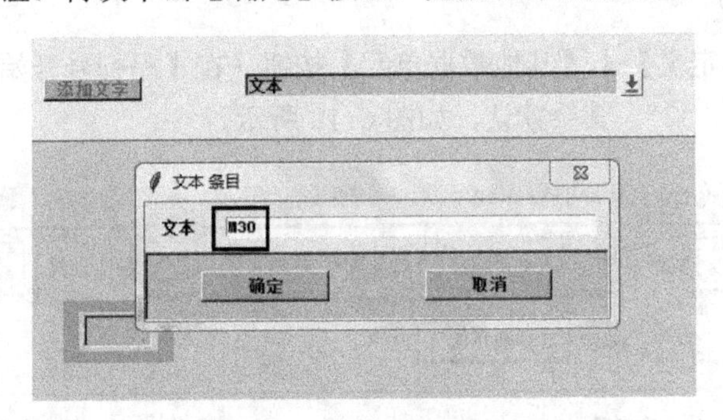

图 6-16　输入文本

6.3.6　其他设置

1．输出设置

（1）单击【输出设置】|【列表文件】按钮，在【列表文件扩展名】中输入“txt”，如图 6-17 所示。

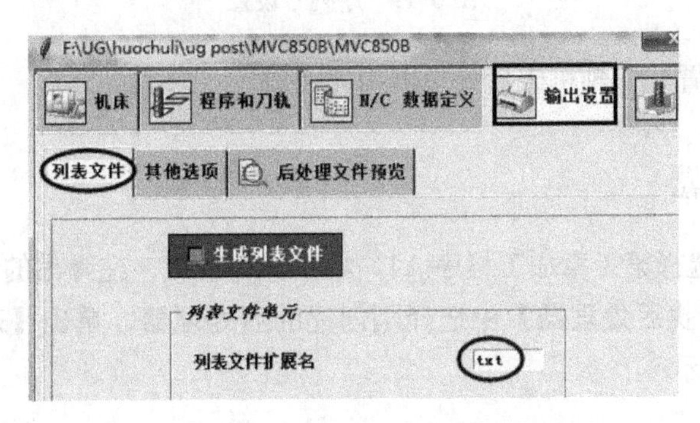

图 6-17　列表扩展名设置

（2）单击【输出设置】|【其他选项】按钮，在【N/C 输出文件扩展名】中输入“.nc”，如图 6-18 所示。

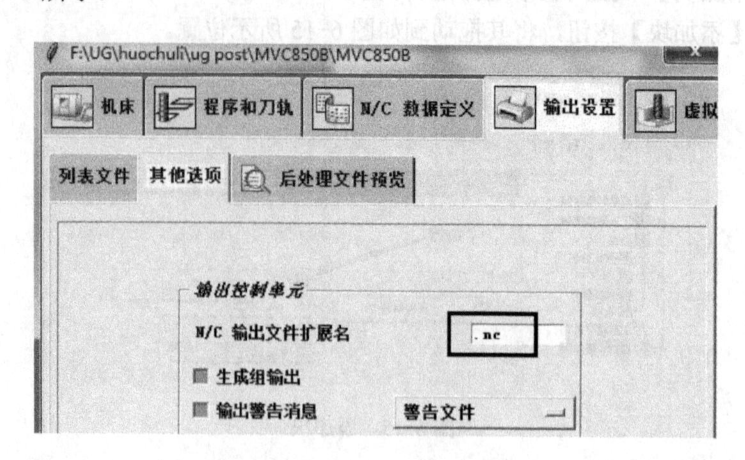

图 6-18　输出扩展名设置

2．N/C 数据定义

单击【N/C 数据定义】|【其他数据单元】按钮，在【序列号开始值】中输入“2”，在【序列号增量】中输入“2”，其余默认，如图 6-19 所示。

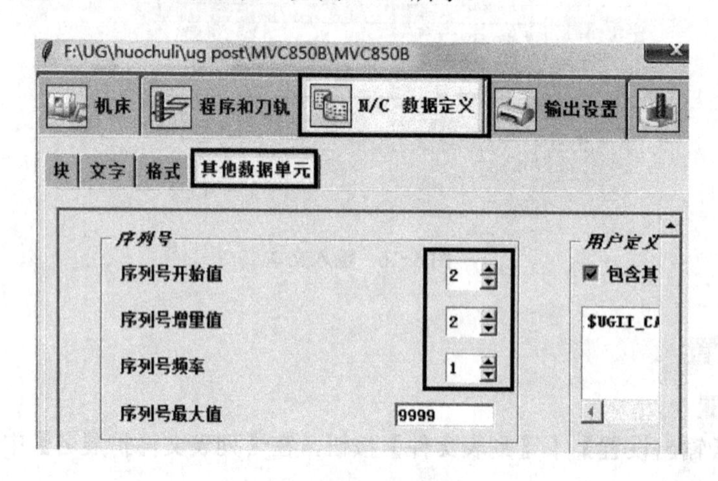

图 6-19　序列号设置

保存以上所有设置，三轴机床后处理器构建完成。

6.3.7　验证后处理器

启动 UG NX，选择第 1 章加工程序 A1，单击鼠标右键，在弹出的快捷菜单中选择后处理器，在【浏览查找后处理器】中选择刚创建的后处理器，单击【确定】按钮，生成的 NC 程序如图 6-20 所示：

```
%
N0002 G40 G17 G90
N0004 G40 G49 G80
N0006 (Tool =ED16)
N0008 (===DIA=16.00  CR=0.00  FL=50.00=====)
N0010 (Date:Mon Jul  8 09:08:33 2019)
N0012 G00 X-50.5 Y-38.162 S1200 M03
N0014 G43 Z10. H01
N0016 Z1.
N0018 G01 Y0.0 Z-1. F1200. M08
N0020 Y50.
......................
N3232 G01 X-10.237 Y36.587
N3234 G02 X19.011 Y34.344 I10.233 J-58.378
N3236 X34.362 Y25.836 I-15.604 J-46.257
N3238 X43.845 Y14.137 I-23.901 J-29.065
N3240 X46.977 Y-4.387 I-27.478 J-14.174
N3242 X41.202 Y-18.491 I-32.254 J4.973
N3244 G01 X42.5 Y-19.427
N3246 Y-42.5
N3248 X0.0
N3250 Z-30.
N3252 G00 Z10.
N3254 M05 M09
N3256 M30
%
```

图 6-20　后置处理的 NC 程序

6.4　课后练习

构建四轴机床 UG 后处理器，机床结构如图 6-21 所示。（机床参数：线性行程分别为 X800、Y500、Z500。机床操作系统：FANUC Series Oi-MF。）

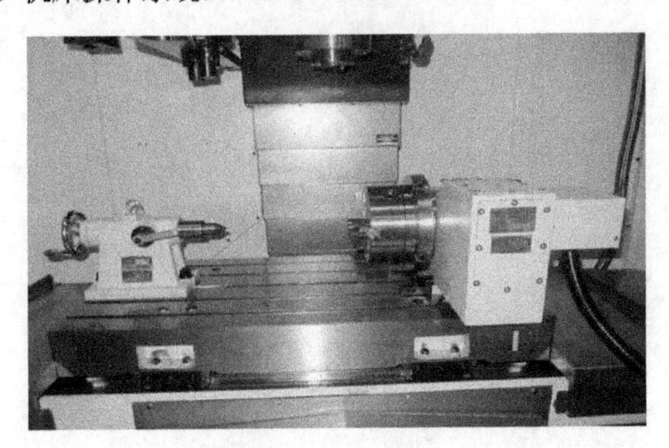

图 6-21　机床结构

参 考 文 献

[1] 展迪优. UG NX 10.0 数控编程教程[M]. 北京：机械工业出版社，2017.
[2] 贺建群. UG NX 10.0 数控加工典型实例教程[M]. 北京：机械工业出版社，2018.
[3] 何县雄. UG NX 12.0 数控加工编程应用案例[M]. 北京：机械工业出版社，2018.